建筑工程施工技术人员必备口袋丛书

材 料 员

刘红宇 主编
黄伟典 主审

中国建筑工业出版社

图书在版编目（CIP）数据

材料员/刘红宇主编．—北京：中国建筑工业出版社，2008
（建筑工程施工技术人员必备口袋丛书）
ISBN 978-7-112-10503-8

Ⅰ．材… Ⅱ．刘… Ⅲ．建筑材料—基本知识 Ⅳ．TU5

中国版本图书馆 CIP 数据核字(2008)第 174807 号

建筑工程施工技术人员必备口袋丛书
材　料　员
刘红宇　主编
黄伟典　主审
*
中国建筑工业出版社出版、发行（北京西郊百万庄）
各地新华书店、建筑书店经销
北京永峥排版公司制版
北京富生印刷厂印刷
*
开本：850×1168 毫米 1/64 印张：13⅜ 插页：4 字数：396 千字
2009 年 4 月第一版　2012 年 7 月第三次印刷
印数：4001—5200 册　定价：**29.00** 元
ISBN 978-7-112-10503-8
（17428）

本书主要介绍工程建设中的材料管理，以及土建工程、装饰工程、水暖卫工程、电气工程所涉及的各类材料的品种、规格、特性、质量标准、适用条件和贮运保管要求等内容。全书采用国家、行业及企业颁布的现行标准、规范和规程，编写力求内容新颖、叙述简明、使用便捷。

本书可供工程建设管理及施工一线的技术人员，尤其是刚刚踏上工作岗位的大中专毕业生使用，亦可作为相关专业院校师生的学习用书。

* * *

责任编辑：邓　卫
责任设计：董建平
责任校对：兰曼利　孟　楠

前　言

随着我国国民经济的快速增长，住房和城乡建设规模日益扩大，工程所用建筑材料不仅数量大、品种多，而且环保、节能等高科技新材料仍在大量涌现。在工程建设中，及时掌握当前各类建筑材料的品种、性能指标及基本特点，正确合理地选用所需材料，不仅直接关系到工程的安全和质量，也直接关系到工程的造价与效益。因此，作为工程建设一线的材料管理人员肩负着非常重要的职责。本书从工程建设实际应用出发，结合国家和有关部委颁布的现行建筑材料系列标准、规范，本着“内容新颖、数据准确、使用方便”的编写原则，在简要叙述材料管理知识的基础上，以简明扼要的语言，实用快捷的图表，详尽地叙述了土建工程、装饰工程、水暖卫工程、电气工程所涉及的各类材料的品种、规格、特性、质量标准、适用条件和贮运保管要求等内容，具有较强的工程针对性、实用性和通用性。本书可供工程建设管理及施工一线的技术人员，尤其是刚刚踏上工作岗位的大中专毕业生使用，亦可作为相关专业院校师生的学习用书。

参加本书编写工作的有：山西省城乡建设学校李静（第1章），太原大学任晓菲（第2章第2.1节~2.3节）、陈东佐（第2章第2.6节~2.11节），山西大学工程学院刘红宇（第2章第2.4节、2.5节，第3章第3.1节~3.5节）、尹维新（第3章第3.6节~3.11节），山西省建筑设计研究院卫莉（第4章）、张莉（第5章）。全书由刘红宇主编，山东建筑大学黄伟典担任主审。

本书在编写过程中，参考了大量的文献资料，在此向作者表示衷心的感谢。由于编者水平有限，加之建筑材料种类繁多、涉及面广、产品更新换代快，书中难免有错误和疏漏之处，恳请读者批评指正。

编者

目　录

1 材料管理

众所周知，建筑业是我国国民经济的支柱产业之一。建筑材料是建筑企业组织生产的物质基础，而建筑施工生产过程总是不间断地进行着，建筑材料及其制品在施工中逐渐被消耗掉，转化成工程实体。施工生产过程就是原材料不断消耗的过程，同时也是原材料不断补充的过程。没有生产资料的供应，施工生产就无法进行。在工程施工过程中，应注意节约使用材料，努力降低材料的损耗，控制材料的库存，加速材料的周转，这些都与企业经营有直接关系。因此，合理地组织材料供应，科学地管理材料使用，是建筑企业生产经营管理的重要环节。加强材料供应和管理工作是建筑业现代化生产的客观需要，也是企业完成和超额完成各项技术、经济指标，取得良好经济效果的重要保证。

1.1 材料管理概述

材料管理是指建筑施工企业对施工过程中所

需的各种材料，围绕采购、储备和使用，所进行的计划、组织、指挥和调节等一系列的管理活动的总称。材料管理也就是依据一定的原则、程序和方法，搞好材料平衡供应，高效、合理地组织材料的储存、保管和使用，以保证建筑施工生产的顺利进行，同时获得良好的社会效益和经济效益。

1.1.1 材料管理的现行体制

建筑企业材料管理体制是建筑施工企业组织和领导材料管理工作的根本制度。它不仅明确了企业内部各层级、各部门之间在材料采购、运输、储备、使用、消耗等方面的管理权限及管理形式，而且还是企业生产经营管理体制的重要组成部分。只有正确地确定了企业材料管理体制，才能明确各自的管理主体，使之责任到人。建立良好的材料管理体制，对于实现企业材料管理的基本任务，改善企业的经营管理，提高企业的承包能力、竞争能力都具有十分重要的意义。

1.1.1.1 材料管理体制要适应建筑施工生产及材料需求的特点

(1) 要适应建筑施工生产流动性的要求

材料的储备不宜分散，尽可能提高成品、半成品的供应程度，能够及时组织剩余材料的转移和回收。

（2）要适应建筑施工生产多变性的要求

材料管理部门要有准确的预测，对常用材料要有适当储备，要建立灵敏的信息传递、处理、反馈体系，要有一个有力的指挥系统，这样就可以对变化了的情况采取措施，及时处理，保证施工生产的顺利进行。

（3）要适应建筑施工生产多工种连续混合作业的要求

材料管理部门要根据不同的施工阶段实行综合配套，根据材料的使用情况实行分工协作，在管理方法上和材料组织上保证生产的顺利进行。

（4）要体现供管并重的原则

建筑施工生产用料多、工期长，为实现材料合理使用，降低消耗，要健全材料计量、定额使用、凭证记录和数据统计等基础工作，通过核算，加强监督力度，保证企业的最终经济效益得以实现。

1.1.1.2 材料管理体制要适应企业施工任务状况和企业施工项目组织结构形式的要求

企业的施工任务状况主要是指工程规模、工期和工程施工现场分布情况。根据施工任务的特点和管理机构的组织形式，可将材料管理体制分为现场型、城市型和区域型三种材料管理体制。现场型材料管理体制，一般采取集中管理，把供应权、管理权集中于现场项目经理部，实行统一计划、统一订购、统一储备、统一供应、统一管理。这种形式有利于统一指挥，减少层次、减少储备、节约设施和人力，材料供应工作对生产的保证程度高。城市型材料管理体制，由于其施工任务相对集中在一个城市内，常采用“集中领导，分级管理”的体制，对施工用主要材料的供应权、管理权集中于企业，对施工用一般材料的供应权、管理权放给现场项目经理部。这样既能保证企业的统一指挥，又能调动各级管理部门的积极性，同样可以获得减少中转环节、减少资金占用、加速物资周转和保证供应的目的。区域型材料管理体制，由于其施工任务比较分散，甚至跨省跨地区，这时企业应因地制宜，或在“集中领导，分级管理”的体制下，扩大现场管理机构的供应和管理权限；或在企业的统一计划指导下，把材料供应和管理权完全放给现场管理机构。这样既可以保证企业在总体上的指挥和调节，又能发挥各基层单位的积极性、主动性，从而避免由于过于集中而带来不必要的工作程序，以造成人力、物力、财力的浪费。

1.1.2 材料管理的特点与内容

1.1.2.1 材料管理的特点

企业在市场经济条件下，都具有各自独特的经营方式，由于建筑产品结构形式复杂、质量要求不一、施工方法各异以及建筑生产的技术经济特点，导致企业的材料管理工作具有一定的特殊性、艰巨性和复杂性。

（1）材料管理在很大程度上受到施工作业条件的制约

1）由于建筑产品的固定性，施工场所的不固定性，以及生产过程主要是露天作业，易受季节、气候的影响。因此，建筑材料的供应没有固定的来源和渠道，也没有固定的运输方式，这样就导致材料供应工作的复杂性。

2）建筑施工生产周期较长，占用的生产储备资金较多。一个建筑产品从投入施工到交付使用，往往要以月或年来计算工期。在施工期间，由于自然条件的限制，一部分建筑材料的生产和供应，又要受到季节性的影响，需要做季节性储备。

3）建筑材料供应很不均衡。建筑施工生产过程是按分部分项工程进行的，生产过程按工艺工序展开，施工各阶段建筑材料的品种、数量都不相同，材料消耗数量也时高时低，这就形成了不均衡的季节消耗和阶段消耗。

（2）材料管理的业务工作量较大而且复杂

1）建筑材料品种、规格繁多。由于建筑产品各不相同，技术要求各异，需用材料的品种、规格、数量及构成比例也随之不同。

2）建筑材料需用量大，耗用量多，自重大。

（3）材料管理的管理难度大

1）材料采购供应工作涉及面广。在常用的建筑材料中，既有大宗材料，又有零星或特殊材料，材料货源和供应渠道比较复杂。其中有很大一部分需要从外省市运入，建筑企业仅靠自身运输能力不能解决，还需要借助大量的社会运输力量，这就要受到运输方式和运输环节的牵制和影响，稍一疏忽，就会在某一环节上产生问题，影响施工生产的正常进行。

2）材料的质量要求高。建筑产品的质量，在很大程度上取决于材料的质量。材料管理工作要根据施工进度，按照工程实体的具体要求把不同品种、规格、质量、数量的各种材料按质、按量、及时、准确、配套地供应到施工现场。

综上所述，在材料管理的过程中应根据其特点，既要保证供应，又要严格而科学地管理，确保施工进度和材料质量，使工程顺利完成。材料管理人员需用科学而严密的管理方式去实现材料的合理使用，才能做好材料管理工作，确保企业经营目标的实现。

1.1.2.2 材料管理的内容

(1) 材料管理的范围

建筑企业材料管理部门的管理范围，不仅包括原料、材料、燃料，还包括生产工具、劳保用品，甚至还包括机械配件。材料管理，可分为流通领域的管理和生产领域的管理。材料在施工生产过程中，必然要在计划指导下，通过采购、运输、仓储及配套等业务活动，供应到施工现场，并投入生产。这就是材料从流通领域转入生产领域的活动。我们一般称材料流通领域的管理为材料供应管理，称材料生产领域的管理为材料现场管理。材料供应管理的过程是以企业生产需要为前提，以满足生产需要为目的，为施工生产用料和实现企业资金增值提供物质条件和基础保证的过程；材料现场管理的过程是按照建筑产品必要的材料消耗量，合理地组织材料使用，使企业用低于社会必要的投入而获得超额回报的过程。

（2）材料管理的内容

建筑企业材料管理工作的基本内容是本着“管物资必须全面管供、管用、管节约和管回收、修旧利废”的原则，把好供、管、用三个主要环节，以最低的材料成本，按质、按量、及时、准确、配套地供应施工生产所需的材料，并监督和促进材料的合理使用。具体内容是：

1）提高计划管理质量，保证材料供应

提高计划管理质量，首先要提高计算工程用料的正确性。无论是材料需用计划，还是材料平衡分配计划，都要按单位工程（大的工程可按分部工程）进行编制。但是在实际工作中往往因设计变更或施工条件的变化，必然发生材料供应计划的更改。因此，材料计划工作需要与设计、建设单位和施工部门保持密切联系。对重大设计变更、大量材料代用、材料的价差和量差等重要问题，应与相关单位协商解决好，以保证材料的正常供应。

2）提高供应管理水平，保证工程进度

材料供应管理包括采购、运输及仓库管理业

务，这是材料供应的先决条件。材料管理部门应主动与施工生产部门保持密切联系，交流情况，互相配合，才能提高供应管理水平，适应施工要求。对特殊材料要采取专料专用控制，以确保工程进度。

3）加强施工现场材料管理，坚持定额用料

建筑产品体积庞大，生产周期长，用料数量多，而且施工现场一般比较狭小，储存材料困难，在施工高峰期间土建、安装交叉作业，材料储存地点与供、需、运、管之间矛盾突出，容易造成材料浪费。因此，现场材料管理在施工过程中要坚持定额供料，严格领退手续，达到“工完料尽场地清”，努力降低使用损耗，要做到有奖有罚。

4）严格经济核算，降低成本，提高效益

经济核算是成本管理中的重要环节之一，是促使企业以最低的成本取得最大经济效益的一种工作方法。材料供应管理同企业的其他各项业务活动一样，都应实行经济核算，寻找降低成本的途径。

1.1.3 材料管理的方法

材料管理必须根据其管理体制、特点，采用有效的、实用的管理方法，这样才能提高管理效率，达到管理的预期目标。

1.1.3.1 材料管理的方针、原则

(1) “从施工生产出发，为施工生产服务”的方针

这是“发展经济，保障供给”的财经工作总方针的具体化，是材料管理工作的基本出发点。

(2) 材料管理的原则

1) 加强计划管理的原则

建筑产品在未开工之前，都应严格按照施工图预算以及施工组织设计的要求，编制材料需用量计划，制订材料管理计划，在计划指导下组织好各项工作的衔接，保证材料满足工程需要，才能使施工生产顺利进行。

2) 加强核算，坚持按质论价的原则

在市场经济条件下，同一品种材料在价格上有明显差异。在采购订货过程中应遵守国家物价政策，按质论价，协商订购。

3) 励行节约的原则

节约是一切经济活动都必须遵守的根本原则，在材料管理工作中应包含两方面的意义：一方面是材料管理部门在经营管理中，精打细算，节省一切可能节约的开支，努力降低工作成本；另一方面是在材料管理中通过加强定额控制，促进材料耗用的

节约，推动材料的合理使用。另外，因为在设计过程中合理地选用材料是最大的节约，因此在进行图纸会审的过程中，作为承包商，应提出最优的施工方案，保证合理使用材料。

1.1.3.2 材料管理的方法

材料管理常用的方法有行政管理方法、经济管理方法和法律管理方法三种类型。

（1）行政管理方法

行政管理方法是依靠行政权威，通过下达决议、命令、指示、办法等行政手段来管理经济活动的方法。在市场经济体制下，行政管理方法主要是通过政策指导、计划调节、业务协调等手段实现管理。

（2）经济管理方法

经济管理方法是依靠经济组织，利用经济杠杆及经济核算，如价格、成本、利润、利息、税金、奖金、罚款等经济手段来管理经济活动的方法。经济管理方法是市场经济模式的需要，是按经济规律办事的客观要求，是以物质利益为动力协调各方面积极性的方法。

（3）法律管理方法

法律管理方法是国家以法律、法令、条例的形式，将经济管理工作中成熟、稳定、带有规律性的原则、制度和办法固定下来，作为调节经济关系的法律规范，并用国家强制力保证实施的方法。

在具体的管理过程中，应本着“具体问题具体分析”的原则，根据工程的具体情况，结合管理方法理论，制定具体的管理办法。

1.1.4 材料员岗位职责

材料员作为企业材料管理的主要工作人员，应廉洁自律、秉公办事，认真执行有关法律法规，遵纪守法，努力钻研业务，熟悉各种材料的性能及要求，及时准确、保质保量地完成工作任务。材料员的岗位职责具体如下：

(1) 在项目经理领导下，负责项目部材料管理工作。熟悉建设工程项目的特点和施工合同的要点，参与施工组织设计的编制工作，规划材料存放场地和运输道路，做好材料预算汇总和编制材料分类需用计划，制定现场材料管理方案。

(2) 负责项目部材料验收、搬运、储存、标识、发放及固定财产的管理。按照各类材料的品种、规格、质量、数量要求，严格对进场材料进行检查和办理入库验收手续。按照施工班组所承担的工作任务，依据定额及预算做好材料的发放工作。

（3）按照施工规范和用料要求，对施工班组领用的材料，在使用过程中进行检查，督促班组合理使用和节约材料。通过对材料消耗活动进行记录、计算、控制、分析、考核和比较，做好材料核算。

（4）负责项目部能源、资源管理和可回收废弃物的回收、处置登记，易燃、易爆、危险化学品的收、发、存工作。做好仓库的消防安全管理工作。

（5）负责劳动保护用品的计划、申请、登记、发放、回收工作。

（6）负责检查施工现场材料的码放、仓库封闭、粉料使用是否符合大气和水污染防治的要求。

（7）负责每月对两个以上供方的供货质量进行抽查和评价，每季度向材料设备管理部门反馈一次。

（8）负责项目部材料消耗统计报表，能源、资源季报，质量反馈季报，价格反馈季报的统计上报工作。

（9）完成领导交办的其他工作。

1.2 材料计划管理

材料计划管理是运用计划手段组织、指导、监督、调节材料的采购、供应、储备、使用等一系列工作，是根据企业的要求、工程特征和一定时期内需完成的工作目标，所做的材料计划具体部署和安排。

1.2.1 材料计划的分类

1.2.1.1 按用途分类

(1) 材料需用计划

材料需用计划是由施工现场项目部编制而成的，是材料计划中最基本的计划，是编制其他计划的基本依据。材料需用计划应根据不同的单位工程，结合材料消耗定额，逐项确定需用材料的品种、规格、质量、数量，最终以数量形式汇总成实际需用量。

(2) 材料申请计划

材料申请计划是材料管理部门根据材料需用计划，经过与项目经理部及相关部门内部平衡后，分别向有关材料供应部门提出的材料申请计划。

(3) 材料供应计划

材料供应计划是负责材料供应的部门，为完成材料供应任务，结合工程进度，组织供需衔接的实施计划。除包括供应材料的品种、规格、质量、数量、使用的工程项目名称以外，还应包括具体的供应时间。

（4）材料加工订货计划

材料加工订货计划是由项目部或材料供应部门编制而成的。计划中应包括所需材料或产品的名称、规格、型号、质量及技术要求和交货时间等，其中若属非定型产品，还应附有加工图纸、技术资料或提供样品。

（5）材料采购计划

材料采购计划是企业为了到各种材料市场采购材料而编制的计划。计划中应包括材料品种、规格、数量、质量、预计采购厂商的名称及需用资金。

1.2.1.2 按计划期限分类

（1）年度材料计划

年度材料计划是建筑施工企业为了保证提供全年施工生产任务所需用的主要材料而编制的材料计划，是指导企业全年材料供应与管理活动的重要依据。因此，年度材料计划必须与年度施工生产任务密切结合，材料计划质量的好坏，对全年施工生产的各项指标能否实现有着密切关系。

（2）季度材料计划

季度材料计划是企业根据施工任务的实际情况而编制的，具体组织采购、供应，落实各项材料资源，为完成本季度施工生产任务提供保证。季度材料计划中的材料品种、数量一般应与年度材料计划相吻合，当出现增加或减少的情况时，要采取有效的措施，争取资源平衡或报请上级主管部门调整计划。

（3）月度材料计划

月度材料计划是材料使用单位或企业施工管理部门根据当月施工生产进度安排编制的需用材料计划。月度材料计划以单位工程为编制对象，根据进度计划的要求将工程所需实物工程量逐项分析，按照材料品种、规格、型号、质量、数量等计算汇总而成，比年度、季度材料计划更细致、更全面、更及时、更准确。

（4）一次性用料计划

一次性用料计划，也称作单位工程材料计划，是为了按规定的时间要求完成施工生产计划或单位工程的施工任务，根据承包合同或协议书而编制的需用材料计划。它的用料时间与季度、月度计划不一定吻合，但在月度计划内要列为重点项目，专项平衡安排。因此，这部分材料需用计划，要提前编制上交供应部门，并对需用材料的品种、规格、型号、颜色、时间等都要详细说明。

（5）临时追加材料计划

由于设计变更，或施工任务调整，或原计划材料的品种、规格、数量出现错漏，或施工中采用临时技术措施等原因，需要采取临时措施解决的材料计划称为临时追加材料计划。临时追加材料计划的材料一般是急用材料，要作为重点供应。

1.2.2 材料计划的编制

施工企业常用的材料计划，是按照计划的用途和执行时间编制的年、季、月的材料需用计划、申请计划、供应计划、加工订货计划和采购计划。

1.2.2.1 材料计划的编制原则

（1）综合平衡的原则

编制材料计划必须坚持综合平衡的原则。综合平衡是计划管理工作的一个重要内容，包括产需平衡、供求平衡、各供应渠道之间的平衡、各施工项目部之间的平衡等。

（2）实事求是的原则

编制材料计划必须坚持实事求是的原则。材料计划的科学性就在于实事求是，深入调查研究，掌握正确数据，使材料计划可靠合理。

（3）留有余地的原则

编制材料计划要瞻前顾后，留有余地，不能只求保证供应，扩大储备，形成材料积压。

（4）严肃性和灵活性统一的原则

由于建筑施工过程受着多种主客观因素的制约，出现变化情况，也是在所难免的，所以在执行材料计划中，不仅要讲严肃性，因为材料计划对供、需两方面都有严格的约束作用，同时又要适当重视灵活性，只有严肃性和灵活性的统一，才能保证材料计划的实现。

1.2.2.2 材料计划编制的准备工作

（1）要有正确的指导思想

建筑企业的施工生产活动与国家各个时期国民经济的发展有着密切的联系，为了很好地组织施工，必须学习党和国家有关方针政策，掌握上级有关材料管理的经济政策，企业材料管理工作才能沿着正确方向发展。

（2）收集资料

编制材料计划要收集上期材料消耗水平、上期施工作业计划执行情况，摸清库存情况，以及周转材料、工具的库存和使用情况等各项有关资料的准确数据。

（3）了解市场信息

市场资源是目前建筑企业解决需用材料的主要渠道。编制材料计划时必须了解市场资源情况、市场供需状况，不能忽视。

1.2.2.3 材料计划的编制程序

（1）计算材料需用量

1）一般工程材料需用量计算

①直接计算法。一般是以单位工程为对象进行编制。在施工图纸到达并经过会审后，根据施工图计算分部分项工程的实物工程量，结合施工方案与技术措施，套用相应的材料消耗定额编制材料分析表。按分部工程进行汇总，编制单位工程材料需用计划。再按施工计划进度，编制季度、月度材料需用计划。直接计算法的公式如下：

某种材料计划需用量＝建筑安装工程实物工程量×某种材料消耗定额

材料消耗定额参考如下：

A. 若编制施工图预算，或向建设单位及上级主管部门和物资部门申请计划分配材料指标，作为结算依据或据以编制订货、采购计划，应采用预算定额计算材料需用量。

B. 若企业内部编制施工作业计划，向单位工程承包负责人和班组实行定包供应材料，作为承包核算基础，应采用施工定额计算材料需用量。

②间接计算法。当工程任务已经落实，但设计尚未完成，技术资料不全，有的工程甚至初步设计还没有确定，只有投资金额和建筑面积指标，不具备直接计算的条件。为了事前做好备料工作，可采用间接计算法。根据初步摸底的工程任务情况，按概算定额或经验定额分别计算材料用量，编制材料需用计划，作为备料依据。凡采用间接计算法编制备料计划的，在施工图到达后，应立即用直接计算法核算材料实际需用量，进行调整。间接计算法的具体做法如下：

A. 已知工程类型、结构特征及建筑面积的项目，选用同类型按建筑面积平方米消耗定额计算，其计算公式如下：

某材料计划需用量 = 某类型工程建筑面积 × 某类型工程每平方米某材料消耗定额 × 调整系数

B. 工程任务不具体，如企业的施工任务只有计划总投资，则采用万元定额计算。其计算公式如下（由于材料价格浮动较大，因此计算时必须查清单价、浮动幅度，折成系数调整，否则误差较大）：

某材料计划需用量 = 各类工程任务计划总投资 × 每万元工作量某材料消耗定额 × 调整系数

2）周转材料需用量计算

根据计划期内的材料分析，确定周转材料总需用量，然后结合工程特点，确定计划期内周转次数，再算出周转材料的实际需用量。

3）施工设备和机械制造用料的需用量计算

建筑企业自制施工设备和机械，一般没有健全的定额消耗管理制度，而且产品也多是非定型的，可按各项具体产品，采用直接计算法计算材料需用量。

4）辅助材料及生产维修用料的需用量计算

辅助材料及生产维修材料用量较小，有关统计和材料定额资料也不齐全，其需用量可采用间接计算法计算。

需用量 = （报告期实际消费量 ÷ 报告期实际完成工程量）× 本期计划工程量 × 增减系数

（2）确定实际需用量，编制材料需用计划

根据各工程项目计算的材料需用量，进一步核算实际需用量。核算的依据有以下几个方面：

1）对于一些通用性材料，在工程进行的初期阶段，考虑到可能出现的施工进度超额因素，一般都会略加大储备，其实际需用量也就略大于计划需用量。

2）在工程竣工阶段，因考虑到“工完料尽场地清”，防止工程竣工材料积压，一般是利用库存控制进料，这样实际需用量就要略小于计划需用量。对于一些特殊材料，为保证工程质量，往往要求一批进料，所以计划需用量虽只是一部分，但在申请采购中往往是一次购进，这样实际需用量就要大大增加。实际需用量的计算公式如下：

实际需用量 = 计划需用量 ± 调整因素

（3）编制材料申请计划

对需要上级供应的材料，应编制申请计划。材料申请量的计算公式如下：

材料申请量 = 实际需用量 + 计划储备量 − 期初库存量

（4）编制供应计划

供应计划是材料计划的实施计划。材料供应部门根据使用单位提交的申请计划及各种资源渠道的供货情况、储备情况，进行总需用量与总供应量的平衡，并明确供应措施，如利用库存、市场采购、加工订货等。

（5）编制供应措施计划

在供应计划中所明确的供应措施，必须有相应的实施计划。如市场采购，必须相应编制采购计划；如加工订货，必须有加工订货合同及进货安排计划，以确保供应工作按时完成。

1.2.2.4 材料计划的编制方法

(1) 项目材料需用计划和申请计划的编制

1) 材料部门应与生产、技术部门积极配合，掌握施工工艺，了解施工技术组织方案，仔细阅读施工图纸；

2) 根据生产作业计划下达的工作量，结合施工图纸和施工方案，计算工程实物工程量；

3) 查材料消耗定额，计算完成生产任务所需材料的品种、规格、数量、质量，完成材料分析；

4) 汇总各项目材料分析中的材料需用量，编制材料需用计划；

5) 结合项目库存量、计划周转储备量，提出项目用料申请计划，报给材料供应部门。

(2) 材料供应计划的编制

编制材料供应计划是指供应部门对所属需用部门的材料申请计划，根据生产施工任务进行核实，结合资源，进行汇总，经过综合平衡，提出申请、订货、采购、加工、利库等供应措施。材料供应计划是指导材料供应业务活动的具体行动计划。

1）准备工作

① 调查、搜集信息资料。包括工程承包合同（协议）和相关合同；三大构件加工所需原材料的品种、规格、型号；施工图预算；分部分项材料需用量和材料的品种、规格、型号、颜色、供应时间等；施工进度、技术要求和施工组织设计；现场交通地理条件，材料堆放、布置图等；材料质量标准，市场供需动态，商品信息资料等。

② 分析上期材料供应计划执行情况。通过供应计划执行情况与消耗统计资料，分析供应与消耗动态，检查分析订货合同执行情况、运输情况、到货规律等，以确定本期供应间隔天数与供应进度。分析库存多余和不足的具体情况，以确定计划期末周转储备量。

2）确定材料供应量

① 认真核实汇总各项目部的材料申请计划，了解编制计划所需的技术资料是否齐全；定额采用是否合理；材料申请是否合乎实际，有无粗估冒算、计算差错；材料需用时间、到货时间与生产进度安排是否吻合；品种、规格能否配套等。

② 预计供应部门现有库存量。由于计划编制

得较早，从编制计划的时间到计划期初的这段预计期内，材料仍然出现不断收入和发出，因此预计计划期初库存量是一项十分重要的工作。一般的计算公式如下：

期初预计库存量 = 编制计划时的实际库存量 + 预计期计划收入量 − 预计期计划发出量

计划期初库存量预计得是否正确，对平衡计算供应量和计划期内的供应效果有一定影响。预计不准确，数量少了将造成数量不足、供需脱节而影响施工；数量多了，会造成超储而积压资金。正确预计期初库存量，必须对现场库存的实际资源量、订货量、调剂拨入量、采购收入量、在途材料数量、待验收以及施工进度预计消耗量、调剂拨出量等数据都要认真核实。

③ 根据施工进度安排和材料供应周期计算计划期末周转储备量。根据供求情况的变化、市场信息等，合理计算间隔天数，以求得合理的储备量。

④ 确定材料供应量。计算公式如下：

材料供应量 = 材料申请量 − 期初库存资源量 + 计划期末周转储备量

注：上式中四个数量也称为编制供应计划的四要素。

3）确定材料供应措施

根据材料供应量和可能获得资源的渠道，确定供应措施，如申请、订货、采购、建设单位供料、利用库存、加工等，并与资金使用计划相平衡，以利于计划的实现。

(3) 材料采购计划、加工订货计划的编制

材料采购及加工订货计划是材料供应计划的具体落实计划。按照供应措施，完成采购及加工订货任务。

1) 根据供应项目需求特点及质量要求，确定采购及加工订货材料的品种、规格、质量和数量；根据材料使用时间，确定加工周期和供应时间。

2) 选择和确定采购和加工企业，是做好采购和加工业务的基础。必须选择设备齐全、加工能力强、产品质量好和技术经验丰富的企业。此外，对企业的生产规模、经营信誉等，在选择时均应摸清。

3) 确定加工图纸或加工样品，并提出具体的加工要求。如有必要，可由加工厂家先期提供加工试验品，待需用方认同后再批量加工。

4) 按照施工进度和经济批量的确定原则，确定采购批量，同时确定采购及加工订货所需资金及其到位时间。

1.2.3 材料计划的执行与检查

材料计划的实施是材料计划工作的关键。

1.2.3.1 组织材料计划的执行

材料计划工作是以材料需用计划为基础的，而材料供应计划是企业材料经济活动的主导计划。材料供应计划不仅可以使企业材料管理的各部门了解工作系统的总目标和本部门的具体任务，而且还可以了解各部门在完成任务过程中的相互关系，同时可以组织各部门从满足施工需要总体要求出发，采取有效措施，保证各自任务的完成，从而保证材料计划的落实。

1.2.3.2 协调材料计划实施中出现的问题

材料计划在实施中常因受到内部或外部的各种因素的干扰，影响材料计划的实现。影响因素一般有以下几种：

（1）施工任务的改变。主要是指临时增加工作任务或临时削减工作任务等。施工任务改变后材料计划应作相应调整，否则就要影响材料计划的实现。

（2）设计变更。在施工准备阶段或施工过程中，往往会遇到由于设计变更而影响材料的需用数量和品种规格发生变化。

（3）采购情况发生变化。订货合同条件或生产厂家的生产情况发生变化，会影响材料的及时供应。

（4）施工进度的变化。施工进度计划的提前或推迟，会影响到材料计划的正确执行。

在材料计划发生变化的情况下，要加强材料计划的协调作用，主要应做好以下几项工作：

（1）挖掘内部潜力，利用库存储备以解决临时供应不及时的矛盾；

（2）利用市场调节的有利因素，及时向市场采购；

（3）同供货单位协商临时增加或减少供应量；

（4）与有关单位进行余缺调剂；

（5）在企业内部的相关部门之间进行协商，对施工生产计划和材料计划进行必要的修改。

为了做好协调工作，必须掌握动态信息，了解材料计划系统各个环节的工作进程，一般通过统计检查、实地调查、信息交流等方法，检查各相关部门对材料计划的执行情况，及时进行协调，以保证材料计划的实现。

1.2.3.3 建立材料计划分析和检查制度

为了及时发现计划执行中的问题，保证计划的全面完成，建筑施工企业应从上到下按照计划的分级管理职责，在计划实施反馈信息的基础上进行计划的检查与分析。一般应建立以下几种计划检查与分析制度：

（1）现场检查制度。基层领导人员应经常深入施工现场，随时掌握生产进行过程中的实际情况，了解工程计划进度是否正常、资源供应是否协调、各专业队伍是否达到定额要求及其完成任务的好坏，做到及早发现问题，及时加以处理解决，并按实际情况向上级反映。

（2）定期检查制度。建筑施工企业各级组织机构应有定期的生产会议制度，检查与分析计划的完成情况。一般公司级生产会议每月2次，工程处一级每周1次，施工队则每日应有生产碰头会。通过这些会议形式检查分析工程计划进度、资源供应、各专业队伍完成定额的情况等，做到统一思想、统一目标，及时解决各种问题。

（3）统计检查制度。通过统计报表和文字分析，及时准确地反映计划完成的程度和计划执行中的问题，反映基层施工中的薄弱环节，是揭露矛盾、研究措施、跟踪计划和分析施工动态的依据。

1.2.3.4 计划的变更和修订

由于人们的认识能力和客观条件所制约，计划与实际脱节的现象是不可能完全避免的。因此，应及时调整和修订原计划，使计划更加符合实际，维护计划的严肃性。当材料资源和需要发生了大的调整，如自然灾害、战争或经济调整等，都可能使资源和需要发生重大变化，这时需要全面调整计划。由于某项任务的突然增减；或由于某种原因，工程提前或延后施工；或生产建设中出现突然情况等，使局部资源和需要发生了较大变化，一般用待分配材料安排或当年储备解决，必要时通过调整供应计划解决，临时调整或修订。如生产和施工过程中，临时发生变化，必须临时调整。

1.2.3.5 考核执行材料计划的经济效果

材料计划的执行结果，应该有一个科学的考核办法，一个重要内容就是建立材料计划的考核指标体系，因为如果没有一个具有可操作性的考核体系，那么考核就是一种形式。考核指标一般包括下列指标：

（1）采购量及到货率；

（2）供应量及配套率；

(3) 自有运输设备的运输量；

(4) 占用流动资金及资金周转次数；

(5) 材料成本的降低率；

(6) 三大材料的节约率和节约额。

通过这些指标的考评，不仅可以促进各部门认真实施材料计划，还可以加强各环节管理人员的责任心，从而保证材料计划的顺利进行。

1.3 材料采购管理

建筑企业材料管理的四大业务环节是指材料采购、材料运输、材料储备和材料供应，而材料采购是材料管理的首要环节。材料采购就是建筑企业通过各种渠道，把建筑施工过程中所需要的各种材料购买进来，从而保证施工生产的顺利进行。建筑企业材料采购部门要完成采购任务，必须遵守国家、地方的相关法律法规，按计划采购，坚持“三比一算”，即比质量、比价格、比运距、算成本，经济合理地选择采购对象和采购批量，并按质、按量、按时运入企业。这对于保证施工生产，充分发挥材料使用效能，提高工程质量，降低工程成本，提高企业的经济效益，都具有十分重要的意义。

1.3.1 材料采购方式

1.3.1.1 采购方式

建设工程材料的采购方式是指材料采购部门为工程项目采购材料、设备，进行选择供应商并与其签订物资采购合同或加工订购合同的行为，主要有以下三种方式：

（1）招标方式

由承包商或业主根据项目的具体要求，详细列出需采购物资的品种、规格、数量、技术性能要求，制定交货方式、交货时间、支付货币、支付条件、索赔和争议解决等合同条件和条款，编写招标文件，采用邀请招标方式或公开招标方式，通过公平、公正、公开地竞争，择优选择中标人，并与其签订采购合同。这种方式适用于采购大宗的材料和较重要的或较昂贵的大型机具设备，或工程项目中的生产设备和辅助设备。

（2）询价方式

采用询价——报价——签订合同程序，即采购方对3家以上的供货商就采购的标的物进行询价，对其报价和相应承诺经过比较后，选择其中一家与其签订采购合同。这种方式无需采用复杂的招标程序，同时又可以保证价格有一定的竞争性，适用于采购建筑材料或价值较小的标准规格产品。

（3）直接订购

直接订购方式是一种非竞争性采购方式，适用于以下几种情况：

1）为了使设备或零配件标准化，向原经过招标或询价选择的供货商增加购货，以便适应现有设备；

2）所需设备具有专卖性质，只能从一家制造商获得；

3）负责工艺设计的承包单位要求从指定供货商处采购关键性部件，并以此作为保证工程质量的条件；

4）在特殊情况下，由于需要某些特定机电设备早日交货，也可直接签订合同，以免由于时间延误而增加开支。

1.3.1.2 市场采购

市场采购就是从材料经销部门、物资贸易中心、材料市场等地购买工程所需的各种材料。由于企业所需的材料品种、规格比较复杂，采购工作量大，配套供应难度大，市场采购的材料生产分散，经营网点多，质量、价格不统一，采购成本不易控制和比较，而且受社会经济状况影响，资源、价格波动较大，导致工程成本中材料部分的不确定因素较多，工程投标风险大，因此控制采购成本成为企业确保工程成本目标实现的重要环节。市场采购的方式一般经过以下程序：

（1）根据材料供应计划中确定的供应措施，确定材料采购数量及品种规格。根据各施工项目部提报的材料申请计划、期初库存量和期末库存量确定出材料供应量后，应将该量按供应措施予以分解。其中分解出的材料采购量即成为确定材料采购数量和品种规格的基本依据。再参考资金情况、运输情况及市场情况确定实际采购数量及品种规格。

（2）确定材料采购批量。按照经济批量的确定方法，确定材料采购批量、采购次数及各项费用的预计支出。

（3）确定采购时间和进货时间。按照施工管理部门下达的作业进度计划，考虑现场运输、储备能力和加工准备周期，确定进货时间。

（4）选择和比较可提供材料的企业或经营部门，确定采购对象。当同一种材料的可供资源部门较多且价格、质量、服务差异较大时，要进行比较判断。常用的方法有以下几种：

1）经验判断法。根据专业采购人员的经验和以前掌握的情况进行分析、比较、综合判断，择优选定采购对象。

2）采购成本比较法。当存在几个采购对象对所购材料在数量上、质量上、价格上均能满足时，而只在个别因素上有差异，可分别考核计算采购成本，选择低成本的采购对象。

【例1-1】采购某种材料200t，甲、乙、丙、丁四个供应部门在数量、质量和供应时间上都能满足要求，但费用情况存在差异，如表1-1所示。

采购成本比较表 **表1-1**

供应单位	单价（元/t）	运费（元/t）	每次订购费	备注
甲	320	10	210	
乙	330	10	230	
丙	300	20	200	
丁	290	30	240	

对各供应单位的采购成本分别计算如下：

甲：（320+10）×200+210=66210（元）

乙：（330+10）×200+230=68230（元）

丙:（300 +20） ×200 +200 =64200（元）

丁:（290 十 30） ×200 +240 =64240（元）

由以上采购成本计算结果比较而知，丙部门为最宜采购对象。

3）综合评分法。通过规定采购中应考虑的主要指标及其评价方法，得出各供货单位的评价总分，选择分值高的供货单位。

【例 1-2】某采购单位对甲、乙、丙、丁四个供货单位进行评价。假设：产品质量 40 分，价格 35 分，合同完成率 25 分。其中价格的评分，以价格最低的得满分。用此最低价与其他单位的价格作比较，价越高得分越低。各供应单位的相关资料见表 1-2。

各供应单位的相关资料表　　表 1-2

供应单位	质量		单价（元）	合同完成率（%）
	收到材料数量（件）	检验合格材料数量（件）		
甲	2000	1920	0.98	98
乙	2400	2200	0.86	92
丙	600	480	0.93	95
丁	1000	900	0.90	100

对各供应单位的评价结果如下：

甲：$(1920 \div 2000) \times 40 + (0.86 \div 0.98) \times 35 + 0.98 \times 25 = 96.7$（分）

乙：$(2200 \div 2400) \times 40 + (0.86 \div 0.86) \times 35 + 0.92 \times 25 = 94.7$（分）

丙：$(480 \div 600) \times 40 + (0.86 \div 0.93) \times 35 + 0.95 \times 25 = 88.1$（分）

丁：$(900 \div 1000) \times 40 + (0.86 \div 0.90) \times 35 + 1.00 \times 25 = 94.4$（分）

比较结果是甲供应单位得分最高，选定为下期合适的供应单位。

4）采购招标法。由材料采购管理部门提出材料需用的数量和基本性能指标等招标条件。由各供应（销售）部门根据招标条件进行投标，材料采购部门进行综合比较后进行评标和决标，与中标人签订采购合同或协议。这种方法竞争性强，有利于获得质量好、价格优的材料。

1.3.2 材料采购准备

施工企业材料采购部门在采购的全过程中，从收集采购信息到材料资源的组织，从签订采购合同到采购批量的确定，都需要以详尽、准确的准备工作为前提。

1.3.2.1 信息收集

材料采购信息根据其内容不同，可分为资源信息、价格信息、市场信息、供应信息、新技术信息、新产品信息和政策信息。信息有三个特点：第一，信息本身具有一定的时效性，失去时效就失去了信息的价值，因此要高速度、高速率；第二，信息要具有可靠性，只有可靠准确的数据才能反映客观事实；第三，信息要有一定的深度影响，能反应实质性问题，具有可参考的价值，这就要求信息收集要力求广泛深入。材料采购信息收集的主要途径有：

（1）各报刊、网络等媒体和专业性商业情报刊载的资料；

（2）有关学术、技术交流会提供的资料；

（3）各种供货会、展销会、交流会提供的资料；

（4）广告资料；

（5）政府部门发布的计划、通报及情况报告；

（6）采购人员提供的资料及自行调查取得的信息资料；

（7）互联网上发布的信息及资料。

1.3.2.2 信息整理

为了有效高速地采撷信息、利用信息，企业应建立信息员制度和信息网络，应用电子计算机等管理工具，随时进行检索、查询和定量分析。采购信息整理常用的方法有：

（1）运用统计报表的形式进行整理。按照需用的内容，从有关资料、报告中取得有关的数据，分类汇总。

（2）对某些较重要的、经常变化的信息建立台账，做好动态记录，以反映该信息的发展状况。

（3）以调查报告的形式就某一类信息进行全面的调查、分析、预测，为企业经营决策提供依据。

1.3.2.3 信息使用

搜集、整理信息是为了使用信息，为企业采购业务提供服务。信息经过整理后，应迅速反馈给有关部门，以便及时进行比较分析和综合研究，制定合理的采购策略和方案。无论材料采购渠道如何，都应该根据需采购和加工材料的品种、规格、质量、数量、价格、供应情况等方面的因素，编制材料采购和加工计划。

1.3.3 材料采购和加工

建筑企业的材料采购和加工业务，是有计划、有组织地进行的。其内容有决策、计划、洽谈、签订合同、验收、调运和付款等工作。其业务过程分为准备、谈判、成交、执行和结算等方面的工作。

1.3.3.1 材料采购和加工业务的谈判

材料采购和加工计划经有关单位平衡安排和领导批准后，即可开展业务谈判活动。业务谈判是材料采购业务人员与生产、物资或商业等部门进行具体的协商和洽谈。业务谈判应遵守国家和地方制定的物资政策、物价政策和有关法令，供需双方应本着地位平等、相互谅解、实事求是搞好协作的精神进行谈判。

（1）材料采购业务谈判的主要内容

1）明确采购材料的名称、品种、规格和型号；

2）确定采购材料的数量、计量单位和价格；

3）确定采购材料的质量标准（国家标准、部颁标准、企业专业标准和双方协商确定的质量标准）和验收方法；

4）确定采购材料的交货地点、方式、办法、日期以及包装要求等；

5）确定采购材料的运输办法，如需方自理、供方代送或供方送货等；

6）确定违约责任、纠纷解决方法等其他事项。

（2）材料加工业务谈判的主要内容

1）明确加工制品的名称、品种和规格。

2）确定加工制品的数量。

3）确定原材料的供料方式。

4）确定加工制品的技术性能和质量要求，以及技术鉴定和验收方法。

5）确定订做单位提供加工样品的，承揽单位应按样品复制；订做单位提供设计图纸资料的，承揽单位应按设计图纸加工；生产技术比较复杂的，应先试制，经鉴定合格后成批生产。

6）确定加工制品的加工费用和自筹材料的材料费用，以及结算办法。

7）确定原材料的运输办法及其费用负担。

8）确定加工制品的交货地点、方式、办法、日期及包装要求。

9）确定加工制品的运输办法。

10）确定双方应该承担的责任。如承揽单位对订做单位提供原材料应负保管的责任，按规定质量、时间和数量完成加工制品的责任，不得擅自更换订做单位提供的原材料的责任，不得把加工制品任务转让给第三方的责任；订做单位应付按时、按质、按量提供原材料的责任，按规定期限付款的责任等。

1.3.3.2 材料采购和加工业务的成交

材料采购和加工业务，经过与供应单位反复酝酿和协商，取得一致意见后，达成采购、销售协议，签订采购合同，称为成交。

（1）订货形式。建筑施工企业与供货单位按双方协商确定的材料品种、质量和数量，将成交所确定的有关事项用合同形式固定下来，以便双方执行。订购的材料，按合同交货期分批交货。

（2）提货形式。由供货单位签发提货单，建筑施工企业凭单到指定的仓库或堆放点，按规定期限提取。提货单有一次签发和分期签发两种，由供需双方在成交时确定。

（3）现货现购。建筑施工企业派出采购人员到物资部门、商店或经营部等单位购买材料，货款付清后，当场取回货物。

（4）加工形式。加工业务在双方达成协议时，签订承揽合同。承揽合同是指承揽方根据订做方提出的品名、项目、质量要求，使用订做方提供的原料，为其加工特定的产品，收取一定加工费的协议。

1.3.3.3 材料采购和加工业务的执行

材料采购和加工，经供需双方协商达成协议签订合同后，由供方交货，需方收货。交货和收货过程，就是采购和加工的执行阶段。

（1）交货日期与地点。供需双方应按规定的交货日期、地点及数量履行合同，供方应按规定日期、规定地点交货，需方应按规定日期、规定地点收（提）货。如未按合同规定日期或规定地点交货或提货，应作未履行合同处理。

（2）材料交货方式。材料交货方式有车、船交货方式和场地交货方式。

（3）材料运输。供需双方应按合同规定的运输办法执行。委托供方代运或由供方送货，如发生材料错发到交货地点或接货单位，应立即向对方提出，按协议规定负责运到规定的交货地点或接货单位，由此而多支付的运杂费用，由供方承担；如需方填错或临时变更交货地点，由此而多支付的运杂费用，应由需方承担。

（4）材料验收。建筑施工企业派专业人员对所采购的材料和加工产品进行数量和质量验收。对供方所交材料进行数量验收，若数量短缺，应迅速查明原因，向供方提出；材料质量若发现不符合规定的，不予验收。材料数量和质量经验收通过后，应填写材料入库验收单，报本单位有关部门备案。

1.4 材料供应管理

材料供应管理是指将材料按品种、规格、质量、数量等要求及时、成套、齐备地为施工企业的生产提供所需材料的经济活动。材料供应管理是材料管理工作中最具有实质性意义的内容，是生产企业经营中最重要的内容。材料供应管理应遵循“有利生产、方便施工”、“统筹兼顾、综合平衡、保证重点、兼顾一般”、“加强横向经济联系、合理组织资源”和“坚持勤俭节约”的原则。

1.4.1 材料供应计划与方式

1.4.1.1 材料供应计划

(1) 编制材料供应计划的重要性

材料供应计划是建筑施工企业计划管理的一个重要组成部分，与其他计划有着密切的联系。材料供应计划要依据施工生产计划的任务和要求来计算和编制，反过来它又为施工生产计划的实现提供有力的材料保证。在编制供应计划时，应正确了解材料节约量、代用品、综合利用等情况来保证成本计划的完成，同时必须考虑到加速资金周转的要求。编制材料供应计划不仅是建筑施工企业有计划地组织生产的客观要求，而且是影响整个建筑施工企业计划工作质量的重要因素。

（2）材料供应计划的实施

供应计划确定以后，对外要分渠道积极地落实资源，对内要组织计划供应（即定额供料），保证计划的实现。当计划在执行中出现不平衡的现象时，应进行计划的平衡调度。主要有以下几种方式：

1）会议平衡。月度（或季度）供应计划编制以后，供应部门应召开材料平衡会议，向材料使用单位说明材料资源到货和各单位需用的总体情况，同时说明根据施工进度及工程性质，结合内外资源，分轻重缓急，在保竣工扫尾、保重点工程的原则下，先重点、后一般，最后具体宣布对各单位的材料供应量。平衡会议一般由上而下召开，逐级平衡。

2）重点工程专项平衡。对列为重点工程的项目，由公司主持和召开平衡会议，专项研究和组织供应计划的落实，拟订措施，切实保证重点工程的顺利进行。

3）巡回平衡。为协助各单位工程解决供需矛盾，一般在月度（或季度）供应计划的基础上，组织相关人员定期到各施工点巡回调查，切实掌握第一手资料来搞好计划落实工作，确保施工任务的完成。

4）与建设单位协作配合搞好平衡。属建设单位供应的材料，建筑施工企业应积极主动地与建设单位交流供需信息，互通有无，避免脱节而影响施工。

5）竣工前的平衡。为确保工程的顺利竣工，在单位工程竣工前应细致地分析材料供应工作情况，逐项落实材料供应的品种、规格、数量和时间，以确保工程按期竣工。

（3）材料供应情况的分析和考核

1）对材料供应计划完成情况的分析与考核

将某种材料或某类材料实际供应数量与其计划供应数量进行比较，可考核某种或某类材料计划完成程度和完成效果。其计算公式为：

某种(类)材料供应计划完成率 = [某种(类)材料实际供应数量(金额) ÷ 某种(类)材料计划供应数量(金额)] ×100%

在考核某种材料供应计划完成情况时，其实物量计量单位一致的，可用实用数量指标；若实物量计量单位有差别时，应使用货币量指标。

考核材料供应计划完成率，是从整体上考核材料供应完成情况，而具体品种，特别是未完成材料供应计划的材料品种，对其进行品种配套供应考核是十分必要的。材料供应品种配套率的计算公式为：

材料供应品种配套率 =（实际满足供应的品种数 ÷ 计划供应品种数）×100%

2）对供应材料的消耗情况的分析与考核

按照施工生产竣工验收的工程量，考核材料供应量是否全部消耗，并分析所供材料是否适用，用于指导下一步材料供应并处理好遗留问题。

材料剩余量 = 实际供应量 − 实际消耗量

其中实际供应量是材料供应部门按项目申请计划实际供应的数量，实际消耗量是根据班组领料、退料、剩料和验收完成的工程量统计的材料数量。

1.4.1.2 材料供应方式

（1）按供应材料的合同主体分类

1）发包方供应方式

发包方供应方式是建设项目开发部门或业主对建设项目实施材料供应的方式。发包方负责项目所需资金的筹集和资源组织，按照建筑施工企业编制的施工图预算负责材料的采购供应。施工企业只负责施工中材料的消耗及耗用核算。发包方供应方式要求施工企业必须按生产进度和施工进度要求及时提出准确的材料计划，发包方根据计划按时、按质、按量、配套地供应材料，保证施工生产的顺利进行。

2）承包方供应方式

承包方供应方式是由建筑施工企业根据生产特点和进度要求，负责材料的采购和供应。承包方供应方式可以按照生产特点和进度要求组织进料，可以在所建项目之间进行材料的集中加工，综合配套供应，可以合理调配劳动力和材料资源，从而保证项目建设的速度。承包方供应方式还可以根据各项目要求从生产厂家大批量集中采购而形成批量优势，采取直达供应方式，减少流通环节，降低流通费用支出。材料采购、供应、使用的成本核算，由承包方承担，有助于承包方加强材料管理，采取措施，节约使用材料。

3）承发包双方联合供应方式

承发包双方联合供应方式是建设项目开发部门或业主和施工企业，根据合同约定的各自材料采购供应范围，实施材料供应。由于是承发包双方联合完成一个项目的材料供应，因此在项目开工前必须就材料供应中的具体问题作明确分工，并签订材料供应合同。在合同中应明确以下内容：供应范围，应明确到具体的材料品种甚至规格；供应材料的交接方式，包括材料的验收、领用、发放、保管、运输方式、分工及责任划分；材料采购、供应、保管、运输、取费及有关费用的计取方式；材料供应中可能出现的其他问题。

承发包双方联合供应方式，一方面可以充分利用发包方的资金优势、采购渠道优势，又能使施工企业发挥其主动性和灵活性，提高投资效益。但这种方式易出现采购供应中可能发生的交叉因素所带来的责任不清，因此必须有有效的材料供应合同作保证。

（2）按材料供应的数量控制方式分类

1）限额供应

限额供应，也称定额供应，根据计划期内施工生产任务和材料消耗定额及技术节约措施等因素，确定供应材料的数量。材料管理部门据此作为供应的限制数额，施工现场材料管理部门在限额内使用材料。限额供应有定期和不定期等形式，不论其限额时间长短，限额数量可以一次供应就位，也可分批供应，但供应累计总量不得超过限额数量。限额的限制方法可以采取凭票、凭证方法，按时间或部位分别记账，分别核算。凡是施工中材料耗用已达到限额而未完成相应工程量，需超限额使用时，必须经过申请和批准，并记入超耗账目。

2）敞开供应

根据资源和需求供应，对供应数量不作限制，材料耗用部门随用随领的供应方式，即为敞开供应。敞开供应对施工生产部门来说灵活方便，可以减少库存，减少现场材料管理的工作量，但要求材料的资源比较丰富，材料采购供应效率要高，而且供应部门必须保持适量的库存。敞开供应容易造成用料失控，材料利用率下降，从而加大成本，通常仅适用于抢险工程、突击性建设工程。

（3）按材料的领用方式分类

1）领料供应方式

由施工生产用料部门根据供应部门开出的提料单或领料单，在规定的期限内到指定的仓库（堆栈）提（领）取材料。提取材料的运输由用料单位自行办理。领料供应可使用料部门根据材料耗用情况和材料加工周期合理安排进料，避免现场材料堆放过多，造成保管困难。但易造成材料供应部门和使用部门之间的脱节，影响施工生产顺利进行。

2）送料供应方式

由材料供应部门根据用料单位的申请计划，负责组织运输，将材料直接送到用料单位指定地点。送料供应方式要求材料供应部门做到供货数量、品种、质量必须与生产需要相一致，送货时间必须与施工生产进度相协调，送货的间隔期必须与生产进度的延续性相平衡。

为保证材料供应方式的实施，应建立健全供应责任制。材料供应部门对施工生产用料单位还应实行“三包”和“三保”。“三包”：一是包供，即用料单位申请的材料经核实后全部供应；二是包退，即所供材料不符质量要求的要包退、包换；三是包收，即用料单位发生的废料、包装品以及不再需用的多余材料一律回收。“三保”：即对所供材料要保质、保量、保进度。凡实行送料制的还应实行“三定”：即定送料分工、定送料地点、定接料人员。

1.4.2 材料运输

材料运输是建筑施工企业采用各种运输形式将采购所得的材料输送到材料仓库或施工现场的活动。材料运输是物资流通的一个组成部分，也是材料供应管理中重要的一环。材料运输管理是对材料运输过程，运用计划、组织、指挥和调节职能进行管理。其目的是使材料运输合理化，提高运输经济效果，增进材料的使用效能。

材料运输管理的基本任务是根据客观经济规律和物资运输四原则（即遵守规程、快捷准确、确保安全、经济合理），对材料运输过程进行计划、组织、指挥、监督和调节，争取以最少的里程、最低的费用、最短的时间、最安全的措施，完成材料在空间的转移，保证工程需要。

1.4.2.1 材料的运输方式

在组织材料运输时，应根据各种运输方式的特点，结合材料的性质、运输距离的远近、供应任务的缓急及交通地理位置来选择运输方式。

（1）铁路运输。铁路运输能力大、运行速度快，一般不受气候季节的影响，连续性强，管理高度集中，运行比较安全准确，运输费用比公路运输低，是远程物资的主要运输方式。但铁路运输的始发和到达作业费用比公路运输高，物资短途运输不经济。

（2）公路运输。公路运输属于地区性运输，运输面广，机动灵活，快速，装卸方便。公路运输担负着极其广泛的中、短途运输任务。由于运费较高，不宜长距离运输。

（3）水路运输。水运的特点是运载量较大，运费低廉。但受地理条件的制约，直达率较低，往往要中转换装，因而装卸作业费用高，运输损耗也较大；运输的速度较慢，材料在途时间长，还受枯水期、洪水期和结冰期的影响，准时性、均衡性较差。

（4）民间群运。民间群运主要是指人力、畜力和木帆船等非机动车船的运输。运输工具数量多，调动灵活，对路况要求不高，可以直运直达。建筑材料的短途运输和现场转运，仍大量采用民间群运。

（5）其他运输形式

1）联运。在组织运输的过程中，把两种或两种以上不同的运输方式联合起来，实行多环节、多区段相互衔接，实现物资运输的方式。

2）散装运输。产品不用包装、使用专用设备组织运输的方式。

3）集装箱运输。使用集装箱进行物资运输的形式。集装箱或零散物资集成一组，采用机械化装卸作业，是一种新型、高效率的运输形式。

1.4.2.2 材料运输的业务工作

建筑施工企业的材料运输是材料部门通过一系

列业务工作完成的，主要包括组织、托运、装卸、领取等工作。

(1) 经济合理地组织材料运输

组织材料运输要按照客观的经济规律，用最少的劳动消耗、最短的时间和里程，把材料从产地运到生产消费地点，满足工程需要，实现最大的经济效益。在材料采购过程中，要组织合理的运输就应就地就近取材，组织运距最短的货源，为合理运输创造条件；选择合理的运输路线，最大限度地缩短运输的平均里程；根据材料的特点、数量、性质、需用的缓急、里程的远近和运价高低，选择合理的运输方式，以充分发挥其效用；合理使用运输工具，发挥运输工具的效能，做到满载、快速、安全，以提高经济效益。

(2) 材料的托运与承运

托运是指货主委托运输单位运输材料的形式。货主称为“托运人”，运输单位称为“承运人”。托运是材料运输工作的开始，当托运事务办理完毕，则标志着承运工作的开始。

为了预防材料在运输过程中发生意外事故损失，托运人应向保险公司投保。一般可委托承运人代办或与保险公司签订材料运输保险合同。

(3) 材料到达后的交接、领取

材料运到后，由到站（到达港）根据货物运单上托运人所填写的收货人名称、地址和电话，发出到货通知，通知收货人到指定地点领取材料。到货通知一般有电话通知、书信通知和特定通知等方法。

收货人员在接收运输的材料时，应按货物运单规定的材料名称、规格和数量，与实际装载情况进行核对，经确认无误后由收货人在有关运输凭证上签名盖章，表示运输的材料已经收到。材料在到站（到达港）货场或仓库领取的，收货人应在运输部门规定期限内提货，过期提货应向到站（到达港）缴付过期提货部分材料的暂存费。

(4) 材料的装货和卸货

材料的装货和卸货必须贯彻“及时、准确、安全和经济”的材料运输原则。材料装货前，要检查车、船的完整情况，要求没有破漏，车门车窗齐全，并做好车、船内的清扫等工作。装货后，要检查车、船装载是否符合装载规定以及核实货物的装载数量。材料卸货前，要检查车、船装载情况，卸货后，要检查车、船内材料是否全部卸清。

发生延期装货和延期卸货时，应查明原因，属于人力不可抗拒的自然原因（包括停电）和运输部门责任的，应在办理材料运输交接时，在运输凭证上注明发生的原因；属于托运人或收货人责任的，应按实际装卸延期时间按照规定支付延期装货或延期卸货费用。

（5）运输中货损、货差的处理

货物在运输过程中发生货物数量的损失称为货差，发生货物的质量、状态的改变称为货损。货损和货差，都是运输部门的货运事故。发生货运事故时，应于车、船到达的当天会同承运人处理，并向承运人索取有关记录。记录有“货运记录”和“普通记录”二种：

1）货运记录是具有法律意义的，可作为分析事故责任和托运人要求承运人赔偿货物的基本文件。货运记录应有承运人负责处理事故的专职人员的签名或盖章，加盖车站（港口）公章或专用章。

2）普通记录是一般的证明文件，不作为向承运人赔偿的依据。普通记录应有承运人的有关人员的签名或盖章和加盖车站（港口）戳。

托运人在提出索赔时，应向承运人提出货运记录、货物运单、赔偿要求书以及其他证件。托运人应在承运人交给货运记录的次日起 180 天内提出索赔，逾期运输部门可不予受理。

1.4.3 材料储备

材料储备是指材料已离开生产领域，而尚未进入再生产消耗之前所形成的材料暂时停留的状态。材料储备是流通过程中必然产生的一种形态，是保证施工生产过程顺利进行的必要条件。材料储备定额又称材料库存周转定额，是指在一定的生产技术和组织管理条件下，为保证施工生产正常进行而规定的合理储存材料的数量标准。材料储备的类型主要有以下几种。

1.4.3.1 经常储备

经常储备又称周转储备，是指建筑企业在正常供应条件下前后两批材料到货的供应间隔期内，为保证施工生产的正常进行所必须经常保持的材料储备。这种储备的数量是在不断变动的，但不能低于最低经常储备量。其计算公式为：

经常储备量=平均每日材料需用量×合理储备天数

式中：平均每日材料需用量=计划期材料需用量÷计划期天数；

合理储备天数=供应间隔天数+验收入库天数+使用前准备天数；

计划期天数，当计算全年材料需用量时取360天，当计算季度材料需用量时取90天；

供应间隔天数=每批材料进货量÷平均每日需用量，若供应来源有几个单位且供应间隔期又不稳时，供应间隔天数=各批材料到货量（到货的间隔期×该批到货数）之和÷各批到货数之和。

1.4.3.2 保险储备

保险储备是指材料在供应中如果发生意外情况时，也能保证施工生产的顺利进行的材料储备。在正常情况下，这种材料储备是不能动用的，在必须动用时，用后立即补充。保险储备主要针对不易补充、不易代用且对施工生产影响最大的材料。其计算公式为：

保险储备量=平均每日材料需要×平均误期天数（保险储备天数）

=计划期材料需用量÷计划期天数×保险储备天数

式中：平均误期天数=Σ（进料误期天数×误期入库数量）÷误期入库数量总和。

1.4.3.3 季节性储备

季节性储备是指某些材料的生产有季节性中断，为保证施工生产的正常进行而在其生产中断期内建立的材料储备。其计算公式为：

季节性储备量＝平均每日材料需用量×季节性储备天数

1.4.4 材料供给

材料供给中的定额供应和建设项目施工中的包干使用，是目前采用较多的材料供给管理方法。这种方法是在实行限额领料的基础上，通过建立经济责任制，签订材料定包合同，达到合理使用材料和提高经济效益目的的一种管理方法。

1.4.4.1 限额领料的方式

（1）按分项工程实行限额领料

按分项工程实行限额领料是按不同工种所担负的分项工程进行限额。例如按砌墙、抹灰、支模、混凝土等工种，以班组为对象实行限额领料。这种方式管理范围小，容易控制，便于管理，特别是对班组专用材料见效快。但这种方式容易使各工种班组从自身利益出发，较少考虑工种之间的衔接和配合，易出现某分项工程节约较多，而其他分项工程节约较少甚至超耗的现象。例如砌墙班节约砂浆，砌缝较深，必然使抹灰班增加抹灰的砂浆用量。

（2）按工程部位实行限额领料

按照基础工程、主体结构工程、装修工程等施工阶段，以施工队为责任单位实行限额供料。施工队增强了整体观念，有利于工种的配合和工序衔接，有利于调动各方面的积极性，但往往重视容易节约的结构工程部位，而对容易发生超耗的装修工程部位难以实施限额。同时，由于以施工队为对象，增加了限额领料的品种、规格，因此要求施工队内部有良好的管理措施和手段。

（3）按单位工程实行限额领料

对一个工程从开工到竣工，包括基础、结构、装修等全部工程项目的用料实行限额管理，可以提高项目独立核算能力，有利于产品最终效果的实现。同时各项费用捆在一起，从整体利益出发，有利于工程统筹安排，对缩短工期有明显效果，适用于工期不太长的工程。

1.4.4.2 限额领料数量的确定

限额领料数量主要依据设计概算、设计预算、施工组织设计、施工预算、施工任务书、相应的技术节约措施、混凝土及砂浆的试配资料以及有关的技术翻样资料和补充定额的相关规定，通过准确的工程量计算和套用正确的定额来确定。限额领料数量的计算公式为：

限额领料数量 = 计划实物工程量 × 材料消耗施工定额 - 技术组织措施节约额

1.4.4.3 限额领料的程序

（1）限额领料单的签发

限额领料单的签发，先由生产计划部门根据分部分项工程项目、工程量和施工预算编制施工任务书，由劳动定额员计算用工数量。然后由材料员按照企业现行内部定额，扣除技术节约措施的节约量，计算限额用料数量，填写施工任务书的限额领料部分，签发限额领料单。

（2）限额领料单的下达

限额领料单一般一式五份，一份由生产计划部门作存根，一份交材料保管员备料，一份交劳资部门，一份交材料管理部门，一份交班组作为领料依据。限额领料单要注明工程项目对材料提出的具体要求，由工长向班组下达和交底，对于用量大的领料单应进行书面交底。所谓用量大的用料单，一般是指分部工程所下达的施工队领料单，如结构工程，既有混凝土又有砌筑及钢筋、模板工程等，应根据月度工程进度，列出分层次分项目的材料用量，以便控制用料及核算，起到限额用料的作用。

（3）限额领料单的应用

班组材料员持限额领料单到指定仓库领料，材料保管员按领料单所限定的品种、规格、数量发料，并做好分次领用记录。在领发过程中，双方办理领发料手续，填制领料单，注明用料的单位工程和班组，材料的品种、规格、数量及领用日期，双方签字认证，做到仓库有人管、领料有凭证、用料有记录。

班组要按照用料的要求做到专料专用，不得串项，对领出的材料要妥善保管。同时，班组材料员要搞好班组用料核算，各种原因造成的超限额用料都必须由工长出具借料单，材料人员可先借 3 日内的用料，并在 3 日内补办手续，不补办的停止发料，做到没有定额用料单不得领发料。

(4) 限额领料单的检查

在限额领料过程中，会有许多因素影响着班组的用料。材料管理人员及有关人员，要深入现场进行检查。检查的内容主要有：

1) 查项。施工中由于各种因素的影响，班组施工项目变动比较常见，因此在定额用料中，应经常进行以下五个方面的检查和落实：

① 查设计变更的项目有无发生变化；

② 查用料单所包括的施工是否做，是否甩，

是否做齐；

③ 查项目包括的工作内容是否都做完了；

④ 查班组是否做限额领料单以外的施工项目；

⑤ 查班组是否有串料项目。

2）查量。在实际施工过程中，由于各种因素的影响，往往造成工程量的变化，应进行查量。因此要求材料员要参加结构工程主要项目的验收，查找原因以得出准确的结论，便于材料的限额管理。

3）查操作。检查班组在施工中是否严格按照规定的技术操作规范施工。不论是执行定额还是执行技术节约措施，都必须按照规定的方法和要求去操作，否则就达不到预期效果。

4）查节约措施的执行。检查班组在施工中技术节约措施的执行情况。

5）查活完脚下清。检查班组在施工项目完成后是否做到“三清”，用料有无浪费现象。

（5）限额领料单的验收

班组完成任务后，应由工长组织有关人员进行验收。工程量由工长验收签字，统计、预算部门把关，审核工程量；工程质量由技术质量部门验收，并在任务书签署检查意见；用料情况由材料部门签署意见。验收合格后办理退料手续，见表1-3。

限额领料“五定五保”验收记录　表1-3

项　目	施工队“五定”	班组“五保”	验收意见
工期要求			
质量标准			
安全措施			
节约措施			
协作情况			

(6) 限额领料单的结算

班组材料员或组长将验收合格的工程验收记录送交定额员进行结算。材料员根据验收的工程量和质量部门签署的意见，计算班组实际应用量和实际耗用量，结算盈亏，最后根据已结算的定额用料单分别登入班组用料台账，按月公布班组用料节超情况，作为评比和奖励的依据。

(7) 限额领料单的分析

根据班组任务书结算的盈亏数量，进行节超分析，要根据定额的执行情况，查找材料节超原因，揭示问题，堵塞漏洞，以利于进一步降低材料的损耗。

1.5 材料质量管理

工程质量管理是企业管理的核心，是企业经济效益的基础。材料质量是影响工程质量的五大因素之一，只有抓好材料质量管理，才能为工程质量提供有力的保障。

1.5.1 材料质量要求

1）用于永久性工程的材料（含半成品、成品）必须符合有关规范规定，并经监理工程师批准。承包人在材料的订购或自采加工之前，应取得监理工程师的同意，必要时应附有材料的样品及其材质和使用的有关说明。

2）用于永久性工程的材料，均应按规定进行抽检、试验，经检验不合格的材料严禁进入施工现场。

3）凡规范未涉及而工程又需要的某些材料应符合经监理工程师指示的质量要求。

4）未经监理工程师的批准，不得采用任何替代材料。

5）监理工程师对料源送检材料质量的认可并不意味着这一料源的所有材料都合格，监理工程师有权拒绝使用此料源不合格的材料。

6）任何工程凡使用了未经监理工程师批准的材料，不论该工程正在进行或已完成，均应由承包人自费拆除并重建。

1.5.2 材料质量管理制度

为了加强建筑材料管理工作，确保工程质量，杜绝不合格建筑材料使用在工程建设上，特制定材料质量管理制度如下：

1）材料管理必须坚持合理选材、物尽其用、质优价廉的原则。

2）坚持按设计要求选用材料，由专人负责监督施工方购料、用料。

3）对工程所需的主要材料，水泥、钢材、木材、水电材料等，坚持定品牌、定厂家、定合同，坚持跟踪采购、验收，做到所有主要入库建材都有甲方材料员验收。

4）对工程主辅材，建立样品入库制度。对所有工程用材都要求使用合格产品。必须要求有商标和材料说明书，并注明厂家、商家。

5）加强对施工方用材的管理和监督，不允许施工方使用不合格产品，不允许施工方偷梁换柱使用非甲方认可的材料。

6）加强对材料规范管理，主管领导、技术员、施工员、材料员组成材料监察小组，负责定材、选材、监督和验收。

7）材料员必须坚持原则，廉洁奉公，不允许假公济私，收取回扣，不允许推销产品。

8）材料管理人员必须坚持不断学习，要对建筑所需用的材料有关成分、性能、特点以及市场价格基本做到心中有数。

9）材料管理人员必须做到勤跑施工工地，勤查看材料商标、合格证、生产厂家、出厂材质说明书是否与材料相符，勤查问材料按规范、按批次取样做送检，对应掌握的材料情况必须进行逐日登记。

10）材料管理人员应做好各种材料取样、贴签、存库工作。

11）建立工程材料资料档案，材料员负责对材料的选定、采购、样品及验收进行规范的文字记载。

1.5.3 材料质量监督

建筑材料的性能和质量关系到建设工程的安全、

功能、环保和资源节约，更关系到人民群众的切身利益及经济社会的发展。因此，材料的质量监督管理应贯穿整个建筑施工生产过程，从材料的采购到使用各个环节都应规范施工过程参与各方的行为。

1.5.3.1 建设方的材料质量监督

建材产品自进入建筑市场开始，均必须遵循从采购供应到进场检验，到政府备案的监督管理规定。建设单位与供应单位必须签订规范的合同，一般最好采用合同示范文本。建设单位应对施工单位使用的建材产品是否符合产品质量标准、产业政策、工程建设标准、设计文件和合同要求等进行监督，对工程验收和移交时建设工程材料存档资料的完整性负责。不得明示或暗示设计单位、施工单位采购选用不合格建材。建设单位组织施工单位和监理单位按照招标文件要求和合同约定，对采购的建设工程材料样品进行封样。供应单位提供的产品运到施工现场后，要与封样产品进行比对，与封样不一致的不得使用。

1.5.3.2 施工方的材料质量监督

施工单位对其采购、使用的建材是否符合产品质量标准、产业政策、工程建设标准、设计文件和合同，以及执行现场复试和见证取样检测负责。要建立并完善建材使用管理制度和质量保证体系，包括合格供应商的选择、建材进场验收、质量检测和标识、储存、保管、发放、台账记录、档案资料汇总等各项制度措施，确保所采购和使用的建材符合规定的质量、安全、节能、环保要求。施工单位在建材进场验收时，发现“三无”产品、假冒产品或实物与提供的出厂质量证明文件不符的，不得验收。发现“三无”产品、假冒产品的，应当立即向县级及以上人民政府建设行政主管部门报告，同时向同级质量技术监督部门或工商行政管理部门举报。材料在进场验收合格后，在使用前施工单位必须对建筑材料按照施工技术标准、设计要求和合同约定进行复试或见证取样检验。未检验或检验不合格的不得使用。

1.5.3.3 监理方的材料质量监督

监理单位应当对进场的建材严格把关，严格执行进场验收、检验和旁站监理等各项规定，不符合要求不得签字。未经监理工程师签字，不得在工程上使用或者安装，施工单位不得进行下一道工序的施工。见证人员应由建设单位或监理单位中具备建筑施工试验知识的专业技术人员担任。施工过程中，见证人员应按照见证取样和送检计划，对施工现场的取样和送检进行见证，取样人员应在试样或其包装上做出标识、封志。标识和封志应标明工程名称、取样部位、取样日期、样品名称和样品数量，并由见证人员和取样人员签字。见证人员应制作见证记录，并将见证记录归入施工技术档案。检测单位应当严格按照规定出具见证取样检测报告，对出具的检测报告的真实性负责，不得更改数据或者在检测中弄虚作假，不得违反规定出具检测报告。

1.6 材料使用管理

施工现场的材料管理，属于生产领域里材料耗用过程的管理，与企业其他技术经济管理有密切的关系，是建筑企业材料管理的关键环节。材料使用管理是在现场施工过程中，根据工程类型、场地环境、材料保管和消耗特点，采取科学的管理办法，从材料投入到成品产出全过程进行计划、组织、协调和控制，力求保证生产需要和材料的合理使用，最大限度地降低材料消耗。

1.6.1 现场材料管理程序

1.6.1.1 施工前的准备工作

（1）了解工程合同的有关规定、工程概况、供料方式、施工地点及运输条件、施工方法及施工进度、主要材料和机具的用量、临时建筑及用料情况等。全面掌握整个工程的用料情况及大致供料时间。

（2）根据生产部门编制的材料预算和施工进度计划，及时编制材料供应计划。组织人员落实材料名称、规格、数量、质量与进场日期。掌握主要构件的需用量和加工件所需图纸、技术要求等情况。

（3）深入调查当地地方材料的货源、价格、运输工具及运载能力等情况。

（4）积极参加施工组织设计中关于材料堆放位置的设计。按照施工组织设计平面图和施工进度需要，分批组织材料进场和堆放，堆料位置应以施工组织设计中材料平面布置图为依据。

（5）根据防火、防水、防雨、防潮管理的要求，搭设必要的临时仓库。确定材料堆储方案时，应注意以下问题：

1）材料堆场要以使用地点为中心，越靠近使用地点越好，避免发生二次搬运。

2）材料堆场及仓库、道路的选择不能影响施工用地，以避免料场、仓库中途搬家。

3）材料堆场的容量，必须能够存放供应间隔期内的最大需用量。

4）材料堆场的场地要平整，设排水沟，不积水；构件堆放场地要夯实。

5）现场临时仓库要符合防火、防雨、防潮和保管的要求，雨期施工要有排水措施。

6）现场运输道路要坚实，循环畅通，有回转余地。

7）现场的石灰池，要避开施工道路和材料堆场，最好设在现场的边沿。

1.6.1.2 施工过程中的组织与管理

施工过程中现场材料管理工作的主要内容有：

（1）建立健全现场管理的责任制度。划区分片，包干负责，定期组织检查和考核。

（2）加强现场平面布置管理。根据不同的施工阶段、材料消耗的变化，合理调整堆料位置，减少二次搬运，方便施工。

（3）掌握施工进度，搞好平衡。及时掌握用料信息，正确组织材料进场，保证施工的需要。

（4）所用材料和构件要严格按照平面布置图堆放整齐，要成行、成线、成堆，经常保持堆料场地清洁整齐。

（5）认真执行材料、构件的验收、发放、退料和回收制度。建立健全原始记录和各种材料统计台账，按月组织材料盘点，抓好业务核算。

（6）认真执行限额领料制度，监督和控制施工队组节约使用材料，加强检查，定期考核，努力降低材料的消耗。

（7）抓好节约措施的落实。

1.6.1.3 工程竣工收尾和施工现场转移的管理

工程完成总工作量的70%以后，即进入收尾阶段，新的施工任务即将开始，必须做好施工转移的准备工作。搞好工程收尾，有利于施工力量迅速向新的工程转移。一般应该注意以下几个问题：

（1）当一个工程的主要分项工程（指结构、装修）接近收尾时，要检查现场存料，估计未完工程用料，在平衡的基础上调整原用料计划，控制进料，为工完场清创造条件。

（2）对不再使用的临时设施可以提前拆除，并充分考虑旧料的重复利用，节约建设费用。

（3）对施工现场的建筑垃圾，要及时清理，确实不能利用的废料，要随时进行处理。

（4）对于设计变更造成的多余材料及不再使用的周转材料等要随时组织退库，以利于竣工拔点，及时向新工地转移。

(5) 做好材料收发存的结算工作，办清材料核销手续，进行材料结算和材料预算的对比。考核单位工程材料消耗的节约和浪费情况，并分析其原因，总结经验教训，以改进材料供应与管理工作。

1.6.2 现场材料管理内容

1.6.2.1 现场材料的验收和保管

(1) 收料前的准备

现场材料人员接到材料进场的预报后，要做好以下五项准备工作：

1) 检查现场施工道路有无障碍，以保证材料能顺利进场。

2) 按照施工组织设计的场地平面布置图的要求，选择好堆料场地，要求平整。

3) 必须进入现场临时仓库的材料，按照"轻物上架、重物近门、取用方便"的原则，准备好库位。防潮、防霉材料要事先铺好垫板，易燃易爆材料一定要准备好危险品仓库。

4) 夜间进料，要准备好照明设备，在道路两侧及堆料场地，都有足够的亮度，以保证安全生产。

5) 准备好装卸设备、计量设备、遮盖设备等。

(2）材料验收的步骤

现场材料的验收主要是检验材料的品种、规格、数量和质量。验收步骤如下：

1）查看送料单，是否有误送；

2）核对实物的品种、规格、数量和质量，是否与凭证一致；

3）检查原始凭证是否齐全正确；

4）做好原始记录，逐项详细填写收料日记，其中验收情况登记栏，必须将验收过程中发生的问题填写清楚。

(3）几种主要材料的验收保管方法

1）水泥

① 质量验收。水泥以出厂质量保证书为凭，进场时查验单据上水泥品种、规格、强度等级与水泥袋上印的标志是否一致，检查水泥出厂日期是否超过规定时间。水泥进入现场后应按规范要求进行复检。

② 数量验收。袋装水泥装车时或卸入仓库后应点袋计数。罐车运送的散装水泥，可按出厂秤码单计量净重，但要注意卸车时应卸净。

③ 合理码放。水泥仓库地坪要高出室外地面20～30cm，四周墙面要有防潮措施，码垛时一般码

放10袋，最高不得超过15袋。不同生产厂家、品种、规格、强度等级和生产日期的水泥要分开码放。特殊情况下水泥需在露天临时存放时，必须有足够的遮垫措施，做到防水、防雨、防潮。

④ 保管。水泥的储存时间不能太长，出厂后超过3个月的水泥，应进行复验。根据使用情况安排好进料和发料的衔接，严格遵守先进先发的原则，防止发生长时间不动的死角。

2）钢材

① 质量验收。钢材质量验收分外观质量和化学成分、力学性能的验收。现场材料验收人员，通过眼看、手摸或使用简单工具，检查钢材的外观质量。钢材的化学成分、力学性能均应经有相应资质的检验检测部门进行复试，合格产品才能投入使用。

② 数量验收。钢材数量可通过称重、点件、检尺换算等几种方式验收。当现场数量检测确实有困难时，可到供料单位监磅发料，保证进场材料数量准确。

③ 保管。优质钢材、小规格钢材，如镀锌板、镀锌管、薄壁电线管等，最好入库入棚保管。若条件不允许，只能露天存放时，应做好苫垫。钢材在

保管过程中必须按不同的品种、规格、技术指标分别堆放。要保持场地干燥，地面不积水，无污物。

3）砂、石料

① 质量验收。砂、石的颗粒级配、含泥量、泥块含量等技术质量要求经相应资质的检验检测部门检验合格后才能投入使用。

② 数量验收。砂石的数量验收按运输工具不同、条件不同而采取不同的方法。可采用过磅计量和量方验收。

③ 合理堆放。一般应集中堆放在混凝土搅拌机和砂浆机旁，不宜过远，堆放要成方成堆。

4）成品、半成品的验收和保管

成品与半成品主要包括混凝土构件、铁件、门窗等。

① 混凝土构件。混凝土构件应按照施工现场平面图设计要求，分层分段配套堆放，认真核对品种、规格、型号，检验外观质量，及时登记台账，掌握配套情况。构件存放场地要平整，垫木规格一致且位置上下对齐，保持平整和受力均匀。

② 铁件。铁件主要包括金属结构、预埋铁件、楼梯栏杆等。铁件进场应按加工图纸验收，复杂的需会同技术部门验收。铁件一般在露天存放，精密

的放入库内或棚内，露天存放的大件铁件要用垫木垫起，小件可搭设平台，分品种、规格、型号码放整齐，并挂料牌标明。铁件要按加工计划逐项核对验收，按单位工程登记台账。

③ 门窗。门窗有钢质、木质、塑料质和铝合金质的，都是在工厂加工后运到现场的。门窗验收要详细核对加工计划，认真检查规格、型号，进场后要分品种、规格码放整齐。木门窗、钢门窗露天存放时，应用垫木垫起、遮盖，防止雨淋日晒变形。门窗验收码放后，要挂料牌标明规格、型号、数量，按单位工程建立门窗及附件台账，防止错领错用。

5）装饰材料

装饰材料价值高，易损、易坏、易丢。壁纸、瓷砖、马赛克、油漆、五金、灯具等应入库由专人保管，防止丢失。

1.6.2.2 现场材料的发放和耗用管理

（1）现场材料的发放

现场发料主要是依据下达给施工班组或专业施工队的班组作业计划（任务书），根据任务书上签发的工程项目和工程量所计算的材料用量，办理材料的领发手续。由于施工班组、专业施工队伍各工种所担负的施工部位和项目有所不同，因此除任务书以外，还须根据不同的情况办理一些其他领发料手续。

工程用料，包括大宗材料、主要材料及成品、半成品等，凡属于工程用料的必须以限额领料单作为发料依据。在实际生产过程中，因设计变更、施工不当等原因造成工程量增加或减少，使用的材料也发生变更，造成限额领料单不能及时下达。此时，应由工长填制、项目经理审批的工程暂借用料单（见表1-4），并在3日内补齐限额领料单，交到材料部门作为正式发料凭证，否则停止发料。

工程暂借用料单 **表1-4**

班　组：＿＿＿＿＿工程名称：＿＿＿＿＿　工程量：＿＿＿＿＿

施工班组：＿＿＿＿＿＿　　　　　　　　　年　　月　　日

材料名称	规格	计量单位	应发数量	实发数量	原因	领料人

项目经理（主管工长）：　　　　　　发料：　　　　领料：

工程暂设用料，包括大堆材料及主要材料，凡属于施工组织设计以内的，按工程用料一律以限额领料单作为发料依据。施工组织设计以外的临时零星用料，由工长填制、项目经理审批的工程暂设用料申请单（见表1-5），办理领发手续。

工程暂设用料申请单 **表1-5**

工程名称：________

施工班组：________ 年 月 日 编号：______

材料名称	规格	计量单位	请发数量	实发数量	用途	备注

项目经理（主管工长）： 发料： 领料：

对于行政及公共事务使用的材料，包括大堆材料、主要材料及剩余材料等，主要凭项目材料主管人员或施工队主管领导批准的用料计划到材料部门领料，并且办理材料调拨手续。

对于调出给项目外的其他部门或施工项目的材料，可凭施工项目材料主管人签发或上级主管部门签发、项目材料主管人员批准的材料调拨单（见表1-6）办理。

材料调拨单 **表 1-6**

收料单位：__________ 编制：__________

发料单位：__________ 年 月 日

材料名称	规格	单位	请发数量	实发数量	实际价格		计划价格		备注
					单价	金额	单价	金额	
合计									

主管： 收料： 发料： 制表：

1）材料发放程序

①班组材料员持限额领料单向材料员领料。材料员经核实工程量、材料品种、规格、数量等无误后，交给领料员和仓库保管员。

②班组凭限额领料单领用材料，仓库依此发放材料，双方签字认证，见表 1-7。若一次开出的领料量较大需多次发放时，应在发放记录上逐日记载实领数量，由领料人签认，见表 1-8。

领 料 单 **表1-7**

工程名称：________ 队组：________

工程项目：________ 年 月 日

材料编号	材料名称	规格	单位	数量	单价	备注

材料保管员： 领料人： 材料核算员：

发 放 记 录 **表1-8**

班组：________ 年 月 日 计量单位：________

任务书编号	日期	工程项目	发放量	领料人

2）材料发放方法

在现场材料管理中，不同品种、规格材料的发放方法有所不同。

①大堆材料：灰、砂、石等大堆材料的发放除按限额领料单中确定的数量发放外，要做到在指定的料场清底使用。对混凝土、砂浆所使用的砂、石，按水泥的实际用量比例进行计量控制发放，也可以

按混凝土、砂浆不同强度等级的配合比，分盘计算发料的实际数量，并做好分盘记录和领发料手续。

② 主要材料：水泥、钢材、木材等主要材料的发放要凭限额领料单（任务书）、有关的技术资料和使用方案发放。如水泥的发放，除应根据限额领料单签发外，还要凭混凝土、砂浆的配合比进行发放。另外，根据工程量的大小，可分期分批发放，并做好领发记录，见表1-9。

水泥领用及纸袋回收记录　　　表1-9

施工班组：＿＿＿＿＿＿＿＿　　　　年　　月　　日

<table>
<tr><th rowspan="3">料单
编号</th><th rowspan="3">工程
项目</th><th colspan="4">领　出</th><th colspan="4">回　收</th></tr>
<tr><th rowspan="2">散装</th><th colspan="2">袋装</th><th rowspan="2">领用人</th><th rowspan="2">日期</th><th rowspan="2">好袋</th><th rowspan="2">破袋</th><th rowspan="2">退回人</th></tr>
<tr><th>好</th><th>破</th></tr>
<tr><td></td><td></td><td></td><td></td><td></td><td></td><td></td><td></td><td></td><td></td></tr>
<tr><td></td><td></td><td></td><td></td><td></td><td></td><td></td><td></td><td></td><td></td></tr>
</table>

主管：　　　　　　　　保管员：

③成品及半成品：混凝土构件、铁件、门窗及成形钢筋等材料发放时应依据限额领料单及工程进度计划，由专职人员管理和发放，并办理领发手续。

3）材料发放中应注意的问题

① 必须提高材料人员的业务素质和管理水平，

熟悉工程概况、施工进度计划、材料性能及工艺要求等，便于配合施工生产；

② 根据施工生产需要，严格执行材料进场及发放的计量检测制度；

③ 在材料发放过程中，认真执行定额用料制度，核实工程量、材料的品种、规格及定额用量，以免影响施工生产；

④ 严格执行材料管理制度，大堆材料清底使用，水泥早进早发，装修材料按计划配套发放，以免造成浪费；

⑤ 对价值较高及易损、易坏、易丢的材料，发放时领发双方须当面点清，签字认证，并做好发放记录；

⑥ 实行承包责任制，防止丢失损坏，避免重复领发料现象的发生。

(2) 现场材料的耗用

现场材料的耗用是指在材料消耗过程中，对构成工程实体的材料消耗所进行的核算活动。现场耗料的计算依据是根据施工班组、专业施工队所持的限额领料单（任务书）到材料部门领料时所办理的领料手续的凭证。

1) 材料耗用程序

①工程耗料。包括大堆材料、主要材料及成品、半成品等的耗料，根据领料凭证（任务书）所发出的材料经核算后，对照领料单进行核实，并按实际工程进度计算材料的实际耗料数量。由于设计变更、工序搭接造成材料超耗的，也要如实记入耗料台账，便于工程结算，见表1-10。

耗料台账 **表1-10**

工程名称：______ 结构：___层数：___面积：___

开工日期： 年 月 日 竣工日期： 年 月 日

材料名称	计量单位	包干指标		上年结转		分月耗料数量					
		原指标	调整	预算	实际	预算	实际	预算	实际	预算	实际

②暂设耗料。包括大堆材料、主要材料及可利用的剩余材料，根据施工组织设计要求，所搭设的设施视同工程用料，要按单独项目进行耗料。按项目经理（工长）提出的使用凭证（任务书）进行核算后，与领料单核实，计算出材料的耗料数量。如有超耗也要计算在材料成本之内，并且记入耗料台账。

③行政公共设施耗料。根据施工队主管领导

或材料主管批准的用料计划进行发料，使用的材料一律以外调材料形式进行耗料，单独记入台账。

④ 调拨材料。是材料在不同部门之间的调动，标志着所属权的转移。不管内调与外调，都应记入台账。

⑤ 班组耗料。根据各施工班组和专业施工队的领发料手续（小票），考核各班组、专业施工队是否按工程项目、工程量、材料规格、品种及定额数量进行耗料，并且记入班组耗料台账，作为当月的材料移动报告，如实地反映材料的收、发、存情况，为工程材料的核算提供可靠依据，见表1-11。

材料移动月报 **表1-11**

编制单位：________ 年 月 日 第 页

材料名称	规格	计量单位	预算单价	上月结余		本月收入		耗材								本月调出		本月结存	
								1		2		3		合计					
				数量	金额	数量	金额	数量	金额	数量	金额	数量	金额	数量	金额	数量	金额	数量	金额

财务主管： 材料主管： 核算员： 材料保管员：

2）材料耗用方法

① 大堆材料，一般露天存放，不便于随时计数，耗料一般采取两种方法：一是实行定额耗料，按实际完成工作量计算出材料用量，并结合盘点，计算出月度耗料数量；二是根据混凝土、砂浆配合比和水泥耗用量，计算其他材料用量，并按项目逐日记入材料发放记录，到期累计结算，作为月度耗料数量。

② 主要材料，一般都是库发材料，根据工程进度计算实际耗料数量。

③ 成品及半成品，一般采用按工程进度、部位进行耗料，也可按配料单或加工单进行计算，求得与当月进度相适应的数量，作为当月的耗料数量。

（3）材料消耗管理

材料消耗过程的管理是对材料在施工生产消耗过程中进行组织、指挥、监督、调节和核算，消除不合理的消耗，达到物尽其用、降低材料成本、提高企业经济效益的目的，主要采取以下几个方面措施：

1）加强施工管理和采取技术措施节约材料

① 水泥的节约措施

选择合理的水泥品种和强度等级，选择级配良好的骨料和合理的砂率，控制水灰比，掺用外加剂，优化混凝土配合比。

② 钢材的节约措施

集中断料，合理加工。所有钢构件、铁件加工，可以集中到一个专设单位进行。钢筋加工成形时，应注意合理地焊接或绑扎钢筋的搭接长度。充分利用短料、旧料。不随意进行代换，需代用时，应经过严格的换算，使代用后造成的损失尽量减少。

③ 砌体材料的节约措施

提倡文明装卸，减少材料耗损。堆放合理，减少二次搬运。充分利用断砖，减少损耗。

2）提高企业管理水平、加强材料管理、降低材料消耗

① 加强基础管理是降低材料消耗的基本条件。施工预算和施工图预算的对比，是控制材料消耗的基础工作，通过对比分析，可准确提出材料的需用量，编制切合实际的施工方案和技术措施。

② 合理供料，以班组生产使用点为卸料地点，减少二次搬运费和劳动力消耗，提高材料的周转速度，提高经济效益。

③ 开展文明施工和班组操作“落手清”，材料堆放合理、成条成垛，散落砂浆、混凝土、断砖等

随用、随清，材料损耗可达到最小限度。

④ 回收利用、修旧利废。建筑施工过程中可回收利用的材料较多，如落地砂浆、散落混凝土等，在操作中应及时予以收集利用；绑扎脚手架的钢丝，可以回收整理拉直后再次使用。修旧利废的项目更多，如设备的零配件、水暖电器、劳保用品、工具等均可大力开展修旧利废工作。贯彻勤俭节约的方针，落实责任制，制定合理的回收利用制度和奖惩办法，可以促进这项工作持久、深入地开展下去。

⑤ 加速材料周转，缩短周转天数，减少料具流通过程中的中间环节，节约材料资金。

3）实行材料节约奖励制度，提高节约材料的积极性

建筑施工企业实行材料节约奖励制度，要有合理的材料消耗定额、严格的材料收发制度、完善的材料消耗考核制度，使企业节约材料的积极性得以提高。

1.6.3 周转材料及工具管理

1.6.3.1 周转材料管理

（1）周转材料的概念与种类

周转材料是指能够多次应用于施工生产，有助于产品形成，但不构成产品实体的各种材料的总称。周转材料按材质可分为钢制品和木制品两类，按使用对象可分为混凝土工程用周转材料、结构及装修工程用周转材料和安全防护用品周转材料。

施工生产中常用的周转材料包括定型组合钢模板、大钢模板、滑升模板、酚醛复膜胶合板、木模板、钢脚手板、木脚手板、门型脚手架以及安全网、挡土板等。由于受施工条件限制，有些周转材料也是一次性消耗的，如大体积混凝土浇捣时所使用的钢支架在浇捣完成后无法取出，钢板桩由于施工条件限制无法拔出，个别模板无法拆除等。

（2）周转材料管理的任务

1）根据施工生产的需要，及时、准确、配套地提供适量和适用的各种周转材料。

2）根据不同周转材料的特点建立相应的管理制度和办法，加速周转，以较少的投入发挥尽可能大的效能。

3）加强材料的维修保养，延长其使用寿命，提高使用的经济效果。

（3）周转材料管理的内容

1）使用。周转材料的使用是为了保证施工生产正常进行或有助于产品的形成而对周转材料进行安拆的作业过程。

2）养护。周转材料的养护是指例行养护，包括除灰垢、涂刷防锈剂或隔离剂，使周转材料处于随时可投入使用的状态。

3）维修。周转材料的维修是指修复损坏的周转材料，使之恢复或部分恢复原有功能。

4）改制。周转材料的改制是对损坏且不可修复的周转材料，按照使用和配套的要求进行大改小、长改短的作业。

5）核算。周转材料的核算包括会计核算、统计核算和业务核算三种核算方式。会计核算主要反映周转材料投入和使用的经济效果及摊销状况，是资金（货币）的核算；统计核算主要反映数量规模、使用状况和使用趋势，是数量的核算；业务核算是材料管理部门根据实际情况和业务特点而进行的核算，既有资金的核算，也有数量的核算。

(4) 周转材料的管理方法

1）租赁管理

租赁是在一定期限内，产权的拥有方向使用方提供材料的使用权，但不改变所有权，双方各自承担一定的义务，履行契约的一种经济关系。租赁周转材料时，根据市场价格变化及摊销额度要求测算租金标准，并使之与工程周转材料费用收入相适应。签订租赁合同时应明确以下内容：

① 租赁材料的品种、规格、数量，并附租用品的明细表以便查核；

② 租赁材料的租赁期限及起止日期、租赁费用以及租金结算方式；

③ 租赁材料的使用要求、质量验收标准和赔偿办法；

④ 双方的责任和义务；

⑤ 违约责任的追究和处理等。

项目确定使用周转材料后，应根据施工方案制订需用计划，由专人与租赁部门签订租赁合同，并做好周转材料进入施工现场的各项准备工程。租赁部门必须按合同保证配套供应并登记《周转材料租赁台账》，到租赁期时对租赁的周转材料进行质量验收。租金的结算期限一般自提运的次日起至退租之日止，租金按日历天数逐日计取，按月结算。租赁单位实际支付的租赁费用包括租金和赔偿费两项。

租赁费用 = Σ（租用数量 × 相应日租金 × 租用天数 + 丢失损坏数量 × 相应原值 × 相应赔偿率）

根据结算结果由租赁部门填制租金及赔偿结算单。为简化核算工作也可不设周转材料租赁台账，而直接根据租赁合同进行结算。

2）周转材料的费用承包管理方法

周转材料的费用承包是以单位工程为基础，按照预定的期限和一定的方法测定一个适当的费用额度交由承包者使用，实行节奖超罚的管理。

① 承包费用的确定

承包费用可用扣额法或加额法确定。承包费用的支出是在承包期限内所支付的周转材料使用费（租金）、赔偿费、运输费、二次搬运费以及支出的其他费用之和。

扣额法承包费用 = 预算费用 ×（1 − 成本降低率）

加额法承包费用 = 施工方案确定的费用 ×（1 + 平均耗费系数）

$$\text{式中：平均耗费系数} = \frac{\text{实际耗用量} - \text{定额耗用量}}{\text{实际耗用量}}$$

② 费用承包管理的内容

A. 签订承包协议。包括工程概况、应完成的工程量、需用周转材料的品种、规格、数量及承包费用、承包期限、双方的责任与权力、不可预见问题的处理以及奖罚等内容。

B. 承包额的分析。首先要分解承包额，以施工用量为基础将其还原为各个品种的承包费用；第二要分析承包额。在实际工作中，不同的周转材料可分别进行承包，或只承包某一品种，然后对承包效果进行预测，并提出有针对性的管理措施。

C. 周转材料进场前的准备工作。认真编制周转材料的需用计划，注意计划的配套性（品种、规格、数量及时间的配套)。同企业租赁部门签订租赁合同，积极组织材料进场并做好进场前的各项准备工作。

③ 提高承包经济效果的措施

A. 在使用数量既定的条件下努力提高周转次数；

B. 在使用期限既定的条件下，努力减少占用量，同时应减少丢失和损坏数量。

3）周转材料的实物量承包管理

实物量承包的主体是施工班组，也称班组定包。实物量承包是项目班子或施工队根据使用方案按定额数量对班组配备周转材料，规定损耗率，由班组承包使用。

① 定包数量的确定

以组合钢模为例，说明定包数量的确定方法。

A. 模板用量的确定。根据费用承包协议规定的混凝土工程量编制模板配模图，据此确定模板计划用量，加上一定的损耗量即为交由班组使用的承包数量。公式如下：

模板定包数量（m^2）= 计划用量（m^2）×(1+定额损耗率)

式中：定额损耗率一般不超过计划用量的1%。

B. 零配件用量的确定。零配件定包数量根据模板定包数量来确定，每万平方米模板零配件的用量分别为：U形卡140000件、插销300000件、内拉杆12000件、外拉杆24000件、三型扣件36000件、勾头螺栓12000件、紧固螺栓12000件。

零配件定包数量(件)=计划用量(件)×(1+定额损耗率)

$$式中：计划用量(件)=\frac{模板定包数量(m^2)}{10000}\times相应配件用量(件)$$

② 定包效果的考核和核算

定包效果的考核主要是损耗率的考核，即用定额损耗量与实际损耗量相比，如有盈余为节约，反之为亏损。如实现节约则全额奖给定包班组，如出现亏损则由班组赔偿全部亏损金额。

4）周转材料租赁、费用承包和实物量承包三者之间的关系

周转材料的租赁、费用承包和实物量承包是三个不同层次的管理，是有机联系的统一整体。实行租赁是施工企业对作业区或施工队所进行的费用控制和管理；实行费用承包是作业区或施工队对单位工程所进行的费用控制和管理；实行实物量承包是单位工程对使用班组所进行的数量控制和管理，这样便形成了既有不同层次、不同对象的，又有费用的和数量的综合管理体系。降低企业周转的费用消耗，应该同时搞好三个层次的管理。

1.6.3.2 工具的管理

工具管理是采取有效的管理办法，加速工具的周转，延长使用寿命，最大限度地发挥工具效能。主要任务是及时、齐备地向施工班组提供优良、适用的工具，积极推广和采用先进工具，保证施工生产，提高劳动效率。在工具管理过程中，要做好工具的收、发、保管和维护、维修工作。

（1）工具的分类

1）按工具的价值和使用期限分类

①固定资产工具：指使用年限 1 年以上，单价在规定限额（一般为 1000 元）以上的工具；

②低值易耗工具：指使用期或价值低于固定资产标准的工具，如手电钻、灰槽、灰桶等；

③消耗性工具：指价值较低（单价 10 元以下），使用寿命很短，重复使用次数很少且无回收价值的工具，如铅笔、扫帚、油刷等。

2）按使用范围分类

①专用工具：指为某种特殊需要或完成特定作业项目所使用的工具，如量卡具、自制或订购的非标准工具等。

②通用工具：指使用广泛的定型产品，如各类扳手、钳子等。

3）按使用方式和保管范围分类

①个人随手工具：指在施工生产中使用频繁，体积小便于携带，由操作个人保管的工具，如瓦刀、抹子等。

②班组共用工具：指在一定作业范围内为一个或多个施工班组共同使用的工具。一是在班组内共同使用的工具，如胶轮车、水桶等，由班组负责保管；二是在班组之间或工种之间共同使用的工具，如水管、搅灰盘、磅秤等，由现场材料管理人员保管。

另外，按工具的性能分类，有电动工具、手动工具；按使用方向分类，有木工工具、瓦工工具、油漆工具等；按工具的产权分类，有自有工具、借入工具、租赁工具。

（2）工具管理的内容

1）储存管理

工具验收后入库，按品种、质量、规格、新旧残废程度分开存放，进行维护保养，对损坏的工具进行及时修复。

2）发放管理

根据施工生产需要发出的工具，要根据品种、规格、数量、金额和发出日期登记入账；出租或临时借出的工具，要做好详细记录并办理有关租赁或借用手续，以便要求对方按期、按质、按量归还，做好废旧工具的回收、修理工作。

3）使用管理

根据不同工具的性能和特点制定相应的工具使用技术规程和规则。监督、指导班组按照工具的用途和性能合理使用。

（3）工具的管理方法

1）工具租赁管理方法

工具租赁是在一定的期限内，工具的所有者在不改变所有权的条件下，有偿地向使用者提供工具的使用权，双方各自承担一定的义务的一种经济关系。工具租赁的管理方法适合于除消耗性工具和实行工具费补贴的个人随手工具以外的所有工具品种。

建筑施工企业对生产工具实行租赁的管理方法，需进行以下几步工作：

① 建立正式的工具租赁机构。确定租赁工具的品种范围，制定有关规章制度，并设专人负责办理租赁业务。班组亦应指定专人办理租用、退租及赔偿事宜。

② 测算租赁单价。租赁单价或按照工具的日摊销费确定的日租金额的计算公式如下：

$$\text{某种工具的日租金}=\frac{\text{该种工具的原值}+\text{采购、维修、管理费}}{\text{使用天数}}$$

式中的采购、维修、管理费按工具原值的一定比例计数，一般为原值的1% ~2%；使用天数可按本企业的历史水平计算。

③ 工具出租者和租赁者签订租赁协议。

④ 根据租赁协议，租赁部门应将实际出租工具的有关事项登入租金结算台账。

⑤ 租赁期满后，租赁部门根据租金结算台账填写租金及赔偿结算单。结算单中金额合计应等于租赁费和赔偿费之和。

⑥ 班组用于支付租金的费用来源是定包工具费收入和固定资产工具及大型低值工具的平均占用费。公式如下：

班组租赁费收入 = 定包工具费收入 + 固定资产工具和大型低值工具平均占用费

式中：固定资产工具和大型低值工具平均占用费 = 该种工具分摊额 × 月利用率（%）。

班组所付租金，从班组租赁费收入中核减，财务部门查收后，作为班组工具费支出，计入工程成本。

2）工具定包管理办法

工具定包管理是建筑施工企业对班组自有或个人使用的生产工具，按定额数量配给，由使用者包干使用，实行节奖超罚的管理方法。工具定包管理一般在瓦工组、抹灰工组、木工组、油漆组、电焊工组、架子工组、水暖工组等作业组实行。

班组工具定包管理是按各工种的工具消耗，对班组集体实行定包。实行班组工具定包管理需进行以下几方面工作：

① 实行定包的工具，所有权属于企业，指定专人负责工具定包的管理工作。

② 测定各工种的工具费定额，由企业材料管

理部门负责，分三步进行：

第一步：在向有关人员调查的基础上，查阅不少于2年的班组使用工具资料。确定各工种所需工具的品种、规格、数量，并以此作为各工种的标准定包工具。

第二步：确定各工种工具的使用年限和月摊销费。

$$某种工具的月摊销费=\frac{该种工具的单价}{该种工具的使用期限（月）}$$

式中：工具的单价采用企业内部不变价格，工具的使用期限由企业凭经验确定。

第三步：测定各工种的日工具费定额。

$$某工种人均日工具费定额=\frac{该工种全部标准定包工具月摊销费总额}{该工种班组额定人数}\times月工作日$$

式中：班组额定人数是由企业劳动部门核定的某工种的标准人数，月工作日按22天计算。

③ 确定班组月度定包工具费收入。

某工种班组月度定包工具费收入=班组月度实际作业工日×该工种人均日工具费定额

班组工具费收入可按季或按月，以现金或转账的形式向班组发放，用于班组向企业使用定包工具的开支。

④ 企业基层材料部门，根据工种班组标准定包工具的品种、规格、数量，向有关班组发放工具。自领用日起，按班组实领工具数量计算摊销，使用期满以旧换新后继续摊销。但使用期满后能延长使用时间的工具，应停止摊销收费。凡因班组责任造成的损坏，应由班组承担损失。

实行工具定包的班组需设立兼职工具员，负责保管工具，督促班组内成员爱护工具和记录工作手册。零星工具可按定额规定使用期限，由班组交给个人保管，丢失赔偿。班组因施工需要调动工作，小型工具自行搬运，当班组无法携带需要运输车辆时，由企业出车运送。

企业应参照有关工具修理价格，结合本单位各工种实际情况，制定工具修理取费标准及班组定包工具修理费收入，这笔收入可记入班组月度定包工具费收入，统一发放。

2 土建工程材料

2.1 胶凝材料

建筑上用来将散粒材料（如砂、石子等）或块状材料（如砖、石块等）粘结成为整体的材料，统称为胶凝材料。胶凝材料按其化学成分可分为无机胶凝材料和有机胶凝材料。无机胶凝材料按其硬化条件又分为气硬性和水硬性。

气硬性胶凝材料是指只能在空气中硬化，在空气中保持或继续发展其强度的胶凝材料，如石膏、石灰等。水硬性胶凝材料是指不仅能在空气中硬化，而且能更好地在水中硬化，并保持和继续发展其强度的胶凝材料。

2.1.1 石灰

石灰是用以碳酸钙为主要成分的石灰石、白云石等为原料，在高温下煅烧所得的产物，即生石灰（CaO）。将块灰（块状生石灰）加以不同量的水，配成熟石灰[$Ca(OH)_2$]的过程称为石灰的熟化。消石灰[$Ca(OH)_2$]吸收空气中的二氧化碳，还原成碳酸钙（$CaCO_3$）的过程称为石灰的硬化。

2.1.1.1 石灰的特性

（1）可塑性好。生石灰消化为石灰浆时，能形成颗粒极细（粒径为1μm）、呈胶体分散状态的氢氧化钙粒子，表面吸附一厚层水膜，因而其保水性好、可塑性好。

（2）凝结硬化慢、强度低。石灰浆在空气中的凝结硬化速度慢。

（3）硬化时体积收缩大。由于石灰浆中存在大量的游离水，硬化时大量水分蒸发，导致内部毛细管失水紧缩，引起显著的体积收缩变形，使硬化石灰体产生裂纹，通常工程施工时常掺入一定量的骨料（砂子）或纤维材料（麻刀、纸筋等），抵抗收缩引起的开裂。

（4）耐水性差。由于石灰浆硬化慢、强度低，当其受潮后，尚未碳化的 $Ca(OH)_2$ 易溶于水，故石灰的耐水性较差。因此，石灰不宜用于潮湿环境，也不宜用于重要建筑物的基础。

2.1.1.2 石灰的品种及其特点和用途

石灰的品种及其特点和用途见表2-1。

石灰的品种及其特点和用途　　表 2-1

品种	块状生石灰	熟石灰（消石灰）	磨细生石灰	石灰膏	石灰乳（石灰水）
特点	灰分含量愈少，质量愈高	需经 3～6mm 的筛子过筛	成品需经 4900 孔/cm^2 的筛子过筛。与熟石灰相比，具有快干、高强、便于施工等特点	保水性好。淋浆时应用 6mm 的筛子过筛，并应在沉淀池中储存两周后使用	
用途	可配制熟石灰、磨细生石灰、石灰膏等	可拌制灰土（石灰、黏土）和三合土（石灰、黏土、砂或炉渣）	可制作硅酸盐制品（砖、瓦、砌块）的原料，制作碳化石灰板、砖，配制熟石灰、石灰膏等	可配制石灰砂浆和水泥石灰砂浆	可用于简易房屋的室内粉刷

2.1.1.3 石灰的主要技术指标

（1）建筑生石灰的分级

按石灰中氧化镁的含量，建筑生石灰和生石灰粉可分为钙质生石灰（$MgO<5\%$）和镁质生石灰（$MgO\geq5\%$）；按质量可分为优等品、一等品和合格品三个等级。

（2）建筑生石灰和建筑生石灰粉的技术指标

建筑生石灰和建筑生石灰粉的技术指标见表2-2和表2-3。

（3）建筑消石灰粉的技术要求

按消石灰中氧化镁的含量，建筑消石灰粉可分为钙质消石灰粉（$MgO<4\%$）、镁质消石灰粉（$4\%\leq MgO\leq24\%$）和白云石消石灰粉（$24\%\leq MgO\leq30\%$）三种，按质量又分为优等品、一等品、合格品三个等级，建筑生石灰粉的技术指标见表2-4。

2.1.1.4 石灰的包装、标志和储运

（1）石灰的包装、标志。生石灰粉、消石灰粉用牛皮纸、复合纸、编织袋包装。袋上应标明：厂名、产品名称、商标、净重、等级和批量编号。生石灰粉每袋净重分（40±1）kg和（50±1）kg两种。消石灰粉每袋净重分（20±0.5）kg和（40±1）kg两种。

建筑生石灰的技术指标 **表 2-2**

项目	钙质生石灰			镁质生石灰		
	优等品	一等品	合格品	优等品	一等品	合格品
（CaO + MgO）含量（%）不小于	90	85	80	85	80	75
未消化残渣含量（5mm 圆孔筛筛余）（%）不大于	5	10	15	5	10	15
CO_2（%）不大于	5	7	9	6	8	10
产浆量（L/kg）不小于	2.8	2.3	2.0	2.8	2.3	2.0

建筑生石灰粉的技术指标 **表 2-3**

项目		钙质生石灰粉			镁质生石灰粉		
		优等品	一等品	合格品	优等品	一等品	合格品
（CaO + MgO）含量（%）不小于		85	80	75	80	75	70
CO_2（%）不大于		7	9	11	8	10	12
细度	0.9mm 筛筛余（%）不大于	0.2	0.5	1.5	0.2	0.5	1.5
	0.125mm 筛筛余（%）不大于	7.0	12.0	18.0	7.0	12.0	18.0

建筑消石灰粉的技术指标　　表 2-4

项目		钙质消石灰粉			镁质消石灰粉			白云石消石灰粉		
		优等	一等	合格	优等	一等	合格	优等	一等	合格
（CaO + MgO）含量（%）不小于		70	65	60	65	60	55	65	60	55
体积安定性		合格	合格	—	合格	合格	—	合格	合格	—
游离水（%）		0.4~2	0.4~2	0.4~2	0.4~2	0.4~2	0.4~2	0.4~2	0.4~2	0.4~2
细度	0.9mm 筛筛余(%)不大于	0	0	0.5	0	0	0.5	0	0	0.5
	0.125mm 筛筛余（%）不大于	3	10	15	3	10	15	3	10	15

（2）石灰的储运。生石灰块和生石灰粉须在干燥条件下运输和储存，不得与易燃、易爆及液体物品同时装运，并应按石灰的产品分类、分等堆放，不宜久存。

2.1.2 石膏

石膏是以硫酸钙为主要成分的气硬性矿物胶凝材料，石膏具有轻质、高强、保温隔热、耐火、吸声等优点。自然界有天然二水石膏（$CaSO_4 \cdot 2H_2O$，又称软石膏）、天然无水石膏（$CaSO_4$，又称硬石膏）和各种工业副产品的化学石膏。

将天然二水石膏或化学石膏加热、煅烧、脱水、磨细可得石膏胶凝材料，即半水石膏。由于其脱水工艺不同，所形成的半水石膏类型也不同。在蒸压环境中加热可得 α 型半水石膏。在回转窑或炒锅中直接进行加热（煅烧）可得 β 型半水石膏。若温度升高至 190℃以上，则完全脱水，变成硬石膏，即无水石膏。半水石膏和无水石膏统称熟石膏。

建筑石膏是将天然二水石膏等原料在一定温度下（107～170℃）煅烧成熟石膏，经磨细而成的白色粉状物，密度为 2.60～2.75g/cm^3，堆积密度为

800～1000kg/m^3。其主要成分是β型半水石膏。

2.1.2.1 建筑石膏的特性

（1）凝结硬化快。建筑石膏加水拌合后3～5min内即凝结并失去可塑性。

（2）凝结硬化时体积微膨胀。建筑石膏硬化后体积微膨胀，使硬化体表面饱满，尺寸精确，轮廓清晰，装饰性好，适合制作图案花型复杂的石膏装饰制品。

（3）孔隙率大，表观密度小。建筑石膏水化的理论用水量仅为其质量的18.6%，但为了满足施工要求的流动性，实际加水量约为60%～80%，石膏凝结后多余水分蒸发，导致孔隙率大、重量减轻、强度降低。

（4）保温、隔热、吸声性好。石膏硬化体中含有大量的毛细孔，导热系数小，一般为0.12～0.20W/（m·K），保温隔热性能好，具有较强的吸声能力。

（5）调湿、装饰性好。由于石膏内大量毛细孔隙对空气中的水蒸气具有较强的吸附能力，在干燥时又可释放水分，所以对室内的空气湿度有一定的调节作用。再加上石膏制品表面细腻平整、色白，是理想的环保型室内装饰材料。

(6) 防火性能良好。建筑石膏硬化后的主要成分是含有两个结晶水分子的二水石膏，当遇火时，二水石膏脱出结晶水，结晶水吸收热量在表面生成“蒸汽幕”，因此，在火灾发生时，能够有效抑制火焰蔓延和温度的升高，石膏制品厚度越大，防火性能越好。

(7) 耐水性、抗冻性差。石膏硬化后孔隙率高，吸水性强，浸水后强度大大降低，是不耐水材料。若石膏制品吸水后再受冻，会因空隙中水分结冰膨胀而破坏，因此，石膏制品不宜用在潮湿寒冷的环境中。

2.1.2.2 建筑石膏的水化、硬化

建筑石膏加水拌合后，先溶于水，与水反应生成二水石膏。生成的二水石膏在水中的溶解度小，不断从饱和溶液中沉淀而析出胶体微粒，由于二水石膏析出，破坏了原有半水石膏的平衡浓度，半水石膏会进一步溶解和水化，直到半水石膏全部水化为二水石膏为止。随着水化的进行，二水石膏生成晶体量不断增加，水分逐渐减少，浆体开始失去可塑性。而后浆体继续变稠，颗粒之间的摩擦力、粘结力增加，并开始产生结构强度。其间晶体颗粒逐渐长大、连生和互相交错，使浆体强度不断增长，

直到水分完全蒸发后，强度才停止发展。

2.1.2.3 建筑石膏的技术指标

建筑石膏按其凝结时间、细度及强度分为优等品、一等品、合格品三个质量等级，其技术指标应符合表2-5的要求。

建筑石膏的技术指标　　表2-5

技术指标		优等品	一等品	合格品
抗折强度（MPa）≥		2.5	2.1	1.8
抗压强度（MPa）≥		4.9	3.9	2.9
细度（0.2mm方孔筛筛余）（%）≤		5.0	10.0	15.0
凝结时间（min）	初凝时间 ≥	6		
	终凝时间 ≤	30		

2.1.2.4 建筑石膏的应用

用于室内抹灰和粉刷、制作石膏板、建筑雕塑和硅酸盐制品。

2.1.2.5 建筑石膏的储运

建筑石膏在存储中，需要防雨、防潮，储存期一般不宜超过3个月。储存3个月后，强度将降低

30%左右。应分类、分等级存储在干燥的仓库内，运输时也要采取防水措施。

2.1.3 水泥

水泥是以石灰质原料、黏土质原料和少量铁矿粉，按一定比例配置，磨细成生料粉，经高温煅烧至部分熔融，得以硅酸钙为主要成分的硅酸盐水泥熟料后，再与适量石膏、混合材料共同磨细而成的粉状无机水硬性胶凝材料。

水泥加水拌合后成为既有可塑性又有流动性的水泥浆，同时产生水化反应，随着水化反应的进行，逐渐失去流动能力达到“初凝”。待完全失去可塑性，开始产生强度时，即为“终凝”。随着水化、凝结的继续，浆体逐渐转变为具有一定强度的坚硬固体水泥石。

水泥是最重要的建筑材料之一，广泛应用于建筑、交通、水利、电力、工农业以及海洋开发等建设中，用来生产各种混凝土、钢筋混凝土以及其他水泥产品。

2.1.3.1 水泥的分类

（1）按化学成分分类：硅酸盐水泥、铝酸盐水泥、硫铝酸盐水泥、铁铝酸盐水泥。

（2）按生产工艺分类：回转窑水泥、立窑水泥和粉磨水泥。

（3）按用途和性能分类：通用水泥、专用水泥和特性水泥。每类水泥的品种见表2-6。

按用途和性能分类的水泥　　　表2-6

分类	品　　　种
通用水泥	硅酸盐水泥、普通硅酸盐水泥、矿渣硅酸盐水泥、火山灰质硅酸盐水泥、粉煤灰硅酸盐水泥、复合硅酸盐水泥
专用水泥	油井水泥、砌筑水泥、耐酸水泥、耐碱水泥、道路水泥
特性水泥	白色硅酸盐水泥、快硬硅酸盐水泥、低热硅酸盐水泥、高铝水泥、硫铝酸盐水泥、抗硫酸盐水泥、膨胀水泥、自应力水泥

2.1.3.2　通用水泥

通用水泥是以硅酸盐水泥熟料、适量的石膏和混合材料制成的水硬性胶凝材料。

（1）通用水泥的组分

通用水泥的组分见表2-7。

通用水泥的组分 表 2-7

水泥品种	代号	组分（质量分数，%）				
		熟料＋石膏	粒化高炉矿渣	火山灰质混合材料	粉煤灰	石灰石
硅酸盐水泥	P·Ⅰ	100	—	—	—	—
	P·Ⅱ	≥95	≤5	—	—	—
		≥95	—	—	—	≤5
普通硅酸盐水泥	P·O	≥80 且＜95	＞5 且≤20			
矿渣硅酸盐水泥	P·S·A	≥50 且＜80	＞20 且≤50	—	—	—
	P·S·B	≥30 且＜50	＞50 且≤70	—	—	—
火山灰质硅酸盐水泥	P·P	≥60 且＜80	—	＞20 且≤40	—	—
粉煤灰硅酸盐水泥	P·F	≥60 且＜ 80	—	—	＞20 且≤40	—
复合硅酸盐水泥	P·C	≥50 且＜ 80	＞20 且≤50			

（2）通用水泥的主要特点和适用范围

通用水泥的主要特点见表2-8，适用范围见表2-9。

（3）通用水泥的技术性能

硅酸盐水泥的强度分为42.5、42.5R、52.5、52.5R、62.5、62.5R六个强度等级。

普通硅酸盐水泥的强度分为42.5、42.5R、52.5、52.5R四个强度等级。

矿渣硅酸盐水泥、火山灰质硅酸盐水泥、粉煤灰硅酸盐水泥及复合硅酸盐水泥的强度分为32.5、32.5R、42.5、42.5R、52.5、52.5R六个强度等级。

通用水泥的强度等级、各龄期的强度值见表2-10，通用水泥的技术要求见表2-11。

2.1.3.3 其他品种水泥

（1）白色硅酸盐水泥

凡以适当成分的生料烧至部分熔融，所得以硅酸钙为主要成分的熟料，再加入适量石膏，磨细制成的水硬性胶凝材料，称为白色硅酸盐水泥，简称白色水泥，代号为P·W。

白色硅酸盐水泥为了保证其白度，生产过程中应严格控制Fe_2O_3含量，减少MnO、TiO_2等着色氧

通用水泥的主要特点 表 2-8

水泥品种 / 特点	硅酸盐水泥	普通水泥①	矿渣水泥	火山灰水泥	粉煤灰水泥
硬化	快	较快	慢	慢	慢
早期强度	高	较高	低	低	低
水化热	高	高	低	低	低
抗冻性	好	较好	差	差	差
耐热性	差	较差	好	较差	较差
干缩性	较小	较小	较大	较大	较小
抗渗性	较好	较好	差	较好	较好
耐蚀性	差	较差	好	好	好

注：①普通硅酸盐水泥的简称。

通用水泥的适用范围　　表 2-9

水泥品种	硅酸盐水泥	普通水泥	矿渣水泥	火山灰水泥	粉煤灰水泥
适用范围	1. 快硬早强工程； 2. 配制强度较高的混凝土、预应力混凝土和抗冻混凝土	1. 一般混凝土工程； 2. 配制预应力混凝土和抗冻混凝土； 3. 地下与水中结构工程	1. 大体积工程； 2. 蒸汽养护的构件； 3. 有抗硫酸盐侵蚀的工程； 4. 一般混凝土和钢筋混凝土结构工程； 5. 配制耐热混凝土和建筑砂浆	1. 大体积工程； 2. 有抗渗要求的工程； 3. 蒸汽养护的构件； 4. 一般混凝土和钢筋混凝土结构工程； 5. 配制建筑砂浆	1. 大体积工程； 2. 蒸汽养护的构件； 3. 有抗硫酸盐侵蚀的工程； 4. 有抗渗要求的工程； 5. 配制建筑砂浆

续表

水泥品种	硅酸盐水泥	普通水泥	矿渣水泥	火山灰水泥	粉煤灰水泥
不适用范围	1. 大体积混凝土工程； 2. 配制耐热混凝土和易受腐蚀的混凝土	1. 大体积混凝土工程 2. 配制易受腐蚀的混凝土	配制早期强度要求比较高的混凝土和有抗冻要求的混凝土	配制早期强度要求比较高的混凝土、有抗冻要求的混凝土、干燥混凝土和有耐磨要求的混凝土	配制早期强度要求较高的混凝土、有抗冻要求的混凝土和有抗碳化要求的混凝土

通用水泥的强度等级、各龄期的强度值（GB175—2007） 表2-10

品　　种	强度等级	抗压强度（MPa）≥		抗折强度（MPa）≥	
		3d	28d	3d	28d
硅酸盐水泥	42.5	17.0	42.5	3.5	6.5
	42.5R	22.0		4.0	
	52.5	23.0	52.5	4.0	7.0
	52.5R	27.0		5.0	
	62.5	28.0	62.5	5.0	8.0
	62.5R	32.0		5.5	
普通硅酸盐水泥	42.5	17.0	42.5	3.5	6.5
	42.5R	22.0		4.0	
	52.5	23.0	52.5	4.0	7.0
	52.5R	27.0		5.0	

续表

品种	强度等级	抗压强度（MPa）≥		抗折强度（MPa）≥	
		3d	28d	3d	28d
矿渣水泥 火山灰水泥 粉煤灰水泥 复合硅酸盐水泥	32.5	10.0	32.5	2.5	5.5
	32.5R	15.0		3.5	
	42.5	15.0	42.5	3.5	6.5
	42.5R	19.0		4.0	
	52.5	21.0	52.5	4.0	7.0
	52.5R	23.0		4.5	

通用水泥的技术要求 表 2-11

项目	硅酸盐水泥		普通水泥 P·O	矿渣水泥 P·S·A 矿渣水泥 P·S·B	火山灰水泥 P·P 粉煤灰水泥 P·F 复合硅酸盐水泥 P·C
	P·Ⅰ	P·Ⅱ			
不溶物	≤0.75%	≤1.50%	—		
烧失量	≤3.0%	≤3.5%	≤5.0%	—	
细度	比表面积大于 $300m^2/kg$		80μm 方孔筛筛余不得超过 10.0% 或 0.045mm 方孔筛筛余不得超过 30%		
初凝时间	>45min				
终凝时间	<6.5h		<10.0 h		
氧化镁	水泥中氧化镁的含量不宜超 5.0%。经压蒸检验合格，则水泥中氧化镁含量可放宽到 6.0%			矿渣水泥 P·S·A 中氧化镁含量不超过 6%。若大于 6.0% 时，需进行水泥压蒸安定性试验并合格	水泥中氧化镁含量不超过 6%
三氧化硫	≤3.5%			≤4.0%	≤3.5%
安定性	用沸煮法检验必须合格				
碱含量	水泥中碱含量由 Na_2O +0.658K_2O 计算值表示，若使用活性集料，要限制水泥中的碱含量时，由供需双方商定				

化物的掺量。生产原料应选用纯净的石灰石、石英砂等。白色硅酸盐水泥的强度分为 32.5、42.5、52.5 三个强度等级。

白色硅酸盐水泥主要用于建筑物的装饰，如地面、楼梯、外墙饰面，还可与彩色颜料配成彩色水泥砂浆、彩色混凝土，用于装饰工程。

(2) 快硬硅酸盐水泥

凡以硅酸盐水泥熟料和适量石膏磨细制成，以 3d 抗压强度表示强度等级的水硬性胶凝材料称为快硬硅酸盐水泥，简称快硬水泥。快硬硅酸盐水泥与硅酸盐水泥相比而言，主要是提高了水泥熟料中硅酸三钙和铝酸三钙的含量，适当增加了石膏的掺量（可达 8%）和提高了水泥粉磨细度。

快硬水泥凝结硬化快，早期强度发展快，适用于早期强度要求高的紧急抢修工程、冬期施工及预应力和高强混凝土预制构件。

(3) 铝酸盐水泥

铝酸盐水泥是以铝酸钙为主要成分的各种水泥的总称。主要品种有高铝水泥、低钙铝酸盐水泥、铝酸盐自应力水泥等。其中，高铝水泥是铝酸盐水泥中最重要、最基本的品种。

高铝水泥快硬早强、水化热大、抗硫酸盐腐蚀能力强、耐热性能好。主要用于紧急抢修和有早强要求的特殊工程，适宜冬期施工，不宜用作结构工程。使用温度不宜超过30℃。不得与其他水泥混合使用。

（4）膨胀水泥及自应力水泥

水泥在空气中硬化时，通常都会产生一定的收缩，收缩会使钢筋混凝土结构与构件内部产生裂纹，影响结构的力学性能和耐久性。膨胀硅酸盐水泥是一种在水化过程中产生膨胀的水泥，由于膨胀过程发生在水泥浆体完全硬化之前，所以能使水泥石的结构密实而不致引起破坏。

在钢筋混凝土中应用膨胀水泥，由于混凝土的膨胀将使钢筋产生一定的拉应力，混凝土受到相应的压应力，这种压应力来自于水泥本身的水化，所以称为自应力水泥。膨胀水泥当自应力值大于或等于2.0 MPa时，称为自应力水泥；当其自应力值小于2.0 MPa（通常为0.5 MPa左右）时，则称为膨胀水泥。

膨胀水泥适用于补偿混凝土收缩的结构工程，制作屋面刚性防水或防渗混凝土，锚固地脚螺栓或修补等。自应力水泥适用于制造自应力钢筋混凝土压力管及配件。

(5) 砌筑水泥

砌筑水泥是由一种或一种以上的水泥混合材料，加入适量硅酸盐水泥熟料和石膏，经磨细制成的和易性较好的水硬性胶凝材料。是用于砌筑砂浆和抹面砂浆的一种专用水泥。

砌筑水泥不仅可以改善砌筑砂浆的和易性、降低砂浆的配制成本，而且还可以消耗大量的工业废渣和废弃物。

(6) 道路硅酸盐水泥

以适当成分的生料烧至部分熔融，得到以硅酸钙为主要成分和较多铁铝酸钙的硅酸盐水泥熟料，该熟料再与0~10%活性混合材料和适量石膏磨细制成水硬性胶凝材料，称为道路硅酸盐水泥，简称道路水泥。

道路水泥抗撞击性能好、抗折强度高。用道路水泥配制的路面混凝土具有好的施工性能和优良的耐久性。

2.1.3.4 水泥的验收

(1) 品种的验收。水泥进场时，必须有出厂合格证或质量证明，并应对品种、强度等级、包装(或散装仓号)、出厂日期等进行检查验收。水泥包装袋采用不同颜色标记水泥的名称和强度等级，硅酸盐水泥采用红色；矿渣硅酸盐水泥采用绿色；火山灰水泥、粉煤灰水泥和复合硅酸盐水泥采用黑色和蓝色。

(2) 数量的验收。散装水泥用专用车辆运输，以“t”为计量单位，袋装水泥以“t”或“袋”为计量单位，每袋净含量50kg，且不得少于标志质量的98%；随机抽取20袋，总质量不得少于1000kg。

(3) 水泥的质量复检。水泥进入现场后应进行质量复检。复检要求：

1) 同品种、同强度等级、同一出厂编号的水泥为一批。散装水泥一批的总量不得超过500t，袋装水泥一批的总量不得超过200t。

2) 取样时应随机从不少于3个车罐中各取等量水泥，经混拌均匀后，再从中取不少于12kg的水泥作为检验样。

3) 水泥的复验项目主要有：细度或比表面积、凝结时间、安定性、强度等级。

2.1.3.5 水泥的运输和保管

水泥在储存和运输过程中，应按不同强度等级、品种及出厂日期分别储运。储存水泥的库房应注意防潮、防漏。存放袋装水泥时，地面垫板要离地30cm，四周离墙30cm；袋装水泥堆垛不宜太高，以免下部水泥受压结硬，一般以10袋为宜，如存放期短、库房紧张，亦不宜超过15袋。

水泥的储存应按照水泥到货先后依次堆放，尽量做到先存先用。水泥储存期不宜过长，以免受潮而降低水泥强度。一般水泥的储存期为3个月，高铝水泥为2个月，快硬水泥为1个月。存放3个月以上的水泥为过期水泥，强度将降低10%～20%。存放期愈长，强度降低值愈大。过期水泥使用前必须重新检验强度等级，否则不得使用。

2.1.3.6 水泥的受潮处理

如果水泥有松块、结粒情况，表明水泥开始受潮，应将松块、粒状物压成粉末并增加搅拌时间，经试验后根据实际强度使用。

如果水泥已部分结成硬快，表明水泥已严重受潮，使用时应筛去硬块，并将松块压碎，用于抹面砂浆等。

2.2 骨料

骨料是建筑砂浆及混凝土的主要组成材料之一，起骨架及减少由于胶凝材料在凝结硬化过程中干缩湿胀所引起的体积变化等作用。建筑工程中的骨料有砂、卵石、碎石、煤渣灰等。

2.2.1 细骨料（砂）

根据《建筑用砂》（GB/T 14684—2001）的规定，建筑用砂是指由天然风化、水流搬运和分选、堆积形成或经机械粉碎、筛分制成的粒径小于4.75mm的岩石颗粒，但不包括软质岩、风化岩的颗粒。

2.2.1.1 砂的分类

（1）按加工方法不同，混凝土用砂可分为天然砂和人工砂。

1）天然砂是由天然岩石经风化等自然条件作用而形成的，包括河砂、海砂及山砂。

2）人工砂是将天然岩石破碎而成的，颗粒有棱角，较洁净，片状颗粒及细粉含量较多。

（2）按产地不同，砂分为河砂、海砂及山砂。

1）河砂由于长期受水流的冲刷作用，表面圆滑，在工程中广泛采用。

2）海砂因长期受海水冲刷，颗粒圆滑，较洁净，但常混有贝壳及碎片，且氯盐含量较高。

3）山砂存在于山谷或旧河床中，颗粒多带棱角，表面粗糙，砂中含泥量及有机杂质较多。

（3）按细度模数，砂可分为粗砂、中砂和

细砂。

2.2.1.2　砂的技术要求

《建筑用砂》（GB/T 14684—2001）规定，砂可分为Ⅰ类、Ⅱ类、Ⅲ类三个类别。其中，Ⅰ类砂适合配制强度为60MPa以上的高强度混凝土；Ⅱ类砂适合配制强度在60MPa以下的混凝土以及有抗冻、抗渗或其他耐久性要求的混凝土；Ⅲ类砂只适合配制强度低于30 MPa的混凝土或建筑砂浆。

（1）含泥量、石粉含量和泥块含量

砂中含泥量通常是指天然砂中粒径小于0.075mm的颗粒含量；石粉含量是指人工砂中粒径小于0.075mm的颗粒含量；泥块含量是指砂中所含粒径大于1.18mm，经水浸洗、手捏后粒径小于0.6mm的颗粒含量。

天然砂的含泥量和泥块含量、人工砂的石粉含量和泥块含量应符合表2-12、表2-13的规定。

天然砂的含泥量和泥块含量　　表2-12

项　目	Ⅰ类	Ⅱ类	Ⅲ类
含泥量（按质量计）（%）	<1.0	<3.0	<5.0
黏土块含量（按质量计）（%）	0	<1.0	<2.0

人工砂的石粉含量和泥块含量 表 2-13

项			目	Ⅰ类	Ⅱ类	Ⅲ类
1	亚甲蓝试验	MB 值 <1.4 或合格	石粉含量(按质量计)(%)	<3.0	<5.0	<7.0①
2			泥块含量(按质量计)(%)	0	<1.0	<2.0
3		MB 值 ≥1.4 或不合格	石粉含量(按质量计)(%)	<1.0	<3.0	<5.0
4			泥块含量(按质量计)(%)	0	<1.0	<2.0

注：①根据使用地区和用途，在试验验证的基础上，可由供需双方协商确定。

（2）有害物质含量

砂中的云母、轻物质、有机物、硫化物及硫酸盐等有害物质，其含量应符合表2-14的规定。

砂中有害物质含量限值　　　　表2-14

项　　目	指　　标		
	Ⅰ类	Ⅱ类	Ⅲ类
云母含量（按质量计）（%）　<	1.0	2.0	2.0
轻物质（按质量计）（%）　<	1.0	1.0	1.0
有机物（用比色法）	合格	合格	合格
硫化物及硫酸盐含量（以 SO_3 质量计）（%）　<	0.5	0.5	0.5
氯化物含量%（以氯离子质量计）（%）　<	0.01	0.02	0.06

（3）砂的细度模数及颗粒级配

1）砂的粗细程度按细度模数 M_x 可分为粗、中、细三级，其范围应符合粗砂（M_x 为3.7～3.1）、中砂（M_x 为3.0～2.3）、细砂（M_x 为2.2～1.6）。

2）砂的颗粒级配是指砂中不同粒径的颗粒互相搭配及组合的情况。按 0.6mm 孔径筛的累计筛余百分率，将 M_x 在 3.7～1.6 之间的砂的颗粒级配划分为 1、2、3 三个级配区，如表 2-15 所示。除 4.75mm 及 0.6mm 级外，其他级的累计筛余率允许稍有超出，但超出总量不得大于 5%。

砂颗粒级配区　　表 2-15

方筛孔径＼级配区	累计筛余（%）		
	1 区	2 区	3 区
9.50mm	0	0	0
4.75mm	10～0	10～0	10～0
2.36mm	35～5	25～0	15～0
1.18mm	65～35	50～10	25～10
0.60mm	85～71	70～41	40～16
0.30mm	95～80	92～70	85～55
0.15mm	100～90	100～90	100～90

（4）砂的坚固性

砂的坚固性是指砂在自然风化和其他外界物理

化学因素作用下抵抗破坏的能力。采用硫酸钠溶液法进行试验，经过5次浸渍循环后，依质量损失来评定其类别；人工砂则采用压碎指标试验法进行检测。砂的坚固性及人工砂的压碎指标均应符合表2-16的要求。

砂的坚固性及人工砂的压碎指标要求　　表2-16

项　　目	指　标		
	Ⅰ类	Ⅱ类	Ⅲ类
坚固性要求质量损失（%）　＜	8	8	10
人工砂单级最大压碎指标要求（%）　＜	20	25	30

（5）碱活性骨料反应

当水泥或混凝土中含有较多的碱（Na_2O、K_2O）物质时，可能与含有活性二氧化硅的骨料反应导致混凝土开裂破坏，这种反应称为碱-骨料反应。用于重要工程的砂，须进行碱活性检验。碱-骨料反应试验合格是指试验后，由砂制备的试件无裂缝、酥裂、胶体外溢等现象，在规定的试验龄期膨胀率小于0.10%。

（6）采用海砂配制混凝土时的氯离子含量

1）对素混凝土，海砂中氯离子含量不予限制。

2）对钢筋混凝土，海砂中氯离子含量不应大于0.06%（以干砂重的百分率计，下同）。

3）对预应力混凝土，不宜用海砂。若必须用海砂时，则应用淡水冲洗，其氯离子含量不得大于0.02%。

2.2.1.3 砂的适用范围

砂由于细度模数的不同，其特点和适用范围也不同。

粗砂：砂中粗颗粒过多，保水性差，适用于配制水泥用量较多或低流动性的混凝土。

中砂：粗细适宜，级配好，可配制各类混凝土。

细砂：配制的混凝土拌合物黏聚性稍差，保水性好，但硬化后干缩较大，表面易产生裂缝。

砂在装卸、运输和堆放过程中，应防止离析和混入杂质，并应按产地、种类和规格分别堆放。

2.2.1.4 砂的质量验收

（1）砂的检验批：对集中生产的，以400m³或600t为一批。对分散生产的，以200m³或300t

为一批，不足规定数量也以一批论。对产源、质量比较稳定，进料又较大的，可以1000t检验一次。

（2）检验项目。每批砂都应进行颗粒级配、含泥量、泥块含量检验。如为海砂，应注明氯盐含量。对重要的工程或特别工程应根据工程要求，增加检验项目。

（3）不合格品的处理。砂的检验结果不符合规范规定的指标时，可结合混凝土工种质量要求，提出相应的改善措施，经试验证明确保工种质量要求后，方可使用。

2.2.2 粗骨料（石子）

根据《建筑用卵石、碎石》（GB/T 14685—2001）的规定，建筑用卵石、碎石是指粒径大于4.75mm的岩石颗粒。

2.2.2.1 粗骨料的分类

（1）按生产工艺不同粗骨料可分为卵石和碎石。

卵石是由天然岩石经自然风化、搬运、堆积形成的粒径大于4.75mm的岩石颗粒。卵石按产源可分为河卵石、海卵石、山卵石等。碎石是由天然岩石或卵石经机械破碎、筛分而制成的粒径大于4.75mm的岩石颗粒。

碎石表面粗糙，有棱角，与水泥浆粘结牢固，拌制的混凝土强度较高。天然卵石表面光滑，少棱角，空隙率及表面积小，拌制的混凝土和易性好，但与水泥的胶结能力较差。使用时应根据工程要求及就地取材的原则选用。

（2）按级配不同粗骨料可分为连续粒级和单粒级。

连续粒级是指颗粒的尺寸由大到小连续分级，其中每一级骨料都占一定的比例。单粒级是省去一级或几级中间粒级的骨料级配。

2.2.2.2 粗骨料的技术要求

（1）颗粒级配

碎石和卵石的颗粒级配应符合表2-17的规定。

（2）含泥量和泥块含量

粗骨料中粒径小于75μm的颗粒含量称为含泥量。泥块含量是指粒径大于4.75mm，经水洗、手捏后小于2.36mm的颗粒含量。含泥量和泥块含量应满足表2-18的规定。

卵石和碎石的颗粒级配 **表 2-17**

级配	公称粒径（mm）	累计筛余（%）											
		筛孔尺寸（方孔筛）（mm）											
		2.36	4.75	9.50	16.0	19.0	26.5	31.5	37.5	53.0	63.0	75.0	90
连续粒级	5~10	95~100	80~100	0~15	0								
	5~16	95~100	85~100	30~60	0~10	0							
	5~20	95~100	90~100	40~80	—	0~10	0						
	5~25	95~100	90~100	—	30~70	—	0~5	0					
	5~31.5	95~100	90~100	70~90	—	15~45	—	0~5	0				
	5~40	—	95~100	70~90	—	30~65	—	—	0~5	0			
单粒粒级	10~20	—	95~100	85~100	—	0~15	0						
	16~31.5	—	95~100	—	85~100	—	—	0~10	0				
	20~40	—	—	95~100	—	80~100	—	—	0~10	0			
	31.5~63	—	—	—	95~100	—	—	75~100	45~75	—	0~10	0	
	40~80	—	—	—	—	95~100	—	—	70~100	—	30~60	0~10	0

碎石、卵石中含泥量和泥块含量　　表 2-18

项　目	指　标		
	Ⅰ类	Ⅱ类	Ⅲ类
含泥量(按质量计)(%)　<	0.5	1.0	1.5
泥块含量(按质量计)(%)<	0	0.5	0.7

（3）针片状颗粒含量

碎石和卵石颗粒的长度大于该颗粒所属粒级的平均粒径 2.4 倍者为针状颗粒。厚度小于平均粒径 0.4 倍者为片状颗粒。碎石和卵石的针片状颗粒含量应符合表 2-19 的规定。

碎石和卵石针片状颗粒含量　　表 2-19

项　目	指　标		
	Ⅰ类	Ⅱ类	Ⅲ类
针片状颗粒含量（按质量计）(%)　<	5	15	25

（4）碎石和卵石中的有害杂质

碎石和卵石中的硫化物和硫酸盐以及有机物的含量应符合表 2-20 的规定。

碎石和卵石中有害杂质含量　　表 2-20

项　　目	指　　标		
	Ⅰ类	Ⅱ类	Ⅲ类
硫酸盐和硫化物含量（按 SO_3 质量计）（%）	<0.5	<1.0	<1.0
有机物	合格	合格	合格

（5）碎石、卵石的坚固性指标

粗骨料的坚固性是反映碎石或卵石在气候、环境变化或其他物理因素作用下抵抗碎裂的能力。石子的坚固性采用硫酸钠溶液浸渍法进行检验，在硫酸钠饱和溶液中经 5 次循环浸渍后，其质量损失应符合表 2-21 的规定。

普通混凝土用卵石和碎石的
压碎指标、坚固性指标　　表 2-21

项　　目	指　　标		
	Ⅰ类	Ⅱ类	Ⅲ类
碎石压碎指标	10	20	30
卵石压碎指标	12	16	16
坚固性指标（质量损失）（%）　<	5	8	12

2.2.2.3 卵石和碎石的适用范围

碎石和卵石按技术要求可分为Ⅰ类、Ⅱ类、Ⅲ类三个类别。其中，Ⅰ类宜用于强度等级大于C60的混凝土；Ⅱ类宜用于强度等级C30～C60及抗冻、抗渗或其他要求的混凝土；Ⅲ类宜用于强度等级小于C30的混凝土。

2.2.2.4 卵石和碎石的质量验收

（1）石的检验批：对集中生产的，以400m^3或600t为一批；对分散生产的，以200m^3或300t，不足规定数量也以一批论。对产源、质量比较稳定，进料又较大的，可以1000t检验一次。

（2）检验项目。每批石材都应进行颗粒级配、含泥量、泥块含量、针片状颗粒含量及强度检验。对重要的工程或特别工程应根据工程要求，增加检验项目。

（3）不合格品的处理。碎石、卵石的检验结果不符合规范规定的指标时，可根据混凝土的质量要求，经试验证明确保工程质量要求后，方可使用。

2.2.3 轻骨料

轻骨料一般用于结构混凝土或结构保温用混凝土，表观密度小，保温性能好。

2.2.3.1 轻骨料的分类

（1）按粒径轻骨料可分为轻粗骨料和轻细骨料。

1）轻粗骨料。凡粒径大于4.75mm、堆积密度小于1000kg/m^3 的轻骨料，称为轻粗骨料。

2）轻细骨料。凡粒径不大于4.75mm、堆积密度小于1200kg/m^3 的轻骨料，称为轻细骨料。

（2）按材料来源轻骨料可分为天然轻骨料、工业废料轻骨料和人造轻骨料。

1）天然轻骨料。以天然形成的多孔岩石为原料经加工而成的轻骨料，如浮石、火山渣及轻砂等。

2）工业废料轻骨料。以工业废料为原料加工而成的轻骨料，如粉煤灰陶粒、膨胀矿渣、自燃煤矸石及轻砂等。

3）人造轻骨料。以地方材料为原料经加工而成的轻骨料，如膨胀珍珠岩、页岩陶粒、黏土陶粒及轻砂等。

（3）按颗粒形状轻骨料可分为圆球形、普通形和碎石形。

（4）按用途轻骨料可分为结构混凝土用轻骨料和非结构混凝土用轻骨料。

2.2.3.2 轻骨料的技术要求

(1) 粗细程度

保温及结构保温轻骨料混凝土用轻粗骨料的最大粒径不宜大于40mm。结构轻骨料混凝土用的轻粗骨料最大粒径小于20mm。

(2) 颗粒级配

轻骨料颗粒级配应符合表2-22的要求。

(3) 颗粒强度(筒压强度)

轻骨料的颗粒强度采用“筒压法”来测定。将轻骨料装入$\phi115\times100$mm的圆筒内,上面加上$\phi113\times70$mm的冲压模,取冲压模压入深度为20mm时的压力值,除以承压面积,即为轻骨料的筒压强度值,见表2-23。

(4) 有害物质含量

轻骨料中严禁混入煅烧过的石灰石、白云石和硫化铁等不稳定的物质。

(5) 吸水率

由于轻骨料是多孔结构,所以其吸水率较高,对混凝土的浇筑、密实与凝结过程具有不利的影响。混凝土的吸水率是指1h吸水率,因此在设计轻骨料混凝土配合比时,必须考虑骨料的吸水率,应在用水量中加一部分骨料吸收的附加用水量。

轻骨料颗粒级配 表 2-22

骨料类型	公称粒级（mm）	累计筛余（按质量计）（%）										
		筛孔尺寸（mm）										
		40.0	31.5	20.0	16.0	10.0	50	2.50	1.25	0.63	0.315	0.16
细骨料	0～5					0	0～10	0～35	20～60	30～80	65～90	75～100
粗骨料	5～40	0～10	—	40～60	—	50～58	90～100	95～100				
	5～31.5	0～5	0～10	—	40～75	—	90～100	95～100				
	5～20	—	0～5	0～10	—	40～80	90～100	95～100				
	5～16	—	—	0～5	0～10	20～60	85～100	95～100				
	5～10	—	—	—	—	0～15	80～100	95～100				
	10～16	—	—	0	0～15	85～100	90～100					

轻骨料的筒压强度　　表 2-23

轻骨料品种	密度等级	筒压强度（MPa）		
		优等品	一等品	合格品
黏土陶粒 页岩陶粒 粉煤灰陶粒	600	3.0	2.0	
	700	4.0	3.0	
	800	5.0	4.0	
	900	6.0	5.0	
浮　石 火山渣 煤　渣	600		1.0	0.8
	700		1.2	1.0
	800		1.5	1.2
	900		1.8	1.5
自燃煤矸石 膨胀矿渣珠	900		3.5	3.0
	1000		4.0	3.5
	1100		4.5	4.0

(6) 抗冻性

轻骨料由于内部结构多孔，孔隙中的水分在冻融作用下产体积膨胀会使轻骨料发生破坏。为了保证混凝土的耐久性，轻骨料必须具有一定的抗冻性。

2.2.3.3 轻骨料的的储运、保管

轻骨料在运输与保管时不得受潮和混入杂物，不同种类和密度等级的轻骨料应分别储运。

2.3 外加剂及掺合料

2.3.1 混凝土外加剂

在混凝土拌合过程中掺入，并能按要求改善混凝土性能，一般情况掺量不超过水泥质量5%的材料，统称为混凝土外加剂。

2.3.1.1 混凝土外加剂的分类

混凝土外加剂种类繁多，通常根据其主要功能分成以下类别：

（1）改善混凝土拌合性能的外加剂，如减水剂、引气剂和泵送剂等；

（2）调节混凝土凝结时间和硬化性能的外加剂，如缓凝剂、早强剂和速凝剂等；

（3）改善混凝土耐久性的外加剂，如引气剂、防水剂等；

（4）改善混凝土其他性能的外加剂，如加气剂、膨胀剂、防冻剂、着色剂、泵送剂等；

2.3.1.2 外加剂的技术要求

（1）掺外加剂混凝土的性能指标，见表2-24。

（2）混凝土外加剂的匀质性

匀质性是指外加剂本身的性能，生产厂家主要用此来控制产品质量的稳定性。《混凝土外加剂匀质性试验方法》（GB 8077—2000）只规定工厂对各项指标应控制在一定的波动范围之内，具体指标由生产厂家自定。表2-25为外加剂匀质性指标。

混凝土外加剂匀质性指标　　表2-25

试验项目	指　　标
含固量或含水量	对液体外加剂，应在生产厂家控制值的相对量的3%之内
	对固体外加剂，应在生产厂家控制值的相对量的5%之内
密　　度	对液体外加剂，应在生产家控制值的±0.02g/cm³之内
氯离子含量	应在生产厂家控制的相对量的5%之内

续表

试验项目	指　　标
水泥净浆流动度	应不小于生产厂家控制值的95%
细　　度	0.315mm筛筛余应不小于15%
pH值	应在生产厂家控制值的±1之内
表面张力	应在生产厂家控制值的±1.5之内
还原糖	应在生产厂家控制值的±3%
碱量 ($Na_2O+0.658K_2O$)	应在生产厂家控制值的相对量的5%之内
硫酸钠	应在生产厂家控制值的相对量的5%之内
泡沫性能	应在生产厂家控制值的相对量的5%之内
砂浆减水率	应在生产厂家控制值的±1.5%之内

2.3.1.3 外加剂的选择与应用

外加剂品种繁多，性能各异。选用外加剂产品，应根据工程特点及混凝土施工工艺，以及外加剂的技术性能，通过现场试验确定。常用混凝土外加剂的适用范围见表2-26。

常用混凝土外加剂的适用范围　表2-26

外加剂类别		使用目的要求	适用范围	不适用范围
减水剂	木质素磺酸盐	改善混凝土拌合物流变性能	一般混凝土、大模板、大体积混凝土、滑模施工等	不宜用于冬期施工、蒸汽养护、预应力混凝土
	萘系	显著改善混凝土拌合物流变性能	早强、高强、流态、防水、蒸汽养护、泵送混凝土	
	水溶性树脂系	显著改善混凝土拌合物流变性能	早强、高强、蒸汽养护、流态混凝土	
	糖类	改善混凝土拌合物流变性能	大体积、夏季施工等有缓凝要求的混凝土	不宜单独用于有早强要求、蒸汽养护的混凝土

续表

外加剂类别		使用目的要求	适用范围	不适用范围
早强剂	氯盐类	显著提高混凝土早期强度。冬期施工时为防止混凝土早期受冻破坏	冬期施工、紧急抢修工程、有早强或防冻要求的混凝土。硫酸盐类适用于不允许掺氯盐的混凝土	不允许掺氯盐的结构物，均不能使用氯盐类。有机胺类应严格按照掺量，掺量过多会造成严重缓凝和强度下降
	硫酸盐类			
	有机胺类			
引气剂	松香热聚物	改善混凝土拌合物的和易性。提高混凝土抗冻、抗渗等耐久性	防冻、防渗、抗硫酸盐的混凝土，水工大体积混凝土，泵送混凝土	不宜用于蒸汽养护的混凝土及预应力混凝土

续表

外加剂类别		使用目的的要求	适用范围	不适用范围
缓凝剂	木质素磺酸盐	要求缓凝的混凝土降低水化热。分层浇筑的混凝土防止出现裂缝等	夏季施工、大体积混凝土、泵送混凝土、滑模施工、远距离运输的混凝土	不宜单独用于蒸养混凝土及低于5℃以下的混凝土施工。掺量过大，会使混凝土不硬化、强度严重下降
	糖类			
速凝剂	红星1号	施工中要求快凝、快硬的混凝土，迅速提高早期强度的混凝土	矿山井巷，铁路隧道，引水涵洞，地下工程及喷射混凝土或喷射砂浆，抢修、堵漏工程	常与减水剂复合使用，以防混凝土后期强度降低
	711型			
	782型			

续表

外加剂类别		使用目的要求	适用范围	不适用范围
泵送剂	非引气剂型	混凝土泵送施工中为保证混凝土拌合物的可泵性，防止堵塞管道	泵送混凝土	掺引气型外加剂时，泵送混凝土的含气量不宜大于4%
	引气剂型			
防冻剂	氯盐类	要求混凝土在负温下能继续水化、硬化、增长强度，防止冰冻破坏	负温下施工的混凝土	
	氯盐阻锈类		负温下施工的无筋混凝土	如含强电解质的早强剂应符合有关规定
	无氯盐类		负温下施工的钢筋混凝土和预应力混凝土	如含硝酸盐、亚硝酸盐、磺酸盐，不得用于预应力混凝土；如含六价铬盐、亚硝酸盐等，严禁用于食用水工程及与食品接触部位

续表

外加剂类别		使用目的要求	适用范围	不适用范围
膨胀剂	硫铝酸钙类 氧化钙类	减少混凝土干缩裂缝，提高抗裂性、抗渗性，提高机械设备和构件的安装质量	补偿收缩混凝土，填充用膨胀混凝土，自应力混凝土（仅用于常温下使用的自应力混凝土压力管）	氧化钙类膨胀剂不得用于海水和有侵蚀性水的工程，掺膨胀剂的混凝土只适用于有约束条件的钢混工程和填充混凝土工程，掺膨胀剂的混凝土不得用硫酸盐水泥、铁铝酸盐水泥和高铝水泥

2.3.1.4 外加剂的质量验收和储运

(1) 外加剂的质量验收

选用外加剂应有供货单位提供的下列技术文件：

1) 产品说明书，并应标明产品主要成分；

2) 产品质量保证书，并应注明技术要求和出厂检验数据；

3) 掺外加剂混凝土性能的检验报告。

(2) 外加剂进场检验

外加剂运到工地（或混凝土搅拌站）应立即取代表性样品进行检验，进货与工地试配时一致，方可入库、使用。

外加剂应按批进行质量检验。同一厂家、同一品种一次供应的 10t 为一批，不足 10t 者按一批论。存放期超过 3 个月的外加剂，使用前应进行复验，并按复验结果使用。

外加剂的检验结果如有某一项不符合要求时，可根据工程情况，提出相应的措施，经试验证明能满足混凝土性能要求时，方可使用。

(3) 外加剂的储存和使用

外加剂应按不同供货单位、不同品种、不同牌号分别存放，标识应清楚。

粉状外加剂应防止受潮结块，如有结块，经性能检验合格后应粉碎至全部通过0.63mm筛后方可使用。液体外加剂应放置在阴凉干燥处，防止日晒、受冻、污染、进水或蒸发，如有沉淀等现象，经性能检验合格后方可使用。

2.3.2 掺合料

在混凝土拌合时，为了节约水泥、改善混凝土的性能，加入的天然或人造的矿物材料，称为掺合料。

2.3.2.1 掺合料的品种

用作混凝土掺合料的有粉煤灰、硅灰、磨细矿渣粉、磨细煤矸石以及其他工业废渣。

(1) 粉煤灰

粉煤灰是火力发电厂的煤粉燃烧后排放出来的废料，属于火山灰质混合材料，表面光滑，色灰或暗灰。按氧化钙含量分为高钙灰（CaO含量为15%~35%）和低钙灰（CaO含量低于10%），大多数火电厂排放的粉煤灰为低钙灰。粉煤灰能够改善混凝土拌合物的和易性，降低混凝土水化热，提高混凝土的抗渗性和抗硫酸盐性能，早期强度较低，主要用于大体积混凝土、泵送混凝土、预拌

（商品）混凝土中。

1）粉煤灰按品质划分为Ⅰ、Ⅱ、Ⅲ三个级别，技术要求应符合表2-27的规定。

拌制混凝土和砂浆用粉煤灰的技术要求　　表2-27

项　目	技术要求		
	Ⅰ级	Ⅱ级	Ⅲ级
细度（45μm方孔筛筛余）（%）　不大于	12.0	20.0	45.0
需水量比（%）　不大于	95	105	115
烧失量（%）　不大于	5.0	8.0	15.0
三氧化硫含量（%）不大于	3.0	3.0	3.0
含水量（%）　不大于	1.0	1.0	1.0

2）粉煤灰用于混凝土工程，常根据等级选用相应的粉煤灰：

①Ⅰ级粉煤灰适用于钢筋混凝土和跨度小于6m的预应力混凝土。

②Ⅱ级粉煤灰适用于钢筋混凝土和素混凝土。

③Ⅲ级粉煤灰主要用于素混凝土。对强度等

级要求等于或大于 C30 的无筋混凝土，宜采用Ⅰ、Ⅱ级粉煤灰。

④用于预应力混凝土、钢筋混凝土及强度等级要求等于或大于 C30 的无筋混凝土的粉煤灰等级，经试验可采用比上述规定低一级的粉煤灰。

粉煤灰超量取代水泥时，超量系数为：Ⅰ级粉煤灰为1.1～1.4、Ⅱ级粉煤灰为1.3～1.7、Ⅲ级粉煤灰为1.5～2.0。

3）粉煤灰的运输和储运

粉煤灰运输和储存时，不得与其他材料混杂，并应注意防止受潮和污染环境。袋装粉煤灰的包装袋上应清楚地标明厂名、级别、质量、批号和包装日期。

（2）高钙粉煤灰

高钙粉煤灰按品质可分为Ⅰ、Ⅱ两个等级。高钙粉煤灰的需水量比较低，对水泥、混凝土强度的贡献比较明显，早期强度比粉煤灰有所提高。但它的含钙量及游离氧化钙含量波动大，超过一定范围容易使水泥、混凝土构筑物开裂、破坏。

高钙粉煤灰主要应用于泵送混凝土、预拌（商品）混凝土中。高钙粉煤灰的技术要求应符合表 2-28 的规定。

高钙粉煤灰质量指标　　　表 2-28

质量指标		高钙粉煤灰等级	
		Ⅰ	Ⅱ
细度（45μm 筛余）（%）	≤	12	20
游离氧化钙（%）	≤	3.0	2.5
体积安定性（mm）	≤	5	5
烧失量（%）	≤	5	8
需水量比（%）	≤	95	100
三氧化硫含量（%）	≤	3	3
含水率（%）	≤	1	1

（3）粒化高炉矿渣微粉

粒化高炉矿渣微粉（简称矿渣微粉）是粒化高炉矿渣经干燥、粉磨达到规定细度的粉体。矿渣微粉按品质可分为 S115、S105、S95 三个等级。

将矿渣微粉掺入混凝土，混凝土后期强度增长率较高、收缩值较小。大掺量矿渣混凝土可降低水化热峰值，早期强度有所降低。矿渣微粉对混凝土有一定的缓凝作用，低温时影响更为明显。因而主要用于大体积混凝土、泵送混凝土和预拌混凝土。

矿渣微粉的技术要求应符合表 2-29 的规定。

矿渣微粉的技术要求　　表 2-29

质量指标		级别		
		S115	S105	S95
密度（g/cm^3）		>2.8	>2.8	>2.8
比表面积（m^2/kg）		>580	>480	>380
活性指数（%）	7d	≥95	≥80	≥70
	28d	≥115	≥105	≥95
流动度比（%）		> 90	> 95	> 95
三氧化硫（%）		< 4.0		
氯离子（%）		< 0.02		
烧失量（%）		< 3.0		
氧化镁（%）		< 13.0		

2.3.2.2 掺合料的质量验收

（1）检验批的确定

1）粉煤灰。以连续供应的 200t 相同等级的粉煤灰为一批，不足 200t 的按一批计。

2）高钙粉煤灰。以连续供应的 100t 相同等级的粉煤灰为一批，不足 100t 的按一批计。

3）矿渣微粉。年产量 10～30 万 t，以 400t 为一批。年产量 4～10 万 t，以 200t 为一批。

（2）检验项目

不同掺合料质量检验的项目有所不同，常用掺合料的检验项目有：

1）粉煤灰。粉煤灰的检验项目主要有细度、烧失量。同一供应单位每月测定一次需水量比，每季测定一次三氧化硫含量。

2）高钙粉煤灰。高钙粉煤灰的检验项目主要有细度、游离氧化钙、体积安定性。同一供应单位每月测定一次需水量比和烧失量，每季测定一次三氧化硫含量。

3）矿渣微粉。矿渣微粉的检验项目主要有活性指数、流动度比。

（3）不合格品的处理

1）粉煤灰质量检验中，如有一项指标不符合要求，可重新从同一批粉煤灰中加倍取样，进行复验。复验后仍达不到要求时，应作降级或不合格品处理。

2）高钙粉煤灰质量检验中，如有一项指标不符合要求，可重新从同一批高钙粉煤灰中加倍取样，进行复验。复验后仍达不到要求时，应作降级或不合格品处理。体积安定性及游离氧化钙含量不合格的高钙粉煤灰严禁用于混凝土中。

3）矿渣微粉质量检验中，若其中任何一项不符合要求，应重新加倍取样，对不合格的项目进行复验。评定时以复验结果为准。

2.4 砂浆

砂浆是由胶结料、细骨料和水（有时也可掺入某些掺加料），按适当比例配制而成的。砂浆的分类见表2-30。

砂浆的分类　　表2-30

按用途分	砌筑砂浆、抹面砂浆、装饰砂浆、特种砂浆等
按胶凝材料分	水泥砂浆、石灰砂浆、石膏砂浆、水泥混合砂浆及聚合物水泥砂浆等
按生产工艺分	传统砂浆、预拌砂浆和干粉砂浆等

2.4.1 砌筑砂浆

2.4.1.1 组成材料

将砖、石、砌块等粘结成为砌体的砂浆称为砌筑砂浆，起着粘结砌块和传递荷载的作用。砌筑砂浆的组成材料见表2-31。

组成材料　　表 2-31

胶凝材料	干燥环境中选用气硬性胶凝材料，潮湿环境或水中选用水硬性胶凝材料。水泥砂浆中水泥的强度等级不宜大于 32.5 级，水泥混合砂浆中水泥的强度等级不宜大于 42.5 级
细骨料	符合《建筑用砂》（GB/T 14684—2001）的规定，优先选用中砂。砂的含泥量不应超过 5%；M2.5 的水泥混合砂浆，含泥量不应超过 10%
掺加料	石灰膏、黏土膏、电石膏等无机材料，使用时应用孔径不大于 3mm × 3mm 的网过滤
水	符合《混凝土用水标准》（JGJ 63—2006）的规定
外加剂	必须具有法定检测机构出具的检验报告，并经砂浆性能试验合格后，方可使用

2.4.1.2　砌筑砂浆的主要技术性质

（1）和易性

砂浆的和易性包括流动性和保水性。流动性用稠度（沉入度）值（mm）表示，保水性用分层度（mm）表示。砌筑砂浆的稠度按表 2-32 选择。

砌筑砂浆的稠度　　表 2-32

砌　体　种　类	稠度（mm）
烧结普通砖砌体	70～90
轻骨料混凝土小型空心砌块砌体	60～90
烧结多孔砖、空心砖砌体	60～80
烧结普通砖平拱式过梁、空斗墙、筒拱普通混凝土小型空心砌块砌体、加气混凝土砌块砌体	50～70
石砌体	30～50

（2）强度等级

砂浆的强度等级是以 6 个边长为 70.7mm 的立方体试块，在标准养护条件下养护 28d 龄期的抗压强度平均值来确定的，分为 M2.5、M5、M7.5、M10、M15、M20 共 6 个等级。

2.4.1.3　砌筑砂浆的配合比设计

根据《砌筑砂浆配合比设计规程》（JGJ 98—2000），按表 2-33 和表 2-34 进行砂浆配合比设计。试配时，以其中一个为基准配合比，其他配合比的水泥用量分别增加或减少 10%。选定符合试配强度要求且水泥用量最低的配合比作为砂浆配合比。

水泥混合砂浆配合比设计 表 2-33

序号	步骤	方法	说明
1	确定砂浆试配强度 $f_{m,o}$(MPa)	$f_{m,0}=f_2+0.645\sigma$	f_2——砂浆抗压强度平均值（MPa） σ——砂浆现场强度标准差（MPa）
2	计算水泥用量 Q_c（kg）	$Q_c=\frac{1000\ (f_{m,o}-\beta)}{\alpha\cdot f_{ce}}$	f_{ce}——水泥的实测强度（MPa），$\alpha=3.03$、$\beta=-15.09$
3	计算掺加料用量 Q_D（kg）	$Q_D=Q_A-Q_C$	Q_A——每立方米砂浆中水泥和掺加料的总量宜在300～350kg。石灰膏、黏土膏的稠度为120±5mm
4	确定砂子用量（kg）		按干燥状态（含水率小于0.5%）的堆积密度值作为计算值
5	确定用水量(kg)		根据砂浆稠度等要求可选用240～310kg

每立方米砂浆的材料用量　　表2-34

强度等级	每立方米砂浆水泥用量（kg）	每立方米砂浆砂子用量（kg）	每立方米砂浆用水量（kg）
M2.5～M5	200～230	$1m^3$ 砂子的堆积密度值	270～330
M7.5～M10	220～280		
M15	280～340		
M20	340～400		

2.4.2　抹面砂浆

2.4.2.1　普通抹面砂浆

普通抹面砂浆通常分为底层、中层和面层。底层和中层抹灰多用石灰砂浆和水泥混合砂浆，面层抹灰多用水泥混合砂浆、麻刀石灰砂浆或纸筋石灰砂浆。在容易碰撞或潮湿的地方，应采用水泥砂浆。普通抹面砂浆的配合比及应用范围参考表2-35。

普通抹面砂浆的配合比及应用范围　表2-35

材　料	配合比（体积比）	应用范围
石灰∶砂	1∶2～1∶4	用于砖石墙表面（檐口、勒脚、女儿墙以及潮湿房间的墙除外）

续表

材　料	配合比（体积比）	应用范围
石灰:黏土:砂	1:1:4～1:1:8	干燥环境的墙表面
石灰:石膏:砂	1:0.6:2～1:1.5:3	用于不潮湿房间的墙及天花板
石灰:石膏:砂	1:2:2～1:2:4	用于不潮湿房间的线脚及其他修饰工程
石灰:水泥:砂	1:0.5:4.5～1:1:5	用于檐口、勒脚、女儿墙外脚以及比较潮湿的部位
水泥:砂	1:2～1:1.5	用于地面、顶棚或墙面面层
水泥:砂	1:0.5～1:1	用于混凝土地面随时压光
水泥:石膏:砂:锯末	1:1:3:5	用于吸声粉刷
水泥:白石子	1:1.5	用于剁石（打底用1:2～1:2.5水泥砂浆）
石灰膏:麻刀	100:2.5（质量比）	用于板层、顶棚底层

续表

材　料	配合比（体积比）	应用范围
石灰膏:麻刀	100:1.3（质量比）	用于板层、顶棚面层
石灰膏:纸筋	灰膏 0.1m^3，纸筋 0.36kg	用于较高级墙面、顶棚

2.4.2.2 装饰砂浆

装饰砂浆的底层和中层抹灰与普通抹面砂浆基本相同，面层选用具有一定颜色的胶凝材料和骨料，采用某些特殊的操作工艺，使装饰面层呈现出各种不同的色彩、线条与花纹等。常见的做法有水刷石、水磨石、斩假石、拉假石、干粘石等。

2.4.3 商品砂浆

2.4.3.1 商品砂浆的分类

商品砂浆按生产工艺可分为预拌砂浆（湿）和干粉砂浆两大类。预拌砂浆是将水泥、砂、保水增稠材料、水、粉煤灰或矿物掺合料等组分按一定比例在预拌砂浆厂搅拌均匀后，以浆料的形式运往施工现场直接使用。干粉砂浆是将水泥、经干燥筛分处理的砂、保水增稠材料、矿物掺合料和外加剂按一定比例在预拌砂浆厂搅拌均匀后，以粉料袋装的形式或专用罐车运往施工现场加水拌合后再使用。

商品砂浆按使用功能可分为普通砂浆和特种砂浆。普通砂浆包括砌筑砂浆和抹面砂浆及地面砂浆等。特种砂浆包括防水砂浆、堵漏砂浆、防静电砂浆、保温砂浆等。

2.4.3.2 商品砂浆检验的取样规则

预拌砂浆应在砂浆运到交货地点后30min内完成有关性能的检测，试样应随机从运输车在卸料过程中卸料量的1/4至3/4之间取样，试样量为检验项目需要量的1.5倍，并不少于0.01m^3。

干粉砂浆应由买卖双方在发货前或在交货地共同取样和签封。每一编号的取样应随机进行，普通干粉试样量至少80kg，特种干粉试样量至少10kg。试样量缩分为两等份，一份由卖方保存40d，一份由买方按规程规定的项目和方法进行检验。

2.4.3.3 商品砂浆的储运

预拌砂浆运到储存地点后，必须储存在不吸水的密闭容器内；容器标识明确，有利于储存、清洗和装卸；夏季采取遮阳措施，冬季采取保温措施；砂浆必须在规定的时间内使用完。

干粉砂浆应按不同的品种、强度等级分别储

运，存期不超过3个月。在储运过程中不得受潮和掺入其他杂质。

2.4.4 其他砂浆

（1）其他砂浆的种类与组成材料见表2-36。

其他砂浆的种类与组成材料　　表2-36

砂浆种类	组成材料
防水砂浆	选用32.5级以上的普通水泥和级配良好的中砂配制，也可掺入防水剂。水泥与砂的质量比不宜大于1:2.5，水灰比应为0.5~0.6
保温砂浆	用水泥、石灰、石膏等胶凝材料与膨胀珍珠岩、膨胀蛭石、浮石砂、陶粒砂等轻质多孔骨料按一定比例配制
吸声砂浆	由轻质多孔骨料配制，也可用水泥、石膏、砂、锯末（体积比为1:1:3:5）配制，或者在石灰、石膏砂浆中掺入玻璃纤维、矿棉等松软纤维材料
耐酸砂浆	用水玻璃和氟硅酸钠配制，也可掺入石英岩、花岗岩、铸石等粉状细骨料

(2) 传统砂浆的取样与组批

建筑砂浆立方体抗压强度取样数量按每一个台班、同一配合比、同一层砌体或250m^3砌体为一组试块；地面砂浆按每一层地面1000m^2取一组，不足1000m^2按1000m^2计算。

建筑砂浆试验用料应根据不同要求，从同一盘搅拌机或同一车运送的砂浆中取出。在试验室取样时，可从机械或人工拌合的砂浆中取出。取样数量应多于试验用料的1~2倍。

2.5 混凝土

2.5.1 混凝土的分类与材料组成

混凝土的分类见表2-37，混凝土的组成材料及标准见表2-38。

混凝土的分类　　表2-37

按表观密度分	重混凝土：表观密度大于2600kg/m^3，采用密度很大的重晶石、铁矿石、钢屑等重骨料和钡水泥或锶水泥配制而成
	普通混凝土：表观密度介于1950~2500kg/m^3之间，用普通的天然砂、石为骨料配制而成

续表

按表观密度分	轻混凝土：表观密度小于 1950kg/m^3，用轻质多孔的骨料，或者不用轻质多孔的骨料而掺入加气剂或引气剂，形成多孔结构的混凝土
按用途分	结构混凝土、道路混凝土、防水混凝土、耐热混凝土、耐酸混凝土、装饰混凝土、防射线混凝土等
按胶凝材料分	水泥混凝土、石膏混凝土、水玻璃混凝土、沥青混凝土、聚合物水泥混凝土等
按生产和施工方法分	预拌混凝土、泵送混凝土、喷射混凝土、预应力混凝土、离心成型混凝土等
按强度等级分	低强度混凝土：抗压强度小于 30MPa
	中强度混凝土：抗压强度介于 30 ~ 60MPa 之间
	高强混凝土：抗压强度大于或等于 60MPa
	超高强混凝土：抗压强度大于 100MPa

混凝土的组成材料及标准　　表2-38

组成材料	标　准
水泥	《通用硅酸盐水泥》（GB 175—2007）
粗骨料	《建筑用卵石、碎石》(GB/T 14685—2001)
细骨料	《建筑用砂》（GB/T 14684—2001）
水	《混凝土用水标准》（JGJ 63—2006）
外加剂	《混凝土外加剂》(GB 8076—1997)、《混凝土外加剂应用技术规范》(GB 50119—2003)
掺合料	《用于水泥和混凝土中的粉煤灰》（GB/T 1596—2005）等

2.5.2 混凝土的技术性质

2.5.2.1 混凝土拌合物的和易性

和易性是指在一定施工条件下，便于操作并能获得质量均匀、密实的混凝土的性能。包括流动性、黏聚性和保水性，流动性可用坍落度与坍落扩展度法或维勃稠度法测定。

选择坍落度的原则是在允许的施工条件下，能保证混凝土拌合物振捣密实时，尽可能采用较小的坍落度，以节约水泥并保证混凝土的质量。混凝土浇筑时的坍落度按表 2-39 选用。

混凝土浇筑时的坍落度（mm）　　表 2-39

结构种类	坍落度
基础或地面等的垫层、无配筋的大体积结构（挡土墙、基础等）或配筋稀疏的结构	10～30
板、梁和大型及中型截面的柱子等	35～50
配筋密列的结构（薄壁、斗仓、筒仓、细柱等）	55～70
配筋特密的结构	75～90

2.5.2.2　混凝土的抗压强度及强度等级

按《普通混凝土力学性能试验方法标准》（GB/T 50081—2002）的规定，制作边长为 150mm 的立方体标准试件，在标准条件下养护 28d，用标准试验方法测得的抗压强度值为混凝土立方体抗压强度。

混凝土的强度等级应按立方体抗压强度标准值划分。立方体抗压强度标准值系指对按标准方法制作和养护 28d 龄期的边长为 150mm 的立方体试件，用标准试验方法测得的具有 95% 保证率的抗压强度。混凝土的强度等级划分为 C7.5、C10、C15、C20、C25、C30、C35、C40、C45、C50、C55、C60、C65、C70、C75、C80 共 16 个强度等级。

2.5.2.3 混凝土的耐久性

（1）抗渗性

抗渗性是指混凝土抵抗压力介质（水、油、溶液等）渗透的性能，用抗渗等级 P 表示，分为 P4、P6、P8、P10、P12 共 5 个等级。

（2）抗冻性

抗冻性是指混凝土在饱和水状态下，能抵抗多次冻融循环而不破坏，同时也不严重降低强度的性能，用抗冻等级 F 表示，分为 F10、F15、F25、F50、F100、F150、F200、F250 和 F300 共 9 个等级。

（3）抗侵蚀性

抗侵蚀性是指混凝土抵抗周围环境介质侵蚀的能力，主要与所用水泥的品种、混凝土的密实度和孔隙特征有关。

(4) 混凝土的碳化

混凝土的碳化是空气中的二氧化碳与水泥石中的氢氧化钙在潮湿的条件下发生化学反应，生成碳酸钙和水的过程。碳化过程使混凝土的碱度降低，引起混凝土收缩，对混凝土强度有一定的影响。

(5) 碱-骨料反应

水泥中的碱（Na_2O、K_2O）与骨料中的活性二氧化硅发生反应，生成碱-硅酸凝胶，长期使用中仍能吸水产生体积膨胀，从而导致混凝土膨胀开裂而破坏。

2.5.3 混凝土的质量控制

2.5.3.1 混凝土的取样规则

检查结构混凝土强度的试件，应在混凝土的浇筑地点随机抽样，并符合下列规定：

(1) 普通混凝土拌合物的取样应具有代表性，宜采用多次采样的方法。一般在同一盘混凝土或同一车混凝土中约 1/4、1/2 处和 3/4 处之间分别取样，从第一次取样到最后一次取样不宜超过 15min，然后人工搅拌均匀。取样量应多于试验所需量的

1.5 倍，且不宜小于 20L。

（2）每拌制 100 盘且不超过 $100m^3$ 的同配合比的混凝土，取样不得少于 1 次；每工作班拌制的同一配合比的混凝土不足 100 盘时，取样不得少于 1 次；当一次连续浇筑超过 $1000m^3$ 时，同一配合比的混凝土每 $200m^3$ 取样不得少于 1 次；每一楼层、同一配合比的混凝土，取样不得少于 1 次；每次取样应至少留置一组标准养护试件，同条件养护试件的留置组数应根据实际需要确定。

（3）对有抗渗要求的混凝土结构，其混凝土试件应在浇筑地点随机取样。同一工程、同一配合比的混凝土不应少于 1 次。留置组数可根据实际需要确定。

2.5.3.2 混凝土强度的评定

混凝土强度的评定方法见表 2-40。

混凝土强度分批检验结果能满足以上评定的规定时，则该批混凝土判为合格。当对混凝土试件强度的代表性有怀疑时，可采用从结构或构件中钻取试件的方法或采用非破损检验方法，按有关标准的规定对结构或构件中混凝土的强度进行推定。

混凝土强度的评定方法　　表 2-40

评定方法		强度要求	说　明
统计	1. 混凝土的生产条件在较长时间内能保持一致，且同一品种混凝土的强度变异性能保持稳定，强度评定应由连续三次试件组成一个验收批	$\bar{f}_{cu} \geqslant f_{cu,k} + 0.7\sigma_0$ $f_{cu,min} \geqslant f_{cu,k} - 0.7\sigma_0$ 当混凝土强度等级≤C20 时，应满足： $f_{cu,min} \geqslant 0.85 f_{cu,k}$ 当混凝土强度等级 > C20 时，应满足： $f_{cu,min} \geqslant 0.90 f_{cu,k}$	$\bar{f}_{cu}$——同一验收批混凝土立方体抗压强度的平均值（MPa）。 $f_{cu,k}$——混凝土立方体抗压强度标准值（MPa）。 σ_0——验收批混凝土立方体抗压强度的标准差（MPa）。 $f_{cu,min}$——同一验收批混凝土立方体抗压强度的最小值（MPa）。 s_{fcu}——同一验收批混凝土立方体抗压强度标准差（MPa）。当计算值小于 $0.06 f_{cu,k}$ 时，取 $s_{fcu} = 0.06 f_{cu,k}$。
	2. 当混凝土的生产条件在较长时间内不一致，强度不稳定，或前一个检验期内的同一品种混凝土 σ_0 未知，并不少于 10 组	$\bar{f}_{cu} - \lambda_1 s_{fcu} \geqslant 0.9 f_{cu,k}$ $f_{cu,min} \geqslant \lambda_2 f_{cu,k}$	

续表

<table>
<tr><th colspan="2">评定方法</th><th>强度要求</th><th>说　明</th></tr>
<tr><td>非统计</td><td>小批量零星生产，试件数量有限</td><td>$\bar{f}_{cu} \geq 1.15 f_{cu,k}$
$f_{cu,min} \geq 0.95 f_{cu,k}$</td><td>$\lambda_1$、$\lambda_2$——合格判定系数，见下表。
<table><tr><td>试件组数</td><td>10～14</td><td>15～24</td><td>≥25</td></tr><tr><td>λ_1</td><td>1.70</td><td>1.65</td><td>1.60</td></tr><tr><td>λ_2</td><td>0.90</td><td colspan="2">0.85</td></tr></table></td></tr>
</table>

混凝土初步配合比的计算 表 2-41

序号	步骤	方法	说明
1	确定试配强度	$f_{cu,o} \geqslant f_{cu,k} + 1.645\sigma$	$f_{cu,k}$——混凝土立方体抗压强度标准值（MPa）； σ——混凝土强度标准差（MPa）
2	确定水灰比（W/C）	$W/C = \dfrac{\alpha_a \cdot f_{ce}}{f_{cu,o} + \alpha_a \cdot \alpha_b \cdot f_{ce}}$	f_{ce}——水泥 28d 实测抗压强度值（MPa）。 碎石：$\alpha_a = 0.46$、$\alpha_b = 0.07$； 卵石：$\alpha_a = 0.48$、$\alpha_b = 0.33$。 根据强度和耐久性要求确定的水灰比应在两者之中选用较小的水灰比

续表

序号	步骤	方法	说明
3	选取混凝土的用水量（m_{wo}）	根据粗骨料的种类、最大粒径和施工要求的混凝土拌合物稠度查表	《普通混凝土配合比设计规程》（JGJ 55—2000）
4	计算水泥用量（m_{co}）	$m_{co}=\frac{m_{wo}}{W/C}$	根据计算的水泥用量和耐久性要求的最小水泥用量在两者之中选用较多的水泥用量
5	选取合理砂率值（β_s）	根据粗骨料的种类、最大粒径及混凝土的水灰比查表	《普通混凝土配合比设计规程》（JGJ 55—2000）

续表

序号	步骤	方法	说明
6	计算粗骨料（m_{go}）和细骨料（m_{so}）的用量	质量法： $m_{co}+m_{wo}+m_{so}+m_{go}=m_{cp}$ $\beta_s=\frac{m_{so}}{m_{so}+m_{go}}\times 100\%$	m_{cp}——混凝土的表观密度（kg/m^3）
		体积法： $\frac{m_{co}}{\rho_c}+\frac{m_{go}}{\rho_g}+\frac{m_{so}}{\rho_s}+\frac{m_{wo}}{\rho_w}+0.01\alpha=1$ $\beta_s=\frac{m_{so}}{m_{so}+m_{go}}\times 100\%$	ρ_c、ρ_s、ρ_g——分别为水泥、细骨料、粗骨料的表观密度（kg/m^3）； ρ_w——水的密度（kg/m^3）； α——混凝土的含气量百分数，在不使用引气型外加剂时，α 可取 1

2.5.4 混凝土的配合比

2.5.4.1 初步配合比的计算

2.5.4.2 试配与调整

混凝土试配时应在保持水灰比不变的条件下相应调整用水量或砂率，直到符合要求为止，提出混凝土强度试验用的基准配合比。

检验混凝土强度时至少应采用三个不同的配合比，其中一个为基准配合比，另外两个配合比的水灰比，较基准配合比分别增加和减少0.05；用水量应与基准配合比相同，砂率可分别增加和减少1%。

根据试验得出的混凝土强度与其对应的灰水比关系，用作图法或计算法求出与混凝土配制强度（$f_{cu,o}$）相对应的灰水比，并按下列原则确定每$1m^3$混凝土的材料用量：

（1）用水量（m_w）在基准配合比用水量的基础上，根据制作强度试件时测得的坍落度或维勃稠度进行调整确定；

（2）水泥用量（m_c）以用水量乘以选定的灰水比计算确定；

（3）粗骨料（m_g）和细骨料（m_s）在基准配

合比中的粗、细骨料用量的基础上，按选定的灰水比进行调整后确定。

配合比经试配确定后，还应根据实测的混凝土表观密度作必要的校正。当混凝土表观密度实测值（$\rho_{c,t}$）与计算值（$\rho_{c,c}$）之差的绝对值不超过计算值的2%时，上述配合比可不作校正；当二者之差超过2%时，应将配合比中每项材料用量均乘以校正系数δ（$\delta=\rho_{c,t}/\rho_{c,c}$），即为确定的设计配合比。

2.5.4.3 施工配合比

混凝土配合比设计是以干燥状态为基准的，而施工现场砂石骨料含有一定的水分。因此，应根据砂、石的含水率适当增加砂、石用量，从原用水量中扣除砂、石所含用水量，将经过修正后的配合比作为施工配合比。

2.5.5 其他混凝土

2.5.5.1 防水混凝土

防水混凝土是指抗渗等级等于或大于P6级的混凝土。

普通防水混凝土采用较小的水灰比，提高水泥用量和砂率，减小混凝土孔隙率，改变孔隙特征，使混凝土具有足够的防水性。

外加剂防水混凝土是在混凝土中掺入适当品种的外加剂，提高混凝土的密实性，改变混凝土内部的孔结构，达到抗渗的目的。常用防水剂、密实剂、膨胀剂、引气剂、减水剂等。

膨胀水泥抗渗混凝土采用膨胀水泥配制而成，膨胀水泥在水化过程中能形成大量的钙矾石，体积膨胀，使孔隙率降低，提高混凝土的抗渗能力，达到防水的目的。

2.5.5.2 泵送混凝土

泵送混凝土是指混凝土拌合物的坍落度不低于100 mm，并用泵机输送施工的混凝土。泵送混凝土对原材料的选用和配合比设计应注意以下几点：

1）水泥应选用硅酸盐水泥、普通硅酸盐水泥、矿渣硅酸盐水泥和粉煤灰硅酸盐水泥。

2）细骨料宜用中砂，其通过0.315 mm筛孔的颗粒含量不应少于15%。

3）粗骨料宜采用连续级配，针片状颗粒含量不宜大于10%，最大粒径与输送管径之比应符合表2-42的规定。

4）掺用泵送剂、减水剂、粉煤灰或其他矿物掺合料，质量应符合有关标准的规定。

粗骨料的最大粒径与输送管径之比　表 2-42

石子品种	泵送高度（m）	粗骨料最大粒径与输送管径比
碎石	<50	≤1:3.0
	50～100	≤1:4.0
	>100	≤1:5.0
卵石	<50	≤1:2.5
	50～100	≤1:3.0
	>100	≤1:4.0

5）泵送混凝土试配时应考虑坍落度经时损失，混凝土入泵时坍落度可按表 2-43 选用。

混凝土入泵坍落度选用表　　表 2-43

泵送高度（m）	30 以下	30～60	60～100	100 以上
坍落度（mm）	100～140	140～160	160～180	180～200

6）泵送混凝土的用水量与水泥和矿物掺合料的总量之比不宜大于 0.60，水泥和矿物掺合料的总量不宜小于 300 kg/m^3；砂率宜为 35%～45%；掺用引气型外加剂时，混凝土含气量不宜大于

4%。

2.5.5.3 喷射混凝土

喷射混凝土是将预先配好的水泥、砂、石和速凝剂装入喷射机，利用压缩空气经管道混合输送到喷头与高压水混合后，以很高的速度喷射到岩石或混凝土的表面，迅速硬化形成的混凝土。

喷射混凝土宜采用普通硅酸盐水泥，骨料的级配要好，石子的最大粒径不应大于 20 mm，砂子宜用粗砂，并应掺加速凝剂。喷射混凝土的配合比（水泥:砂:石）一般为1:2:2.5、1:2.5:2、1:2:2、1:2.5:1.5，水灰比为0.4~0.5，水泥用量为300~450 kg/m^3。

2.6 砖

凡以黏土、工业废料或其他地方资源为原料，以不同工艺制成的在建筑工程中用于砌筑墙体的砖统称砌墙砖。砌墙砖按照生产工艺可分为烧结砖和非烧结砖。

2.6.1 烧结普通砖

2.6.1.1 烧结普通砖的分类

(1) 烧结黏土砖（N）。烧结黏土砖是以黏土为主要原料，经配料、制坯、干燥、焙烧而成的烧结普通砖。分为青砖和红砖，青砖较红砖耐久性好，但青砖只能在土窑中制得，价格较贵。

（2）烧结页岩砖（Y）。页岩经破碎、粉磨、配料、成型、干燥和焙烧等工艺制成的砖，称为烧结页岩砖。

（3）烧结煤矸石砖（M）。采煤和洗煤时剔除的大量煤矸石，其成分与黏土相似，经粉碎后，根据其含碳量和可塑性进行适当配料，即可用来制成烧结煤矸石砖。

（4）烧结粉煤灰砖（F）。烧结粉煤灰砖是以粉煤灰为主要原料，经配料、成型、干燥、焙烧而制成的砖。

2.6.1.2 烧结普通砖的技术要求

《烧结普通砖》（GB 5101—2003）标准规定，烧结普通砖根据抗压强度分为 MU30、MU25、MU20、MU15、MU10 五个强度等级。根据尺寸偏差、外观质量、泛霜和石灰爆裂分为优等品（A）、一等品（B）、合格品（C）三个产品等级。

（1）规格尺寸及尺寸偏差

烧结普通砖的规格尺寸为 240mm × 115 mm × 53mm。尺寸偏差应符合表 2-44 的要求。

烧结普通砖尺寸允许偏差（mm）　**表 2-44**

尺寸	优等品		一等品		合格品	
	样本平均偏差	样本极差≤	样本平均偏差	样本极差≤	样本平均偏差	样本极差≤
长度	±2.0	6	±2.5	7	±3.0	8
宽度	±1.5	5	±2.0	6	±2.5	7
高度	±1.5	4	±1.6	5	±2.0	6

（2）外观质量

烧结普通砖的优等品必须颜色基本一致，一等品和合格品颜色无要求。其他外观质量应符合表 2-45 的要求。

（3）强度等级

烧结普通砖各强度等级的强度标准应符合表 2-46 的规定。

（4）抗风化性能

抗风化性能是指在干湿变化、温度变化、冻融变化等物理因素作用下，材料不破坏并长期保持其原有性质的能力。烧结普通砖的抗风化性能通常以

烧结普通砖外观质量标准 **表 2-45**

项目		优等品	一等品	合格品
两条面高度差（mm） ≤		2	3	4
弯曲（mm） ≤		2	3	4
杂质突出高度（mm） ≤		2	3	4
缺棱掉角的三个尺寸，不得同时大于		5	20	30
裂纹长度（mm） ≤	大面上宽度方向及其延伸至条面的长度	30	60	80
	大面上长度方向及其延伸至顶面的长度或条顶面上水平裂纹的长度	50	80	100
完整面不得少于		二条面和二顶面	一条面和一顶面	
颜色		基本一致		

烧结普通砖强度等级标准（MPa）　表 2-46

强度等级	抗压强度平均值 $f_m \geqslant$	变异系数 $\delta \leqslant 0.21$	变异系数 $\delta > 0.21$
		抗压强度标准值 $f_k \geqslant$	单块最小抗压强度值 $f_{min} \geqslant$
MU30	30.0	22.0	25.0
MU25	25.0	18.0	22.0
MU20	20.0	14.0	16.0
MU15	15.0	10.0	12.0
MU10	10.0	6.5	7.5

其抗冻性、吸水率及饱和系数等指标判别，见表 2-47。按《烧结普通砖》（GB 5101—2003）规定，严重风化区中的黑龙江、吉林、辽宁、内蒙古、新疆等地区的砖，必须进行冻融试验。

（5）耐久性

烧结普通砖的耐久性包括砖内的石灰爆裂、泛霜等。

石灰爆裂是指当原材料中有石灰质等杂物时，焙烧时被烧成生石灰，使用时生石灰吸水熟化，体积产生膨胀，导致砖块产生裂缝甚至崩溃。

烧结普通砖抗风化性能　　表 2-47

项目 种类	严重风化区				非严重风化区			
	5h 沸煮吸水率(%)≤		饱和系数≤		5h 沸煮吸水率(%)≤		饱和系数≤	
	平均值	单块最大值	平均值	单块最大值	平均值	单块最大值	平均值	单块最大值
黏土砖	18	20	0.85	0.87	19	20	0.88	0.90
粉煤灰砖	21	23			23	25		
页岩砖	16	18	0.74	0.77	18	20	0.78	0.80
煤矸石砖	16	18			18	20		

注：粉煤灰掺入量（体积比）小于 30% 时，抗风化性能指标按黏土砖规定。饱和系数为常温 24h 与沸煮 5h 吸水量之比。

泛霜是指黏土中的可溶性盐类（如硫酸钠）随着砖内水分蒸发而在砖表面产生的盐析现象。一般为白色粉末，常在砖表面形成絮团点。泛霜后的砖因盐析结晶膨胀将使砖砌体表面产生粉化剥落。

2.6.1.3 烧结普通砖的产品标记

烧结普通砖的产品标记按产品名称、规格、品种、强度等级、质量等级和标准编号的顺序编写。例如，规格 240mm × 115mm × 53mm、强度等级 MU15、一等品的烧结普通砖，其标记为：烧结普通砖 N MU15 B GB 5101。

2.6.2 烧结多孔砖和烧结空心砖

2.6.2.1 烧结多孔砖

烧结多孔砖是以黏土、页岩、煤矸石为主要原料，经焙烧而成的孔洞率等于或大于25%、孔的尺寸小而数量多的烧结砖。烧结多孔砖的孔洞垂直于大面，砌筑时要孔洞方向垂直于承压面，主要用于6层以下建筑物的承重墙。

（1）规格尺寸

烧结多孔砖的外形尺寸，按《烧结多孔砖》（GB 13544—2000）规定，长度（L）可分为 290、240、190，宽度（B）可分为 240、190、180、

175、140、115，高度（H）为90，单位mm。产品还可以有0.5L或0.5B的配砖，配套使用。图2-1为部分地区生产的多孔砖规格和孔洞形式。

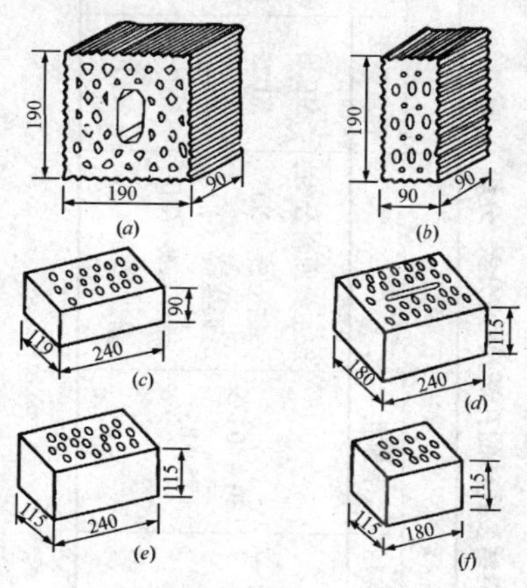

图2-1　多孔砖规格和孔洞形式

（2）分类、分级

根据尺寸偏差、外观质量，烧结多孔砖分为优等品（A）、一等品（B）、合格品（C）三个质量等级。强度等级分为MU30、MU25、MU20、MU15、MU10五个等级，见表2-48。

烧结多孔砖的孔洞尺寸、分类、分级 **表 2-48**

孔洞尺寸（mm）			分类	分级	
圆孔直径	非圆孔内切圆直径	手抓孔		强度等级	产品等级
≤22	≤15	（30～40）×（75～85）	按主要原料分为： 黏土砖（N） 页岩砖（Y） 煤矸石砖（M） 粉煤灰砖（F）	MU30 MU25 MU20 MU15 MU10	优等品（A） 一等品（B） 合格品（C）

（3）尺寸偏差

烧结多孔砖的形状为直角六面体，其长度、宽度、高度尺寸应符合表2-49的要求。

烧结多孔砖的尺寸允许偏差（mm）　表2-49

尺寸	优等品		一等品		合格品	
	样本平均偏差	样本极差≤	样本平均偏差	样本极差≤	样本平均偏差	样本极差≤
长度	±2.0	6	±2.5	7	±3.0	8
宽度	±1.5	5	±2.0	6	±2.5	7
高度	±1.5	4	±1.7	5	±2.0	6

（4）强度等级

烧结多孔砖各强度等级应符合表2-50的规定。

烧结多孔砖的强度等级标准（MPa）　表2-50

强度等级	抗压强度平均值 f_m	变异系数 $\delta \leq 0.21$	变异系数 $\delta > 0.21$
		强度标准值 $f_k \geq$	单块最小抗压强度值 $f_{min} \geq$
MU30	30.0	22.0	25.0
MU25	25.0	18.0	22.0
MU20	20.0	14.0	16.0
MU15	15.0	10.0	12.0
MU10	10.0	6.5	7.5

（5）外观质量标准

烧结多孔砖的外观质量应符合表2-51的规定。

烧结多孔砖外观质量标准　　表2-51

项目		质量等级		
		优质品	一等品	合格品
颜色（一条面和一顶面）		一致	基本一致	—
完整面不得少于		一条面和一顶面	一条面和一顶面	—
缺棱掉角的3个破坏尺寸不得同时大于（mm）		15	20	30
裂纹长度不大于（mm）	大面上深入孔壁15mm以上宽度方向及其延伸到条面的长度	60	80	100
	大面上深入孔壁15mm以上长度方向及其延伸到条面的长度	60	100	120
	条面或顶面上的水平裂纹	80	100	120
杂质在砖面上造成的凸出高度不大于（mm）		3	4	5

（6）烧结多孔砖的孔形、孔洞率及孔洞排列

烧结多孔砖的孔形、孔洞率及孔洞排列应符合表 2-52 的规定。

烧结多孔砖的孔形、孔洞率及孔洞排列

表 2-52

<table>
<tr><th>产品等级</th><th>孔　　形</th><th>孔洞率（%）</th><th>孔洞排列</th></tr>
<tr><td>优质品</td><td rowspan="2">矩形条孔或矩形孔</td><td rowspan="3">25</td><td rowspan="2">交错排列，有序</td></tr>
<tr><td>一等品</td></tr>
<tr><td>合格品</td><td>矩形孔或其他孔隙</td><td>—</td></tr>
</table>

（7）产品标记

烧结多孔砖的产品标记按产品名称、品种、规格、强度等级、质量等级的标准编号的顺序编写。例如，规格尺寸 290mm × 140mm × 90mm、强度等级 MU25、优等品的烧结多孔黏土砖，其标记为：烧结多孔砖 N290 × 140 × 90 25 A GB13544。

2.6.2.2 烧结空心砖

烧结空心砖是以黏土、页岩、煤矸石为主要原料，经焙烧而成的孔洞率大于 35% 的烧结砖。烧结

空心砖的密度级别不大于 1100kg/m³，孔洞尺寸大而数量少，自重较轻，强度不高，使用时大面受压，孔洞平行于承压面，主要用于非承重墙，如多层建筑的内隔墙和框架结构的填充墙。烧结空心砖的类型如图 2-2 所示。

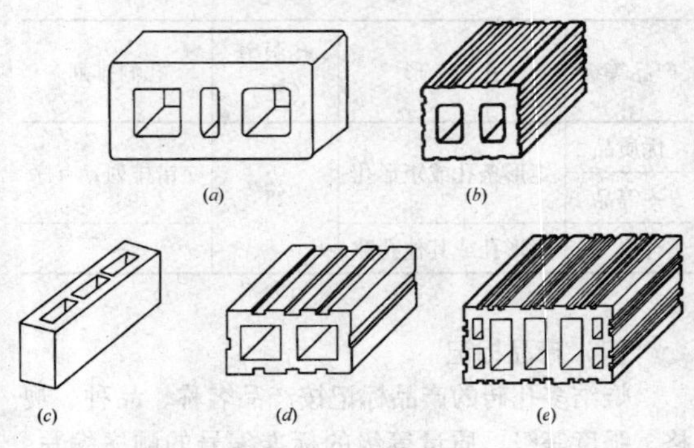

图 2-2　烧结空心砖的类型

（1）规格尺寸、孔洞、密度等级及产品等级

烧结空心砖的规格尺寸、孔洞、密度等级及产品等级见表 2-53。

规格尺寸、孔洞、密度等级及产品等级 **表 2-53**

规格尺寸（mm）（长、宽、高）	孔洞	密度等级		产品等级
		级别	五块密度平均值（kg/m^3）	
① 290、190、90 ② 240、180（175）、115	采用矩形条孔或其他孔形，且平行于大面和条面	800	≤800	优质品
		900	801～900	一等品
		1100	901～1100	合格品

（2）尺寸允许偏差及外观质量

根据《烧结空心砖和空心砌块》GB 13545—2003 的规定，烧结空心砖的尺寸允许偏差、外观质量、强度等级和物理性能分优等品（A）、一等品（B）、合格品（C）三个质量等级。烧结空心砖的尺寸允许偏差及外观质量标准应符合表 2-54 的规定。

（3）强度等级

烧结空心砖的强度等级应符合表 2-55 的规定。

（4）产品标记

烧结空心砖的产品标记按产品名称、品种、规格、密度等级、质量等级的标准编号的顺序编写。例如，规格尺寸 290mm × 190mm × 90mm、密度等级 800、优等品的烧结空心砖，其标记为：烧结空心砖 290 × 190 × 90 800 A GB13545。

2.6.3 蒸压蒸养砖

2.6.3.1 蒸压灰砂砖

蒸压灰砂砖是用磨细生石灰和天然砂，经混合搅拌、陈化（使生石灰充分熟化）、轮碾、加压成型、蒸压养护（175℃ ~ 191℃、0.8MPa ~ 1.2MPa 的饱和蒸汽）而成。蒸压灰砂砖有彩色的（CO）和灰白色的（N）两类。

烧结空心砖尺寸允许偏差及外观质量标准　　表 2-54

<table>
<tr><td rowspan="2">尺寸</td><td colspan="2">优等品</td><td colspan="2">一等品</td><td colspan="2">合格品</td></tr>
<tr><td>样本平均偏差</td><td>样本极差小于等于</td><td>样本平均偏差</td><td>样本极差小于等于</td><td>样本平均偏差</td><td>样本极差小于等于</td></tr>
<tr><td>>300</td><td>±2.5</td><td>6.0</td><td>±3.0</td><td>7.0</td><td>±3.5</td><td>8.0</td></tr>
<tr><td>>200~300</td><td>±2.0</td><td>5.0</td><td>±2.5</td><td>6.0</td><td>±3.0</td><td>7.0</td></tr>
<tr><td>100~200</td><td>±1.5</td><td>4.0</td><td>±2.0</td><td>5.0</td><td>±2.5</td><td>6.0</td></tr>
<tr><td><100</td><td>±1.5</td><td>3.0</td><td>±1.7</td><td>4.0</td><td>±2.0</td><td>5.0</td></tr>
<tr><td colspan="4">项　目</td><td>优等品</td><td>一等品</td><td>合格品</td></tr>
<tr><td rowspan="6">外观质量</td><td colspan="3">1. 弯曲，小于等于</td><td>3</td><td>4</td><td>5</td></tr>
<tr><td colspan="3">2. 缺棱掉角的三个破坏尺寸不得同时大于</td><td>15</td><td>30</td><td>40</td></tr>
<tr><td colspan="3">3. 垂直度差，小于等于</td><td>3</td><td>4</td><td>5</td></tr>
<tr><td colspan="3">4. 未贯穿裂纹长度</td><td></td><td></td><td></td></tr>
<tr><td colspan="3">1）大面上宽度方向及其延伸到条面的长度，小于等于</td><td>不允许</td><td>100</td><td>120</td></tr>
<tr><td colspan="3">2）大面上长度方向或条面上水平面方向的长度，小于等于</td><td>不允许</td><td>120</td><td>140</td></tr>
</table>

续表

尺寸	优等品		一等品		合格品	
	样本平均偏差	样本极差小于等于	样本平均偏差	样本极差小于等于	样本平均偏差	样本极差小于等于
项目				优等品	一等品	合格品
外观质量	5. 贯穿裂纹长度					
	1）大面上宽度方向及其延伸到条面的长度，小于等于			不允许	40	60
	2）壁、肋沿长度方向、宽度方向及其水平方向的长度，小于等于			不允许	40	60
	6. 肋、壁内残缺长度，小于等于			不允许	40	60
	7. 完整面[①]不少于			一条面和一大面	一条面或一大面	—

注：凡有下列缺陷之一者，不能称为完整面：

①缺损在大面、条面上造成的破坏面尺寸同时大于20mm×30mm。

②大面、条面上裂纹宽度大于1mm、长度超过70mm。

③压陷、粘底、焦花在大面、条面上的凹陷或凸出超过2mm，区域尺寸同时大于20mm×30mm。

烧结空心砖的强度等级标准　　表 2-55

强度等级	抗压强度（MPa）			密度等级范围（kg/m^3）
	抗压强度平均值 $\bar{f}$，大于等于	变异系数 $\delta \leq 0.21$ 强度标准值 f_k，大于等于	变异系数 $\delta > 0.21$ 单块最小抗压强度值 f_{min}，大于等于	
MU10.0	10.0	7.0	8.0	≤1100
MU7.5	7.5	5.0	5.8	
MU5.0	5.0	3.5	4.0	
MU3.5	3.5	2.5	2.8	
MU2.5	2.5	1.6	1.8	≤800

（1）质量等级

按照《蒸压灰砂砖》（GB 11945—1999）的规定，蒸压灰砂砖根据尺寸、外观质量、强度等级及抗冻性分为优等品（A）、一等品（B）、合格品（C）三个质量等级。

（2）尺寸偏差和外观质量

蒸压灰砂砖的外形尺寸为直角六面体，规格尺寸为 240mm × 115mm × 53mm。其尺寸偏差和外观质量应符合表 2-56 的规定。

蒸压灰砂砖的尺寸偏差和外观质量 **表 2-56**

项目			指标		
			优等品	一等品	合格品
尺寸允许偏差（mm）	长度	240	±2	±2	±3
	宽度	115	±2		
	高度	53	±1		
缺棱掉角	个数不多于		1	1	2
	最大尺寸（mm）	≤	10	15	20
	最小尺寸（mm）	≤	5	10	10
对应高度差（mm）		≤	1	2	3
裂纹	条数不多于		1	1	2
	大面上宽度方向及其延伸至条面的长度(mm)	≤	20	50	70
	大面上长度方向及其延伸至顶面上的长度或条、顶面水平裂纹的长度（mm）	≤	30	70	100

(3) 强度等级和抗冻性

蒸压灰砂砖根据抗压强度和抗折强度分为MU25、MU20、MU15、MU10四个强度等级，各强度等级及抗冻性指标应符合表2-57的规定。

(4) 产品标记

蒸压灰砂砖的产品标记按产品名称（LSB）、颜色、强度等级、质量等级、标准编号的顺序编写。例如，强度等级MU20、优等品的彩色灰砂砖，其标记为：LSB CO 20 A GB 11945。

(5) 蒸压灰砂砖的应用

蒸压灰砂砖材质均匀密实，尺寸偏差小，外形光洁整齐，表观密度为1800～1900kg/m^3，导热系数约为0.61W/（m·K）。MU15及以上的灰砂砖可用于基础及其他建筑部位，MU10灰砂砖只可用于防潮层以上的建筑部位，不能用于长期受热200℃以上、受急冷急热和有酸性介质侵蚀的建筑部位，也不宜用于有流水冲刷的部位。

2.6.3.2 粉煤灰砖

粉煤灰砖是以粉煤灰和石灰为主要原料，掺入适量的石膏和骨料，经坯料制备、压制成型、高压或常压蒸汽养护而制成的。其颜色呈深灰色，表观密度约为1500kg/m^3。

蒸压灰砂砖的强度等级指标和抗冻性指标 表 2-57

强度等级	抗压强度（MPa）		抗折强度（MPa）		抗冻性指标	
	平均值≥	单块值≥	平均值≥	单块值≥	冻后抗压强度平均值(MPa)≥	单块砖的干质量损失(%)≤
MU25	25.0	20.0	5.0	4.0	20.0	2.0
MU20	20.0	16.0	4.0	3.2	16.0	2.0
MU15	15.0	12.0	3.3	2.6	12.0	2.0
MU10	10.0	8.0	2.5	2.0	8.0	2.0

注：优等品的强度等级不得小于 MU15。

（1）质量等级

根据《粉煤灰砖》（JC 239—2001）的规定，粉煤灰砖根据尺寸偏差、外观质量、强度、抗冻性和干燥收缩分为优等品（A）、一等品（B）、合格品（C）3个等级。

（2）尺寸偏差和外观质量

粉煤灰砖的规格尺寸为240mm × 115mm × 53mm，其尺寸偏差和外观质量应符合表2-58的规定。

粉煤灰砖的尺寸偏差和外观质量　表2-58

项目		指标		
		优等品	一等品	合格品
尺寸允许偏差（mm）	长度	±2	±3	±4
	宽度	±2	±3	±4
	高度	±1	±2	±3
对应高度差(mm)≤		1	2	3
每一缺棱掉角的最小破坏尺寸（mm）≤		10	15	20
完整面不少于		二条面和一顶面或一条面和二顶面	一条面和一顶面	一条面和一顶面

续表

项目		指标		
		优等品	一等品	合格品
裂纹长度(mm)≤	大面上宽度方向的裂纹（包括延伸至条面上的长度）	30	50	70
	其他裂纹	50	70	100
层裂		不允许		

（3）强度等级和抗冻性

粉煤灰砖按抗压强度和抗折强度分为 MU20、MU15、MU10、MU7.5 四个强度级别，各级别的强度值及抗冻性应符合表 2-59 的规定。优等品的强度级别应不低于 15 级，一等品的强度级别宜不低于 10 级。

（4）干燥收缩值

粉煤灰砖的干燥收缩值：优等品应不大于 0.60mm/m，一等品应不大于 0.75mm/m，合格品应不大于 0.85mm/m。

（5）产品标记

粉煤灰砖的产品标记按产品名称（FB）、颜色、强度级别、产品等级、行业标准编号的顺序编

粉煤灰砖的强度等级指标和抗冻性指标　　表 2-59

强度等级	抗压强度（MPa）		抗折强度（MPa）		抗冻性指标	
	平均值≥	单块值≥	平均值≥	单块值≥	冻后抗压强度平均值(MPa)≥	单块砖的干质量损失(%)≤
MU30	30.0	24.0	6.2	5.0	24.0	2.0
MU25	25.0	20.0	5.0	4.2	20.0	2.0
MU20	20.0	16.0	4.0	3.2	16.0	2.0
MU15	15.0	12.0	3.3	2.6	12.0	2.0
MU10	10.0	8.0	2.5	2.0	8.0	2.0

写。例如，强度级别 20 级、优等品彩色粉煤灰砖，其标记为：FB CO 20 A JC 239-2001。

（6）粉煤灰砖的应用

粉煤灰砖可用于工业与民用建筑的墙体和基础，但用于基础或易受冻融和干湿交替作用的建筑部位时，必须使用一等品和优等品。粉煤灰砖不得用于长期受热 200℃以上、受急冷急热和有酸性介质侵蚀的建筑部位。为避免或减少收缩裂缝的产生，用粉煤灰砖砌筑的建筑物应适当增设圈梁及伸缩缝。

2.6.3.3 炉渣砖

炉渣砖又称煤渣砖，是以煤燃烧后的炉渣（煤渣）为主要原料，加入适量的石灰或电石渣、石膏等材料，经混合、压制成型、蒸汽或蒸压养护而制成的实心砖。其尺寸规格与普通砖相同，呈黑灰色，体积密度为 1500～2000kg/m^3，吸水率 6%～19%。

煤渣砖可用于工业与民用建筑的墙体和基础，但用于基础或用于易受冻融和干湿交替作用的建筑部位必须使用 15 级及以上的砖。煤渣砖不得用于长期受热 200℃以上、受急冷急热和有酸性介质侵蚀的建筑部位。

砖的验收和储运见本章第2.7.2节砌块的验收和储运。

2.7 砌块

砌块的种类很多，按其规格的高度可分为小型砌块（高度为115～380 mm）、中型砌块（高度为380～980mm）和大型砌块（高度大于980 mm）。按其在结构中的作用可分为承重砌块和非承重砌块。按有无孔洞及空洞率大小可分实心砌块和空心砌块。按材质又可分混凝土砌块、硅酸盐砌块、轻骨料混凝土砌块、石膏砌块等。建筑上常用的是混凝土砌块。

2.7.1 混凝土砌块的种类

混凝土砌块的种类有普通混凝土小型空心砌块、轻骨料混凝土小型空心砌块、粉煤灰砌块、石膏砌体和蒸压加气混凝土砌块。

2.7.1.1 普通混凝土小型空心砌块

普通混凝土小型空心砌块是以水泥、粗细骨料、水，必要时加入外加剂，按一定的比例配料、搅拌、成型，经养护制成的空心砌块。为减轻空心砌块的自重，可使用轻骨料，如陶粒、煤渣等。普通混凝土小型空心砌块按其强度分为 MU3.5、MU5.0、MU7.5、MU10.0、MU15.0 和 MU20.0 六个等级，按其尺寸偏差和外观质量分为优等品（A）、一等品（B）和合格品（C）三个等级。常用普通混凝土小型空心砌块如图 2-3 所示。

（1）规格尺寸及尺寸偏差

普通混凝土小型空心砌块的主规格尺寸为 390mm×190mm×190mm，其他规格尺寸可由供需双方协商，普通混凝土小型空心砌块最小外壁厚不应小于 30mm，最小肋厚不应小于 25mm，空心率不小于 25%。尺寸允许偏差应符合表 2-60 的规定。

普通混凝土小型空心砌块尺寸允许偏差（mm）

表 2-60

项目名称	优等品（A）	一等品（B）	合格品（C）
长度	±2	±3	±3
宽度	±2	±2	±2
高度	±2	±3	+3，-4

（2）外观质量

普通混凝土小型空心砌块的外观质量应符合表 2-61 的规定。

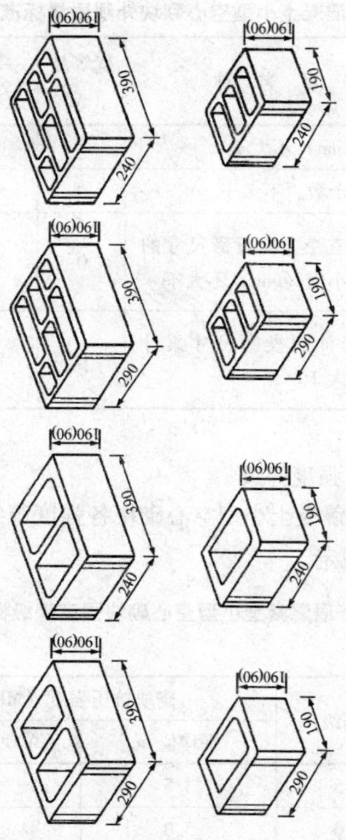

图 2-3　普通混凝土小型空心砌块形状

普通混凝土小型空心砌块外观质量标准　　表 2-61

项　目　名　称		优等品（A）	一等品（B）	合格品（C）
弯曲（mm）不大于		2	2	3
缺棱掉角	个数，不多于	0	2	2
	三个方向投影尺寸的最小值（mm）不大于	0	20	30
裂纹延伸的投影尺寸累计（mm）不大于		0	20	30

（3）强度等级

普通混凝土小型空心砌块各强度等级应符合表 2-62 的规定。

普通混凝土小型空心砌块强度等级标准

表 2-62

强度等级	砌块抗压强度（MPa）	
	平均值≥	单块最小值≥
MU3.5	3.5	2.8
MU5.0	5.0	4.0

续表

强度等级	砌块抗压强度（MPa）	
	平均值≥	单块最小值≥
MU7.5	7.5	6.0
MU10.0	10.0	8.0
MU15.0	15.0	12.0
MU20.0	20.0	16.0

（4）抗冻性

普通混凝土小型空心砌块的抗冻性应符合表2-63的规定。

普通混凝土小型空心砌块的抗冻性要求　表2-63

使用环境条件		抗冻标号	指标
非采暖地区		不规定	
采暖地区	一般环境	F15	强度损失≤25% 质量损失≤5%
	干湿交替环境	F25	

注：非采暖地区指最冷月份平均气温高于-5℃的地区，采暖地区指最冷月份平均气温低于或等于-5℃的地区。

（5）产品标记

普通混凝土小型空心砌块的标记按产品名称（代号 NHB）、强度等级、外观质量等级和标准编号的顺序编写。例如，强度等级 MU7.5、优等品的普通混凝土小型空心砌块，其标记为：NHB MU7.5A GB8239。

（6）普通混凝土小型空心砌块的应用

普通混凝土小型空心砌块有承重砌块和非承重砌块两类，可用作抗震设计烈度为 8 度和 8 度以下的一般工业民用建筑的墙体材料。

2.7.1.2 轻骨料混凝土小型空心砌块

轻骨料混凝土小型空心砌块是以硅酸盐系列水泥为胶凝材料，由浮石、火山渣、煤渣等轻骨料拌合，经砌块成型机成型、养护制成的一种轻质墙体材料。

（1）分类

按砌块孔的排数轻骨料混凝土小型空心砌块分为 5 类：实心、单排孔、双排孔、三排孔和四排孔。

（2）规格尺寸

1）主规格尺寸为 390mm × 190mm × 190mm，其他规格尺寸可由供需双方协商。

2）尺寸偏差应符合表 2-64 的要求。

轻骨料混凝土小型空心砌块尺寸允许偏差（mm）

表 2-64

项目名称	一等品（B）	合格品（C）
长　度	±2	±3
宽　度	±2	±3
高　度	±2	±3

注：1. 承重砌块最小外壁厚不应小于 30mm，肋厚不应小于 25mm。

2. 保温砌块最小外壁厚肋厚不宜小于 25mm。

（3）等级

1）按砌块尺寸偏差和外观质量分为两个等级：一等品（B）、合格品（C）。

2）按砌块密度（kg/m^3）分为八个等级：500、600、700、800、900、1000、1200、1400。各等级应符合表 2-65 的规定。

轻骨料混凝土小型空心砌块的密度等级

表 2-65

密度等级	500	600	700	800	900	1000	1200	1400
砌块干燥表观密度（kg/m^3）	≤500	510 ~ 600	610 ~ 700	710 ~ 800	810 ~ 900	910 ~ 1000	1010 ~ 1200	1210 ~ 1400

3）按砌块强度（MPa）分为六个等级：1.5、2.5、3.5、5.0、7.5、10.0。符合表2-66要求者为一等品，密度等级范围不满足要求者为合格品。

轻骨料混凝土小型空心砌块的强度等级

表2-66

强度等级	砌块抗压强度（MPa）		密度等级范围（kg/m³）
	平均值≥	单块最小值	
1.5	1.5	1.2	≤600
2.5	2.5	2.0	≤800
3.5	3.5	2.8	≤1200
5.0	5.0	4.0	≤1200
7.5	7.5	6.0	≤1400
10.0	10.0	8.0	≤1400

（4）产品标记

轻骨料混凝土小型空心砌块的产品标记按产品名称（LHB）、类别、密度等级、强度等级、质量等级和标准编号的顺序进行编写。例如，密度等级600、强度等级1.5、优等品的轻骨料混凝土三排孔小砌块，其标记为：LHB3600 1.5A GB 15229—2002。

（5）外观质量

轻骨料混凝土小型空心砌块的外观质量应符合表 2-67 的规定。

轻骨料混凝土小型空心砌块的外观质量标准

表 2-67

项目名称	一等品（B）	合格品（C）
缺棱掉角个数 ≤	0	2
三个方向投影尺寸的最小值（mm） ≤	0	30
裂缝延伸投影的累计尺寸（mm） ≤	0	30

（6）干缩率、相对含水率和吸水率

干缩率、相对含水率和吸水率应符合表 2-68 的要求。

（7）抗冻性、碳化系数、软化系数及放射性

抗冻性应符合表 2-69 的要求。

轻骨料混凝土小型空心砌块的碳化系数不应小于 0.8，软化系数不应小于 0.75，放射性应符合《建筑材料放射性核素限量》（GB 6566—2001）的规定。

轻骨料混凝土小型空心砌块的干缩率和相对含水率要求　　表 2-68

干缩率（%）	相对含水率（%）≤			吸水率(%)≤
	潮湿	中等	干燥	
<0.03	45	40	35	20
0.03～0.045	40	35	30	20
0.045～0.065	35	30	25	20

注：1. 相对含水率即砌块出厂含水率与吸水率之比。

2. 使用地区的湿度条件：潮湿系指年平均相对湿度大于 75% 的地区，中等系指年平均相对湿度 50%～75% 的地区，干燥系指年平均相对湿度小于 50% 的地区。

轻骨料混凝土小型空心砌块的抗冻性要求

表 2-69

<table>
<tr><th colspan="2">使 用 条 件</th><th>抗冻等级</th><th>重量损失（%）</th><th>强度损失（%）</th></tr>
<tr><td colspan="2">非采暖地区</td><td>F15</td><td rowspan="4">≤5</td><td rowspan="4">≤25</td></tr>
<tr><td rowspan="2">采暖地区</td><td>相对湿度≤60%</td><td>F25</td></tr>
<tr><td>相对湿度>60%</td><td>F35</td></tr>
<tr><td colspan="2">水位变化、干湿循环或掺加粉煤灰取代水泥量≥50%时</td><td>≥F50</td></tr>
</table>

(8) 轻骨料混凝土小型空心砌块的应用

轻骨料混凝土小型空心砌块以其轻质、高强、保温隔热性能好、抗震性能好等特点，在各种建筑的墙体中得到广泛应用，特别是保温隔热要求较高的围护结构。

2.7.1.3 粉煤灰砌块

粉煤灰砌块是以粉煤灰、石灰、石膏和骨料（工业废渣）等原料，按照一定的比例加水搅拌、振动成型，再经蒸汽养护而制成的密实砌块。

(1) 规格尺寸

粉煤灰砌块的形状为直角六面体，主规格尺寸为880mm × 380mm × 240mm 和 880mm × 430mm × 240mm，其他规格尺寸可由供需双方协商。

(2) 等级

1) 粉煤灰砌块的强度等级按其立方体试件的抗压强度（MPa）分为两个等级：10 级、13 级。

2) 粉煤灰砌块的质量等级按其尺寸偏差和外观质量分为两个等级：一等品（B）、合格品（C）。

(3) 尺寸偏差和外观质量

粉煤灰砌块的尺寸偏差和外观质量应符合表 2-70 的要求。

粉煤灰砌块的外观质量、尺寸允许偏差 **表 2-70**

项目		指标	
		一等品（B）	合格品（C）
外观质量	表面疏松	不允许	
	贯穿面棱的裂缝	不允许	
	任一面上的裂缝长度，不得大于裂缝方向砌块尺寸的	1/3	
	石灰团、石膏团（mm）	直径不允许大于5	
	粉煤灰团、空洞和爆裂（mm）	直径不允许大于30	直径不允许大于50
	局部突起高度（mm） ≤	10	15
	翘曲（mm） ≤	6	8
	缺棱掉角在长、宽、高三个方向上投影的最大值（mm） ≤	30	50

续表

项目			指标	
			一等品（B）	合格品（C）
外观质量	高低差（mm）	长度方向	6	8
		宽度方向	4	6
尺寸允许偏差（mm）		长度	+4，-6	+5，-10
		高度	+4，-6	+5，-10
		宽度	±3	±6

（4）抗压强度、碳化后强度、抗冻性、密度及干缩值

粉煤灰砌块的抗压强度、碳化后强度、抗冻性、密度及干缩值应符合表2-71的要求。

粉煤灰砌块的抗压强度、碳化后强度、抗冻性、密度及干缩值　　表2-71

项　目	指　标	
	10级	13级
抗压强度（MPa）	3块试件平均值不小于10.0 单块最小值为8.0	3块试件平均值不小于13.0 单块最小值为10.5
碳化后强度（MPa）	不小于6.0	不小于7.5
抗冻性	冻融循环结后，外观无明显疏松、剥落或裂缝；强度损失不大于20%	
密度（kg/m^3）	不超过设计密度的10%	
干缩值（mm/m）	一等品（B）≤0.75　合格品（C）≤0.90	

（5）产品标记

粉煤灰砌块的产品标记按产品名称、规格、强

度等级、产品等级和标准编号的顺序编写。例如，规格尺寸 880mm × 380mm × 240mm、强度等级 10 级、合格品的粉煤灰砌块，其标记为：粉煤灰砌块 880 × 380 × 240 10C JC238—91。

2.7.1.4 石膏砌块

石膏砌块是以建筑石膏为原料，经加水搅拌、浇筑成型、自然干燥或烘干而制成的轻质块状墙体材料，现行标准为《石膏砌块》（JC/T 698—1998）。石膏空心砌块表观密度不大于 700kg/m^3，实心砌块表观密度不大于 1000kg/m^3。石膏砌块具有防火隔热、可锯可刨、便于施工的优点，但耐水性和耐冻融循环性能差，适用于工业和民用建筑中的非承重内隔墙。

（1）分类

1）按砌块的结构分为：石膏实心砌块（代号 S）和石膏空心砌块（代号 K）。

2）按砌块所用石膏来源分为：天然石膏砌块（代号 T）和化学石膏砌块（代号 H）。

3）按砌块的防潮性能分为：普通石膏砌块（代号 P）和防潮石膏砌块（代号 F）。

（2）规格尺寸与尺寸偏差

石膏砌块的规格尺寸与尺寸偏差应符合表 2-

72 的规定。

石膏砌块的规格尺寸与尺寸允许偏差　　表 2-72

项目	规格（mm）	尺寸允许偏差（mm）
长度	666	±3
高度	500	±2
厚度	60、80、90、100、120	±1.5

（3）外观质量和技术性能

石膏砌块的外观质量和技术性能应符合表 2-73 的规定。

石膏砌块的外观质量和技术性能要求　　表 2-73

项　目		质　量　指　标
外观质量	缺角	同一砌块不得多于 1 处，缺角尺寸应小于 30mm×30mm
	板面裂纹	非贯穿裂纹不得多于 1 条，裂纹长度小于 30mm，宽度小于 1mm
	油污	不允许
	气孔	直经 5～10mm 的气孔不多于 2 处，大于 10mm 的气孔不允许

续表

项目		质量指标
技术性能要求	表观密度	空心砌块不大于 700kg/m³，实心砌块不大于 1000kg/m³，单块质量不大于 30kg
	平整度	表面应平整，平整度应不大于 1mm
	断裂荷载	应有足够的机械强度，断裂荷载应不小于 1.5kN
	软化系数	防潮石膏砌块应不低于 0.6

(4) 产品标记

石膏砌块的标记按产品名称、类别代号、规格尺寸和标准编号的顺序编写。例如，用天然石膏做原料制成的长度为666mm、高度为500mm、厚度为80mm 的普通石膏空心砌块，其标记为：石膏砌块 KTP 666×500×80 JC/T 698。

2.7.1.5 蒸压加气混凝土砌块

蒸压加气混凝土砌块是以钙质材料（水泥、石灰等)、硅质材料（砂、粉煤灰、粒化高炉矿渣等）和水按一定比例配合，加入少量发气剂（铝粉）和外加剂，经搅拌、浇筑、切割、蒸压养护等工序制成的一种轻质、多孔墙体材料。现行标准为《蒸压加气混凝土砌块》（GB 11968—2006）。

（1）规格尺寸

蒸压加气混凝土砌块的规格尺寸见表2-74。购货单位需要其他规格，可与生产厂商协商确定。

蒸压加气混凝土砌块的规格尺寸（mm）

表2-74

长度 *L*	宽度 *B*	高度 *H*
600	100 120 125 150 180 200 240 250 300	200 240 250 300

（2）等级

1）质量等级按尺寸偏差与外观质量、干密度和抗压强度分为：优等品（A）、合格品（B）。

2）强度级别按抗压强度分为：A1.0、A2.0、A2.5、A3.5、A5.0、A7.5、A10.0，见表2-75。

3）体积密度级别按干密度分为：B03、B04、B05、B06、B07、B08，其对应的强度级别见表2-76。

蒸压加气混凝土砌块的强度级别　表 2-75

强度级别	立方体抗压强度（MPa）	
	平均值≥	单块最小值≥
A1.0	1.0	0.8
A2.0	2.0	1.6
A2.5	2.5	2.0
A3.5	3.5	2.8
A5.0	5.0	4.0
A7.5	7.5	6.0
A10.0	10.0	8.0

蒸压加气混凝土砌块的体积密度级别对应的强度级别　表 2-76

体积密度级别		B03	B04	B05	B06	B07	B08
强度级别	优等品(A)	A1.0	A2.0	A3.5	A5.0	A7.5	A10.0
	合格品(B)			A2.5	A3.5	A5.0	A7.5

（3）干密度

蒸压加气混凝土砌块的干密度应符合表 2-77 的要求。

蒸压加气混凝土砌块的干密度　　表 2-77

体积密度级别		B03	B04	B05	B06	B07	B08
干密度（kg/m^3）	优等品（A）≤	300	400	500	600	700	800
	合格品（B）≤	325	425	525	625	725	825

（4）干燥收缩值、抗冻性、导热系数

蒸压加气混凝土砌块的干燥收缩值、抗冻性和导热系数应符合表 2-78 的要求。

（5）产品标记

蒸压加气混凝土砌块的产品标记按产品名称、强度级别、体积密度级别、规格尺寸、产品等级和标准编号的顺序编写。例如，强度级别为 A3.5、体积密度级别为 B05、优等品、规格尺寸为600mm×200mm×250mm 的蒸压加气混凝土砌块，其标记为：ACB A3.5 B05 600×200×250A GB 11968。

（6）蒸压加气混凝土砌块的应用

蒸压加气混凝土砌块具有质量轻、保温隔热性好、易加工、施工方便等优点，在建筑物中主要用于低层建筑的承重墙、钢筋混凝土框架结构的填充墙以及其他非承重墙。

蒸压加气混凝土砌块的干燥收缩值、抗冻性和导热系数 **表 2-78**

干密度级别				B03	B04	B05	B06	B07	B08
干燥收缩值（mm/m）	标准法		≤	0.50					
	快速法		≤	0.80					
抗冻性	质量损失（%）		≤	5.0					
	冻后强度（MPa）≥	优等品（A）		0.8	1.6	2.8	4.0	6.0	8.0
		合格品（B）				2.0	2.8	4.0	6.0
导热系数（干态）[W/(m·K)]			≤	0.10	0.12	0.14	0.16	0.18	0.20

2.7.2 砌块的验收和储运

2.7.2.1 验收的基本要求

（1）检验送货单上的生产企业名称、产品品种、规格、数量与实物必须一致。

（2）对材质保证书的内容进行审核。质量保证书必须字迹清楚，其中应注明：质量保证书编号、生产单位名称、地址、联系电话、用户单位名称、产品名称、执行标准及编号、规格、等级、数量、批号、生产日期、出厂日期、产品出厂检验指标（包括检验项目、标准指标值、实测值）。

（3）对产品标志（标识）等实物特征进行验收。

2.7.2.2 进场验收

（1）质量验收。砌块运到施工现场后，须对产品的有关性能进行复检，其尺寸允许偏差也必须符合要求。

（2）数量验收。在指定的地点定量码垛，点数方便。车上点数，一般适用于车上码放整齐、现场急待使用、需要边卸边用的情况。

2.7.2.3 运输、储存

（1）运输。在运输和装卸时，严禁上下抛掷，应采用绑扎、隔垫等方法，尽量减少砌块之间的空隙，不得使用翻斗车进行装卸，以免损坏。

（2）储存。砌块材料应按不同的品种、规格和等级分别堆放，垛身要稳固、计数必须方便。采用露天堆放，则堆放的地点必须平坦和干净，场地四周应预设排水沟道、垛与垛之间应留有走道，以利搬运。空心砌块堆放时孔洞应朝下，雨雪季节宜用防雨材料覆盖。

（3）现场标识。施工现场堆放的砌块应注明“合格”、“不合格”、“在检”、“待检”等产品质量状态，并注明生产企业名称、品种规格、进场日期及数量等。

2.8 建筑钢材

建筑钢材是指用于建筑工程方面的各种钢材，包括各种型钢、钢板、钢筋和钢丝等制品。

钢材在建筑中主要用于钢结构及钢筋混凝土结构。工程中主要用于钢结构的各种型材有角钢、槽钢、工字钢、H 型钢、钢管等。用于钢筋混凝土结构的钢筋有热轧带肋钢筋、热轧光圆钢筋、低碳钢热轧圆盘条、冷轧带肋钢筋、余热处理钢筋等。

2.8.1 建筑钢材的基本知识

2.8.1.1 建筑用钢的分类

按化学成分可以将钢材分为碳素结构钢和合金钢两类。碳素结构钢按其含碳量又可分为低碳钢、中碳钢和高碳钢，建筑用钢中使用最多的是低碳钢（即含碳量小于0.25%的钢）。合金钢按其合金元素总量可分为低合金钢、中合金钢和高合金钢，建筑用钢中使用最多的是低合金高强度结构钢（即合金元素总含量小于5%的钢）。

（1）碳素结构钢

根据《碳素结构钢》（GB/T 700—2006）标准，碳素结构钢由氧气转炉或电炉冶炼，按脱氧程度分为特殊镇静钢、镇静钢和沸腾钢。

1）牌号

碳素结构钢的牌号按屈服点共划分为4种，即Q195、Q215、Q235、Q275。从Q195到Q275，是按强度由低到高排列的。钢材强度主要由其中碳元素含量的多少来决定，但与其他一些元素的含量也有关系。

碳素结构钢的质量等级分为A、B、C、D四级。由A到D，表示质量由低到高。另外，A、B

级钢分沸腾钢、镇静钢，而C级钢全为镇静钢，D级钢则全为特殊镇静钢。

碳素结构钢的牌号由代表屈服点的字母Q、屈服点数值（MPa）、质量等级符号（A、B、C、D）、脱氧程度符号（F、Z、TZ）等四部分组成。其中脱氧程度符号“F”为沸腾钢、“Z”为镇静钢、“TZ”为特殊镇静钢。当为镇静钢或特殊镇静钢时，“Z”与“TZ”允许省略。例如，Q235AF表示屈服点为235MPa的A级沸腾碳素结构钢。

碳素结构钢的牌号、统一数字代号、脱氧方法和化学成分如表2-79所示。

2）力学性能和冷弯性能

碳素结构钢的力学性能和冷弯性能应分别符合表2-80和表2-81的规定。

（2）低合金高强度结构钢

低合金结构钢是以低碳钢为基础，在炼钢过程中添加总量小于5%的一种或几种合金元素而成。加入硅、锰、钒、钛、铌、铬、镍及稀土元素后，可使其强度、耐腐蚀性、耐磨性、低温冲击韧性等性能得到显著提高和改善，广泛用于大跨度钢结构。

碳素结构钢的化学成分 **表 2-79**

牌号	统一数字代号	等级	厚度（或直径）（mm）	脱氧方法	化学成分（质量分数,%）≤				
					C	Si	Mn	P	S
Q195	U11952	—	—	F、Z	0.12	0.30	0.50	0.035	0.040
Q215	U12152	A	—	F、Z	0.15	0.35	1.20	0.045	0.050
	U12155	B							0.040
Q235	U12352	A	—	F、Z	0.22	0.35	1.40	0.045	0.050
	U12355	B			0.20				0.045
	U12358	C		Z	0.17			0.040	0.040
	U12359	D		TZ				0.035	0.035

续表

牌号	统一数字代号	等级	厚度（或直径）（mm）	脱氧方法	化学成份（质量分数,%）≤				
					C	Si	Mn	P	S
Q275	U12752	A	—	F、Z	0.24	0.35	1.50	0.045	0.050
	U12755	B	≤40	Z	0.21			0.045	0.045
			>40		0.22				
	U12758	C	—	Z	0.20			0.040	0.040
	U12759	D		TZ				0.035	0.035

注：1. 表中为镇静钢、特殊镇静钢牌号的统一数字，沸腾钢牌号的统一数字代号如下：

Q195F—U11950

Q215AF— U12150　Q215BF— U12153

Q235AF— U12350　Q235BF— U12353

Q275AF— U12750

2. 经需方同意，Q235B 的碳含量可不大于 0.22%。

碳素结构钢的力学性能

表 2-80

牌号	等级	屈服强度 R_{eH} [（N/mm²）] ≥						抗拉强度 R_m [（N/mm²）]	断后伸长率（%）≥					冲击试验（V 型缺口）	
		厚度（或直径）（mm）							厚度（或直径）（mm）					温度（℃）	冲击吸收功（纵向）（J）≥
		≤16	>16~40	>40~60	>60~100	>100~150	>150~200		≤40	>40~60	>60~100	>100~150	>150~200		
Q195	—	195	185	—	—	—	—	315~430	33	—	—	—	—	—	—
Q215	A	215	205	195	185	175	165	335~450	31	30	29	27	26	—	—
	B													+20	27
Q235	A	235	225	215	215	195	185	370~500	26	25	24	22	21	—	—
	B													+20	27
	C													0	
	D													-20	

续表

牌号	等级	屈服强度 R_{eH} [(N/mm²)] ≥						抗拉强度 R_m [(N/mm²)]	断后伸长率（%）≥					冲击试验（V 型缺口）	
		厚度（或直径）(mm)							厚度（或直径）(mm)					温度（℃）	冲击吸收功（纵向）(J) ≥
		≤16	>16~40	>40~60	>60~100	>100~150	>150~200		≤40	>40~60	>60~100	>100~150	>150~200		
Q275	A	275	265	255	245	225	215	410~540	22	21	20	18	17	—	—
	B													+20	27
	C													0	
	D													-20	

注：1. Q195 的屈服强度值仅供参考，不做交货条件。

2. 厚度大于 100mm 的钢材，抗拉强度下限允许降低 20N/mm²。宽带钢（包括剪切钢板）抗拉强度上限不作交货条件。

3. 厚度小于 25mm 的 Q235B 级钢材，如供方能保证冲击吸收功值合格，经需方同意，可不作检验。

碳素结构钢的冷弯性能　　表 2-81

牌号	试样方向	冷弯试验 180℃　$B=2a$	
		钢材厚度（或直径）(mm)	
		≤60	>60～100
		弯心直径 d	
Q195	纵	0	—
	横	$0.5a$	
Q215	纵	$0.5a$	$1.5a$
	横	a	$2a$
Q235	纵	a	$2a$
	横	$1.5a$	$2.5a$
Q275	纵	$1.5a$	$2.5a$
	横	$2a$	$3a$

注：1. B 为试样宽度，a 为试样厚度（或直径）。

2. 板材厚度（或直径）大于 100mm 时，弯曲试验由双方商量确定。

根据《低合金高强度结构钢》（GB/T 1591—1994），低合金高强度结构钢按力学性能和化学成分分为5种，即Q295、Q345、Q390、Q420、Q460；质量等级分为A、B、C、D、E五级，其中A、B级属于镇静钢，C、D、E级属于特殊镇静钢。

1）牌号

低合金高强度结构钢的牌号由代表钢材屈服强度的字母Q、屈服强度数值（MPa）、质量等级符号三个部分按顺序组成。例如，Q295A表示屈服强度不小于295MPa的质量等级为A级的低合金高强度结构钢。

2）力学性能和冷弯性能

低合金高强度结构钢要求具有良好的力学性能和工艺性能，其力学性能和冷弯性能应符合表2-82的规定。

2.8.1.2 钢材的力学性能和冷弯性能

常规的建筑钢材质量检验中，一般都要进行力学性能和冷弯性能检验。拉伸作用是建筑钢材的主要受力形式，由拉伸试验所测得的屈服点、抗拉强度、断后伸长率是建筑钢材的三个重要力学性能指标。冷弯性能是指建筑钢材在常温下易于加工而不

低合金高强度结构钢的力学性能和冷弯性能　　表 2-82

牌号	质量等级	屈服点（MPa） 厚度（或直径、边长）（mm） ≥				抗拉强度（MPa）	伸长率 δ_5（%） ≥	V 型冲击功（纵向）（J） ≥				180℃弯曲试验 d——弯心直径 a——试件厚度（或直径） 钢材厚度（或直径）（mm）	
		≤16	>16～35	>35～50	>50～100			20℃	0℃	－20℃	－40℃	≤16	>16～100
Q295	A	295	275	255	235	390～570	23					$d=2a$	$d=3a$
	B						23	34					
Q345	A	345	325	295	275	470～630	21					$d=2a$	$d=3a$
	B						21	34					
	C						22		34				
	D						22			34			
	E						22				27		

续表

牌号	质量等级	屈服点（MPa） 厚度（或直径、边长）（mm）				抗拉强度（MPa）	伸长率 δ_5（%）	V型冲击功（纵向）（J）				180℃弯曲试验 d——弯心直径 a——试件厚度（或直径） 钢材厚度（或直径）（mm）	
		≤16	>16～35	>35～50	>50～100			20℃	0℃	−20℃	−40℃	≤16	>16～100
		≥					≥	≥					
Q390	A	390	370	350	330	490～650	19					$d=2a$	$d=3a$
	B						19	34					
	C						20		34				
	D						20			34			
	E						20				27		

续表

牌号	质量等级	屈服点（MPa）				抗拉强度（MPa）	伸长率 δ_5（%）	V型冲击功(纵向)（J）				180℃弯曲试验 d——弯心直径 a——试件厚度（或直径）	
		厚度(或直径、边长)（mm）						20℃	0℃	-20℃	-40℃	钢材厚度（或直径）（mm）	
		≤16	>16~35	>35~50	>50~100							≤16	>16~100
		≥					≥	≥					
Q420	A	420	400	380	360	520~680	18					$d=2a$	$d=3a$
	B						18	34					
	C						19		34				
	D						19			34			
	E						19				27		
Q460	C	460	440	420	400	550~720	17		34			$d=2a$	$d=3a$
	D						17			34			
	E						17				27		

被破坏的能力，是建筑钢材的重要工艺指标，反映了钢材内部组织状态及杂质等缺陷的程度。

（1）屈服点（屈服强度）R_{eH}

金属试样在拉伸过程中，载荷不再增加，而试样仍继续发生变形的现象，称为“屈服”。发生屈服现象时的应力，即开始出现塑性变形时的应力，称为屈服点或屈服极限，用 R_{eH} 表示，单位为 MPa。计算公式为：

$$R_{eH} = F_S / S_0$$

式中　F_S——材料屈服时的载荷；

S_0——试样原横截面面积。

（2）抗拉强度 R_m

抗拉强度指材料被拉断之前，所能承受的最大应力，用 R_m 表示，单位为 MPa。计算公式为：

$$R_m = F_b / S_0$$

式中　F_b——材料被拉断前所承受的最大载荷；

S_0——试样原横截面面积。

屈服点和抗拉强度是工程技术上设计和选材的重要依据。工程上所用的建筑钢材往往对屈强比还有一定要求。所谓屈强比，是指屈服点 R_{eH} 和抗拉强度 R_m 的比。屈强比愈小，愈不易发生突然断裂，但屈强比太低，钢材的强度水平就不能充分发挥。

因此，对有抗震设防要求的框架结构，其纵向受力钢筋的强度应满足设计要求；若设计无具体要求，当抗震等级为一、二级时，检验所得的强度实测值应符合下列规定：

1）钢筋的抗拉强度实测值与屈服强度实测值的比值不应小于1.25；

2）钢筋的屈服强度实测值与屈服强度特征值的之比不应大于1.3；

3）钢筋的最大力总伸长率A_{gt}不小于9%。

【例2-1】有一批公称直径为20mm、牌号为HRB335的钢筋混凝土用热轧带肋钢筋，复试结果如下：

屈服强度R_{eH}为470MPa，抗拉强度R_m为630MPa，断后伸长率A为16%，冷弯合格。

从表面来看，上述数据都符合牌号为HRB335的钢筋混凝土用热轧带肋钢筋标准要求。

按$R_{m实测}/R_{eH实测}=630/470=1.34>1.25$，也合格

但按$R_{eH实测}/R_{eH标准}=470/335=1.40>1.3$，不合格

因此，这批热轧带肋钢筋不能用于有抗震要求的纵向受力结构中。

（3）断后伸长率A

金属在拉伸试验时，试样拉断后，其标距部分所增加的长度与原标距长度的百分比，称为断后伸长率，以 A 表示，单位为%。计算公式为：

$$A = L_1 / L_0$$

式中 L_1——拉断后试样标距长度；

L_0——试样原标距长度。

标距长度对伸长率影响很大，所以伸长率必须注明标距。标准试件的标距长度为 $L_0 = 10d_0$，d_0 为试件的直径。当标距长度为 $10d_0$ 时，其伸长率叫做 A_{10}；当标距长度为 $5d_0$ 时，其伸长率叫做 A_5。

（4）冷弯性能

冷弯性能的测定，是将钢材试件在规定的弯心直径上冷弯到 180°或 90°，在弯曲处的外表及侧面，如无裂纹、起层或断裂现象发生，即认为试件冷弯性能合格。

2.8.2 钢筋

钢筋是由轧钢厂将炼钢厂生产的钢锭经专用设备和工艺制成的条状材料。钢筋具有较高的强度和塑性，便于生产过程中加工成型，并且与混凝土有良好的粘结性能，因此，钢筋是建筑工程中用量最大的钢材品种。

钢筋按化学成分可分为碳素结构钢筋和普通低合金钢钢筋，按生产方法分为热轧钢筋、热处理钢筋、冷加工钢筋、预应力钢筋，按钢筋外形分光圆钢筋、带肋钢筋和刻痕钢筋。

2.8.2.1 钢筋混凝土用热轧光圆钢筋

热轧光圆钢筋是经热轧成型，横截面通常为圆形，表面光滑的成品钢筋。

（1）牌号

根据《钢筋混凝土用钢第 1 部分：热轧光圆钢筋》（GB 1499.1—2008），热轧光圆钢筋分为 HPB235、HPB300 两个牌号，牌号中的 HPB 分别为热轧、光圆、钢筋三个词的英文首位字母，后面的数字是表示钢筋的屈服强度最小值。

（2）力学、工艺性能

热轧光圆钢筋的屈服强度 R_{eL}、抗拉强度 R_m、断后伸长率 A、最大力总伸长率 A_{gt}、冷弯试验等力学、工艺性能应符合表 2-83 的规定。伸长率类型根据供需双方协议从 A 或 A_{gt} 中选定，如协议中没有确定，则选用 A，仲裁检验时采用 A_{gt}。

（3）应用

热轧光圆钢筋的直径范围为 6～22mm，适用于作为非预应力钢筋、箍筋、构造钢筋、吊钩等。

热轧光圆钢筋的力学、工艺性能　表 2-83

牌号	R_{eL} (MPa) ≥	R_m (MPa) ≥	A (%) ≥	A_{gt} (%) ≥	180°冷弯试验 d——弯心直径 a——钢筋的公称直径
HPB235	235	370	25.0	10.0	$d=a$
HPB300	300	420	25.0	10.0	$d=a$

2.8.2.2 热轧带肋钢筋

钢筋混凝土用热轧带肋钢筋（俗称螺纹钢）是用低合金高强度结构钢轧制成的条形钢筋，公称直径为 6、8、10、12、16、20、22、25、28、32、36、40、50mm。

带肋钢筋通常带有纵肋，也可不带纵肋。带有纵肋的月牙肋钢筋的表面及截面形状见图 2-4。

（1）牌号

根据《钢筋混凝土用钢第 2 部分：热轧带肋钢筋》（GB 1499.2—2007），热轧带肋钢筋按屈服强度特征值分为 335、400、500 三个级别。钢筋牌号的构成及其含义见表 2-84。

（2）力学性能

热轧带肋钢筋的屈服强度 R_{eL}、抗拉强度 R_m、

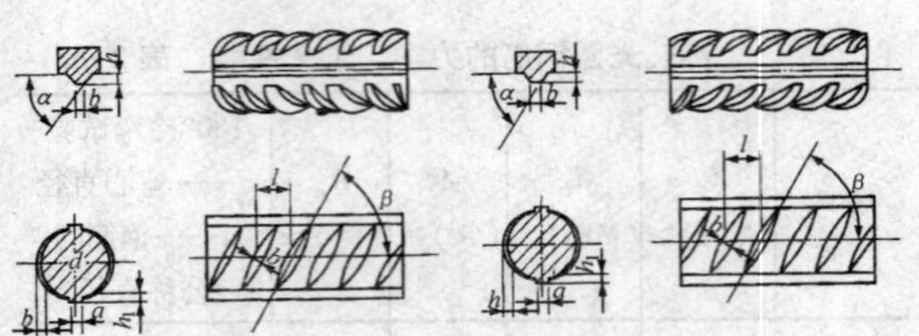

图 2-4　月牙肋钢筋表面及截面形状图

d—钢筋内径；α—横肋斜角；h—横肋高；

β—横肋与轴线夹角；h_1—纵肋高度；a—纵肋顶宽；

l—横肋间距；b—横肋顶宽

热轧带肋钢筋的分级、牌号　　表 2-84

类　别	牌　号	牌号构成	英文字母含义
普通热轧钢筋	HRB335	由 HRB + 屈服强度特征值构成	HRB——热轧带肋钢筋的英文缩写
	HRB400		
	HRB500		
细晶粒热轧钢筋	HRBF335	由 HRBF + 屈服强度特征值构成	HRBF——在热轧带肋钢筋的英文缩写后加"细"的英文首位字母
	HRBF400		
	HRBF500		

断后伸长率 A、最大力总伸长率 A_{gt}、冷弯试验等力学性能应符合表 2-85 的规定。伸长率类型根据供

需双方协议从 A 或 A_{gt} 中选定，如协议中没有确定，则选用 A，仲裁检验时采用 A_{gt}。

热轧带肋钢筋的力学性能　　表 2-85

牌　号	R_{eL}（MPa）	R_m（MPa）	A（%）	A_{gt}（%）
	不小于			
HRB335 HRBF335	335	455	17	7.5
HRB400 HRBF400	400	540	16	
HRB500 HRBF500	500	630	15	

（3）冷弯性能

按表 2-86 规定的弯芯直径弯曲 180°后，钢筋受弯曲部位表面不得产生裂纹。

（4）应用

热轧带肋钢筋由于表面肋和混凝土有较大的粘结能力，因而能更好地承受外力，适用于作为非预应力钢筋、箍筋、构造钢筋。热轧带肋钢筋经冷拉后还可作为预应力钢筋。

热轧带肋钢筋的冷弯性能　　表 2-86

牌　号	公称直径 d (mm)	弯芯直径
HRB335 HRBF335	6 ~ 25	$3d$
	28 ~ 40	$4d$
	40 ~ 50	$5d$
HRB400 HRBF400	6 ~ 25	$4d$
	28 ~ 40	$5d$
	40 ~ 50	$6d$
HRB500 HRBF500	6 ~ 25	$6d$
	28 ~ 40	$7d$
	40 ~ 50	$8d$

2.8.2.3　冷轧带肋钢筋

冷轧带肋钢筋是以碳素结构钢或低合金热轧圆盘条为母材，经冷轧或冷拔减径后在其表面冷轧成三面（或二面）有肋的钢筋，提高了钢筋和混凝土之间的粘结力。适用于小型预应力构件的预应力钢筋、箍筋、构造钢筋、网片等。冷轧带肋钢筋的直径范围为 4 ~ 12mm，三面肋钢筋的表面及截面形状见图 2-5。

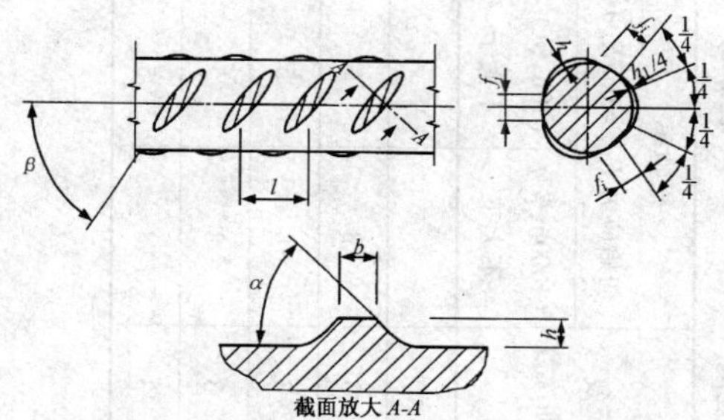

图 2-5　三面肋钢筋表面及截面形状图

α—横肋斜角；β—横肋与轴线夹角；h—横肋中点高；
l—横肋间距；b—横肋顶宽；f_i—横肋间隙

(1) 牌号

根据《冷轧带肋钢筋》(GB 13788—2000)，冷轧带肋钢筋按抗拉强度分为 CRB550、CRB650、CRB800、CRB970、CRB1170 五个牌号。牌号中的 CRB 分别为冷轧、带肋、钢筋三个词的英文首位字母，后面的数字是表示钢筋的抗拉强度最小值。

(2) 力学和冷弯性能

冷轧带肋钢筋的屈服强度 R_{eL}、抗拉强度 R_m、伸长率、冷弯试验等力学、工艺性能应符合表 2-87 的规定。表中所列各力学性能特征值可作为交货检验的最小保证值。

冷轧带肋钢筋的力学和冷弯性能 **表 2-87**

牌号	抗拉强度 R_m（MPa）≥	伸长率(%)≥		180°弯曲试验 d——弯心直径 a——钢筋直径	反复弯曲次数	松弛率（初始应力 $R_{con}=0.7R_m$）	
		δ_{10}	δ_{100}			（1000h,%）不大于	（10h,%）不大于
CRB550	550	8.0		$d=3a$			
CRB650	650		4.0	—	3	8	5
CRB800	800		4.0	—	3	8	5
CRB970	970		4.0	—	3	8	5
CRB1170	1170		4.0	—	3	8	5

(3) 应用

冷轧带肋钢筋 CRB550 级宜用作普通钢筋混凝土结构构件的受力主筋和构造钢筋，CRB650 和 CRB800 宜用作中、小预应力混凝土结构构件的受力主筋，其他牌号宜用在预应力混凝土结构。

2.8.3 型钢

钢结构常用的型钢有圆钢、方钢、扁钢、工字钢、槽钢、角钢和 H 型钢等。由于型钢截面形式合理，材料在截面上的分布对受力有利，且构件间的连接方便，因此型钢是钢结构中采用的主要钢材。钢结构用热轧型钢主要采用的是碳素结构钢和低合金高强度结构钢。

2.8.3.1 热轧扁钢

热轧扁钢是截面为矩形并稍带钝边的长条钢材，主要由碳素结构钢或低合金高强度结构钢制成。其规格以厚度×宽度的毫米数表示，如“4×25”表示厚度为4mm、宽度为25mm 的扁钢。在建筑工程中多用作一般结构构件，如连接板、栅栏、楼梯扶手等。

扁钢的截面为矩形，其厚度为 3~60mm，宽度为 10~150mm。扁钢的截面尺寸允许偏差应符合表 2-88 的规定。

扁钢的截面尺寸允许偏差　　表 2-88

宽度			厚度		
尺寸（mm）	允许偏差（mm）		尺寸（mm）	允许偏差（mm）	
	普通级	较高级		普通级	较高级
10～50	+0.5 -1.0	+0.3 -0.9	3～16	+0.3 -0.5	+0.2 -0.4
50～75	+0.6 -1.3	+0.4 -1.2			
75～100	+0.9 -1.8	+0.7 -1.7	16～60	+1.5% -3.0%	+1.0% -2.5%
100～150	+1.0% -2.0%	+0.8% -1.8%			

2.8.3.2 热轧工字钢

热轧工字钢是截面为工字形的长条钢材，主要由碳素结构钢轧制而成。其规格以高度（h）×腿宽（b）×腰厚（d）的毫米数表示。工字钢规格也可用型号表示，型号表示高度的厘米数，如Ⅰ16号。高度相同的工字钢，如有几种不同的腿宽和腰厚，需在型号右边加 a、b 或 c 予以区别，如 32a、32b、32c 等。热轧工字钢的规格范围为10号～63号。工字钢广泛应用于各种建筑钢结构和桥梁，主要用在承受横向弯曲的杆件。

热轧工字钢的截面形状如图2-6所示。

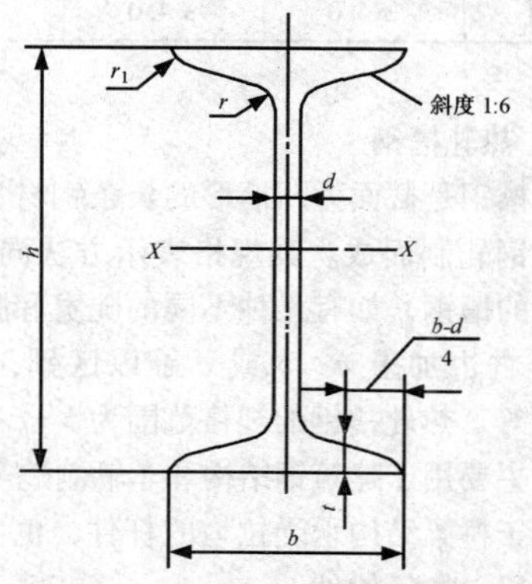

图2-6 热轧工字钢的截面形状图

热轧工字钢的高度 h、腿宽度 b、腰厚度 d 的尺寸允许偏差应符合表 2-89 的规定。

热轧工字钢的尺寸允许偏差　　表 2-89

型　号	允许偏差（mm）		
	高度 h	腿宽度 b	腰厚度 d
≤14	±2.0	±2.0	±0.5
14~18	±2.0	±2.5	±0.5
18~30	±3.0	±3.0	±0.7
30~40	±3.0	±3.5	±0.8
40~63	±4.0	±4.0	±0.9

2.8.3.3　热轧槽钢

热轧槽钢是截面为凹槽形的长条钢材，主要由碳素结构钢轧制而成。其规格表示方法同工字钢。腰高相同的槽钢，如有几种不同的腿宽和腰厚，也需在型号右边加上 a、b 或 c 予以区别，如 25a、25b、25c 等。热轧槽钢的规格范围为 5 号~40 号。

槽钢主要用于建筑钢结构和车辆制造等，30 号以上可用于桥梁结构承受拉力的杆件，也可用作工业厂房的梁、柱等构件。

热轧槽钢的截面形状如图 2-7 所示。

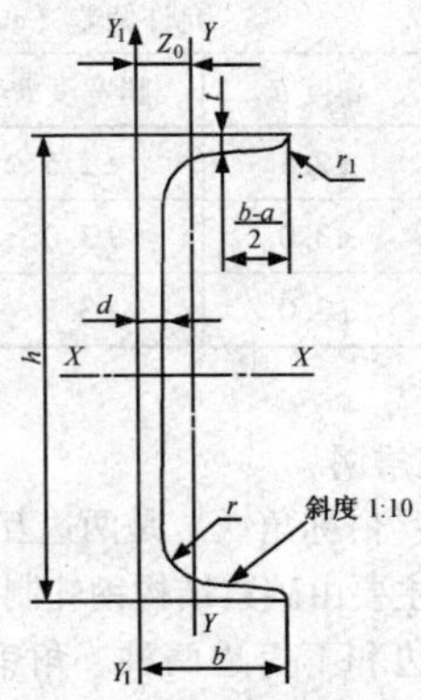

图 2-7　热轧槽钢的截面形状图

热轧槽钢的高度 h、腿宽度 b、腰厚度 d 尺寸允许偏差应符合表 2-90 的规定。

热轧槽钢尺寸允许偏差　　　表 2-90

型　号	允许偏差（mm）		
	高度 h	腿宽度 b	腰厚度 d
5～8	±1.5	±1.5	±0.4
8～14	±2.5	±2.0	±0.5

续表

型号	允许偏差（mm）		
	高度 h	腿宽度 b	腰厚度 d
14～18	±2.5	±2.5	±0.6
18～30	±3.0	±3.0	±0.7
30～40	±3.0	±3.5	±0.8

2.8.3.4 热轧角钢

热轧角钢（俗称角铁）是两边互相垂直成角形的长条钢材，主要由碳素结构钢轧制而成。

角钢有等边和不等边两种。角钢的代号为∟，等边角钢（也叫等肢角钢）以边宽度和厚度表示，如“∟100×10”表示肢宽100mm、厚10mm的等肢角钢。不等边角钢（也叫不等肢角钢）则以两边宽度和厚度表示，如“∟100×80×8”表示长肢宽100mm、短肢宽80mm、厚8mm的不等肢角钢。也可用型号表示，型号是边宽的厘米数，如3号。型号不能表示同一型号中不同边厚的尺寸，因而在合同等单据上应将角钢的边宽、边厚尺寸填写齐全，避免单独用型号表示。

热轧角钢可按结构的不同需要组成各种不同的

受力构件，也可作构件之间的连接件，广泛应用于各种建筑结构和工程结构。

（1）热轧等边角钢

热轧等边角钢的截面形状如图 2-8 所示。其边宽度 b、边厚度 d 的尺寸偏差应符合表 2-91 的规定。

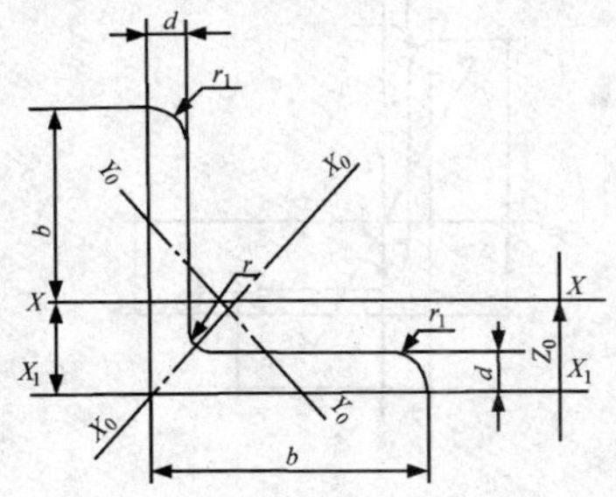

图 2-8　热轧等边角钢的截面形状图

热轧等边角钢的尺寸允许偏差　　表 2-91

型　　号	允许偏差（mm）	
	边宽 b	边厚 d
2～5.6	±0.8	±0.4
6.3～9	±1.2	±0.6
10～14	±1.8	±0.7
16～20	±2.5	±1.0

（2）热轧不等边角钢

热轧不等边角钢的截面形状如图 2-9 所示。其边宽度 b、边厚度 d 的尺寸偏差应符合表 2-92 的规定。

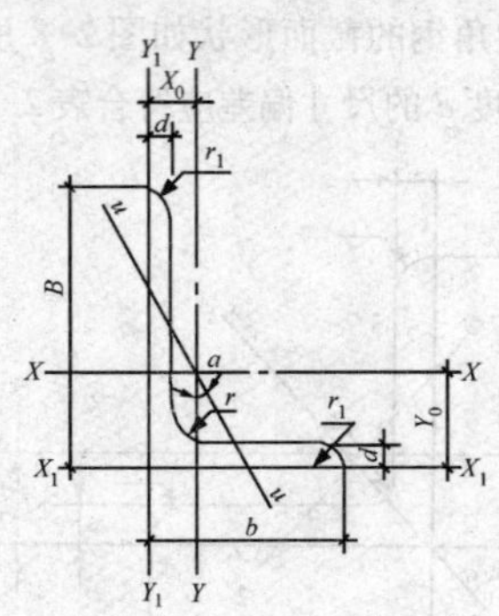

图 2-9　热轧不等边角钢的截面形状图

热轧不等边角钢的尺寸允许偏差　表 2-92

型　号	允许偏差（mm）	
	边宽 b	边厚 d
2.5/1.6～5.6/3.6	±0.8	±0.4
6.3/4～9/5.6	±1.5	±0.6
10/6.3～14/9	±2.0	±0.7
16/10～20/12.5	±2.5	±1.0

2.8.3.5 热轧 H 型钢

H 型钢的翼缘较宽阔而且等厚，因此在宽度方向的惯性矩和回转半径都大为增加，由于截面形状合理，使钢材能更高地发挥效能，且其内、外表面平行，便于和其他构件连接。

热轧 H 型钢分为三类：宽翼缘 H 型钢（HW）、中翼缘 H 型钢（HM）和窄翼缘 H 型钢（HN）。其截面形状如图 2-10 所示。H 型钢型号的表示方法是先用符号 HW、HM 和 HN 表示 H 型钢的类别，后面加“高度 × 宽度”，例如“HW300 × 300”表示截面高度为 300mm、翼缘宽度为 300 mm 的宽翼缘 H 型钢。

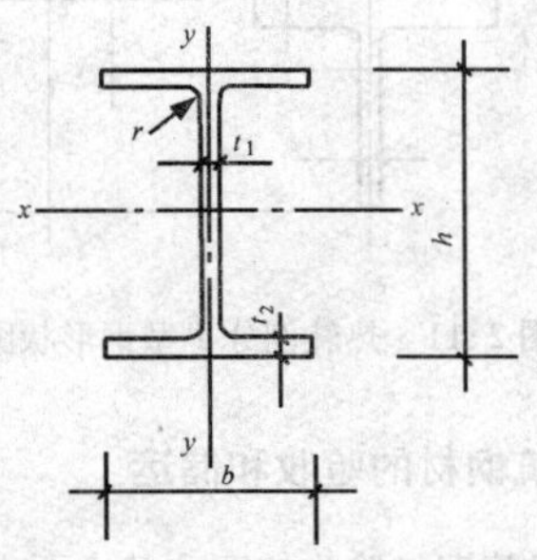

图 2-10　热轧 H 型钢形状图

2.8.3.6 热轧剖分T型钢

热轧剖分T型钢由对应的H型钢沿腹板中部对等剖分而成。其代号与H型钢相应采用TW、TM、TN，分别表示宽翼缘T型钢、中翼缘T型钢和窄翼缘T型钢。其规格标记亦与H型钢相同，如“TN250×200”表示截面高度为250mm、翼缘宽度为200mm的窄翼缘剖分T型钢。用剖分T型钢代替由双角钢组成的T型截面，其截面力学性能更为优越，且制作方便。热轧剖分T型钢的截面形状如图2-11所示。

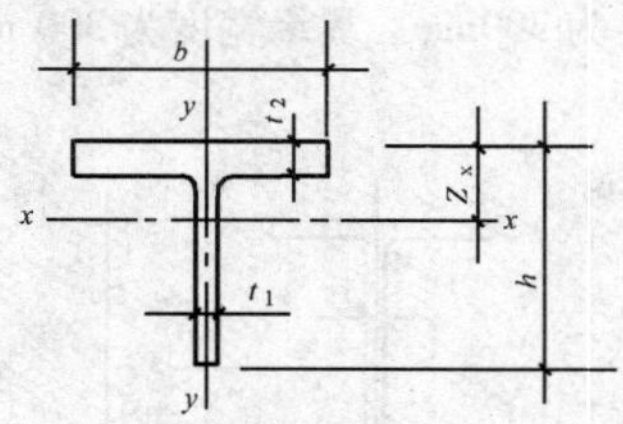

图2-11　热轧剖分T型钢形状图

2.8.4 建筑钢材的验收和储运

2.8.4.1 建筑钢材验收的四项基本要求

建筑钢材必须按批进行验收，并达到下述四项基本要求：

（1）订货和发货资料应与实物一致。检查发货单和质量证明书的内容是否与建筑钢材标牌上的内容相符。

（2）检查包装。除大中型型钢外，不论是钢筋还是型钢，都必须成捆交货，每捆必须用钢带、盘条或铁丝均匀捆扎结实，端面要求平齐，不得有异类钢材混装现象。

（3）对建筑钢材质量证明书的内容进行审核。质量证明书中应注明：供方名称或厂标，需方名称、发货日期、合同号、标准号及水平等级、牌号、炉罐（批）号、交货状态、加工用途、重量、支数或件数、品种名称、规格尺寸（型号）和级别、标准中所规定的各项试验结果、技术监督部门印记等。

（4）建立材料台账。建筑钢材进场后，施工单位应及时建立“建设工程材料采购验收检验使用综合台账”，监理单位可设立“建设工程材料监理监督台账”。内容包括：材料名称、规格品种、生产单位、供应单位、进货日期、送货单编号、实收数量、生产许可证编号、质量证明书编号、产品标识（标志）、外观质量情况、材料检验日期、检验报告编号、材料检测结果、工程材料报审表签认日期、使用部位、审核人员签名等。

2.8.4.2 建筑钢材的进场验收

（1）钢筋的进场验收

根据规定按批检查钢筋的外观质量和尺寸偏差。钢筋表面不得有裂纹、结疤和折叠。钢筋表面的凸块和其他缺陷的深度和高度不得大于所在部位尺寸的允许偏差。

钢筋的力学和冷弯性能检验应按批进行。每批应由同牌号、同一炉罐号、同一规格的钢筋组成，每批重量不大于60t。力学性能检验的项目有拉伸试验和冷弯试验二项，需要时还应进行反复弯曲试验。

1）拉伸试验：每批任取2根，每根取2件试样进行拉伸试验。拉伸试验包括屈服点、抗拉强度和伸长率三项。

2）冷弯试验：每批任取2根，每根取2件试样进行180°冷弯试验。冷弯试验时，受弯部位外表面不得产生裂纹。

3）反复弯曲：需要时，每批任取1件试样进行反复弯曲试验。

4）取样规格：拉伸试样：500～600mm；弯曲

试样：200~250mm（其他钢筋产品的试样亦可参照此尺寸截取）。

各项试验检验的结果符合上述规定时，该批钢筋为合格。如果有一项不合格，则从同一批中再任取双倍数量的试样进行该不合格项目的复检。如仍有一项不合格，则该批为不合格。

（2）型钢的进场验收

型钢的规格尺寸及允许偏差应符合其产品标准的要求。

检查数量：每一品种、同一规格的型钢抽查5处。

检验方法：用钢尺或游标卡尺测量。

如设计单位有要求，用于建设工程的型钢产品也应进行力学性能和冷弯性能的检验。

2.8.4.3 建筑钢材的储运

（1）建筑钢材的运输

建筑钢材由于重量大、长度长，运输前必须了解所运建筑钢材的长度和单捆重量，以便安排运输车辆和吊车。

（2）建筑钢材的堆放

1）钢材应按不同的钢号、炉号、规格、长度等分别堆放。

2）露天堆放时，应加上简易的篷盖，或选择较高的堆放场地，四周有排水沟，雪后易于清扫。堆放时尽量使钢材截面的背面向上或向外，以免积雪、积水。

3）堆放在有顶棚的仓库时，可直接堆放在地坪上（下垫楞木），对小钢材亦可放在架子上，堆与堆之间应留出走道；堆放时每隔5~6层放置楞木。其间距以不引起钢材明显的弯曲变形为宜。楞木要上下对齐，在同一垂直平面内。

4）在平时的仓储过程中应加强防锈蚀工作：对有保护金属材料的防护与包装，不得损坏；选择适宜的保管场所，妥善地苫垫、码垛和密封；在金属表面涂刷防锈油（剂）；加强检查，经常维护保养。

5）施工现场堆放的建筑钢材应注明“合格”、“不合格”、“在检”、“待检”等产品质量状态，注明钢材生产企业名称、品种规格、进场日期及数量等内容，并以醒目标识标明，工地应由专人负责建筑钢材的收货和发料。

2.9 建筑用焊接材料

建筑钢材主要有钢筋、型钢、钢板。焊接是钢筋混凝土用钢筋和钢结构普遍采用的一种连接方法。常用的有闪光对焊、电弧焊、电渣压力焊、电阻点焊、埋弧压力焊以及气压焊等。钢结构常用的焊接方法是电弧焊，包括手工电弧焊、自动或半自动埋弧焊以及气体保护焊等。

2.9.1 手工电弧焊用焊条

2.9.1.1 焊条的作用

在由焊接电源所施加的电场中，焊条作为可熔化成焊缝金属的消耗性电极，在电弧热作用下以熔滴形式过渡到被焊金属上。

焊条药皮经电弧热作用熔化为熔渣，同时产生气体对熔滴和被焊金属形成的熔池起隔离空气的保护作用。熔渣与熔池金属通过冶金反应，完成脱氧、脱硫磷、稳定电弧和补充渗入合金元素的作用。

2.9.1.2 焊条药皮的组成

根据焊条药皮的作用，药皮的组成通常包含作为造气剂、造渣剂的矿物质，作为脱氧剂的铁合金、金属粉，作为稳弧剂的易电离物质以及为制造所需的粘结剂。

2.9.1.3 焊条型号

焊条型号根据熔敷金属的力学性能、药皮类型、焊接位置和使用电流种类划分，其表示方法标记如下：

E ×× × ×－×

其中：E表示焊条；紧接的××是两位数字，表示熔敷金属抗拉强度最小值；第三个×表示焊条适用的焊接位置；第四个×与前位数字组合表示焊接电流种类及药皮类型；第五个×是后缀字母表示特殊成分或性能规定。

各型号标记中数字与所代表的内容见表2-93～表2-95。

2.9.2 埋弧焊用焊丝和焊剂

2.9.2.1 埋弧焊用焊丝

结构钢埋弧焊用焊丝有碳锰钢、锰硅钢、锰铜钢、锰钼钒钢。

(1) 尺寸、外形及重量要求

1) 焊丝的不圆度不大于直径公差之半。焊丝直径及其允许偏差应符合表2-96的规定。

2) 焊丝的捆（盘）应规整，不得散乱或呈“∞”字形。

E43 系列焊条(熔敷金属抗拉强度≥420MPa) **表 2-93**

焊条型号	药皮类型	焊接位置	电流种类
E4300	特殊型	平焊、立焊、仰焊、横焊	交流或直流正、反接
E4301	钛铁矿型	平焊、立焊、仰焊、横焊	交流或直流正、反接
E4303	钛钙型	平焊、立焊、仰焊、横焊	交流或直流正、反接
E4310	高纤维素钠型	平焊、立焊、仰焊、横焊	直流反接
E4311	高纤维素钾型	平焊、立焊、仰焊、横焊	交流或直流反接
E4312	高钛钠型	平焊、立焊、仰焊、横焊	交流或直流正接
E4313	高钛钾型	平焊、立焊、仰焊、横焊	交流或直流正、反接
E4315	低氢钠型	平焊、立焊、仰焊、横焊	直流反接
E4316	低氢钾型	平焊、立焊、仰焊、横焊	交流或直流反接
E4320	氧化铁型	平角焊	交流或直流正接
E4322	氧化铁型	平焊	交流或直流正接

续表

焊条型号	药皮类型	焊接位置	电流种类
E4323	铁粉钛钙型	平焊、平角焊	交流或直流正、反接
E4324	铁粉钛型	平焊、平角焊	交流或直流正、反接
E4327	铁粉氧化铁型	平角焊	交流或直流正接
E4328	铁粉低氢型	平焊、平角焊	交流或直流反接

E50 系列焊条（熔敷金属抗拉强度≥490MPa） **表 2-94**

焊条型号	药皮类型	焊接位置	电流种类
E5001	钛铁矿型	平焊、立焊、仰焊、横焊	交流或直流正、反接
E5003	钛钙型	平焊、立焊、仰焊、横焊	交流或直流正、反接
E5010	高纤维素钠型	平焊、立焊、仰焊、横焊	直流反接

续表

焊条型号	药皮类型	焊接位置	电流种类
E5011	高纤维素钾型	平焊、立焊、仰焊、横焊	交流或直流反接
E5014	铁粉钛型	平焊、立焊、仰焊、横焊	交流或直流正、反接
E5015	低氢钠型	平焊、立焊、仰焊、横焊	直流反接
E5016	低氢钾型	平焊、立焊、仰焊、横焊	交流或直流反接
E5018	铁粉低氢钾型	平焊、立焊、仰焊、横焊	交流或直流反接
E5018M	铁粉低氢型	平焊、立焊、仰焊、横焊	直流反接
E5023	铁粉钛钙型	平焊、平角焊	交流或直流正、反接
E5024	铁粉钛型	平焊、平角焊	交流或直流正、反接
E5027	铁粉氧化铁型	平焊、平角焊	交流或直流正接
E5028	铁粉低氢型	平焊、平角焊	交流或直流反接

E55 系列焊条（熔敷金属抗拉强度≥540MPa） **表 2-95**

焊条型号	药皮类型	焊接位置	电流种类
E5500-X	特殊型	平焊、立焊、仰焊、横焊	交流或直流正、反接
E5503-X	钛钙型	平焊、立焊、仰焊、横焊	交流或直流正、反接
E5510-X	高纤维素钠型	平焊、立焊、仰焊、横焊	直流反接
E5511-X	高纤维素钾型	平焊、立焊、仰焊、横焊	交流或直流反接
E5513-X	高钛钾型	平焊、立焊、仰焊、横焊	交流或直流正、反接
E5515-X	低氢钠型	平焊、立焊、仰焊、横焊	直流反接
E5516-X	低氢钾型	平焊、立焊、仰焊、横焊	交流或直流反接
E5518-X	铁粉低氢型	平焊、立焊、仰焊、横焊	交流或直流反接

焊丝直径及其允许偏差（mm）　　表 2-96

公称直径	允许偏差	
	普通精度	较高精度
1.6 2.0 2.5 3.0	-0.10	-0.06
3.2 4.0 5.0 6.0	-0.12	-0.08

3）捆（盘）状焊丝内径和每捆（盘）焊丝的重量应符合表 2-97 的规定。每批供货时最小重量的焊丝捆（盘），不得超过每批总重量的 10%。

捆（盘）状焊丝内径和重量　　表 2-97

公称直径（mm）	捆（盘）内径（mm）≥	捆（盘）重量（kg）≥			
		碳素结构钢		合金结构钢	
		一般	最小	一般	最小
1.6 2.0 2.5 3.0	350	30	15	10	5

续表

公称直径	捆（盘）内径（mm）≥	捆（盘）重量（kg）≥			
		碳素结构钢		合金结构钢	
		一般	最小	一般	最小
3.2 4.0 5.0 6.0	400	40	20	15	8

4）标记

牌号为H08MnA、直径为4.0 mm的焊丝标记为：H08MnA－4.0－GB14957—94。

（2）技术要求

1）制造焊丝用盘条应符合《焊接用钢盘条》（GB/T 3429—2002）的规定。

2）焊丝的牌号及化学成分应符合表2-98的规定。

3）焊丝的表面质量

① 焊丝表面应光滑，不得有肉眼可见的裂纹、折叠、结疤、氧化铁皮等有害缺陷存在；

② 焊丝表面允许有不超出直径允许偏差之半的划伤及不超出直径允许偏差的局部缺陷存在。

埋弧焊部分焊丝的牌号及化学成分（GB /T 12470－2003） 表 2-98

焊丝牌号	化学成分（质量分数）(%)								
	C	Mn	Si	Cr	Ni	Cu	Mo	V、Ti、Zr、Al	S ≤	P ≤
H08MnA	≤0.10	0.80～1.10	≤0.07	≤0.20	≤0.30	≤0.20	—	—	0.030	0.030
H15Mn	0.11～0.18	0.80～1.10	≤0.03	≤0.20	≤0.30	≤0.20	—	—	0.035	0.035
H08CrMoA	≤0.10	0.40～0.70	0.15～0.35	0.80～1.10	≤0.30	≤0.20	0.40～0.60	—	0.030	0.030
H08MnMoA	≤0.10	1.20～1.60	≤0.25	≤0.20	≤0.30	≤0.20	0.30～0.50	Ti：0.15（加入量）	0.030	0.030
H08CrMoVA	≤0.10	0.40～0.70	0.15～0.35	1.00～1.30	≤0.30	≤0.20	0.50～0.70	V：0.15～0.35	0.030	0.030

续表

焊丝牌号	化学成分（质量分数）（%）									
	C	Mn	Si	Cr	Ni	Cu	Mo	V、Ti、Zr、Al	S ≤	P ≤
H08Mn2MoA	0.06～0.11	1.60～1.90	≤0.25	≤0.20	≤0.30	≤0.20	0.50～0.70	Ti：0.15（加入量）	0.030	0.030
H08Mn2MoVA	0.06～0.11	1.60～1.90	≤0.25	≤0.20	≤0.30	≤0.20	0.50～0.70	V：0.06～0.12 Ti：0.15（加入量）	0.010	0.010
H08Mn2Ni3MoA	≤0.10	1.40～1.80	0.25～0.60	≤0.60	2.00～2.80	≤0.20	0.30～0.65	V≤0.03，Ti≤0.10 Zr≤0.10，Al≤0.10	0.030	0.030

③ 根据供需双方协议,可供给镀铜钢丝,其镀铜表面应光滑,不得有肉眼可见的裂纹、麻点和锈蚀。

(3) 焊丝的验收、包装、运输、储存、标志及质量证明书

1) 焊丝的验收规则、标志及质量证明书应符合《钢丝验收、包装、标志及质量证明书的一般规定》(GB 2103—1988) 的规定。每批焊丝的试验项目、试验方法、取样部位、取样数量应符合表 2-99 的规定。

焊丝的试验项目、试验方法、取样部位、取样数量

表 2-99

序号	试验项目	试验方法	取样部位	取样数量
1	化学成分	GB223	GB223	3%，不少于2 捆(盘)
2	表面	肉眼	任一部位	逐捆(盘)
3	尺寸		任一部位	逐捆(盘)

2) 捆状焊丝的包装按照 GB2103—1988 规定执行，交货状态的焊丝包装按照供需双方协议的规定执行。

3) 凡待运、储存的焊丝不得在露天堆放，在

运输过程中要有防雨、防潮措施。

2.9.2.2 埋弧焊用焊剂

(1) 焊剂的种类

焊剂可按其制造方法、化学成分和酸碱性分类。具体分类方法如下：

1) 焊剂按制造方法可分为熔炼焊剂、烧结焊剂和陶质焊剂。

熔炼焊剂的制造方法是用各种矿物原料经高温熔炼后水淬、粉碎而成。烧结焊剂的制造方法是将各种矿物粉料加水玻璃混合后制成颗粒，再经高温(700~900℃)烧结、粉碎而成。陶质焊剂与烧结焊剂相似，但不经烧结只经低温烘干(400~900℃)。

2) 焊剂按化学成分分类是以焊剂中的 MnO、SiO_2 和 CaF_2 含量多少分类，见表 2-100。

焊剂的化学成分含量与分类　　表 2-100

按 SiO_2 含量分类		按 MnO 含量分类		按 CaF_2 含量分类	
焊剂类型	含量(%)	焊剂类型	含量(%)	焊剂类型	含量(%)
高硅	>30	高锰	>30	高氟	>30
中硅	10~30	中锰	15~30	中氟	10~30
低硅	<10	低锰	2~15	低氟	<10
		无锰	<2		

3）焊剂按焊剂的碱度（BI）可分为碱性、酸性和中性焊剂。焊剂按碱度分类的数值与类别见表 2-101。

焊剂碱度（BI）与分类　　表 2-101

BI 值	>1.5	1.0~1.5	<1.0
焊剂类型	碱性	中性	酸性

（2）埋弧焊剂的型号

埋弧焊所用的焊接材料包括焊剂和焊丝。在给定的钢材材质和焊接参数条件下，所产生的焊缝化学成分及力学性能主要取决于二者的配合，设计与使用者要根据焊缝的要求化学成分、力学性能选择焊剂与焊丝的匹配。

1）碳钢焊剂型号

按照国家现行标准《埋弧焊用碳钢焊丝和焊剂》（GB/T 5293—1999）的规定，低碳钢埋弧焊剂型号与焊丝牌号的组合表示方法标记如下：

$$F\,X_1X_2X_3 - H\times\times\times$$

其中：F 表示埋弧焊用焊剂；X_1 表示熔敷金属的拉伸力学性能（见表 2-102）；X_2 表示拉伸试样和冲击试样的状态（见表 2-103）；X_3 表示熔敷金

属冲击功不小于27J时的试验温度（见表2-104）；最后的H×××表示焊丝牌号。

熔敷金属拉伸性能代号 X_1 的含义　　表2-102

焊剂型号	抗拉强度（MPa）	屈服强度（MPa）	伸长率（%）
F4×× - H×××	415～550	≥330	≥22.0
F5×× - H×××	480～650	≥400	≥22.0

试样状态代号 X_2 的含义　　表2-103

焊剂型号	试样状态
F×A× - H×××	施焊状态
F×P× - H×××	焊后热处理状态

熔敷金属冲击试验时的温度代号 X_3 的含义

表2-104

焊剂型号	试验温度（℃）	冲击功（J）
F××0-H×××	0	≥27
F××2-H×××	-20	≥27

续表

焊剂型号	试验温度（℃）	冲击功（J）
F××3－H×××	－30	≥27
F××4－H×××	－40	≥27
F××5－H×××	－50	≥27
F××6－H×××	－60	≥27

2）低合金钢焊剂型号

按《埋弧焊用低合金钢焊丝和焊剂》（GB/T 12470—2003）的规定，焊剂型号与焊丝牌号的组合表示方法标记如下：

FXXXX － H×××

其中：字母“F”表示焊剂；“F”后面的两位数字表示焊丝－焊剂组合的熔敷金属抗拉强度的最小值；第二位字母表示试件的状态，“A”表示焊态，“P”表示焊后热处理状态；第三位数字表示熔敷金属冲击功不小于27J时的最低试验温度；最后的H×××表示焊丝牌号。

例如：F55A4－H08MnMoA，F表示焊剂，55表示熔敷金属抗拉强度值为550～700 MPa（见表2-105）；A表示试件为焊态（见表2-106）；4表示熔敷金属冲击功不小于27J时的最低试验温度为-40℃（见表2-107）；H08MnMoA表示焊丝牌号（见表2-98）。

熔敷金属拉伸性能　　表2-105

焊剂型号	抗拉强度（MPa）	屈服强度 $\sigma_{0.2}$ 或 σ_s（MPa）	伸长率 δ_5（%）
F48XX - H×××	480~660	≥400	≥22
F55XX - H×××	550~690	≥470	≥20
F62XX - H×××	620~760	≥540	≥17
F69XX - H×××	690~820	≥610	≥16
F76XX - H×××	760~900	≥680	≥15
F83XX - H×××	820~970	≥740	≥14

试件状态　　表2-106

试件状态代号	试件状态
A	施焊状态
P	焊后热处理状态

熔敷金属冲击吸收功　　表2-107

焊剂型号	试验温度（℃）	冲击功（J）
FXXX0 - H×××	0	≥27
FXXX2 - H×××	-20	≥27
FXXX3 - H×××	-30	≥27
FXXX4 - H×××	-40	≥27
FXXX5 - H×××	-50	≥27
FXXX6 - H×××	-60	≥27
FXXX7 - H×××	-70	≥27
FXXX10 - H×××	-100	≥27
FXXXZ - H×××	不要求	不要求

（3）埋弧焊剂系列产品牌号

1）熔炼焊剂

按照相关规定，埋弧焊熔炼焊剂系列产品牌号用以下方法表示：

$$HJX_1X_2X_3X$$

其中：HJ表示熔炼焊剂；X_1表示焊剂中氧化锰含量（见表2-108）；X_2表示焊剂中二氧化硅、氟化钙含量（见表2-109）；X_3表示牌号编号，按0、1、2、3、4、5、6、7、8、9顺序排列；X表示焊剂颗粒度（14～60 目），对同一牌号焊剂生产两种颗粒度时，在细颗粒焊剂牌号后面加“X”字。

熔炼焊剂牌号第一位数字系列含义　　表 2-108

牌号	焊剂类型	MnO 含量（%）
HJ1XX	无锰	<2
HJ2XX	低锰	2～15
HJ3XX	中锰	15～30
HJ4XX	高锰	>30

熔炼焊剂牌号第二位数字系列含义　　表 2-109

牌号	焊剂类型	SiO_2 含量（%）	CaF_2 含量（%）
HJX1X	低硅低氟	<10	<10
HJX2X	中硅低氟	10～30	<10
HJX3X	高硅低氟	>30	<10
HJX4X	低硅中氟	<10	10～30
HJX5X	中硅中氟	10～30	10～30
HJX6X	高硅中氟	>30	10～30
HJX7X	低硅高氟	<10	>30
HJX8X	中硅高氟	10～30	>30
HJX9X	其他		

2）烧结焊剂

按照相关规定，埋弧焊烧结焊剂系列产品牌号用以下方法表示：

$$SJX_1X_2$$

其中：SJ 表示烧结焊剂；X_1 表示焊剂的熔渣渣系类型编号（见表 2-110）；X_2 表示同一渣系类型焊剂中的不同牌号的焊剂，按 01、02、03、04、05、06、07、08、09 顺序排列。

2.9.3 气体保护焊用材料

2.9.3.1 气体保护焊的分类

（1）按焊丝分为实芯焊丝 CO_2 气体保护焊（GMAW）及药芯焊丝 CO_2 气体保护焊（FCAW）；

（2）按溶滴过渡形式分为短路过渡、滴状过渡和射滴过渡；

（3）按保护气体性质分为纯 CO_2 气体保护焊和 $Ar + CO_2$ 混合气体保护焊（统称为 MAG）。

2.9.3.2 气体保护焊用材料

（1）药芯焊丝

药芯焊丝亦称粉芯焊丝，即在空心焊丝中填充焊剂而焊丝外表并无药皮。它通过空心焊丝内填充的焊剂及金属粉末，参与熔池的冶金反应过程，提

烧结焊剂牌号第一位数字系列　表 2-110

牌号	熔渣渣系类型	主要组分范围
SJ1XX	氟碱型	$CaF_2 \geqslant 15\%$，$CaO + MgO + MnO + CaF_2 > 50\%$，$SiO_2 \leqslant 20\%$
SJ2XX	高铝型	$Al_2O_3 \geqslant 20\%$，$CaO + MgO + Al_2O_3 > 45\%$
SJ3XX	硅钙型	$CaO + MgO + SiO_2 > 60\%$
SJ4XX	硅锰型	$MnO + SiO_2 > 50\%$
SJ5XX	铝钛型	$Al_2O_3 + TiO_2 > 45\%$
SJ6XX	其他型	

高焊缝的力学性能、熔敷率和焊接操作性能。焊丝芯内焊剂的材料包括各种矿物质、铁合金和铁粉，与药皮焊条一样起到造气剂、稳弧剂及还原剂的作用。

1）药芯焊丝的种类

①按制造原材料和制造工艺分为带卷式、盘条轧制式和无缝钢管轧拔式三种。基于原材料成本、生产设备能力及成本和生产工艺局限性的考虑，目前国内结构钢药芯焊丝的生产以带卷式为主。

②按断面形式分为 O 型、T 型、E 型等。

③按焊剂形成熔渣的性质分为刚性、酸性（或

称氟钙型、氧化钛型）。目前常用的是酸性焊剂。

2）药芯焊丝型号

钢结构用国产药芯焊丝的国家标准为《碳钢药芯焊丝》（GB/T 10045—2001）及《低合金钢药芯焊丝》（GB/T 17493—1998）。碳钢药芯焊丝型号用以下方法表示：

E×××T-×ML

其中：字母“E”表示焊丝；字母“T”表示药芯焊丝；“E”后面的前两位数字表示熔敷金属的力学性能（见表2-111）；第三位数字表示推荐的焊接位置，其中“0”表示平焊和横焊位置，“1”表示全位置；短划线后面的“×”表示焊丝的类别特点（见表2-112）；字母“M”表示保护气体为（75%～80%）Ar + CO_2，当无字母“M”时，表示保护气体为 CO_2 或为自保护类型；字母“L”表示焊丝熔敷金属的冲击功在-40℃时不小于27J，当无字母“L”时，表示焊丝熔敷金属的冲击性能符合一般要求（见表2-111）。

例如：E501T-1ML，各个字母、数字的含义按顺序为：E表示焊丝；50表示熔敷金属抗拉强度值不小于480MPa；1表示焊接位置为全位置；T表示药芯焊丝；1表示焊丝的类别特点：外加保护气，

熔敷金属力学性能要求 表 2-111

型号	抗拉强度（MPa）≥	屈服强度 $\sigma_{0.2}$ 或 σ_s（MPa）≥	伸长率 δ_5（%）≥	V 型冲击功	
				试验温度（℃）	冲击功（J）≥
E50×T-1 E50×T-1M	480	400	22	-20	27
E50×T-1L E50×T-1ML	480	400	22	-40	27
E50×T-2 E50×T-2M	480	—	—	—	—
E50×T-3	480	—	—	—	—
E50×T-4	480	400	22	—	—
E50×T-5 E50×T-5M	480	400	22	-30	27

续表

型　号	抗拉强度（MPa）≥	屈服强度 $\sigma_{0.2}$ 或 σ_s（MPa）≥	伸长率 δ_5（%）≥	V型冲击功	
				试验温度（℃）	冲击功（J）≥
E50×T-5L E50×T-5ML	480	400	22	-40	27
E50×T-6	480	400	22	-30	27
E50×T-6L	480	400	22	-40	27
E50×T-7	480	400	22	—	—
E50×T-8	480	400	22	-30	27
E50×T-8L	480	400	22	-40	27
E50×T-9 E50×T-9M	480	400	22	-30	27

续表

型　号	抗拉强度（MPa）≥	屈服强度 $\sigma_{0.2}$ 或 σ_s（MPa）≥	伸长率 δ_5（%）≥	V 型冲击功	
				试验温度（℃）	冲击功（J）≥
E50×T－9L E50×T－9ML	480	400	22	－40	27
E50×T－10	480	—	—	—	—
E50×T－11	480	400	20	—	—
E50×T－12 E50×T－12M	480～620	400	22	－30	27
E50×T－12L E50×T－12ML	480～620	400	22	－40	27

焊接位置、保护气类型、极性和适用性要求　　表 2-112

型号	焊接位置	外加保护气	极性	适用性
E500T-1	H，F	CO_2	DCEP	M
E500T-1M	H，F	（75%～80%）$Ar+CO_2$	DCEP	M
E501T-1	H，F，VU，OH	CO_2	DCEP	M
E501T-1M	H，F，VU，OH	（75%～80%）$Ar+CO_2$	DCEP	M
E500T-2	H，F	CO_2	DCEP	S
E500T-2M	H，F	（75%～80%）$Ar+CO_2$	DCEP	S
E501T-2	H，F，VU，OH	CO_2	DCEP	S
E501T-1M	H，F，VU，OH	（75%～80%）$Ar+CO_2$	DCEP	S
E500T-3	H，F	无	DCEP	S
E500T-4	H，F	无	DCEP	M
E500T-5	H，F	CO_2	DCEP	M

续表

型号	焊接位置	外加保护气	极性	适用性
E500T-5M	H，F	（75%~80%）Ar + CO_2	DCEP	M
E501T-1	H，F，VU，OH	CO_2	DCEP 或 DCEN	M
E501T-1M	H，F，VU，OH	（75%~80%）Ar + CO_2	DCEP 或 DCEN	M
E500T-6	H，F	无	DCEP	M
E500T-7	H，F	无	DCEN	M
E501T-7	H，F，VU，OH	无	DCEN	M
E500T-8	H，F	无	DCEN	M
E501T-8	H，F，VU，OH	无	DCEN	M
E500T-9	H，F	CO_2	DCEP	M
E500T-9M	H，F	（75%~80%）Ar + CO_2	DCEP	M
E501T-9	H，F，VU，OH	CO_2	DCEP	M

续表

型号	焊接位置	外加保护气	极性	适用性
E501T－9M	H，F，VU，OH	（75%～80%）Ar＋CO_2	DCEP	M
E500T－10	H，F	无	DCEN	S
E500T－11	H，F	无	DCEN	M
E501T－11	H，F，VU，OH	无	DCEN	M
E500T－12	H，F	CO_2	DCEP	M
E500T－12M	H，F	（75%～80%）Ar＋CO_2	DCEP	M
E501T－12	H，F，VU，OH	CO_2	DCEP	M
E501T－12M	H，F，VU，OH	（75%～80%）Ar＋CO_2	DCEP	M

注：1. H 为横焊，F 为平焊，OH 为仰焊，VU 为立向上焊。

2. DCEP 为直流电源，焊丝接正极；DCEN 为直流电源，焊丝接负极。

3. M 为单道和多道焊，S 为单道焊。

直流电源，焊丝接正极，用于单道和多道焊；M 表示保护气体为（75% ~80%）Ar + CO_2，L 表示焊丝熔敷金属的冲击功在 -40℃时不小于 27J。

（2）实芯焊丝

CO_2 气体保护焊的电弧及熔池处于氧化性气氛中，使用的焊丝必须考虑加入脱氧成分 Si 并补充母材中 Mn、Si 的损失，因此对于碳钢和一般低合金结构钢均必须使用 H08Mn2Si 低合金钢焊丝，才能满足焊缝性能要求，必要时还应根据冲击韧性及其他要求（如减小飞溅等）通过焊丝添加适当的微量元素。对于 Q420、Q460 级低合金钢，焊丝的选择应根据母材的强度及冲击韧性要求使用含 Mo 或专用焊丝进行合理匹配，并须符合规定。

2.10 建筑防水材料

防水材料是建筑工程的重要材料之一，在建筑、公路、桥梁、水利等土木工程中有着广泛的应用。防水材料质量的优劣直接影响建筑物的使用性和耐久性。

2.10.1 沥青

2.10.1.1 沥青的分类及应用

石油沥青有多种分类方法，通常多采用按用途分类的方法，各种分类方法见表2-113。

2.10.1.2 石油沥青的组分

石油沥青是由多种复杂的碳氢化合物及其非金属衍生物所组成的混合物。因为沥青的化学组成复杂，通常是将沥青中化学成分和物理力学性质相近的部分划分为若干个组，称为“组分”。

（1）油分。沥青中最轻的组分，呈淡黄至红褐色，密度为0.7～1.0g/cm^3。能溶于大多数有机溶剂，使沥青具有流动性。

（2）树脂。树脂的密度略大于1g/cm^3，颜色为黑褐色或红褐色黏稠物质，使沥青具有可塑性与粘结性。

（3）沥青质。沥青质为密度大于1g/cm^{3}的固体物质，黑色。能提高石油沥青的温度稳定性和黏性，其含量愈多，石油沥青的软化点愈高，黏性也愈大，但塑性降低。

石油沥青中含有一定量的固体石蜡，会降低沥青的粘结性、塑性、温度稳定性和耐热性。

2.10.1.3 石油沥青的技术性质

石油沥青的技术性质见表2-114。

2.10.1.4 石油沥青的技术标准

石油沥青按针入度划分牌号。牌号越高，其黏

沥青的分类及应用　　表 2-113

分类方法	种类	沥青的特性与应用
按用途分类	道路石油沥青	道路石油沥青采用针入度划分标号。其针入度越大，标号越大，延展性越好。选择道路石油沥青重点考虑的技术性质是高温稳定性和低温抗裂性。主要用于道路路面或车间地面等工程。多用于拌制成沥青混凝土和沥青砂浆等
	建筑石油沥青	建筑石油沥青采用针入度划分牌号。主要用于制造油毡、油纸、防水涂料和沥青胶等防水材料。用于屋面及地下防水、沟槽防水、防腐蚀及管道防腐等工程。对于屋面防水工程，为避免夏季流淌，沥青软化点应高于屋面可能达到的最高温度。对不易受温度影响的部位，可选用牌号较大的沥青
	普通石油沥青	普通石油沥青含蜡量多，温度敏感性大，塑性较差。在建筑工程中不宜单独使用，可采用吹气氧化法改善其性能或与其他种类的沥青掺配使用

续表

分类方法	种类	沥青的特性与应用
按原油的成分分类	石蜡基沥青	沥青原油中含有大量的烷烃，沥青中含蜡量一般大于5%，有的高达10%以上。蜡在常温下往往以结晶体存在，降低了沥青的粘结性和塑性
	沥青基沥青	以沥青基石油提炼而成。沥青中含有较多的环烷烃，含蜡量较少，一般小于2%，性能好，沥青的粘结性和塑性均较高
	混合基沥青	也称中间基沥青，所含石蜡及烃类成分均介于石蜡基和沥青基之间。我国国产石油多属于石蜡基和混合基原油
按沥青在常温下的稠度分类	液体沥青	常温下呈液体状态的沥青，液体沥青一般以黏度划分为若干等级
	黏稠沥青	常温下呈固体、半固体状态的沥青，它是由液体沥青经氧化处理加工而制得的。针入度小于40为固体沥青，针入度在40～300间为半固体沥青

石油沥青的技术性质 表 2-114

性能	说　明	测试方法
黏滞性	黏滞性系指沥青的软硬、稀稠程度。液体沥青采用黏度表示，半固体或固体状用针入度表示	黏滞性反映沥青材料内部阻碍其相对流动的一种性能，以绝对黏度表示。 针入度系标准针在规定条件下刺入沥青的深度，表示沥青抵抗剪切变形的能力，也反映在一定条件下的相对黏度
塑性	沥青的塑性与温度和沥青膜的厚度有关，温度越高或沥青膜越厚，塑性越大。沥青的塑性以“延伸度”表示	将沥青制成 8 字形标准试件，在规定的温度（25℃）和速度（5 ± 0.2cm/min）下拉伸，其断裂时的延伸长度（cm）即为沥青的延伸度

续表

性能	说　　明	测试方法
温度敏感性	沥青由固状变为一定流动膏状时的温度，用“软化点”表示。软化点愈高的沥青，沥青质含量愈高，稠度变化幅度较小，温度稳定性高，耐热性好	采用环球法测定“软化点”。借助甘油或水作传热介质，使在规定铜环中形成固体沥青，在标准钢球重力作用下，连同钢球降落一定距离的温度
大气稳定性	大气稳定性系指沥青抵御由于使用时间的延长而逐渐“老化”的性能指标	将沥青置于烘箱中，在160℃下加热5h，冷却后再次测定其重量及针入度。计算蒸发损失重量与原重量的百分数（称为蒸发损失）及蒸发后与原针入度的百分比（针入度比）。蒸发损失愈小、针入度比愈大，则表示大气稳定性好

续表

性能	说　明	测试方法
防水性	沥青本身结构致密，不溶于水。且能紧密粘附于洁净的矿物材料表面，而具有好的防水性	
施工安全性	为获得良好的施工和易性，在使用黏稠沥青时必需加热。若加热温度过高，油分与空气混合后的气体就可能燃烧，闪点、燃点是沥青施工中安全性的重要指标	闪点：沥青出现闪火现象时的温度。 燃点：沥青开始燃烧时的温度

性越小，塑性越大，温度稳定性越低。

（1）建筑石油沥青的技术标准

建筑石油沥青主要用于屋面及地下防水、沟槽防水和防腐工程。建筑石油沥青的技术标准见表2-115。

建筑石油沥青的技术标准　　表2-115

质量指标	建筑石油沥青牌号		
	40号	30号	10号
针入度（25℃，100g，5s）（1/10mm）	36~50	26~35	10~25
延度（25℃，5cm/min）（cm）≥	3.5	2.5	1.5
软化点（℃）≥	60	75	95
溶解度（%）≥	99.5	99.5	99.5
蒸发损失（%）≤	1	1	1
蒸发后针入度比（%）≥	65	65	65
闪点（℃）≥	230	230	230

（2）道路石油沥青的技术标准

1）道路石油沥青分级

道路石油沥青分为 A、B、C 三个等级，各自的适用范围应符合表 2-116 的规定。

道路石油沥青的适用范围　　表 2-116

沥青等级	适用范围
A 级沥青	各个等级的公路，适用于任何场合和层次
B 级沥青	1. 高速公路、一级公路沥青下面层及以下的层次，二级及二级以下公路的各个层次； 2. 用作改性沥青、乳化沥青、改性乳化沥青、稀释沥青的基质沥青
C 级沥青	三级及三级以下公路的各个层次

2）道路石油沥青标号

根据《公路沥青路面施工技术规范》（JTG F40—2004），道路石油沥青分为 30、50、70、90、110、130 和 160 七个标号。各标号沥青的技术标准见表 2-117。

2.10.1.5 其他沥青及其产品

（1）煤沥青

道路石油沥青的技术标准　表 2-117

质量指标	等级	道路石油沥青标号						
		160 号	130 号	110 号	90 号	70 号	50 号	30 号
针入度（25℃，100g,5s）(0.1mm)		140 ~ 200	120 ~ 140	100 ~ 120	80 ~ 100	60 ~ 80	40 ~ 60	20 ~ 40
延度（15℃）(cm) ≥	A B	100	100	100	100	100	80	50
	C	80	80	60	50	40	30	20
软化点（℃）≥	A	38	40	43	45	46	49	55
	B	36	39	42	43	44	46	53
	C	35	37	41	42	43	45	50
溶解度(%) ≥		99.5	99.5	99.5	99.5	99.5	99.5	99.5

续表

质量指标	等级	道路石油沥青标号						
		160 号	130 号	110 号	90 号	70 号	50 号	30 号
残留针入度比（%） ≥	A	48	54	55	57	61	63	65
	B	45	50	52	54	58	60	62
	C	40	45	48	50	54	58	60
闪点（℃） ≥		230	230	230	245	260	260	260

煤沥青是烟煤炼焦炭或制煤气时，将干馏挥发物中冷凝得到的煤焦油，再继续蒸馏出轻油、中油、重油后所剩的残渣，称作煤沥青。煤沥青可分为软煤沥青和硬煤沥青两种。软煤沥青中含有较多的油分，呈黏稠状或半固体状。硬煤沥青是蒸馏出全部油分后的固体残渣，质硬脆，性能不稳定，建筑上采用的煤沥青多为黏稠或半固体的软煤沥青。

（2）乳化沥青

乳化沥青是将极微小的沥青颗粒(1～6μm)均匀分散在含有乳化剂的水中所得到的悬浮体。乳化沥青无毒、无臭、干燥快、粘结力强，施工中不需要加热，可减轻施工人员的劳动强度，提高工作效率。

（3）改性沥青

改性沥青是指在沥青中掺加橡胶、树脂、高分子聚合物、磨细的橡胶粉或其他填料等外掺剂，或采取对沥青轻度氧化加工等措施，使沥青的低温下的韧性、塑性、变形性，高温下的热稳定性和机械强度等性能得以改善。

2.10.2 防水卷材

防水卷材是一种可卷曲的片状防水材料，按材料的组成可分为沥青防水卷材、聚合物改性防水卷材和合成高分子防水卷材。

2.10.2.1 沥青防水卷材

凡以原纸、玻璃布、石棉布或棉麻织品等胎料浸渍石油沥青（或焦油沥青）制成的卷状材料，称为浸渍卷材（有胎卷材）。将石棉、橡胶粉等掺入沥青材料中，经碾压制成的卷状材料称为辊压卷材（无胎卷材）。

（1）石油沥青油毡、油纸的标号、定义及用途（见表2-118）。

（2）石油沥青油毡的技术性能（见表2-119）。

2.10.2.2 聚合物改性沥青防水卷材

在沥青中添加适当的高聚物改性剂，可以改善传统沥青防水卷材性能。聚合物改性沥青防水卷材按改性高聚物的种类可分为弹性体、塑性体及其他改性防水卷材等。

（1）SBS弹性体改性沥青防水卷材

SBS弹性体改性沥青防水卷材是以聚酯毡或玻纤毡作为胎基，以苯乙烯—丁二烯—苯乙烯热塑性弹性体为改性剂，两面覆以隔离材料所制成的建筑防水卷材。

1）SBS弹性体改性沥青防水卷材的分类（见表2-120）。

石油沥青油毡油纸的标号、定义及用途　表 2-118

名称	标号	定义	用途
石油沥青油毡	200 号	采用低软化点沥青浸渍原纸，再用高软化点沥青涂盖油纸的两面，并撒隔离材料所制成的一种纸胎防水卷材	200 号各种撒布材料油毡适用于简易建筑防水、临时性建筑防水、建筑防潮及包装等
	350 号 500 号		350 号和 500 号粉状撒布材料面油毡适用于多层防水层的各层及面层，片状撒布材料面油毡适用于单层防水
石油沥青油纸	200 号 350 号	采用低软化点沥青浸渍原纸所制成的无涂盖层的纸胎防水卷材叫油纸	适用于建筑防潮及包装，也可以用作多层防水层的下层

石油沥青油毡的技术指标 **表 2-119**

项目		200号			350号			500号		
		合格	一等	优等	合格	一等	优等	合格	一等	优等
单位面积浸涂材料总量（g/m^2） ≥		600	700	800	1000	1050	1110	1400	1450	1500
不透水性	压力（MPa） ≥	0.05			0.10			0.15		
	保持时间(min) ≥	15	20	30	30	30	45	30	30	30
吸水率(常压法)(%) ≤	粉毡	1.0			1.0			1.5		
	片毡	3.0			3.0			3.5		
耐热度（℃）		85±2		90±2	85±2		90±2	85±2		90±2
		受热2h涂盖层应无滑动和集中性气泡								
在（25±2）℃时纵向拉力（N） ≥		240	270		340	370		440	470	

续表

项目	200号			350号			500号		
	合格	一等	优等	合格	一等	优等	合格	一等	优等
柔度（℃）	18 ±2			18 ±2	16 ±2	14 ±2	18 ±2		14 ±2
	绕 ϕ20 圆棒或弯板无裂纹						绕 ϕ25 圆棒或弯板无裂纹		
面积	每卷油毡总面积为（20 ±0.3） m^2								

SBS 弹性体改性沥青防水卷材的分类　　表 2-120

按胎基分类	按上表面材料分类	按物理力学性能分类	按不同胎基、不同上表面材料分类	
聚酯胎（PY） 玻纤胎（G）	聚乙烯膜（PE） 细砂（S） 矿物粒（片）料（M）	Ⅰ型 Ⅱ型	聚酯胎-聚乙烯膜	PY-PE
			聚酯胎-细砂	PY-S
			聚酯胎-矿物粒（片）料	PY-M
			玻纤胎-聚乙烯膜	G-PE
			玻纤胎-细砂	G-S
			玻纤胎-矿物粒（片）料	G-M

2）SBS 弹性体改性沥青防水卷材的规格、标记（见表 2-121）。

SBS 弹性体改性沥青防水卷材的规格、标记

表 2-121

项目	内　　容
规格	幅宽：1000mm。 厚度：聚酯胎卷材为 3mm、4mm，玻纤胎卷材为 2mm、3mm、4mm。 面积：每卷 $15m^2$、$10m^2$、$7.5m^2$
标记	标记方法：按型号、胎基、上表面材料、厚度和标准编号的顺序标记。 标记示例：3mm 厚砂面聚酯胎Ⅰ型弹性体改性沥青防水卷标记为：SBS Ⅰ PY S3 GB 18242

3）SBS 弹性体改性沥青防水卷材的技术要求

① SBS 弹性体改性沥青防水卷材的重量、面积及厚度（见表 2-122）。

②SBS 弹性体改性沥青防水卷材的物理力学性能（见表 2-123）。

4）SBS 弹性体改性沥青防水卷材的应用

SBS 弹性体改性沥青防水卷材的重量、面积及厚度　　表 2-122

规格（公称厚度）（mm）		2		3			4					
上表面材料		PE	S	PE	S	M	PE	S	M	PE	S	M
面积（m^2/卷）	公称面积	15		10			10			7.5		
	偏差	±0.15		±0.10			±0.10			±0.10		
最低卷重（kg/卷）		33.0	37.5	32.0	35.0	40.0	42.0	45.0	30.0	31.5	33.0	37.5
厚度（mm）	平均值≥	2.0		3.0	3.0	3.2	4.0	4.0	4.2	4.0	4.0	4.2
	最小值	1.7		2.7	2.7	2.9	3.7	3.7	3.9	3.7	3.7	3.9

SBS 弹性体改性沥青防水卷材的物理力学性能（GB 18242—2000）　　表 2-123

胎基			PY		G	
型号			Ⅰ	Ⅱ	Ⅰ	Ⅱ
可溶物含量（g/m²），≥		2mm	—		1300	
		3mm	2100			
		4mm	2900			
不透水性	压力（MPa）　≥		0.3		0.2	0.3
	保持时间（min）　≥		30			
耐热度（℃）			90	105	90	105
			无滑动、流淌、滴落			
拉力（N/50mm）　≥		纵向	450	800	350	500
		横向			250	300
最大拉力时延伸率（%）　≥		纵向	30	40	—	
		横向				

续表

胎基			PY		G	
型号			Ⅰ	Ⅱ	Ⅰ	Ⅱ
低温柔度（℃）			-18	-25	-18	-25
			无裂纹		无裂纹	
撕裂强度（N） ≥		纵向	250	350	250	350
		横向			170	200
人工气候加速老化	外观		Ⅰ级			
			无滑动、流淌、低落			
	拉力保持率（%） ≥	纵向	80			
	低温柔度（℃）		-10	-20	-10	-20
			无裂纹			

SBS弹性体改性沥青防水卷材适用于一般工业与民用建筑防水，尤其适用于高级和高层建筑物的屋面、地下室、卫生间等的防水防潮，以及桥梁、停车场、屋顶花园、游泳池等建筑的防水。

（2）APP塑性体改性沥青防水卷材

APP塑性体改性沥青防水卷材是以玻纤毡或聚酯毡为胎体，以APP塑性体改性沥青为浸渍覆盖层，上撒隔离材料，下层覆盖聚乙烯薄膜或撒布细砂制成的改性沥青防水卷材。

1）APP塑性体改性沥青防水卷材的分类、规格、标记和外观要求（同SBS弹性体改性沥青防水卷材）

2）APP塑性体改性沥青防水卷材的技术要求

①APP塑性体改性沥青防水卷材的重量、面积及厚度（见表2-124）。

②APP塑性体改性沥青防水卷材的物理力学性能（见表2-125）。

3）APP塑性体改性沥青防水卷材应用

APP塑性体改性沥青防水卷材适用于高温或有强烈太阳辐照地区，广泛用于工业与民用建筑的屋面、地下室、卫生间等的防水防潮，以及桥梁、蓄水池、隧道等建筑的防水。

APP 塑性体改性沥青防水卷材的卷重、卷面积及厚度　　表 2-124

规格（公称厚度）（mm）		2		3			4					
上表面材料		PE	S	PE	S	M	PE	S	M	PE	S	M
面积（m^2/卷）	公称面积	15		10			10			7.5		
	偏差	±0.15		±0.10			±0.10			±0.10		
最低		33.0	37.5	32.0	35.0	40.0	42.0	45.0	50.0	31.5	33.0	37.5
厚度（mm）	平均值≥	2.0		3.0		3.2	4.0		4.2	4.0		4.2
	最小单值	1.7		2.7		2.9	3.7		3.9	3.7		3.9

APP 塑性体改性沥青防水卷材的物理力学性能（GB 18243—2000）　表 2-125

序号	胎基		聚酯毡		玻纤毡	
	型号		Ⅰ	Ⅱ	Ⅰ	Ⅱ
1	可溶物含量（g/m^2）≥	2mm	—		1300	
		3mm	2100			
		4mm	2900			
2	不透水性	压力（MPa）≥	0.3		0.2	0.3
		保持时间(min) ≥	30			
3	耐热度（℃）		110	130	110	130
			无滑动、流淌、滴落			
4	拉力（N/50mm）≥	纵向	450	800	350	500
		横向			250	300
5	最大拉力时延伸率（%）≥	纵向	25	40	—	
		横向				

续表

<table>
<tr><th rowspan="2">序号</th><th colspan="3">胎　基</th><th colspan="2">聚酯毡</th><th colspan="2">玻纤毡</th></tr>
<tr><th colspan="3">型　号</th><th>Ⅰ</th><th>Ⅱ</th><th>Ⅰ</th><th>Ⅱ</th></tr>
<tr><td rowspan="2">6</td><td colspan="3" rowspan="2">低温柔度（℃）</td><td>－5</td><td>－15</td><td>－5</td><td>－15</td></tr>
<tr><td colspan="4">无裂纹</td></tr>
<tr><td rowspan="2">7</td><td colspan="2" rowspan="2">撕裂强度（N）≥</td><td>纵向</td><td rowspan="2">250</td><td rowspan="2">350</td><td>250</td><td>350</td></tr>
<tr><td>横向</td><td>170</td><td>200</td></tr>
<tr><td rowspan="5">8</td><td rowspan="5">人工气候加速老化</td><td colspan="2" rowspan="2">外观</td><td colspan="4">1 级</td></tr>
<tr><td colspan="4">无滑动、流淌、低落</td></tr>
<tr><td>拉力保持率（%）≥</td><td>纵向</td><td colspan="4">80</td></tr>
<tr><td colspan="2" rowspan="2">低温柔度</td><td>－3</td><td>－10</td><td>－3</td><td>－10</td></tr>
<tr><td colspan="4">无裂纹</td></tr>
</table>

2.10.2.3 合成高分子防水卷材

合成高分子防水卷材是以合成橡胶、合成树脂或两者的混合体为基料，加入适量的化学助剂和填充料等，经不同工序加工而成的可卷曲的片状防水材料。品种有橡胶系列（聚氨酯、三元乙丙橡胶、丁基橡胶等）、塑料系列（聚乙烯、聚氯乙烯等）和橡胶塑料共混系列三大类。

（1）三元乙丙橡胶防水卷材

三元乙丙橡胶（EPDM）防水卷材是以三元乙丙橡胶为主要原料，掺入适量的丁基橡胶、硫化剂、促进剂、软化剂等，经密炼、拉片过滤、挤出成型等工序加工而成的防水片材。具有质量轻、弹性和抗拉强度高、延伸率大、耐酸碱腐蚀等特点，对基层材料的伸缩或开裂变形适应性强，可广泛用于防水要求高、耐用年限长的防水工程中。

1）三元乙丙橡胶防水卷材的规格尺寸及允许偏差（见表2-126）。

2）三元乙丙橡胶防水卷材的物理力学性能（见表2-127）。

（2）氯丁橡胶防水卷材

三元乙丙橡胶防水卷材的规格尺寸及允许偏差

表 2-126

<table>
<tr><th colspan="2">项　目</th><th>厚　度</th><th>宽　度</th><th>长度</th></tr>
<tr><td rowspan="2">规格尺寸</td><td>橡胶类</td><td>1.0、1.2、1.5、1.8、2.0mm</td><td>1.0、1.1、1.2m</td><td rowspan="2">20m 以上</td></tr>
<tr><td>树脂类</td><td>0.5 mm 以上</td><td>1.0、1.2、1.5、2.0m</td></tr>
<tr><td colspan="2">允许偏差(%)</td><td>-10 ~ +15</td><td>> -1</td><td>不允许出现负值</td></tr>
</table>

三元乙丙橡胶防水卷材的物理力学性能

（GB 18173.1—2000）　　表 2-127

<table>
<tr><th colspan="2">项　目</th><th>指标</th></tr>
<tr><td rowspan="2">拉裂伸长强度（MPa）　≥</td><td>常温</td><td>7.5</td></tr>
<tr><td>60℃</td><td>2.3</td></tr>
<tr><td rowspan="2">扯断伸长率（%）　≥</td><td>常温</td><td>450</td></tr>
<tr><td>-60℃</td><td>200</td></tr>
<tr><td colspan="2">撕裂强度（kN/m）　≥</td><td>25</td></tr>
<tr><td colspan="2">不透水性（MPa）30min 无渗漏</td><td>0.3MPa</td></tr>
</table>

续表

项　目		指标
低温弯折（℃）　≤		-40
加热伸缩量（mm）＜	延伸	2
	收缩	4
热空气老化（80℃，168h）	断裂拉伸强度保持率（%）　≥	80
	扯断伸长率保持率（%）　≥	70
	100%伸长率外观	无裂纹
耐碱性［10% $Ca(OH)_2$，常温，168h］	断裂拉伸强度保持率（%）　≥	80
	扯断伸长率保持率（%）　≥	80
臭氧老化（40℃，168h）	伸长率 40%，500pphm（pphm为臭氧浓度单位）	无裂纹

注：厚度小于0.8 mm的片材性能允许达到规定性能的80%以上。

氯丁橡胶防水卷材简称 CR 防水卷材，系以氯丁橡胶为主要原料，掺加丙烯酸高聚物等复合材料及适量的改性剂、增塑剂等，经混炼、压延或挤出成型、分卷包装而成的防水卷材。具有较好的耐候性、耐油性、抗拉强度和延伸率，耐低温和高温，操作方便，无污染，适用于建筑物屋面、化工厂耐酸墙体、桥梁、公路、地下室的防渗等。

氯丁橡胶防水卷材规格尺寸和允许偏差同三元乙丙橡胶防水卷材，物理力学性能应符合表 2-128 的规定。

氯丁橡胶防水卷材的物理力学性能

（GB 18173.1—2000）　　**表 2-128**

项　　目			指标
拉裂伸长强度（MPa）	≥	常温	6.0
		60℃	1.8
扯断伸长率（%）	≥	常温	300
		-20℃	170
撕裂强度（kN/m）		≥	23
不透水性（MPa）　30min 无渗漏			0.2MPa
低温弯折（℃）		≤	-30

续表

项目		指标
加热伸缩量（mm）＜	延伸	2
	收缩	4
热空气老化（80℃×168h）	断裂拉伸强度保持率（%） ≥	80
	扯断伸长率保持率（%） ≥	70
	100%伸长率外观	无裂纹
耐碱性［10% $Ca(OH)_2$，常温，168h］	断裂拉伸强度保持率（%） ≥	80
	扯断伸长率保持率（%） ≥	80
臭氧老化（40℃，168h）	伸长率 20%，200pphm	无裂纹

2.10.2.4 常用建筑防水卷材的验收

建筑防水卷材在使用前，必须进行检验验收，分为资料验收和实物质量验收。

（1）资料验收

资料验收的主要内容有：查验《全国工业产品生产许可证》，查验质量证明书、产品包装和标志。

（2）实物质量验收

1）外观质量验收

外观质量的验收可在施工现场通过目测和尺具测量进行。沥青防水卷材的外观质量要求见表2-129，高聚物改性沥青防水卷材的外观质量要求见表2-130，合成高分子防水卷材的外观质量要求见表2-131。

沥青防水卷材的外观质量　　表2-129

项　目	质量要求
孔洞、硌伤	不允许
露胎、涂盖不匀	不允许
折纹、皱折	距卷芯1000mm以外，长度不大于100mm
裂　纹	距卷芯1000mm以外，长度不大于100mm
裂口、缺边	边缘裂口小于20mm，缺边长度小于50mm，深度小于20mm
每卷卷材的接头	不超过1处，较短的一段不应小于2500mm，接头处应加长150mm

高聚物改性沥青防水卷材的外观质量　　表 2-130

项　目	质　量　要　求
孔洞、裂口、缺边	不允许
边缘不整齐	不超过 10mm
胎体露白、未浸透	不允许
撒布材料粒度、颜色	均匀
每卷卷材的接头	不超过 1 处，较短的一段不应小于 1000mm，接头处应加长 150mm

合成高分子防水卷材的外观质量　表 2-131

项　目	质　量　要　求
折　痕	每卷不超过 2 处，总长度不超过 20mm
杂　质	大于 0.5mm 颗粒不允许，每 $1m^2$ 不超过 $9mm^2$
胶　块	每卷不超过 6 处，每处面积不大于 $6mm^2$
凹　痕	每卷不超过 6 处，深度不超过本身厚度的 30%；树脂类深度不超过 5%

续表

项　目	质 量 要 求
每卷卷材的接头	橡胶类每20m不超过1处，较短的一段不应小于3000mm，接头处应加长150mm；树脂类20m长度内不允许有接头

2）物理性能复验

进场的防水卷材，应进行抽样复验，合格后方能使用，复验应符合下列规定：

①同一规格、型号、品种的防水卷材，大于1000卷抽取5卷；500～1000卷抽取4卷；100～499卷抽取3卷；小于100卷抽取2卷。

②受检卷材的规格尺寸和外观质量检验全部指标达到标准规定时，即为合格。其中若有一项指标达不到要求，另取相同数量进行该项复检，复检时仍有一项指标不合格，则判定该产品为不合格。

③在外观质量检验合格的卷材中，任取一卷做物理性能复验，若有一项指标不符合要求，取双倍数量复检，如仍不合格，则判定该产品为不合格。

2.10.2.5 防水卷材胶粘剂、胶粘带的质量要求

防水卷材在施工中需要胶粘剂、胶粘带等配套材料，其质量应符合下列要求：

改性沥青胶粘剂的剥离强度不应小于0.8N/mm；合成高分子胶粘剂的剥离强度不应小于1.5N/mm，浸水168h后的保持率不应小于70%；双面胶粘带的剥离强度不应小于0.6N/mm，浸水168h后的保持率不应小于70%。

2.10.2.6 防水卷材和胶粘剂、胶粘带的储运

（1）不同品种、型号和规格的卷材应分别堆放。不同品种、型号和规格的卷材胶粘剂、胶粘带，应分别用密封桶或纸箱包装。

（2）卷材和卷材胶粘剂、胶粘带均应储存在阴凉通风的室内，避免雨淋、日晒和受潮，严禁接近火源。

（3）沥青防水卷材储存环境温度不得高于45℃，并应直立堆放，其高度不宜超过2层，并不得倾斜和横压，短途运输平放不宜超过4层。

（4）卷材应避免与化学介质及有机溶剂等有害物质接触。

2.10.3 防水涂料

防水涂料是以高分子合成材料、沥青等为主

体，在常温下呈黏稠状态，涂布在基体表面，经溶剂或水分挥发，或各组分的化学反应，能在基体表面形成坚韧防水膜的物料的总称。

2.10.3.1 防水涂料的分类

防水涂料按组分的不同可分为单组分防水涂料和双组分防水涂料两类，按成膜物质的不同可分为沥青基防水涂料、高聚物改性沥青防水涂料和合成高分子防水涂料三类，按涂料的介质不同，可分为溶剂型、水乳型和反应型三类。

2.10.3.2 沥青基防水涂料

沥青基防水涂料是以沥青为基料配制而成的水乳型或溶剂型防水涂料，常用的有冷底子油、乳化沥青防水涂料等。

（1）冷底子油

冷底子油是用建筑石油沥青加入汽油、煤油、轻柴油，或者用软化点50～70℃的煤沥青加入苯，溶合而制成的沥青溶液。它的黏度小，能渗入到混凝土、砂浆、木材等材料的毛细孔隙中，待溶剂挥发后，便与基面牢固结合，使基层表面与水隔绝，因多用于防水工程的底层，故名冷底子油。

冷底子油通常使用30%～40%的石油沥青和

60% ~70% 的溶剂（汽油或煤油）。首先将沥青加热至 108℃ ~200℃，脱水后冷却至 130℃ ~140℃，并加入溶剂量 10% 的煤油，待温度降至约 70℃时，再加入余下的溶剂搅拌均匀为止。若储存时，应使用密闭容器，以防溶剂挥发。

（2）乳化沥青防水涂料

乳化沥青是借助于乳化剂的作用，在机械强力搅拌下，将熔化的沥青微粒均匀地分散于溶剂中，使其形成稳定的悬浮体。乳化沥青涂刷于材料基面，或与砂、石材料拌合成型后，水分逐渐散失，沥青微粒靠拢将乳化剂薄膜挤裂，相互团聚而粘结，这个过程叫乳化沥青成膜。乳化沥青具有一定的耐热性、粘结性、抗裂性、韧性和防水性。

乳化沥青在储存和运输的过程中，最好储存在密闭的容器中，不得混入杂质，温度不得低于 0℃，储存时间一般不得超过半年。

2.10.3.3　高聚物改性沥青防水涂料

高聚物改性沥青防水涂料是用再生橡胶、合成橡胶或 SBS 等对沥青进行改性而制成的水乳型或溶剂型防水涂料。高聚物改性沥青防水涂料的质量要求应符合表 2-132 的规定。

高聚物改性沥青防水涂料的质量要求

表 2-132

项目			质量要求
固体含量（%）		≥	43
耐热度（80℃，5h）			无流淌、起泡和滑动
柔度（-10℃）			3mm 厚，绕 ϕ20 圆棒，无裂纹、断裂
不透水性	压力（MPa）	≥	0.1
	保持时间（min）	≥	30，不渗透
延度(20±2℃拉伸)(mm)		≥	4.5

（1）氯丁橡胶沥青防水涂料

溶剂型氯丁橡胶沥青防水涂料是将氯丁橡胶溶于一定量的有机溶剂（如甲苯）中形成溶液，然后将其掺入到液体状态的沥青中，再加入各种助剂和填料混合而成，粘结性能好，但易燃、有毒、价格高。

水乳型氯丁橡胶沥青防水涂料是阳离子型氯丁乳胶与阳离子型石油沥青乳液的混合体。涂膜强度大，延伸性好，耐热性和低温柔韧性优良，耐臭氧老化，抗腐蚀，阻燃性好。适用于工业和民用建筑物的屋面、墙身和楼地面防水，地下室和设备管道的防水。

（2）水乳型再生橡胶防水涂料

水乳型再生橡胶防水涂料是以石油沥青为基料，以再生橡胶为改性剂复合而成的水性防水涂料。它是双组分（A液、B液）包装，其中，A液为乳化橡胶，B液为阴离子型乳化沥青。储运时分别包装，使用时现场配制使用。具有无毒、无味、不燃的优点，涂膜具有橡胶弹性，温度稳定性好，耐老化。适用于屋面、墙体、地面、地下室、冷库的防水防潮工程等。

（3）SBS改性沥青防水涂料

SBS改性沥青防水涂料是以沥青、橡胶、合成树脂、SBS及表面活性剂等高分子组成的一种水乳型弹性沥青防水涂料。具有低温柔韧性好、粘结性能和耐老化性能好等特点，适用于复杂的基层防水施工，如卫生间、浴室、地下室、厨房、水池等防水防潮工程。

2.10.3.4 合成高分子防水涂料

合成高分子防水涂料的品种有聚氨酯防水涂

料、丙烯酸酯防水涂料和有机硅防水涂料等。

(1) 聚氨酯防水涂料

聚氨酯防水涂料是以合成橡胶为主要成膜物质配制而成的防水涂料。产品类型按组分可分为单组分和多组分，按拉伸性能可分为Ⅰ型和Ⅱ型。技术性能执行《聚氨酯防水涂料》(GB/T 19250—2003)，单组分聚氨酯防水涂料的技术性能见表2-133，多组分聚氨酯防水涂料的技术性能见表2-134。

聚氨酯防水涂料的涂膜具有橡胶弹性，整体性好，延伸性好，耐高、低温性好，耐油、耐化学药品，抗拉强度和抗撕裂强度均较高，对基层变形有较强的适应性。适用于各种有保护层的屋面防水工程、地下防水工程、浴室、卫生间以及地下管道的防水、防腐等。

(2) 丙烯酸防水涂料

丙烯酸酯防水涂料是以丙烯酸酯共聚乳液为基料，掺加填料、颜料及各种助剂制成的水乳型涂料。产品化学性质稳定，具有优良的耐紫外线、耐老化和耐久性能。本产品适应温度范围广，成膜后防水效果良好，适合于北方使用。

单组分聚氨酯防水涂料的技术性能 **表 2-133**

项目		拉伸类型	
		Ⅰ型	Ⅱ型
拉伸强度（MPa）	≥	1.90	2.45
断裂伸长率（%）	≥	550	450
撕裂强度（N/mm）	≥	12	14
低温弯折性（℃）	≤	-40	-40
不透水性（0.3MPa，30min）		不透水	不透水
固体含量（%）	≥	80	80
表干时间（h）	≤	12	12
实干时间（h）	≤	24	24
加热伸长率（%）		≤1.0 ≥-4.0	≤1.0 ≥-4.0

续表

项目			拉伸类型	
			I型	Ⅱ型
潮湿基面粘结强度[①]（MPa）		≥	0.50	0.50
定伸时老化	加热老化		无裂纹及变形	无裂纹及变形
	人工气候老化[②]		无裂纹及变形	无裂纹及变形
热处理	拉伸强度保持率（%）		80～150	80～150
	断裂伸长率（%）	≥	500	400
	低温弯折性（℃）	≤	-35	-35
碱处理	拉伸强度保持率（%）		60～150	60～150
	断裂伸长率（%）	≥	500	400
	低温弯折性（℃）	≤	-35	-35

续表

项目			拉伸类型	
			I型	Ⅱ型
酸处理	拉伸强度保持率（%）		80～150	80～150
	断裂伸长率（%）	≥	500	400
	低温弯折性（℃）	≤	－35	－35
人工气候老化②	拉伸强度保持率（%）		80～150	80～150
	断裂伸长率（%）	≥	500	400
	低温弯折性（℃）	≤	－35	－35

注：①潮湿基面粘结强度仅在用于地下工程潮湿基面时要求。

②人工气候老化仅在外露使用时要求。

多组分聚氨酯防水涂料的技术性能　　表 2-134

项　　目		拉伸类型	
		Ⅰ型	Ⅱ型
拉伸强度（MPa）	≥	1.90	2.45
断裂伸长率（%）	≥	450	450
撕裂强度（N/mm）	≥	12	14
低温弯折性（℃）	≤	-35	-35
不透水性（0.3 MPa，30min）		不透水	不透水
固体含量（%）	≥	92	92
表干时间（h）	≤	8	8
实干时间（h）	≤	24	24
加热伸长率（%）		≤1.0 ≥-4.0	≤1.0 ≥-4.0

续表

项目			拉伸类型	
			I 型	Ⅱ型
潮湿基面粘结强度[①]（MPa）		≥	0.50	0.50
定伸时老化	加热老化		无裂纹及变形	无裂纹及变形
	人工气候老化[②]		无裂纹及变形	无裂纹及变形
热处理	拉伸强度保持率（%）		80~150	80~150
	断裂伸长率（%）	≥	400	400
	低温弯折性（℃）	≤	-30	-30
碱处理	拉伸强度保持率（%）		60~150	60~150
	断裂伸长率（%）	≥	400	400
	低温弯折性（℃）	≤	-30	-30

续表

项目			拉伸类型	
			I型	Ⅱ型
酸处理	拉伸强度保持率（%）		80～150	80～150
	断裂伸长率（%）	≥	400	400
	低温弯折性（℃）	≤	-30	-30
人工气候老化②	拉伸强度保持率（%）		80～150	80～150
	断裂伸长率（%）	≥	400	400
	低温弯折性（℃）	≤	-30	-30

注：①潮湿基面粘结强度仅在用于地下工程潮湿基面时要求。

②人工气候老化仅在外露使用时要求。

丙烯酸防水涂料按拉伸性能可分为Ⅰ型和Ⅱ型，技术性能执行《聚合物乳液建筑防水涂料》(JC/T 864—2000)，其技术性能指标见表2-135。

聚合物乳液建筑防水涂料的技术性能

表2-135

<table>
<tr><th colspan="2" rowspan="2">项　　目</th><th colspan="2">拉伸类型</th></tr>
<tr><th>Ⅰ型</th><th>Ⅱ型</th></tr>
<tr><td colspan="2">拉伸强度（MPa）　≥</td><td>1.0</td><td>1.5</td></tr>
<tr><td colspan="2">断裂伸长率（%）　≥</td><td>300</td><td>300</td></tr>
<tr><td colspan="2">低温柔性</td><td>-10℃，无裂纹</td><td>-20℃，无裂纹</td></tr>
<tr><td colspan="2">不透水性（0.3 MPa，30min）</td><td>不透水</td><td>不透水</td></tr>
<tr><td colspan="2">固体含量（%）　≥</td><td>65</td><td>65</td></tr>
<tr><td rowspan="2">干燥时间</td><td>表干时间（h）　≥</td><td>4</td><td>4</td></tr>
<tr><td>实干时间（h）　≤</td><td>8</td><td>8</td></tr>
</table>

2.10.3.5 常用建筑防水涂料的验收

（1）资料验收

资料验收同建筑防水卷材。

（2）实物质量验收

实物质量验收分为外观质量验收、物理性能复验两个部分。

1）外观质量验收

对进场的防水涂料进行外观质量验收可在施工现场通过目测进行，下面分别介绍3种防水涂料的外观质量要求：

①水性沥青基防水涂料。水性沥青基厚质防水涂料经搅拌后为黑色或黑灰色均质膏体或黏稠体，搅匀和分散在水溶液中无沥青丝；水性沥青基薄质防水涂料搅拌后为黑色或蓝褐色均质液体，搅拌棒上不粘任何颗粒。

②聚氨酯防水涂料。为均匀黏稠体，无凝胶、结块。

③聚合物乳液建筑防水涂料。产品经搅拌后无结块，呈均匀状态。

2）物理性能复验

防水涂料应进行抽样复验，合格后方能使用，复验应符合下列规定：

①同一规格、品种的防水涂料，每10t为一批，不足10t者按一批进行抽样。

②防水涂料的全部物理性能指标达到标准规定时，即为合格。若有一项指标达不到要求，取加倍

数量进行该项复检，复检结果如仍不合格，则判定该产品为不合格。

2.10.3.6 建筑防水涂料的包装、标志和储运

（1）防水涂料包装容器必须密封，容器表面应标明涂料名称、生产厂名、执行标准号、生产日期和产品有效期。同时核对包装标志与质量证明书上所示内容是否一致。

（2）不同品种、型号和规格的防水涂料应分别堆放，不许混杂，防止碰撞。

（3）防水涂料应储存在阴凉通风处，避免雨淋、日晒和受潮，严禁接近火源。

2.11 保温隔热材料

2.11.1 保温隔热材料的分类

保温隔热材料按成分可分为有机材料和无机材料；按形态分为纤维状、微孔状、气泡状和层状四类，见表2-136。

2.11.2 有机气泡状绝热材料

有机气泡状绝热材料是指以泡沫塑料为主的绝热材料。泡沫塑料是以各种树脂为基料，加入少量

<table>
<caption>保温隔热材料按形态分类　　表 2-136</caption>
<tr><th colspan="3">分　类</th><th>分 类 内 容</th></tr>
<tr><td rowspan="3">纤维状材料</td><td rowspan="2">无机质</td><td>天然</td><td>石棉纤维</td></tr>
<tr><td>人造</td><td>矿物纤维（矿渣棉、岩棉、玻璃棉、硅酸铝棉）</td></tr>
<tr><td>有机质</td><td>天然</td><td>软质纤维板（木纤维板、草纤维板）</td></tr>
<tr><td rowspan="2">微孔状材料</td><td rowspan="2">无机质</td><td>天然</td><td>硅藻土</td></tr>
<tr><td>人造</td><td>硅钙板、碳酸镁</td></tr>
<tr><td rowspan="5">气泡状材料</td><td rowspan="2">有机质</td><td>天然</td><td>软木</td></tr>
<tr><td>人造</td><td>各种泡沫塑料、泡沫橡胶、钙塑保温板</td></tr>
<tr><td rowspan="3">无机质</td><td rowspan="3">人造</td><td>膨胀珍珠岩、膨胀蛭石、加气混凝土</td></tr>
<tr><td>泡沫玻璃、火山灰微珠、泡沫石棉</td></tr>
<tr><td>泡沫黏土</td></tr>
<tr><td rowspan="2">层状材料</td><td>金属</td><td></td><td>铝箔</td></tr>
<tr><td>复合</td><td></td><td>蜂窝叠层板、泡沫塑料夹芯板</td></tr>
</table>

的发泡剂、催化剂、稳定剂以及其他辅助材料，经加热发泡而成的一种轻质、保温、隔热、防振材料。

泡沫塑料按其泡孔结构可分为闭孔和开孔泡沫塑料。所谓闭孔是指泡孔被泡孔壁完全围住，因而与其他泡孔互不连通；而开孔则是泡孔没有被泡孔壁完全围住，因而与其他泡孔或外界相互连通。按表观密度可分为低发泡、中发泡和高发泡泡沫塑料。按柔韧性可分为软质、硬质和半硬质泡沫塑料。目前有聚苯乙烯泡沫塑料、聚氨脂泡沫塑料、柔性泡沫橡塑、酚醛泡沫塑料等。

2.11.2.1 聚苯乙烯泡沫塑料

聚苯乙烯泡沫塑料是以聚苯乙烯树脂或其共聚物为主要成分的泡沫塑料。按成型的工艺不同可分为模塑聚苯乙烯泡沫塑料（EPS）和挤塑聚苯乙烯泡沫塑料（XPS）。聚苯乙烯泡沫塑料的技术标准执行《绝热用模塑聚苯乙烯泡沫塑料》（GB/T 10801.1—2002）和《绝热用挤塑聚苯乙烯泡沫塑料》（GB/T 10801.2—2002）。

模塑聚苯乙烯泡沫塑料规格尺寸由供需双方商定；挤塑聚苯乙烯泡沫塑料长度为1200、1250、2450、2500mm，宽度为600、900、1200mm，厚度为20、25、30、40、50、75、100mm。主要技术性能见表2-137。

聚苯乙烯泡沫塑料的技术性能　　表2-137

项　目	性能指标	
	EPS	XPS
表观密度（kg/m^3）	15~60	—
导热系数[W/(m·K)]	0.039~0.041	0.027~0.035
透湿系数[ng/(m·s·Pa)]	2~6	2~3.5
吸水率（%）	2~6	1~2
使用温度范围（℃）	≤75	
燃烧性能级别或阻燃性	B_1	B_2

对于膨胀聚苯板薄抹灰外墙外保温系统中使用的模塑聚苯乙烯泡沫塑料（也称膨胀聚苯板），除了外观尺寸和性能应符合以上模塑聚苯乙烯泡沫塑料的性能要求外，还应根据外墙保温的特点满足相应的性能要求。

2.11.2.2　硬质聚氨酯泡沫塑料

聚氨酯泡沫塑料是以聚醚树脂或聚酯树脂与异氰酸脂反应生成的聚氨基甲酸脂为主体，以异氰酸酯与水反应生成的二氧化碳（或以低沸点氟碳化合物）为发泡剂制成的一类泡沫塑料。

聚氨酯按所用原料可分为聚酯型和聚醚型两种类型；按发泡方式可分为喷涂和模塑两种类型；按导热系数可分为A、B型，A型导热系数值不大于0.022W/（m·K），B型导热系数值不大于0.027W/（m·K）。

用于绝热材料的主要是硬质聚氨脂泡沫塑料，导热系数低，有较高的强度和粘结性。硬质聚氨酯泡沫塑料按用途可分为Ⅰ类和Ⅱ类。Ⅰ类用于轻承载，如屋顶、地板下隔层等；Ⅱ类用于重承载，如衬填材料等。硬质聚氨酯泡沫塑料的主要物理性能见表2-138。

2.11.2.3 柔性泡沫橡塑制品

柔性泡沫橡塑制品是以天然或合成橡胶和其他有机高分子材料的共混体为基材，加各种添加剂、阻燃剂、稳定剂、硫化促进剂等，经混炼、挤出、发泡和冷却定型等工艺加工而成的具有闭孔结构的柔性绝热制品。

柔性泡沫橡塑制品按表观密度可分为Ⅰ类和Ⅱ类，按制品的形状可分为板状和管状。其部分物理性能见表2-139。

硬质聚氨酯泡沫塑料的主要物理性能　　表 2-138

项目 \ 指标				类型			
				Ⅰ类		Ⅱ类	
				A	B	A	B
表观密度（kg/m^3）			≥	30	30	30	30
屈服点时或变形 10% 时的压缩应力（kPa）			≥	100	100	150	150
导热系数[W/(m·K)]			≤	0.022	0.027	0.022	0.027
尺寸稳定性（70℃，48h）（%）			≤	5	5	5	5
吸水率（体积分数）（%）			≤	4	4	3	3
燃烧性	垂直燃烧性	平均燃烧时间（s）	≤	30	30	30	30
		平均燃烧高度（mm）	≤	250	250	250	250
	水平燃烧性	平均燃烧时间（s）	≤	90	90	90	90
		平均燃烧范围（mm）	≤	50	50	50	50

柔性泡沫橡塑制品的物理性能　　表 2-139

项目		性能指标			
		Ⅰ类		Ⅱ类	
		板	管	板	管
表观密度（kg/m^3）		40～95		40～110	
导热系数[W/(m·K)]	-20℃	≤0.036		≤0.040	
	0℃	≤0.038		≤0.042	
撕裂强度（N/m）		—	≥2.5	—	≥3.0
耐臭氧性（臭氧分压 202MPa,200h）		不龟裂			

2.11.2.4 其他有机泡孔绝热材料

（1）酚醛树脂泡沫塑料

酚醛树脂泡沫塑料是酚醛树脂在发泡剂（如甲醇等）的作用下发泡并在固化剂（硫酸、盐酸等）作用下交联、固化而制成的一种硬质热固性泡沫塑料。

酚醛泡沫具有密度低、导热系数低、耐热、防火性能好等特点。广泛应用于建筑行业屋顶、墙体保温、隔热，中央空调系统的保温。

（2）聚乙烯泡沫塑料

聚乙烯泡沫塑料是以聚乙烯为主要原料，加入交联剂（甲基丙烯酸甲酯等）、发泡剂（AC 等）、稳定剂等一次成型加工而成的泡沫塑料。具有较好的绝热性能、较低的吸水率，耐低温，用于建筑物顶棚、空调系统等部位的保温隔热。

2.11.2.5 有机泡孔绝热材料的燃烧性能

有机泡孔绝热材料的燃烧性能级别通常分为 B1 或 B2 级。

（1）B1 级里包含三个技术要求：氧指数≥32；平均燃烧时间≤30s，平均燃烧高度≤250mm；烟密度等级（SDR）≤75。只有同时满足上述三个要求，才能判定产品为 B1 级。

（2）B2 级里包含二个技术要求：氧指数≥26；平均燃烧时间≤90s，平均燃烧高度≤50mm。对燃烧性能分级的材料，在其标志级别之后，还应注明该材料的名称。

2.11.2.6 有机泡孔绝热材料的验收

（1）资料验收

资料验收包括产品质保书、产品合格证及相关性能的检测报告。质保书中应标明产品名称、产品标记、商标、生产日期、产品数量、种类、规格及主要性能指标。

（2）实物验收

1）材料进场时的验收

材料进场时，应对产品的品种、规格、外观和尺寸进行验收。

①模塑聚苯乙烯泡沫塑料的外观应符合表 2-140 的要求。

模塑聚苯乙烯泡沫塑料的外观要求　　表 2-140

项　目	要　求
色泽	色泽均匀，阻燃型应掺有颜色的颗粒，以示区别
外形	表面平整，无明显收缩变形和膨胀变形
熔结	熔结良好
杂质	无明显油渍和杂质

用于膨胀聚苯板薄抹灰外墙外保温系统中的模塑聚苯乙烯泡沫塑料的尺寸偏差应符合表 2-141 的要求。

②挤塑聚苯乙烯泡沫塑料的外观，要求表面平整，无夹杂物，颜色均匀，不应有明显的影响使用的外观缺陷。其尺寸偏差应符合表 2-142 的要求。

膨胀聚苯板尺寸允许偏差　　表 2-141

项　目		允许偏差
厚度（mm）	≤50	±1.5
	>50	±2.0
长度（mm）		±2.0
宽度（mm）		±1.0
对角线差（mm）		±3.0
板边平直（mm）		±2.0
板面平整度（mm）		±1.0

挤塑聚苯乙烯泡沫塑料尺寸允许偏差

表 2-142

长度和宽度		厚　度	
尺寸（mm）	允许偏差（mm）	尺寸（mm）	允许偏差（mm）
<1000	±5.0	≤50	±2
1000~2000	±7.5	>50	±3
≥2000	±10.0		

③聚氨酯泡沫塑料的外观，要求板材表面基本平整，无严重凹凸不平。其尺寸偏差应符合表2-143的要求。

聚氨酯泡沫塑料尺寸允许偏差　　表2-143

长度和宽度		厚　度	
尺寸（mm）	允许偏差（mm）	尺寸（mm）	允许偏差（mm）
<1000	±5	<50	±2
1000~2000	±7	50~75	±3
2000~4000	±10	75~100	±3

2）材料进场后的抽样复检

材料进场后，同一厂家生产的同一品种、同一类型的材料至少应抽取一组样品进行复检。

①模塑聚苯乙烯泡沫塑料以不超过200m^{3}为一批，每批抽取3块样品进行复检。常规复检项目应包括密度、压缩强度、熔结性、导热系数、尺寸变化率、吸水率等性能。对于阻燃型产品，应增加氧指数和燃烧等级的测试。用于外墙外保温时，除了上述复检项目外，还要增加垂直于板面方向的抗拉

强度的检测。

②挤塑聚苯乙烯泡沫塑料产品以不超过 300m^3 为一批，每批抽取 3 块产品进行复检。常规复检项目应包含压缩强度、导热系数、尺寸变化率、透湿系数和吸水率。

③硬质聚氨酯泡沫塑料产品每批不超过 500m^3，每批取 3 块样品进行复检。常规复检项目应包含密度、压缩性能、导热系数、尺寸稳定性、水蒸气透湿系数、吸水率和燃烧性能。

④柔性泡沫橡塑绝热制品取 3 块样品进行复检，常规复检项目应包含表观密度、导热系数、真空吸水率、尺寸稳定性、透湿性能、压缩回弹率和抗老化等。如果设计规范中对产品防火性能有要求，还应进行燃烧性能的测定。

2.11.2.7 有机泡孔绝热材料的储存

有机泡孔绝热材料一般可用塑料袋或塑料捆扎带包装。在运输中应远离火源、热源和化学药品，以防止产品变形、损坏。产品应放在干燥通风处，能够避免日光暴晒、风吹雨淋，也不能靠近火源、热源和化学药品；对于柔性泡沫橡塑产品，温度不宜超过 105℃。产品堆放时也不可受到重压和其他机械损伤。

2.11.3 无机纤维状绝热材料

无机纤维状绝热材料是指天然的或人造的以无机矿物为基本成分的纤维材料。主要包括岩棉、矿渣棉、玻璃棉以及硅酸铝棉等人造无机纤维状材料。

2.11.3.1 岩棉、矿渣棉及其制品

岩棉是以天然岩石如玄武岩、安山岩、辉绿岩等为基本原料，经熔化、纤维化而制成的。矿渣棉是以工业矿渣如高炉矿渣、粉煤灰等为主要原料，经过重熔、纤维化而制成的。

这类材料耐高温、导热系数小、不燃、耐腐蚀、化学稳定性强，已广泛应用于石油、化工、冶金、国防等行业各类管道、储罐、蒸馏塔等工业设备的保温，还大量应用在建筑物中起到隔热的效果。一般制品形式为棉、板、带、毡、贴面毡和管壳。

2.11.3.2 玻璃棉及其制品

玻璃棉是采用天然矿石如石英砂、白云石、石蜡等，配以其他化工原料，在熔融状态下借助外力拉制、吹制或甩成极细的纤维状材料。玻璃棉制品是在玻璃棉纤维中，加入一定量的胶粘剂和其他添加剂，经固化、切割、贴面等工序而制成的。

玻璃棉制品按形态可分为玻璃棉板、玻璃棉毡、

玻璃棉带、玻璃棉毯和玻璃棉管壳。用于建筑物隔热的玻璃棉制品主要为玻璃棉毡和玻璃棉板，在板、毡的表面可贴外覆层如铝箔、牛皮纸等材料。

产品的外观要求表面平整，不能有妨碍使用的伤痕、污痕、破损，树脂分布基本均匀。制品若有外覆层，外覆层与基材的粘结应平整牢固。玻璃棉及其制品是各种管道、贮罐、锅炉、交通运输和各种建筑物的优良保温、绝热、隔冷材料。

2.11.3.3 硅酸铝棉及其制品

硅酸铝制品（板、毡、管壳）是在硅酸铝纤维中添加一定的粘结剂制成的。硅酸铝棉针刺毯是用针刺方法使其纤维相互勾织而制成的柔性平面制品。具有轻质、理化性能稳定、耐高温、导热系数低、耐酸碱、耐腐蚀、机械性能和填充性能好等优良性能。目前硅酸铝棉及其制品主要用作以煤、油、气、电为能源的各种工业窑炉的内衬，还可以作耐热补强材料和高温过滤材料。

2.11.3.4 无机纤维类绝热材料的验收

（1）资料验收

资料验收包括产品质保书、产品合格证及相关性能的检测报告。质保书应包含的内容有：产品名称、商标、生产企业名称、详细地址、产品净重或数量、生产日期或批号、产品主要性能指标。不同类型的硅酸铝棉制品，最高使用温度是不同的，因此质保书中标注的工作温度是很关键的。

（2）实物验收

1）材料进场时的验收

材料进场时，要仔细核对产品的品种、规格、外观和尺寸是否符合设计要求，特别是产品的厚度直接与绝热效果相关。

岩棉、矿渣棉制品，玻璃棉制品和硅酸铝棉制品的外观要求表面平整，不能有妨碍使用的伤痕、污痕、破损。贴面毡的贴面（指牛皮纸、金属网等）与基材的粘贴平整、牢固。

岩棉、矿渣棉板和硅酸铝棉板的尺寸偏差应分别符合表 2-144、表 2-145 的要求。

岩棉、矿渣棉板尺寸允许偏差（mm）

表 2-144

长度	长度允许偏差	宽度	宽度允许偏差	厚度	厚度允许偏差
910 1000 1200 1500	+15 -3	500 600 630 910	+5 -3	30~150	+5 -3

硅酸铝棉板尺寸允许偏差（mm） 表 2-145

长度	长度允许偏差	宽度	宽度允许偏差	厚度	厚度允许偏差
600 ~ 1200	±10	400 ~ 600	±10	10 ~ 80	+6 -2

2）材料进场后的抽样复检

材料进场后，同一厂家生产的同一品种、同一类型的材料至少应抽取一组样品进行复检。

岩棉、矿渣棉制品，玻璃棉制品和硅酸铝棉制品应抽取 3 块样品进行复检。常规复检项目应包括：密度、纤维平均直径、渣球含量、导热系数、有机物含量、热荷重收缩温度等。用于建筑物的填充绝热材料，还应测定产品的不燃烧性能；而用在工业管道、热工设备时应该测定材料浸出液的离子含量，以防止产品对管道的腐蚀；对于防水制品，还应检测其吸湿性、憎水率、吸水性；对于缝毡制品，还包括缝合质量。

2.11.3.5 无机纤维类绝热材料的储存

无机纤维类绝热材料一般防水性能较差，产品在包装时应采用防潮包装材料，并且应在醒目位置注明“怕湿”等标志。

在运输时应采用干燥防雨的运输工具。纤维状产品在堆放中若发生受潮、淋雨这类突发事件，应烘干产品后再使用。若产品完全变形不能使用，则应重新进货。

在进行保温施工中，要求被保温的表面干净、干燥。对易腐蚀的金属表面，可先作适当的防腐涂层。对大面积的保温，需加保温钉。对于有一定高度、垂直放置的保温层，要有定位销或支撑环，以防止在振动时滑落。

2.11.4 无机多孔状绝热材料

无机多孔状绝热材料是指以具有绝热性能的低密度非金属颗粒状、粉末状材料为基料制成的硬质绝热材料。主要包括膨胀珍珠岩及其制品、硅酸钙制品、泡沫玻璃绝热制品、膨胀蛭石及其制品等。

2.11.4.1 膨胀珍珠岩及其制品

珍珠岩是一种由地下喷出的熔岩在地表急冷而成的酸性火山玻璃质岩石，因具有珍珠裂隙结构而得名。膨胀珍珠岩是珍珠矿石经煅烧体积急剧膨胀而得的蜂窝状白色或灰白色的中性无机砂状材料。膨胀珍珠岩具有保温、绝热、无毒、不燃等特点，是一种质轻、高效能的保温隔热材料。膨胀珍珠岩在建筑中多作围护结构、低温及超低温设备、工业管道的热工设备等的保温绝热材料，以及烟囱、烟道内的保温、绝热防火材料。

(1) 膨胀珍珠岩

1) 膨胀珍珠岩的分类和等级

膨胀珍珠岩按堆积密度分为70号、100号、150号、200号、250号五个标号。各标号产品按物理性能分为优等品、一等品、合格品三个等级。

2) 膨胀珍珠岩的技术性能（见表2-146）。

(2) 膨胀珍珠岩制品

膨胀珍珠岩制品是以膨胀珍珠岩为骨料，配以适量胶凝材料（如水泥、水玻璃、磷酸盐等），经拌和、成型、养护（或干燥、或焙烧）而制成的板、砖、管等制品。

1) 膨胀珍珠岩制品的分类

膨胀珍珠岩制品按密度可分为200号、250号和350号，按用途可分为建筑物用膨胀珍珠岩绝热制品和设备及管道、工业窑炉用膨胀珍珠岩绝热制品，按产品有无憎水性可分为普通型和憎水型，按制品外形可分为平板、弧形板和管壳，按质量可分为优等品和合格品。

2) 膨胀珍珠岩制品的技术性能（见表2-147）

膨胀珍珠岩的技术性能 表 2-146

项目			指标				
			70 号	100 号	150 号	200 号	250 号
堆积密度最大值（kg/m^3）			70	100	150	200	250
质量含水率最大值（%）			2	2	2	2	2
粒度	5mm 筛孔筛余量最大值（%）		2	2	2	2	2
	0.15mm 筛孔通过量最大值（%）	优等品	2	2	2	2	2
		一等品	4	4	4	4	4
		合格品	6	6	6	6	6
导热系数［W/（m·K)］（平均温度 298 ± 5K，温度梯度 5 ~ 10K/cm)		优等品	0.047	0.052	0.058	0.064	0.070
		一等品	0.049	0.054	0.060	0.066	0.072
		合格品	0.051	0.056	0.062	0.068	0.074

膨胀珍珠岩制品的技术性能 **表 2-147**

项目		200 号		250 号		350 号
		优等品	合格品	优等品	合格品	合格品
密度（kg/m^3）		≤200	≤200	≤250	≤250	≤350
导热系数[W/(m·K)]	295±2K	≤0.06	≤0.065	≤0.065	≤0.072	≤0.057
	623±2K	≤0.10	≤0.11	≤0.11	≤0.12	≤0.12
抗压强度（MPa）		≥0.40	≥0.30	≥0.50	≥0.40	≥0.40
抗折强度（MPa）		≥0.20	—	≥0.25	—	—
质量含水率（%）		≤2	≤5	≤2	≤5	≤10
憎水率（%）		≥98		≥98		≥98

（3）膨胀珍珠岩及其制品的应用

膨胀珍珠岩及其制品主要用作建筑墙体、屋面、吊顶等围护结构的保温隔热材料，在工业窑炉保温工程中用于隔热保温。

2.11.4.2 硅酸钙及其制品

微孔硅酸钙是用粉状二氧化硅质材料、石灰、纤维增强材料、助剂和水经搅拌、凝胶化、成型、蒸压养护、干燥等工序制成的新型材料。现在我国生产的硅酸钙制品多为托贝莫来石型，并且多为无石棉型。按制品外形可分为平板、弧形板和管壳。

硅酸钙材料强度高、导热系数小、使用温度高，被广泛用作工业保温材料、高层建筑的防火覆盖材料和船用仓室墙壁材料，还被用作钢结构、梁、柱及墙面的耐火覆盖材料。

（1）硅酸钙制品的分类

硅酸钙制品按使用温度可分为Ⅰ型和Ⅱ型，Ⅰ型产品用于温度小于650℃的场合，Ⅱ型产品用于温度小于1000℃的场合；按产品密度可分为270号、240号、220号、170号和140号。

（2）硅酸钙制品的技术性能（见表2-148）。

硅酸钙制品的技术性能 表 2-148

产品类别		Ⅰ型			Ⅱ型			
密度（kg/m^3）		240 号	220 号	170 号	270 号	220 号	170 号	140 号
抗压强度（MPa）	平均值	≥0.50	≥0.50	≥0.40	≥0.50	≥0.50	≥0.40	≥0.40
	单块值	≥0.40	≥0.40	≥0.32	≥0.40	≥0.40	≥0.32	≥0.32
抗折强度（MPa）	平均值	≥0.30	≥0.30	≥0.20	≥0.30	≥0.30	≥0.20	≥0.20
	单块值	≥0.24	≥0.24	≥0.16	≥0.24	≥0.24	≥0.16	≥0.16
质量含水率（%）		≤7.5	≤7.5	≤7.5	≤7.5	≤7.5	≤7.5	≤7.5
导热系数［W/（m·K）］	373 K	≤0.065	≤0.065	≤0.058	≤0.065	≤0.065	≤0.058	≤0.058
	473 K	≤0.075	≤0.075	≤0.069	≤0.075	≤0.075	≤0.069	≤0.069
	573 K	≤0.087	≤0.087	≤0.081	≤0.087	≤0.087	≤0.081	≤0.081
	673 K	≤0.100	≤0.100	≤0.095	≤0.100	≤0.100	≤0.095	≤0.095
	773 K	≤0.115	≤0.115	≤0.112	≤0.115	≤0.115	≤0.112	≤0.112
	873 K	≤0.130	≤0.130	≤0.130	≤0.130	≤0.130	≤0.130	≤0.130

续表

产品类别		Ⅰ型		Ⅱ型	
最高使用温度	匀温灼烧试验温度（K）	923		1273	
	线收缩率（%）	≤2		≤2	
	裂缝	无贯穿裂纹		无贯穿裂纹	
	剩余抗压强度（MPa）	≥0.40	≥0.32	≥0.40	≥0.32

2.11.4.3 泡沫玻璃及其制品

泡沫玻璃是一种以磨细玻璃粉为主要原料，通过添加发泡剂，经烧熔发泡和退火冷却加工处理后制得的具有均匀的独立密闭气隙结构的绝热无机材料。这种材料低温绝热性能好，具有防潮、防火、防腐、防虫、防鼠、抗冻的作用，并且具有长期使用性能不劣化的优点。泡沫玻璃广泛用于建筑物的屋面、围护结构和地面。

泡沫玻璃制品按外形可分为平板、弧形板和管壳，按制品密度可分为 140 号、160 号、180 号和 200 号四种，按质量可分为优等品和合格品。泡沫玻璃的技术性能见表 2-149。

2.11.4.4 其他无机多孔状绝热材料

（1）膨胀蛭石及其制品

蛭石是一种复杂的镁、铁水硅酸盐天然矿物，由云母类矿物风化而成，经 850～1000℃煅烧，体积急剧膨胀，由于其热膨胀时像水蛭（蚂蝗）蠕动，故得名蛭石。其堆积密度为 80～200kg/m^3，导热系数为 0.046～0.07W/（m·K），可在 1000～1100℃温度下使用，不蛀、不腐，但吸水性较大。膨胀蛭石可以呈松散状铺设于墙壁、楼板、屋面等夹层中，作绝热、隔声之用，使用时应注意防潮。

泡沫玻璃的技术性能 **表 2-149**

项目	分类	140		160		180	200
	等级	优等	合格	优等	合格	合格	合格
密度（kg/m^3）	≤	140	140	160	160	180	200
抗压强度（MPa）	≥	0.4	0.4	0.5	0.4	0.6	0.8
抗折强度（MPa）	≥	0.3	0.3	0.5	0.4	0.6	0.8
体积吸水率（%）	≤	0.5	0.5	0.5	0.5	0.5	0.5
导热系数 [W/(m·K)] ≤	308K	0.048	0.052	0.054	0.064	0.066	0.070
	278K	0.046	0.050	0.052	0.062	0.064	0.068
	213K	0.037	0.040	0.042	0.052	0.054	0.058

膨胀蛭石也可与水泥、水玻璃等胶凝材料配合，用于房屋建筑及冷库建筑的保温层等。

膨胀蛭石制品是以蛭石为骨料，再加入相应的胶粘剂（如水泥、水玻璃等），经过搅拌、成型、干燥、焙烧或养护，最后得到的制品。

（2）泡沫石棉绝热制品

石棉是一类形态呈细纤维状的硅酸盐矿物的总称。按其成分和内部结构分为蛇纹石石棉（又称温石棉）和角闪石石棉。

泡沫石棉是以温石棉为主要原料，添加表面活性剂（二辛基硫化琥珀酸盐等），经过发泡、成型、干燥等工艺制成的泡沫状制品。

泡沫石棉具有密度低、导热系数小、防冻、防震、不老化等特点。广泛应用在冶金、建筑、电力、石油、等行业。

2.11.4.5 无机多孔状绝热材料的验收

（1）资料验收

资料验收包括产品质保书、产品合格证及相关性能的检测报告。质保书应包含的内容有：产品名称、商标、生产企业名称、详细地址、产品净重或数量；生产日期或批号、产品主要性能指标、产品“怕湿”标志等。对于硅酸钙制品还应注意质保书上注明的最高使用温度，以防止使用错误。

有些产品如膨胀珍珠岩、泡沫玻璃等，应注意合格证上是否注明产品的等级。

（2）实物验收

1）材料进场时的验收

材料进场时，应核对产品的品种、规格、外观和尺寸是否符合要求。

在检验产品外观时，应目测产品表面是否有贯穿裂纹，用钢直尺测量缺棱缺角在长、宽、厚三个投影尺寸的最大值。对于泡沫玻璃制品，用钢直尺测量产品表面的孔洞直径。膨胀珍珠岩制品的外观要求见表2-150。

膨胀珍珠岩制品的外观要求　　表2-150

项目		指标
外观质量	裂纹	不允许
	缺棱缺角	优等品：不允许 合格品：1. 三个方向投影尺寸的最小值不得大于10mm，最大值不得大于投影方向边长的1/3。 2. 缺棱缺角总数不得超过4个

硅酸钙绝热制品外观质量的要求：不得有长度超过30mm和深度超过10mm的缺棱，也不得有棱长超过20mm和深度超过10mm的缺角；深度在3～10mm的棱损伤和深度在4～10mm的角损伤的缺陷总数不得超过4个，其中缺角不得超过2个；不得有贯穿裂纹。

泡沫玻璃绝热制品外观质量的要求：不得有长度超过20mm同时深度超过10mm的缺棱、缺角；不得有直径超过10mm同时深度超过10mm的不均匀孔洞；不得有贯穿制品的裂纹及边长大于1/3的裂纹。

在检验产品的厚度时，用钢直尺在产品相对的两个侧面上，距端面20mm处和中心位置测量产品的厚度。若产品受过潮，使用前必须烘干。膨胀珍珠岩板的尺寸允许偏差应符合表2-151的要求。

膨胀珍珠岩板尺寸允许偏差　　表2-151

项　目		指　标	
		优等品	合格品
尺寸允许偏差（mm）	长度	±3	±5
	宽度	±3	±5
	厚度	+3 −1	+5 −2

2）材料进场后的抽样复检

材料进场后，同一厂家生产的同一品种、同一类型的材料至少应抽取一组样品进行复检。

膨胀珍珠岩抽取 0.04m^3 的样品进行复检，膨胀珍珠岩制品抽取 8 块进行复检，常规复检项目有：密度、质量含水率、导热系数。对于有防水要求的制品还应增加憎水率项目的测试。

微孔硅酸钙制品抽取 9 块进行复检，常规复检项目有：密度、质量含水率、抗压强度、导热系数、抗折强度和最高使用温度。对于有防水要求的制品还应增加憎水率项目的测试。

泡沫玻璃抽取 4 块样品进行复检，常规复检项目有：体积密度、抗压强度、抗折强度、导热系数、体积吸水率。用于建筑隔热时，还应对样品的透湿系数进行检测。

2.11.4.6 无机多孔状绝热材料的储存

无机多孔状绝热材料必须用包装箱包装，采用干燥防雨的运输工具运输，装卸时应轻拿轻放。应储存在有顶的库房内或有遮雨淋的地方，地上可以垫上木块等物品以防产品浸水；库房应干燥、通风。

2.11.5 保温浆料

（1）胶粉聚苯颗粒保温浆料的主要性能

胶粉聚苯颗粒保温浆料主要应用于外墙外保温，是由无机胶凝材料与各种外加剂预混合干拌，再添加聚苯乙烯泡沫颗粒而制成的，聚苯颗粒体积不小于80%。其主要性能见表2-152。

胶粉聚苯颗粒保温浆料的主要性能　　表2-152

项　目	指　标
湿表观密度（kg/m^3）	≤420
干表观密度（kg/m^3）	180～250
抗压强度（MPa）	≥0.2
压剪粘结强度（MPa）	≥0.05
线形收缩率（%）	≤0.3
导热系数[W/(m·K)]	≤0.060

（2）保温浆料验收

1）资料验收

资料验收包括产品质保书、产品合格证及相关性能的检测报告。质保书上包含的内容有：产品名称、商标、生产企业名称、详细地址、产品净重或数量、生产日期或批号、产品主要性能指标。产品使用说明书中应包含产品的用水量、聚苯颗粒和胶凝料之间的配比、搅拌时间和方法、施工方法及施工时的注意事项。

2）实物验收

材料进场时，应核对产品的品种、数量。在检验颗粒时，同一批产品中聚苯颗粒大小应均匀，不能存在较多的碎隙。胶凝材料不应结块，不应受潮。

材料进场后，同一厂家生产的同一品种、同一类型的材料至少应抽取 7.5kg 样品进行复检。常规复检项目有：湿表观密度、干表观密度、导热系数、抗压强度、压剪粘结强度和线性收缩率。

（3）保温浆料的储存

胶凝材料应采用有内衬防潮塑料袋的编织袋或防潮纸袋包装，聚苯颗粒应用塑料编织袋包装，包装应无破损。在运输的过程中应采用干燥防雨的运输工具，以防止产品受潮、淋雨，在装卸的过程中，也应注意不能损坏包装袋。在堆放时，应放在有顶的库房内或有遮雨淋的地方，地上可以垫上木块等物品以防产品受潮，聚苯颗粒应放在远离火源及化学药品的地方。

3 装饰工程材料

3.1 装饰石材

3.1.1 天然大理石

大理石属变质岩，由石灰岩或白云岩经高温、高压的地质作用变质而成。大理石的主要矿物成分为方解石（$CaCO_3$）和白云石（$CaCO_3$、$MgCO_3$）。大多数大理石是由两种或两种以上成分组成，因此其颜色深浅不同，形成美丽的花纹，装饰效果好。

大理石呈层状结构，属于中硬性石材。质地比较密实，抗压强度比较高，吸水率小，硬度较低，耐磨性差，易损坏，抗风化性能差。不宜用于室外装饰，其原因是空气中由于工业产生的 SO_2 与水分生成亚硫酸、硫酸，再与 $CaCO_3$ 反应生成二水石膏，使大理石体积膨胀，强度降低，失去光泽和装饰性。少数质地纯正、杂质少、比较稳定耐久的品种如汉白玉、艾叶青等大理石可用于室外装饰。

我国大理石的产地分布广泛，开采的大理石荒料，经锯割加工和表面加工即成为大理石板材。板材的表观密度为 2600 ~ 2700kg/m^3，抗压强度为 70 ~ 110MPa，吸水率不大于 1%。板材按形状可分普型板、圆弧板和异型板材，按规格尺寸允许偏差、平面度允许极限公差、角度允许极限公差与外观质量可分为优等品(A)、一等品(B)、合格品（C)。板材命名顺序为荒料的产地、花纹色调特征描述。大理石板材执行《天然大理石建筑板材》(GB/T 19766—2005）标准，质量标准见表 3-1 ~ 表 3-4。

普型天然大理石建筑板材的规格尺寸允许偏差

表 3-1

板材部位		允许偏差（mm）		
		优等品	一等品	合格品
长度、宽度		0，-1.0	0，-1.0	0，-1.5
厚度（mm）	≤15	±0.5	±0.8	±1.0
	>15	+0.5，-1.5	+1.0，-2.0	±2.0

天然大理石建筑板材的平面度、角度的允许极限公差

表 3-2

项目	板材长度范围（mm）	允许极限公差（mm）		
		优等品	一等品	合格品
平面度	≤400	0.20	0.30	0.50
	>400，<800	0.50	0.60	0.80
	≥800，<1000	0.70	0.80	1.00
	≥1000	0.80	1.00	1.20
角度	≤400	0.30	0.40	0.60
	>400	0.50	0.60	0.80

天然大理石建筑板材正面外观缺陷规定　　表 3-3

缺陷名称	规定		
	优等品	一等品	合格品
翘　曲	不允许	不明显	有，但不影响使用
裂　纹			
砂　眼			
凹　陷			
色　斑			
污　点			
正面棱缺陷长≤8mm，宽≤3mm			1 处
正面角缺陷长≤3mm，宽≤3mm			1 处

天然大理石建筑板材镜面光泽度的规定　　表 3-4

板材主要化学成分含量（%）				镜面光泽度（°）		
氧化钙	氧化镁	二氧化硅	灼烧减量	优等品	一等品	合格品
40～56	0～5	0～15	30～45	90	80	70
25～35	15～25	0～15	30～45			
25～35	15～25	10～25	25～35	80	70	60
34～37	15～18	0～1	42～45			
1～5	40～50	32～38	10～20	60	50	40

天然的大理石板材主要用于纪念性建筑、宾馆、展览馆、影剧院、商场、图书馆、机场、车站等大型公共建筑的室内墙面、柱面、地面、楼梯踏步等处的饰面材料，也可用作楼梯栏杆、服务台、门脸、墙裙、窗台板、踢脚板等。

3.1.2　天然花岗石

花岗石属于火成岩，其矿物成分主要为石英、长石及少量云母和暗色矿物。SiO_2 含量较高，属酸性岩石。花岗石结构致密、材质坚硬、吸水率低、耐磨性好，属硬石材，耐酸性极强，对碱性有较强的抵抗力。

花岗石板材的表观密度为 2500～2700kg/m^3，抗压强度为 120～250MPa，吸水率不大于 1.0%。板材按形状可分为普通型和异型板材，按表面加工程度可分为细面、镜面和粗面板材，按规格尺寸允许偏差、平面度允许极限公差、角度允许极限公差与外观质量可分为优等品（A）、一等品（B）、合格品（C）。板材命名顺序为荒料的产地、花纹色调特征描述。花岗石板材执行《天然花岗石建筑板材》（GB/T 18601—2001）标准，质量标准见表 3-5～表 3-7。

花岗岩剁斧板材多用于室外地面、台阶、基座等处；机刨板材一般用于地面、台阶、基座、踏步、檐口等处；粗磨板材常用于墙面、柱面、台阶、基座、纪念碑、墓碑、铭牌等处；磨光板材因具有色彩绚丽的花纹和光泽，多用于室内外墙面、地面、柱面、旱冰场地面、纪念碑、铭牌等处。

3.1.3 人造饰面石材

人造饰面石材按所用胶结料的不同，通常分为有机类和无机类；也有既用无机胶结料又用有机胶结料的复合型人造石材及采用类似陶瓷工艺的烧结型无机类人造石材。

普型花岗石建筑板材的规格尺寸允许误差　　表 3-5

分类		细面和镜面板材			粗面板材		
等级		优等品	一等品	合格品	优等品	一等品	合格品
长度、宽度允许偏差（mm）		0，-1.0	0，-1.5	0，-1.5	0，-1.0	0，-2.0	0，-3.0
厚度允许偏差（mm）	≤15	±0.5	±1.0	+1.0，-2.0	—	—	—
	>15	±1.0	±2.0	+2.0，-3.0	+1.0，-2.0	+2.0，-3.0	+2.0，-4.0

普型花岗石建筑板材的平面度、角度的允许极限公差　　表 3-6

<table>
<tr><th rowspan="3">项　目</th><th rowspan="3">板材长度范围
(mm)</th><th colspan="6">允许极限公差（mm）</th></tr>
<tr><th colspan="3">细面和镜面板材</th><th colspan="3">粗 面 板 材</th></tr>
<tr><th>优等品</th><th>一等品</th><th>合格品</th><th>优等品</th><th>一等品</th><th>合格品</th></tr>
<tr><td rowspan="3">平面度</td><td>≤400</td><td>0.20</td><td>0.40</td><td>0.60</td><td>0.80</td><td>1.00</td><td>1.20</td></tr>
<tr><td>>400，<1000</td><td>0.50</td><td>0.70</td><td>0.90</td><td>1.50</td><td>2.00</td><td>2.20</td></tr>
<tr><td>≥1000</td><td>0.80</td><td>1.00</td><td>1.20</td><td>2.00</td><td>2.50</td><td>2.80</td></tr>
<tr><td rowspan="2">角度</td><td>≤400</td><td rowspan="2">0.40</td><td rowspan="2">0.60</td><td>0.80</td><td rowspan="2">0.60</td><td>0.80</td><td>1.00</td></tr>
<tr><td>>400</td><td>1.00</td><td>1.00</td><td>1.20</td></tr>
</table>

天然花岗石建筑板材正面的外观缺陷规定　　表 3-7

缺陷名称	规定内容	规定		
		优等品	一等品	合格品
缺棱	长度不超过 10mm（长度 < 5mm 者不计），周边每米长（个）	不允许	1	2
缺角	面积不超过 5mm × 2mm（面积 < 2mm × 2mm 者不计），每块板（个）	不允许	1	2
裂纹	长度不超过两端顺延至板边总长度的 1/10（长度小于 20mm 者不计），每块板（个）	不允许	1	2
色斑	面积不超过 20mm × 30mm（面积 < 15mm × 15mm 者不计），每块板（个）	不允许	1	2
色线	长度不超过两端顺延至板边总长度的 1/10（长度小于 40mm 者不计），每块板（条）	不允许	2	3
坑窝	粗面板材的正面出现坑窝	不允许	不明显	出现，但不影响使用

有机类人造石材以不饱和聚酯树脂为胶粘剂，加入石英砂、天然大理石、花岗石、方解石粉等无机填料、颜料，经合理调配、室温固化、烘干、抛光等工序加工而成。

无机类人造石材以水泥或石灰磨细为胶结料，以砂为细骨料，以碎大理石、花岗石、高炉渣等工业废料为粗骨料，经配料、搅拌、成型、加压养护、磨光、抛光而成。

复合型人造石材是用无机材料将填料粘结成型后，再将坯体浸渍于有机单体中，使其在一定条件下聚合。

烧结型人造石材是将斜长石、石英、辉石、方解石粉和赤铁矿粉及部分高岭土按比例混合，制成坯料，用半干压法成形，经1000℃高温焙烧而成。

人造石板材的装饰性好、强度高、耐磨性好、耐腐蚀、耐污染性好、生产工艺简单，主要用于商店、办公楼、影剧院、宾馆等建筑的室内墙面、柱面和地面的装饰。

3.1.4 石材的验收和储运

石材的验收批量：同一品种、等级、规格的板材以200m^{2}为一批，不足200m^{2}的单一工程部位的板材按一批计。

抽样：尺寸、平面度、角度、外观质量的检验从同一批板材中抽取2%，数量不足10块的抽10块。镜面光泽度的检验从以上抽取的板材中取5块进行。

检验的项目：规格尺寸偏差、平面度极限公差、角度极限公差、外观质量、镜面光泽度。同一批板材中优等品中不得有超过5%的一等品，一等品中不得有超过10%的合格品，合格品中不得有超过10%的不合格品。

板材运输时应防湿，严禁滚摔和碰撞。应在室内储存，在室外储存必须加遮盖。板材应按品种、规格、等级、工程部位分别堆放。板材直立放时，应光面相对，倾斜角不大于15°，层间加垫，垛高不超过1.5m；板材平放时，应光面相对，垛高不超过1.2m。

3.2 建筑玻璃

玻璃是由石英砂（SiO_2）、纯碱（Na_2CO_3）、长石（$R_2O \cdot Al_2O_3 \cdot 6Si_2O$）和石灰石（$CaCO_3$）等主要原料以及一些辅助材料，在高温下熔融、成型、急冷而成的一种非晶态硅酸盐物质。

在建筑工程中，玻璃是一种重要的装饰、装修材料。它具有透光、透视、隔声、隔热和装饰作用。各种特种玻璃还具有吸热、保温、防辐射、防爆、防弹等特殊功能。

玻璃按化学成分可分为钠钙玻璃、钾玻璃、铝镁玻璃、铅玻璃、硼硅玻璃、石英玻璃等，按在建筑上的使用功能可分为平板玻璃、装饰玻璃、安全玻璃和节能玻璃等。

3.2.1 平板玻璃

3.2.1.1 普通平板玻璃

普通平板玻璃价格较便宜，主要用于普通建筑门窗或用作加工其他玻璃的原片。

普通平板玻璃按厚度可分为 2mm、3mm、4mm、5mm 四类，按外观质量可分为优等品、一等品、合格品。普通平板玻璃执行《普通平板玻璃》（GB 4871—1995）标准，产品尺寸范围、主要规格分别见表 3-8 与表 3-9，技术质量要求、外观质量等级分别见表 3-10 和表 3-11。

3.2.1.2 浮法玻璃

浮法玻璃主要用于高级建筑物和交通运输车辆的门窗、制镜，也可用作各种深加工玻璃的原片。

普通平板玻璃的尺寸范围　　表 3-8

厚度 (mm)	长度（mm）		宽度（mm）		厚度 (mm)	长度（mm）		宽度（mm）	
	最小	最大	最小	最大		最小	最大	最小	最大
2	400	1500	300	600	5	600	2600	400	1800
3	500	1800	300	600	6	600	2600	400	1800
4	600	2000	400	1200					

普通平板玻璃的主要规格　　表 3-9

幅面尺寸 (mm)	厚度 (mm)	备注 (in)	幅面尺寸 (mm)	厚度 (mm)	备注 (in)
900×600	2，3	36×24	1100×600	2，3	44×24
1000×600	2，3	40×24	1100×900	3	44×36
1000×800	3，4	40×32	1100×1000	3	44×40
1000×900	2，3，4	40×36	1150×950	3	46×38

续表

幅面尺寸（mm）	厚度（mm）	备注（in）	幅面尺寸（mm）	厚度（mm）	备注（in）
1200 × 500	2，3	48 × 20	1500 × 750	3，4，5	60 × 30
1200 × 600	2，3，5	48 × 24	1500 × 900	3，4，5，6	60 × 36
1200 × 700	2，3	48 × 28	1500 × 1000	3，4，5，6	60 × 40
1200 × 800	2，3，4	48 × 32	1500 × 1200	4，5，6	60 × 48
1200 × 900	2，3，4，5	48 × 36	1800 × 900	4.5，6	72 × 36
1200 × 1000	3，4，5，6	48 × 40	1800 × 1000	4，5，6	72 × 40
1250 × 1000	3，4，5	50 × 40	1800 × 1200	4，5，6	72 × 48
1300 × 900	3，4，5	52 × 36	1800 × 1350	5，6	72 × 54
1300 × 1000	3，4，5	52 × 40	2000 × 1200	5，6	80 × 48
1300 × 1200	4，5	52 × 48	2000 × 1300	5，6	80 × 52
1350 × 900	5，6	54 × 36	2000 × 1500	5，6	80 × 60
1400 × 1000	3，5	56 × 40	2400 × 1200	5，6	96 × 48

普通平板玻璃的技术质量标准 表3-10

<table>
<tr><th>项目</th><th colspan="3">允许偏差范围</th><th>项目</th><th>允许偏差范围</th></tr>
<tr><td rowspan="4">厚度偏差
（mm）</td><td rowspan="4">厚度
（mm）</td><td>2</td><td rowspan="3">±0.20</td><td rowspan="4">弯曲度
（%）</td><td rowspan="4">不得超过0.3</td></tr>
<tr><td>3</td></tr>
<tr><td>4</td></tr>
<tr><td>5</td><td>±0.25</td></tr>
<tr><td>尺寸
（mm）</td><td colspan="3">玻璃板应为矩形，一般不小于600mm×400mm</td><td>边部凸出或残缺部分
（mm）</td><td>不得超过3</td></tr>
<tr><td>尺寸偏差
（mm）</td><td colspan="3">长≤1500mm不得超过±3，长>1500mm不得超过±4</td><td>缺角</td><td>一片玻璃只允许有一个，沿原角等分线测量不得超过5mm</td></tr>
</table>

续表

项目	允许偏差范围			项目	允许偏差范围
可见光总透过率（%）	厚度（mm）	2	不小于88	其他	玻璃15mm边部，一等品、合格品允许有任何非破坏性缺陷；玻璃不允许有裂口存在
		3	不小于87		
		4	不小于86		
		5	不小于84		

普通平板玻璃的外观质量等级 **表3-11**

缺陷种类	说明	优等品	一等品	合格品
波筋（不包括波纹辊子花）	不产生变形的最大入射角	60°	45° 50mm边部，30°	30° 100mm边部，0°

续表

缺陷种类	说　明	优等品	一等品	合格品
气　泡	长度1mm以下	集中的不许有	集中的不许有	不限
	长度大于1mm的每平方米允许个数	≤6mm，6	≤8mm，8 >8～10mm，2	≤10mm，12 >10～20mm，2 >20～25mm，1
划　伤	宽≤0.1mm，每平方米允许条数	长≤50mm，3	长≤100mm，5	不限
	宽>0.1mm，每平方米允许条数	不许有	宽≤0.4mm，长<100mm，1	宽≤0.8mm，长<100mm，3
砂　粒	非破坏性的，直径0.5～2mm，每平方米允许个数	不许有	3	8

续表

缺陷种类	说　明	优等品	一等品	合格品
疙　瘩	非破坏性的疙瘩波及范围直径不大于3mm，每平方米允许个数	不许有	1	3
线　道	正面可以看到的每片玻璃允许条数	不许有	30mm 边部宽≤0.5mm，1	宽≤0.5mm，2
麻　点	表现呈现的集中麻点	不许有	不许有	每平方米不超过3处
	稀疏的麻点	10	15	30

注：1. 集中气泡、麻点是指100mm 直径圆面积内超过6个。

2. 砂粒的延续部分，入射0°角能看出者当线道论。

浮法玻璃按厚度可分为2mm、3mm、4mm、5mm、6mm、8mm、10mm、12mm、15mm、19mm十类，按用途可分为制镜级、汽车级、建筑级。浮法玻璃执行《浮法玻璃》（GB 11614—1999）标准，产品尺寸允许偏差、技术质量要求、外观质量要求分别见表3-12～表3-14。

浮法玻璃尺寸允许偏差　　表3-12

<table>
<tr><th colspan="2" rowspan="2"></th><th colspan="2">允许偏差（mm）</th></tr>
<tr><th>尺寸小于3000mm</th><th>尺寸3000～5000mm</th></tr>
<tr><td rowspan="5">长度和宽度</td><td>厚2、3、4mm</td><td rowspan="2">±2</td><td>—</td></tr>
<tr><td>厚5、6mm</td><td>±3</td></tr>
<tr><td>厚8、10mm</td><td>+2、-3</td><td>+3、-4</td></tr>
<tr><td>厚12、15mm</td><td>±3</td><td>±4</td></tr>
<tr><td>厚19mm</td><td>±5</td><td>±5</td></tr>
<tr><td rowspan="5">厚度（mm）</td><td>2、3、4、5、6</td><td colspan="2">±0.2</td></tr>
<tr><td>8、10</td><td colspan="2">±0.3</td></tr>
<tr><td>12</td><td colspan="2">±0.4</td></tr>
<tr><td>15</td><td colspan="2">±0.6</td></tr>
<tr><td>19</td><td colspan="2">±1.0</td></tr>
</table>

浮法玻璃技术质量要求　　表 3-13

项　目			技术要求
正方度			浮法玻璃应为正方形或长方形，其长度和宽度尺寸允许偏差应符合表 3-12 规定
厚度允许偏差（mm）			浮法玻璃的厚度允许偏差应符合表 3-12 规定
对角线差			应不大于对角线平均长度的 0.2%
弯曲度			不应超过 0.2%
可见光透射比（%）≥	厚度（mm）	2	89
		3	88
		4	87
		5	86
		6	84
		8	82
		10	81
		12	78
		15	76
		19	72

注：对有特殊要求的浮法玻璃由供需双方商定。

建筑级浮法玻璃外观质量要求 **表 3-14**

缺陷种类		质量要求			
气泡		长度及个数允许范围			
	长度 L（mm）	$0.5 \leqslant L \leqslant 1.5$	$1.5 < L \leqslant 3.0$	$3.0 < L \leqslant 5.0$	$L > 5.0$
	个数（个）	$5.5 \times S$	$1.1 \times S$	$0.44 \times S$	0
夹杂物		长度及个数允许范围			
	长度 L（mm）	$0.5 \leqslant L \leqslant 1.0$	$1.0 < L \leqslant 2.0$	$2.0 < L \leqslant 3.0$	$L > 3.0$
	个数（个）	$2.2 \times S$	$0.44 \times S$	$0.22 \times S$	0
点状缺陷密集度		长度大于 1.5mm 的气泡和长度大于 1.0mm 的夹杂物：气泡与气泡、夹杂物与夹杂物或气泡与夹杂物的间距应大于 300mm			

续表

缺陷种类	质量要求
线道	按标准规定检验，肉眼不应看见
划伤	长度和宽度允许范围及条数
	0.5mm，长 60mm，3 × S 条
光学变形	入射角：2mm，40°；3mm，45°；4mm 以上，50°
表面裂纹	按标准规定检验，肉眼不应看见
断面缺陷	爆边、凹凸、缺角等不应超过玻璃板的厚度

注：S 为以平方米为单位的玻璃板面积，保留小数点后两位。气泡、夹杂物的个数及划伤条数允许范围为各系数与 S 相乘所得的数值，应按《数值修约规则》（GB/T 8170—87）修约至整数。

3.2.1.3 玻璃的运输与存放

1）装卸时箱盖朝上，不得倒放或斜放，且需轻拿轻放。

2）运输时，必须将箱直立靠紧，箱头朝向车辆运动方向，防止碰撞、振动、滑动及倾倒，并应有防雨措施。

3）按品种、规格、等级分别储存在干燥通风的库房内，防止发霉，且不能与潮湿物品或石灰、水泥、酸、碱、盐、酒精、油脂等挥发性物品存放在一起。

4）储存期间应定期检查。

3.2.2 装饰玻璃

装饰玻璃的品种有压花玻璃、磨（喷）砂玻璃、喷花玻璃、乳花玻璃、雕花玻璃、印刷玻璃、彩色玻璃、冰花玻璃和光栅玻璃等。

3.2.2.1 压花玻璃

压花玻璃（花纹玻璃或滚花玻璃）是将熔融的玻璃液在冷却的过程中，用带有花纹图案的辊轴压延而成的。压花玻璃的物理和化学性能与普通平板玻璃相同，但压花玻璃具有透光不透视的特点，能够起到隐私的遮挡作用，可用于宾馆、饭店、餐厅、酒吧、卫生间的门窗、办公空间的隔断等处。

压花玻璃按厚度可分为3mm、4mm、5mm三类，按外观质量可分为优等品、一等品、合格品，产品技术与外观质量要求分别见表3-15、表3-16。

3.2.2.2 磨（喷）砂玻璃

磨（喷）砂玻璃（毛玻璃）是对普通平板玻璃进行研磨、喷砂等加工，使其表面成为均匀粗糙的平板玻璃。这种玻璃具有透光不透视的特点，主要用于有遮挡视线要求的装饰部位，如卫生间、浴室、办公室等需要隐秘和不受干扰的房间，也可用于室内隔断、黑板或灯罩使用。

3.2.2.3 喷花玻璃

喷花玻璃（胶花玻璃）是在平板玻璃表面贴以图案，抹以保护面层，经喷砂处理形成透明与不透明相间的图案而成。喷花玻璃给人以高雅、美观的感觉，适用于室内门窗、隔断和采光。

3.2.2.4 乳花玻璃

乳花玻璃是在平板玻璃的一面贴上图案，抹以保护层，经化学蚀刻而成。它的花纹柔和、清晰、美丽，富有装饰性。乳花玻璃的用途与喷花玻璃相同。

压花玻璃技术质量要求 表3-15

项目			技术质量要求	项目	技术质量要求
厚度允许偏差（mm）	厚度（mm）	3	±0.30	尺寸偏差（包括偏斜）（mm）	不得大于3
		4	±0.35	边部凸出或残缺（mm）	不得大于3
		5	±0.40		
矩形度偏差（玻璃应为矩形）			不得小于400mm×300mm，不得大于2000mm×1200mm	缺角	每块玻璃只允许有一个，沿原角等分线方向测量缺角深度不得大于5mm
弯曲度（%）			不得大于0.3	外观质量	见表3-16

压花玻璃外观质量要求 表 3-16

缺陷种类	说明	质量要求		
		优等品	一等品	合格品
线道	因设备造成板面上的横向线道	不允许	不允许	不允许
	纵向线道允许条数	500mm 边部，1	500mm 边部，2	3
热圈	局部高温造成板面凸起	不允许	不允许	不允许
皱纹	板面纵横分布不规则波纹状缺陷，每平方米面积允许条数	长 < 100mm，1	长 < 100mm，2	—
气泡	长度≥2m，每平方米面积允许个数	≤10mm，5	≤20mm，10	≤20mm，10 20～30mm，5

续表

缺陷种类	说明	质量要求		
		优等品	一等品	合格品
夹杂物	压辊氧化脱落造成的0.5～2mm黑色点状缺陷，每平方米面积上允许个数	不允许	5	10
	0.5～2mm的结石、砂粒，每平方米面积上允许个数	2	5	10
伤痕	压辊受损造成的板面缺陷，直径5～20mm，每平方米面积上允许个数	2	4	6
	宽0.2～1mm，长5～100mm的划伤，每平方米面积上允许条数	2	4	6

续表

缺陷种类	说明	质量要求		
		优等品	一等品	合格品
图案缺陷	图案偏斜，每米长度允许最大距离（mm）	8	12	15
	花纹变形度	4	6	10
裂纹		不允许		
压口		不允许		

3.2.2.5 雕花玻璃

雕花玻璃是指用机械加工或化学腐蚀的工艺，在普通平板玻璃的表面上经涂漆、雕刻、围蜡与酸蚀、研磨加工出各种花型图案的玻璃。雕花玻璃的表面图案丰富、立体感较强，似浮雕一般，在室内灯光的照耀下，更是熠熠生辉。一般用于商场、宾馆、酒店、歌舞厅等商业和娱乐场所的隔断、屏风及吊顶等部位的装饰。

3.2.2.6 印刷玻璃

印刷玻璃是在普通平板玻璃的表面用特殊的材料印制成各种图案的玻璃。这种玻璃的图案和色彩丰富，具有特殊的装饰效果，主要用于商场、宾馆、酒店、酒吧、眼镜店和美容美发厅等装饰场所的门窗及隔断玻璃。

3.2.2.7 彩色玻璃

彩色玻璃又称有色玻璃，按透明程度不同可分为透明、半透明和不透明三种。彩色玻璃的颜色多样，装饰性好，具有耐腐蚀、易清洁的特点，而且可用不同颜色的玻璃拼成一定的图案花纹，取得特殊的艺术效果。彩色玻璃主要用于建筑物的门窗、内外墙面和对光线有色彩要求的建筑部位，如教堂的门窗和采光屋顶、幼儿园的活动室门窗等处。

3.2.2.8 冰花玻璃

冰花玻璃是对平板玻璃经特殊处理形成具有自然冰花纹理的玻璃。它具有花纹自然、立体感强、质感柔和、透光不透明、视感舒适、艺术装饰效果显著的特点，可用于宾馆、酒楼、饭店、酒吧间等场所的门窗、隔断、屏风和家庭装饰。

3.2.2.9 光栅玻璃

光栅玻璃（镭射玻璃）是以玻璃为基材，经特殊工艺处理，光线照射时能够呈现出艳丽的色彩和图案的玻璃。光栅玻璃适用于商场、宾馆、迪斯科厅、酒吧等场所的门面、墙面、柱面、地面、幕墙、隔断、屏风等的装饰，也可用于招牌、高级喷泉及装饰画等。

3.2.3 安全玻璃

安全玻璃的主要品种有钢化玻璃、夹丝玻璃、夹层玻璃。

3.2.3.1 钢化玻璃

钢化玻璃具有抗冲击和抗弯强度高、弹性好、热稳定性能好、安全性高的特性，适用于建筑门窗、玻璃幕墙、家具等。

钢化玻璃按形状可分为平面钢化玻璃和曲面钢化玻璃，按应用范围可分为建筑用钢化玻璃和建筑以外用钢化玻璃，钢化玻璃执行《钢化玻璃》（GB/T 9963—1998）标准，产品尺寸允许偏差、技术及外观质量要求分别见表3-17～表3-19。

3.2.3.2 夹丝玻璃

夹丝玻璃具有较好的安全性和防火性，又称防火玻璃。夹丝玻璃可用于建筑物的防火门窗、隔墙、天窗、采光屋顶、阳台等部位。

夹丝玻璃按工艺可分为夹丝压花玻璃和夹丝磨光玻璃两类，按厚度可分为6mm、7mm、10mm三类，按质量等级可分为优等品、一等品和合格品。夹丝玻璃执行《夹丝玻璃》（JC433—1991）标准，产品尺寸要求和允许偏差、技术及外观质量要求分别见表3-20～表3-22。

3.2.3.3 夹层玻璃

夹层玻璃具有较高的安全性以及耐热、耐湿、耐寒等性能。一般用作高层建筑的门窗、天窗和商店、银行、珠宝店的橱窗、隔断等。

夹层玻璃执行《夹层玻璃》（GB 9962—1999）标准，产品分类、长度或宽度及厚度允许偏差、技术质量要求分别见表3-23～表3-26。

钢化玻璃尺寸允许偏差　　表 3-17

玻璃厚度（mm）	厚度允许偏差（mm）	边长（L）允许偏差（mm）		
		$L \leqslant 1000$	$1000 < L \leqslant 2000$	$2000 < L \leqslant 3000$
4 5 6	±0.3	+1 −2	±3	±4
8 10	±0.6	+2 −3		
12 15	±0.8	±4	±4	
19	±1.2	±5	±5	±6

钢化玻璃技术质量要求　　表 3-18

项　目	技术要求	
	建筑用钢化玻璃	建筑以外用钢化玻璃
弯曲度	平型钢化玻璃的弯曲度，弓形时应不超过 0.5 %，波形时应不超过 0.3%	
抗冲击性	取 6 块钢化玻璃试样进行试验，试验破坏数不超过 1 块为合格，多于或等于 3 块为不合格	
碎片状态	取 4 块钢化玻璃试样进行试验，每块试样在 50mm × 50mm 区域内的碎片必须超过 40 个。且允许有少量长条形碎片，其长度不超过 75mm，其端部不是刀刃状，延伸至玻璃边缘的长条形碎片与边缘形成的角不大于 45°	
霰弹袋冲击性能	取 4 块平型钢化玻璃进行试验，必须符合下列 1）或 2）中任意一条的规定： 1）玻璃破碎时，每块试样的最大 10 块碎片质量的总和不得超过相当于试样 $65cm^2$ 面积的质量； 2）霰弹袋下落高度为 1200mm 时，试样不破坏	

续表

项目	技术要求	
	建筑用钢化玻璃	建筑以外用钢化玻璃
透射比	钢化玻璃的透射比由供需双方商定	
抗风压性能	由供需双方商定	

钢化玻璃外观质量要求 **表 3-19**

缺陷名称	说明	允许缺陷数	
		优等品	合格品
爆边	每片玻璃每米边长上允许有长度不超过 10mm，自玻璃边部向玻璃板表面延伸深度不超过 2mm，自板面向玻璃厚度延伸深度不超过厚度 1/3 的爆边	不允许	1 个

续表

缺陷名称	说明	允许缺陷数	
		优等品	合格品
划伤	宽度在0.1mm以下的轻微划伤，每平方米面积内允许存在条数	长≤50mm 4	长≤100mm 4
	宽度大于0.1mm的划伤，每平方米面积内允许存在条数	宽0.1～0.5mm 长≤50mm 1	宽0.1～1mm 长≤100mm 4
夹钳印	夹钳印中心与玻璃边缘的距离	玻璃厚度≤9.5mm ≤13mm	
		玻璃厚度≤9.5mm ≤19mm	
结石、裂纹、缺角	均不允许存在		
波筋（光学变形）、气泡	优等品不得低于GB 11614关于一等品的规定 合格品不得低于GB 4871关于一等品的规定		

夹丝玻璃尺寸要求和允许偏差 **表 3-20**

产品尺寸要求（mm）	尺寸允许偏差（mm）			
	长度、宽度	厚度		
		尺寸值	优等品	一等品、合格品
不小于 600×400 不大于 2000×1200	±4.0	6	±0.5	±0.6
		7	±0.6	±0.7
		10	±0.9	±1.0

夹丝玻璃技术质量要求 **表 3-21**

项目	说明	质量指标		
		优等品	一等品	合格品
弯曲度	—	夹丝压花玻璃 <1.0% 夹丝磨光玻璃 <0.5%		

续表

项目	说明	质量指标		
		优等品	一等品	合格品
玻璃边部凸出、缺口、缺角和偏斜	凸出、缺口	不得超过6mm		
	偏斜	不得超过4mm		
	缺角	一片玻璃只允许有1个，深度不得超过6mm		
防火性能	夹丝玻璃用做防火门、窗等镶嵌材料时	应达到《高层民用建筑设计防火规范》（GBJ 45—82）规定的耐火极限要求		

夹丝玻璃外观质量要求 表3-22

项目	说明	优等品	一等品	合格品
气泡	直径3～6mm的圆泡，每平方米面积允许个数	5	数量不限，但不允许密集	

续表

项目	说　明	优等品	一等品	合格品
气泡	长泡，每平方米面积内允许长度及个数	长6～8mm 2	长6～10mm 10	长6～10mm 10 长10～20mm 4
花纹变形	花纹变形程度	不允许有明显的花纹变形		不规定
异物	破坏性的	不允许		
	直径0.5～2mm非破坏性的每平方米面积内允许的个数	3	5	10
裂纹	—	目测不能识别		不影响使用
磨伤	—	轻微		不影响使用

续表

项目	说　明	优等品	一等品	合格品
金属丝	金属丝夹入玻璃内状态	应完全夹入玻璃内，不得露出表面		
	脱　焊	不允许	距边部 30rmm 内不限	距边部 100mm 内不限
	断　线	不允许		
	接　头	不允许	目测看不见	

夹层玻璃分类 表 3-23

按形状分类	按性能分类	备　注
平面夹层玻璃 曲面夹层玻璃	Ⅰ类夹层玻璃（L_{I}） Ⅱ-1 类夹层玻璃（L_{II-1}） Ⅱ-2 类夹层玻璃（L_{II-2}） Ⅲ类夹层玻璃（L_{III}）	Ⅰ类夹层玻璃对霰弹袋冲击试验不作要求 Ⅱ-1 类夹层玻璃霰弹袋冲击高度 1200 mm Ⅱ-2 类夹层玻璃霰弹袋冲击高度 750mm Ⅲ类夹层玻璃总厚度不超过 16mm Ⅱ、Ⅲ类夹层玻璃均应符合对霰弹袋冲击性能的要求

平面夹层玻璃长度或宽度允许偏差　　表 3-24

总厚度 D（mm）	长度或宽度 L 的允许偏差（mm）	
	$L \leqslant 1200$	$1200 < L < 2400$
$4 \leqslant D < 6$	+2 −1	— —
$6 \leqslant D < 11$	+2 −1	+3 −1
$11 \leqslant D < 17$	+3 −2	+4 −2
$17 \leqslant D < 24$	+4 −3	+5 −3

夹层玻璃厚度允许偏差 表3-25

厚度允许偏差	中间层允许偏差			
	干法夹层玻璃		湿法夹层玻璃	
	中间层总厚度（mm）	允许偏差（mm）	中间层厚度（d）（mm）	允许偏差（δ）（mm）
夹层玻璃的厚度偏差不能超过构成夹层玻璃的原片允许偏差与中间层的允许偏差之和（干法、湿法相同）	<2	不予考虑	$d<1$	±0.4
			$1\leqslant d<2$	±0.5
	>2	±0.2	$2\leqslant d<3$	±0.6
			$d\leqslant3$	±0.7

夹层玻璃技术质量要求　　表 3-26

<table>
<tr><th rowspan="2">项　目</th><th colspan="2">技术质量要求</th></tr>
<tr><th>Ⅰ类</th><th>Ⅱ-1、Ⅱ-2、Ⅲ类</th></tr>
<tr><td>材料</td><td colspan="2">浮法玻璃应符合 GB 11614 标准要求
压花玻璃应符合 JC/T 511 标准要求
夹丝网玻璃、夹线玻璃应符合 JC 433 标准要求
钢化玻璃应符合 GB/T 9963 标准要求
半钢化玻璃应符合 GB 17841 标准要求
Ⅲ类夹层玻璃不使用夹丝玻璃及钢化玻璃聚碳酸酯板、聚氨酯板、丙烯酸酯板等塑料材料，聚乙烯缩丁醛等中间材料应符合相应标准、技术条件或订货文件的要求</td></tr>
<tr><td>外观质量</td><td colspan="2">裂纹：不允许存在
爆边：长度或宽度不得超过玻璃的厚度
划伤和磨伤：不得影响使用
脱胶：不允许存在</td></tr>
</table>

续表

项目	技术质量要求	
	Ⅰ类	Ⅱ-1、Ⅱ-2、Ⅲ类
弯曲度	平面夹层玻璃不超过0.3%。使用夹丝玻璃或钢化玻璃制作的夹层玻璃由供需双方商定	
可见光透射比	由供需双方商定。取3块试样进行试验，3块试样均符合要求时为合格	
可见光反射比	由供需双方商定。取3块试样进行试验，3块试样均符合要求时为合格	
耐热性	试验后允许试样存在裂口，但超出边部或裂口13mm部分不能产生气泡或其他缺陷。 取3块试样进行试验。3块试样全部符合要求时为合格，1块符合时为不合格。当2块试样符合时，再追加试验3块新试样，3块全部符合要求时则为合格	

续表

项　目	技术质量要求	
	Ⅰ类	Ⅱ-1、Ⅱ-2、Ⅲ类
耐湿性	试验后超出原始边 15mm、新切边 25mm、裂口 10mm 部分不能产生气泡或其他缺陷。 取 3 块试样进行试验。3 块试样全部符合要求时为合格，1 块符合时为不合格。当 2 块试样符合时，再追加试验 3 块新试样，3 块全部符合时则为合格	
耐辐照性	试验后要求试样不可产生显著变化、气泡及浑浊现象。 取 3 块试样进行试验。3 块试样全部符合要求时为合格，1 块符合时为不合格。当 2 块试样符合时，再追加试验 3 块新试样，3 块全部符合时则为合格	

续表

项目	技术质量要求	
	Ⅰ类	Ⅱ-1、Ⅱ-2、Ⅲ类
落球冲击剥离性能	试验后中间层不得断裂或不得因碎片的剥落而暴露。 钢化夹层玻璃、弯夹层玻璃、总厚度超过16mm的夹层玻璃及原片在3片或3片以上的夹层玻璃由供需双方商定。 取6块试样进行试验。当5块或5块以上符合时为合格，3块或3块以下符合时为不合格。当4块试样符合时，再追加试验6块新试样，6块全部符合要求时为合格	
抗风压性能	应由供需双方商定是否有必要进行本项试验，以使合理选择给定风载条件下适宜的夹层玻璃厚度，或验证所选定的玻璃厚度及面积能否满足抗风压值的要求	
霰弹袋冲击性能		取4块试样进行试验，4块试样均应符合规定

3.2.4 节能玻璃

建筑上常用的节能装饰型玻璃有吸热玻璃、阳光控制镀膜玻璃、低辐射膜玻璃和中空玻璃等。

3.2.4.1 吸热玻璃

吸热玻璃具有能吸收太阳的辐射热、可见光，有效地防止紫外线，以及较好的透明度、色泽经久不变的性能特点。一般常用于高档建筑物的门窗或玻璃幕墙。

吸热玻璃执行《吸热玻璃》（JC/T 536—1994）标准，产品分类、技术要求见表3-27与表3-28。

吸热玻璃产品分类　　表3-27

按生产工艺分	按颜色分	按厚度分（mm）	按外观质量分
吸热普通平板玻璃 吸热浮法玻璃	茶色 灰色 蓝色	2、3、4、5、 6、8、10、12	优等品 一等品 合格品

3.2.4.2 阳光控制镀膜玻璃

阳光控制镀膜玻璃又称热反射玻璃，具有较高的热反射能力和良好的透光性。其特点是节能、单

吸热玻璃技术要求 **表 3-28**

项目	技术指标		
厚度偏差、尺寸偏差（包括偏斜）、弯曲度、边角缺陷和外观质量	吸热普通平板玻璃执行 GB 4871 有关条款规定，吸热浮法玻璃执行 GB 11614 有关条款规定		
光学性能（5mm 标准厚度）	颜色	可见光透射比（%）≥	太阳光直接透射比（%）≤
	茶色	42	60
	灰色	30	60
	蓝色	45	70
颜色均匀性	采用 CIE 1976 年色度系统的色差来表示。同一批产品色差应在 3NBS 以下		

向透视性和强烈的镜面效应及控光性。阳光控制镀膜玻璃适用于温、热带地区，用作建筑幕墙玻璃、门窗玻璃和家具玻璃等，还可以用作中空玻璃、钢化玻璃等的原片。

阳光控制镀膜玻璃执行《阳光控制镀膜玻璃》（GB/T 18915.1—2002）标准，产品按外观质量、光学性能差值、颜色均匀性可分为优等品和合格品，按热处理加工性能可分为非钢化阳光控制镀膜玻璃、钢化阳光控制镀膜玻璃和半钢化阳光控制镀膜玻璃。

非钢化阳光控制镀膜玻璃尺寸允许偏差、厚度允许偏差、弯曲度、对角线差应符合 GB 11614—1999 的规定，钢化阳光控制镀膜玻璃与半钢化阳光控制镀膜玻璃尺寸允许偏差、厚度允许偏差、弯曲度、对角线差应符合 GB 17841—1999 的规定。阳光控制镀膜玻璃的外观质量、光学性能应符合表 3-29 和表 3-30 的规定。

阳光控制镀膜玻璃的颜色均匀性、耐磨性、耐酸性及耐碱性也应符合标准的要求。

3.2.4.3 低辐射镀膜玻璃

低辐射镀膜玻璃有利于自然采光，节省照明费用，具有良好的保温效果和较强的阻止紫外线透射功能。适用于寒冷地区做门窗玻璃、橱窗玻璃、博

阳光控制镀膜玻璃的外观质量 **表 3-29**

缺陷名称	说　明	优　等　品	合　格　品
针孔	直径 >0.8 mm	不允许集中	
	0.8 mm ≤ 直径 < 1.2 mm	中部：3.0 × S 个，且任意两针孔之间的距离大于 300 mm。75 mm 边部：不允许集中	不允许集中
	1.2 mm ≤ 直径 < 1.6 mm	中部：不允许 75 mm 边部：3.0 × S 个	中部：3.0 × S 个 75 mm 边部：8.0 × S 个
	1.6 mm ≤ 直径 ≤ 2.5mm	不允许	中部：2.0 × S 个 75 mm 边部：5.0 × S 个
	直径 >2.5 mm	不允许	不允许

续表

缺陷名称	说　明	优　等　品	合　格　品
斑点	1.0 mm≤直径≤2.5 mm	中部：不允许 75 mm 边部：2.0×S个	中部：5.0×S个 75 mm 边部：6.0×S个
	2.5 mm＜直径≤5.0 mm	不允许	中部：1.0×S个 75 mm 边部：4.0×S个
	直径＞5.0 mm	不允许	不允许
斑纹	目视可见	不允许	不允许
暗道	目视可见	不允许	不允许

续表

缺陷名称	说　明	优　等　品	合　格　品
膜面划伤	0.1 mm≤宽度≤0.3 mm 长度≤60 mm	不允许	不限 划伤间距不得小于 100 mm
	宽度>0.3 mm 或 长度>60 mm	不允许	不允许
玻璃面划伤	宽度≤0.5 mm 长度≤60 mm	3.0×S，条	
	宽度>0.5mm 或 长度>60 mm	不允许	不允许

注：1. 针孔集中是指在 ϕ100 面积内超过 20 个。

2. S 是以平方米为单位的玻璃板面积，保留小数点后两位。

3. 允许个数及允许条数为各系数与 S 相乘所得的数值，按 GB/T 8170—87 修约至整数。

4. 玻璃板的中部是指距玻璃板边缘 75 mm 以内的区域，其他部分为边部。

阳光控制镀膜玻璃的光学性能要求　　表 3-30

项　目	允许偏差最大值（明示标称值）		允许最大差值（未明示标称值）	
可见光透射比	优等品	合格品	优等品	合格品
	±1.5%	±2.5%	≤3.0%	≤5.0%
可见光透射比小于等于 30%	优等品	合格品	优等品	合格品
	±1.0%	±2.0%	≤2.0%	≤4.0%

注：对于明示标称值（系列值）的产品，以标称值作为偏差的基准，偏差的最大值应符合本表的规定；对于未明示标称值的产品，则取 3 块试样进行测试，3 块试样之间差值的最大值应符合本表的规定。

物馆及展览馆的窗用玻璃，还可作为中空玻璃的原片。

低辐射镀膜玻璃的产品按外观质量可分为优等品和合格品，按生产工艺可分为离线低辐射镀膜玻璃和在线低辐射镀膜玻璃。

低辐射镀膜玻璃执行《低辐射镀膜玻璃》（GB/T 18915.2—2002）标准，产品的厚度偏差、尺寸偏差应符合 GB 11614—1999 标准的有关规定，不规则形状的尺寸偏差由供需双方商定。

低辐射镀膜玻璃的外观质量应符合表 3-31 的规定，弯曲度不应超过 0.2%，对角线差应符合 GB 11614—1999 标准的有关规定，光学性能要求见表 3-32。

低辐射镀膜玻璃的颜色均匀性、辐射率、耐磨性、耐酸性及耐碱性也应符合标准的要求。

3.2.4.4 中空玻璃

中空玻璃具有良好的隔热、隔声性能以及不结露的特点。适用于需要保温、空调、隔声的建筑物或要求较高的建筑场所，也广泛用于车船等交通工具。

中空玻璃执行《中空玻璃》(GB/T11944—2002)

低辐射镀膜玻璃的外观质量 **表 3-31**

缺陷名称	说明	优等品	合格品
针孔	直径 <0.8 mm	不允许集中	
	0.8mm ≤ 直径 < 1.2 mm	中部：3.0 × S 个，且任意两针孔之间的距离大于 300 mm。 75 mm 边部：不允许集中	不允许集中
	1.2 mm ≤ 直径 < 1.6 mm	中部：不允许 75 mm 边部：3.0 × S 个	中部：3.0 × S 个 75 mm 边部：8.0 × S 个
	1.6 mm ≤ 直径 ≤ 2.5 mm	不允许	中部：2.0 × S 个 75 mm 边部：5.0 × S 个
	直径 >2.5 mm	不允许	不允许

续表

缺陷名称	说　明	优等品	合格品
斑点	1.0 mm≤直径≤2.5 mm	中部：不允许 75 mm 边部：2.0×S个	中部：5.0×S个 75 mm 边部：6.0×S个
	2.5 mm<直径≤5.0 mm	不允许	中部：1.0×S个 75 mm 边部：4.0×S个
	直径>5.0 mm	不允许	不允许
膜面划伤	0.1 mm≤宽度≤0.3 mm、 长度≤60 mm	不允许	不限，划伤间距不得小于100 mm
	宽度>0.3 mm 或长度>60 mm	不允许	不允许

续表

缺陷名称	说明	优等品	合格品
玻璃面划伤	宽度 ≤ 0.5 mm、长度 ≤ 60 mm	3.0 × S 条	
	宽度 > 0.5 mm 或长度 > 60 mm	不允许	不允许

注：1. 针孔集中是指在 ϕ100 mm 面积内超过 20 个。

2. S 是以平方米为单位的玻璃板面积，保留小数点后两位。

3. 允许个数及允许条数为各系数与 S 相乘所得的数值，按 GB/T 8170—87 修约至整数。

4. 玻璃板的中部是指距玻璃板边缘 75 mm 以内的区域，其他部分为边部。

标准，形状和最大尺寸、尺寸允许偏差、技术要求分别见表3-33～表3-35。

低辐射镀膜玻璃的光学性能要求　　表3-32

项目	允许偏差最大值（明示标称值）	允许最大差值（未明示标称值）
指标	±1.5	≤3.0

注：对于明示标称值（系列值）的产品，以标称值作为偏差的基准，偏差的最大值应符合本表的规定；对于未明示标称值的产品，则取3块试样进行测试，3块试样之间差值的最大值应符合本表的规定。

3.2.5　玻璃制品

3.2.5.1　玻璃马赛克

玻璃马赛克表面光滑，不吸水，抗污性好，可拼装成各种图案，较多地应用于建筑物的室内外墙面贴面装饰工程。

玻璃马赛克执行《玻璃马赛克》（GB/T 7697—1996）标准，尺寸允许偏差、技术质量要求分别见表3-36～表3-39。

中空玻璃的形状和最大尺寸(mm) 表 3-33

玻璃厚度(mm)	间隔厚度(mm)	长边最大尺寸(mm)	短边最大尺寸(mm)(正方形除外)	最大面积(m^2)	正方形边长最大尺寸(mm)
3	6	2110	1270	2.4	1270
	9~12	2110	1270	2.4	1270
4	6	2420	1300	2.86	1300
	9~10	2440	1300	3.17	1300
	12~20	2440	1300	3.17	1300
5	6	3000	1750	4.00	1750
	9~10	3000	1750	4.80	2100
	12~20	3000	1815	5.10	2100
6	6	4550	1980	5.88	2000
	9~10	4550	2280	8.54	2440
	12~20	4550	2440	9.00	2440

续表

玻璃厚度（mm）	间隔厚度（mm）	长边最大尺寸（mm）	短边最大尺寸（mm）（正方形除外）	最大面积（m^2）	正方形边长最大尺寸（mm）
10	6	4270	2000	8.54	2440
	9～10	5000	3000	15.00	3000
	12～20	5000	3180	15.90	3250
12	12～20	5000	3180	15.90	3250

中空玻璃尺寸允许偏差　　表3-34

长度及宽度（mm）		厚度（mm）	
长（宽）度 L	允许偏差	公称厚度 t	允许偏差
$L<1000$	±2	$t>17$	±1.0
$1000\leqslant L<2000$	+2，-3	$17\leqslant t<22$	±1.5
$L\geqslant 2000$	±3	$t>22$	±2.0

注：中空玻璃的公称厚度为玻璃原片的公称厚度与间隔层厚度之和。

中空玻璃技术要求 **表 3-35**

试验项目	试验条件	性能要求
密封	在试验压力低于环境气压（10±0.5）kPa 下，厚度增长必须≥0.8mm。在该气压下保持 2.5h 后，厚度增长偏差<15%为不渗漏	全部试样不允许有渗漏现象
露点	将露点仪温度降到≤-40℃，使露点仪与试样表面接触 3min	全部试样内表面无结露或结霜
紫外线照射	紫外线照射 168h	试样内表面上不得有结雾或污染的痕迹
气候循环及高温、高湿	气候试验经 320 次循环，高湿、高温试验经 224 次循环，试验后进行露点测试	总计 12 块试样，至少 11 块无结露或结霜

注：1. 表列试验项目按《中空玻璃测试方法》（GB7020—1986）标准进行检验。

2. 中空玻璃不得有妨碍透视的污迹、夹杂物及密封胶飞溅现象。

单块玻璃马赛克边长、厚度的尺寸允许偏差（mm）

表 3-36

形　状	边长	允许偏差	厚度	允许偏差
正方形	20	±0.5	4.0	±0.4
正方形	25	±0.5	4.2	±0.4
正方形	30	±0.5	4.3	±0.5

玻璃马赛克联长、线路和周边距的尺寸允许偏差（mm）

表 3-37

项　目	尺　寸	允许偏差
联　长	327 或其他尺寸的联长	±2
线　路	2.0、3.0 或其他尺寸	±0.6
周边距	四周最大周边距和最小周边距	1～8

玻璃马赛克缺陷允许范围（mm）　表 3-38

缺陷名称	表示方法	缺陷允许范围	备　注
变　形	深度	≤0.3	—
	变曲度	≤0.5	—

续表

缺陷名称	表示方法	缺陷允许范围	备　注
缺　边	长度	≤4.0	允许一处
	宽度	≤2.0	
缺　角	损伤长度	≤4.0	
裂　纹	—	不允许	—
疵　点	—	不明显	—
皱　纹	—	不密集	—
开口气泡	—	长度≤2.0 宽度≤0.1	—

3.2.5.2 玻璃空心砖

玻璃空心砖具有抗压强度高、保温隔热性能好、不结霜、隔声、防水、耐磨、不燃烧和透光不透视的特点，可用于商场、宾馆、饭店、舞厅、展览厅等建筑中的透光墙壁、非承重内外隔墙、淋浴隔断、门厅通道等处。

玻璃空心砖的产品有正方形、矩形及各种异形，分为单腔和双腔两种。玻璃空心砖可以是平光

玻璃马赛克的性能要求 **表 3-39**

试验项目			指标
玻璃马赛克与铺贴纸合牢固度		条件	均无脱落
脱纸时间		5min	无脱落
		40min	≥70%
热稳定性		在 88~92℃水中浸泡 30min 后立即放入 18~25℃的水中浸泡 10min。循环 3 次	全部试样均无裂纹和破损
化学稳定性	盐酸溶液	1mol/L，100℃，4h	$K \geq 99.90\%$
	硫酸溶液	1mol/L，100℃，4h	$K \geq 99.93\%$
	氢氧化钠溶液	1mol/L，100℃，1h	$K \geq 99.88\%$
	蒸馏水	100℃，4h	$K \geq 99.96\%$

注：K 为质量变化率，是指腐蚀后试样质量与腐蚀前试样质量之比的百分率。

的，也可以在里面或外面压有各种花纹；颜色可以是无色的，也可以是彩色的。规格尺寸有：115mm×115mm×80mm、145mm×145mm×80mm、190mm×190mm×80mm、240mm×150mm×80mm、240mm×240mm×80mm等，其中190mm×190mm×80mm是常用规格。

3.3 建筑陶瓷

陶瓷是以黏土为主要原料，经配料、制坯、焙烧而成。陶瓷的分类见表3-40。

3.3.1 建筑陶瓷饰面材料

3.3.1.1 釉面砖

釉面砖又称内墙贴面砖，是用瓷土或优质陶土烧制而成的，正面挂釉，用于内墙面装饰。具有热稳定性好、防火、防潮、耐酸碱腐蚀、坚固耐用、易于清洁等特点，用于建筑物内墙面装饰。有正方形、矩形、异形配件等品种。白色产品较多，也有单色的或带图案的产品。

釉面砖执行《陶瓷砖》（GB/T 4100—2006）标准，规格尺寸见表3-41，其技术质量要求见表3-42和表3-43。

陶瓷的分类 表3-40

项目	陶　　器	瓷　　器	炻　　器
定义	凡以陶土、河砂等为主要原料经低温烧制而成的制品	凡以磨细的岩石粉如瓷土粉、长石粉、石英粉等为主要原料经高温烧制而成的制品	介于陶器和瓷器之间的产品
特点	断面粗糙，气孔率较大，吸水率较大，强度较低	结构致密，气孔率较小，强度较大，断面细致，敲之有金属声，吸水率小，比陶器坚硬，但质地较脆	坯体比陶器致密，吸水率较低，但高于瓷器，断面多数带有颜色
分类	分粗陶、精陶。红砖、陶管属粗陶，釉面砖属精陶	分硬瓷、软瓷、粗瓷、细瓷，粗瓷接近于精陶。硬瓷烧温较高，含玻璃相较少，含莫来石相（$3Al_2O_3 \cdot 2SiO_2$）较多，软瓷正好相反。陶瓷锦砖、卫生陶瓷、园林陶瓷等属瓷类	分粗炻器和细炻器。外墙面砖、铺地砖多为粗炻器，一些日用炻器为细炻器

釉面砖的规格尺寸 表3-41

图例		装配尺寸（mm） C	产品尺寸（mm） $A \times B$	厚度（mm） D
模数化	$C=A$ 或 $B+J$ J为接缝尺寸	300×250	297×247	生产厂自定
		300×200	297×197	
		200×200	197×197	
		200×150	197×148	
		150×150	148×148	5
		150×75	148×73	5
		100×100	98×98	5
非模数化		300×200		生产厂自定
		200×200		
		200×150		
		152×152		5
		152×75		5
		108×108		5

尺寸允许偏差　　表 3-42

尺寸和表面质量		无间隔凸缘	有间隔凸缘
长度（l）和宽度	每块砖（2 或 4 条边）的平均尺寸相对于工作尺寸的允许偏差（%）	l≤12cm，±0.75% l>12cm，±0.50%	+0.6% -0.3%
	每块砖（2 或 4 条边）的平均尺寸相对于 10 块砖（20 或 40 条边）平均尺寸的允许偏差（%）	l≤12cm，±0.5% l>12cm，±0.3%	±0.25%
厚度	每块砖厚度的平均值相对于工作尺寸厚度的允许偏差（%）	±10%	±10%
边直度（正面）相对于工作尺寸的最大允许偏差		±0.3%	±0.3%
直角度（正面）相对于工作尺寸的最大允许偏差		±0.5%	±0.3%

续表

尺寸和表面质量		无间隔凸缘	有间隔凸缘
表面平整度最大允许偏差（%）	相对于由工作尺寸计算的对角线的中心弯曲度	+0.5% -0.3%	+0.5% -0.3%
	相对于工作尺寸计算的对角线的翘曲度	±0.5%	±0.5%
	相对于由工作尺寸计算的边弯曲度	+0.5% -0.3%	+0.5% -0.3%
表面质量		至少95%的砖其主要区域无明显缺陷	

釉面砖的物理性能 表 3-43

物理性能	要求
吸水率	平均值 > 10%，单个最小值 > 9% 当平均值 > 20%时，制造商应说明
破坏强度	厚度≥7.5mm，平均值≥600N 厚度 < 7.5mm，平均值≥350N
断裂模数（不适用于破坏强度≥3000N 的砖）	平均值≥15MPa，单个最小值≥12MPa
抗热震性	经 10 次抗热震试验不出现炸裂或裂纹
抗釉裂性	有釉陶瓷砖经抗釉裂性试验后，釉面应无裂纹或剥落
湿膨胀（mm/m）	经试验后报告陶瓷砖的湿膨胀平均值
小色差	经检验后报告陶瓷砖的色差值

3.3.1.2　陶瓷面砖

陶瓷面砖是指用于建筑外墙装饰的陶质或炻质类别的面砖，具有结构致密、硬度大、抗冲击能力强、耐磨等地面砖的性质，大多数外墙面砖都可以作为室内外地砖使用，亦称墙地砖。陶瓷面砖按其表面上釉和不上釉分为彩釉砖和无釉砖。

（1）彩釉砖

彩釉砖是以陶土为原料，配料制浆后，经半干压成型，并通过施釉和高温焙烧制成的饰面砖。彩釉砖执行《陶瓷砖》（GB/T 4100—2006）标准，规格尺寸见表 3-44，技术质量标准见表 3-45 和表 3-46。

彩釉砖的规格尺寸　　　表 3-44

项　目	标准要求			
规格尺寸（mm）	100×100	300×300	200×150	115×60
	150×150	400×400	250×150	240×60
	200×200	150×75	300×150	130×65
	250×250	200×100	300×200	260×65

尺寸允许偏差 表 3-45

允许偏差 \ 产品表面面积		$S \leqslant 90cm^2$	$90cm^2 < S \leqslant 190cm^2$	$190cm^2 < S \leqslant 410cm^2$	$S > 410cm^2$
长度和宽度	每块砖（2 或 4 条边）的平均尺寸相对于工作尺寸的允许偏差（%）	±1.2	±1.0	±0.75	±0.6
	每块砖（2 或 4 条边）的平均尺寸相对于 10 块砖（20 或 40 条边）平均尺寸的允许偏差（%）	±0.75	±0.5	±0.5	±0.5
厚度	每块砖厚度的平均值相对于工作尺寸厚度的允许偏差（%）	±10	±10	±5	±5
边直度（正面）相对于工作尺寸的最大允许偏差（%）		±0.75	±0.5	±0.5	±0.5

续表

允许偏差 \ 产品表面面积		$S \leqslant 90cm^2$	$90cm^2 < S \leqslant 190cm^2$	$190cm^2 < S \leqslant 410cm^2$	$S > 410cm^2$
直角度（正面）相对于工作尺寸的最大允许偏差		±1.0	±0.6	±0.6	±0.6
表面平整度最大允许偏差（%）	相对于由工作尺寸计算的对角线的中心弯曲度	±1.0	±0.5	±0.5	±0.5
	相对于工作尺寸计算的对角线的翘曲度	±1.0	±0.5	±0.5	±0.5
	相对于由工作尺寸计算的边弯曲度	±1.0	±0.5	±0.5	±0.5
表面质量		至少95%的砖其主要区域无明显缺陷			

彩釉砖的物理性能 表3-46

项目	性能指标
吸水率	3% <平均值≤6%，单个最大值≤6.5%
破坏强度	厚度≥7.5mm，平均值≥1000N 厚度<7.5mm，平均值≥600N
断裂模数（不适用于破坏强度≥3000N的砖）	平均值≥22MPa，单个值≥20MPa
抗热震性	经10次抗热震试验不出现炸裂或裂纹
抗釉裂性	有釉陶瓷砖经抗釉裂性试验后，釉面应无裂纹或剥落
抗冻性	陶瓷砖经抗冻性试验后应无裂纹或剥落
耐磨性	无釉地砖耐磨损体积≤345mm^3 有釉砖表面耐磨性报告陶瓷砖耐磨性级别和转数

续表

项目		性能指标
耐化学腐蚀性	耐低浓度酸和碱	经试验后陶瓷砖耐化学腐蚀性等级与生产企业确定的等级比较并判定
	耐高浓度酸和碱	经试验后报告陶瓷砖耐化学腐蚀性等级
	耐家庭化学试剂和游泳池盐类	经试验后有釉陶瓷砖不低于 GB 级，无釉陶瓷砖不低于 UB 级

（2）高级陶瓷墙面砖

高级陶瓷墙面砖即瓷质砖，包括玻化砖、仿石砖、抛光渗花砖等，执行《陶瓷砖》（GB/T 4100—2006）标准，技术质量标准见表3-47、表3-48。

（3）劈离砖

劈离砖是以软质黏土、页岩、耐火土为主要原料，再加入色料等，经称量配比、混合细碎、脱水练泥、真空挤压成型、干燥、高温烧结而成。由于成型时为双砖背联坯体，烧成后再劈离成两块砖，故又称劈裂砖。劈离砖的主要规格尺寸见表3-49。

劈离砖除了有正方形和矩形砖外，还有阴角砖和阳角砖等其他规格。

劈离砖坯体密实、强度高、吸水率小、硬度大、耐磨防滑、性能稳定，广泛适用于各类建筑物的外墙装饰，也适用于车站、机场、餐厅、楼堂馆所等室内地面的铺贴。厚型砖还用于广场、公园、人行道路等露天地面的铺设。

（4）大型装饰瓷板

大型装饰瓷板具有单位面积大、厚度薄、平整度好、施工方便等特点。其主要规格有595mm×295mm、295mm×295mm、295mm×197mm等，厚度有4mm、5.5mm、8mm等多种，适用于建筑物外

尺寸允许偏差 **表 3-47**

允许偏差 \ 产品表面面积		$S \leqslant 90cm^2$	$90cm^2 < S \leqslant 190cm^2$	$190cm^2 < S \leqslant 410cm^2$	$410cm^2 < S \leqslant 1600cm^2$	$S > 1600cm^2$
长度和宽度	每块砖（2 或 4 条边）的平均尺寸相对于工作尺寸的允许偏差（%）	±1.2	±1.0	±0.75	±0.6	±0.5
	每块砖（2 或 4 条边）的平均尺寸相对于 10 块砖（20 或 40 条边）平均尺寸的允许偏差（%）	±0.75	±0.5	±0.5	±0.5	±0.4
厚度	每块砖厚度的平均值相对于工作尺寸厚度的最大允许偏差（%）	±10	±10	±5	±5	±5
边直度（正面）相对于工作尺寸的最大允许偏差（%）		±0.75	±0.5	±0.5	±0.5	±0.3

续表

允许偏差 \ 产品表面面积		$S \leq 90cm^2$	$90cm^2 < S \leq 190cm^2$	$190cm^2 < S \leq 410cm^2$	$410cm^2 < S \leq 1600cm^2$	$S > 1600cm^2$
直角度（正面）相对于工作尺寸的最大允许偏差		±1.0	±0.6	±0.6	±0.6	±0.5
表面平整度最大允许偏差（%）	相对于由工作尺寸计算的对角线的中心弯曲度	±1.0	±0.5	±0.5	±0.5	±0.4
	相对于工作尺寸计算的对角线的翘曲度	±1.0	±0.5	±0.5	±0.5	±0.4
	相对于由工作尺寸计算的边弯曲度	±1.0	±0.5	±0.5	±0.5	±0.4
表面质量		至少95%的砖其主要区域无明显缺陷				

瓷质砖的物理性能　　表 3-48

项　目	性能指标
吸水率	平均值≤0.5%，单个值≤0.6%
破坏强度	厚度≥7.5mm，平均值≥1300N 厚度<7.5mm，平均值≥700N
断裂模数（不适用于破坏强度≥3000N 的砖）	平均值≥35MPa，单个值≥32MPa
抗热震性	经 10 次抗热震试验不出现炸裂或裂纹
抗釉裂性	有釉陶瓷砖经抗釉裂性试验后，釉面应无裂纹或剥落
抗冻性	陶瓷砖经抗冻性试验后应无裂纹或剥落
抛光砖光泽度	≥55
耐磨性	无釉砖耐深度磨损体积≤175mm^3 有釉砖表面耐磨性报告耐磨性级别和转数

续表

项目		性能指标
抗冲击性		经抗冲击性试验后报告陶瓷砖的平均恢复系数
耐化学腐蚀性	耐低浓度酸和碱	经试验后陶瓷砖耐化学腐蚀性等级与生产企业确定的等级比较并判定
	耐高浓度酸和碱	经试验后报告陶瓷砖耐化学腐蚀性等级
	耐家庭化学试剂和游泳池盐类	经试验后有釉陶瓷砖不低于 GB 级，无釉陶瓷砖不低于 UB 级
耐污染性	有釉砖	经耐污染试验后不低于 3 级
	无釉砖	经耐污染试验后报告耐污染级别

劈离砖的主要规格尺寸 表3-49

项　目	标准要求			
规格尺寸（mm）	240×115×11	194×94×11	194×52×13	190×190×13
	240×71×11	120×120×12	194×94×13	150×150×14
	240×115×11	240×52×12	240×53×13	200×200×14
	200×100×11	240×115×12	240×115×13	300×300×14

墙、内墙、墙裙、门厅、立柱等的装饰。

3.3.1.3 陶瓷铺地砖

陶瓷铺地砖简称铺地砖或地砖。砖的形状有正方形、长方形、八角形、圆角梯形等；颜色有单色、彩色、仿石纹理等多种花色。各种铺地砖一般用于室内外地面、台阶、踏步、楼梯等的铺设。

（1）无釉陶瓷地砖

无釉陶瓷地砖简称无釉砖，俗称缸砖，是一种表面无釉耐磨炻质陶瓷制品。它采用难熔黏土，经半干压制成型再经焙烧而成。无釉陶瓷地砖具有质坚、耐磨、耐腐蚀、硬度大、强度高、耐冲击、吸水率小等特点。主要规格尺寸有 50mm × 50mm、150mm × 150mm、200mm × 50mm、200mm × 200mm、100mm × 100mm、300mm × 200mm、200mm × 100mm、300mm × 300mm 等。

无釉陶瓷地砖以单色和色斑点为主，表面有制成平面、浮雕面和防滑面等多种形式，适用于商场、宾馆、饭店、游乐场、会议厅、展览馆的室内外地面。

（2）全瓷玻化砖

全瓷玻化砖又称玻化砖、玻化瓷砖，采用优质瓷土经高温焙烧而成，表面不上釉。全瓷玻化砖的结构致密、质地坚硬，具有抗折强度高、吸水率低、抗冻性好、抗风化性强、耐酸碱性高、耐磨性好、防滑等特性，主要适用于商业建筑、写字楼、酒店、饭店、娱乐场所、广场、停车场等的室内外地面的装饰。

全瓷玻化砖分为抛光和不抛光两种，主要规格为 300mm × 300mm、350mm × 350mm、400mm × 400mm、450mm × 450mm、500mm × 500mm、600mm × 600mm、800mm × 800mm、1000mm × 1000mm 等。

（3）渗花瓷砖

渗花瓷砖是着色原料从坯体表面进入到坯体内 1~3mm 深，使陶瓷砖的表面呈现出不同的彩点或图案，最后经抛光或磨光表面而成。渗花瓷砖具有硬度大、耐磨、抗折强度高、耐酸碱腐蚀、吸水率低、抗冻性好等特点，使用部位同全瓷玻化砖。渗花瓷砖的主要规格有 300mm × 300mm、350mm × 350mm、400mm × 400mm、450mm × 450mm、500mm × 500mm 等。

3.3.1.4 陶瓷锦砖

陶瓷锦砖俗称马赛克，这种砖按设计的图案反贴在一定尺寸的牛皮纸上，称为“联”（每40联为一箱，每箱约3.2~4.2m^2）。陶瓷锦砖分为无釉和有釉，基本形状有正方形、长方形、六角形、五角形、半八角等。主要用于厕所、浴室地面贴面，防滑效果较好，也可用于墙面的装饰。

单块陶瓷锦砖的规格尺寸一般为15~40mm，厚度分为4mm、4.5mm和大于4.5mm三种。每联陶瓷锦砖的线路（单块锦砖间的间距）为2~5mm，每联规格分为284mm×284mm、295mm×284mm、305mm×284mm、325mm×284mm四种。

陶瓷锦砖按外观质量等分为优等品和合格品两个等级，各等级的外观质量应符合表3-50的要求，陶瓷锦砖的物理性能指标见表3-51，陶瓷锦砖成联质量符合表3-52的要求。

3.3.2 卫生陶瓷

卫生陶瓷按颜色分为白色和彩色。卫生陶瓷的外观质量标准、尺寸允许偏差、最大允许变形值及物理性能见表3-53~表3-56。

陶瓷锦砖的外观质量要求　表 3-50

缺陷名称	单块锦砖最大边长（mm）								备　注
	不大于 25				大于 25				
	优等品		合格品		优等品		合格品		
	正面	背面	正面	背面	正面	背面	正面	背面	
夹层、釉裂、开裂	不允许								—
斑点、粘疤、起泡、坯粉、麻面、波纹、缺釉、桔釉、棕眼、落脏、熔洞	不明显		不严重		不明显		不严重		—

续表

缺陷名称		单块锦砖最大边长（mm）								备注
		不大于25				大于25				
		优等品		合格品		优等品		合格品		
		正面	背面	正面	背面	正面	背面	正面	背面	
缺角	斜边长（mm）	1.5～2.3	3.5～4.3	2.3～3.5	4.3～5.6	1.5～2.8	3.5～4.9	2.8～4.3	4.9～6.4	斜边长度小于1.5mm的缺角允许存在。正背面缺角不允许在同一角。正面只允许缺角1处
	深度（mm）	≤砖厚的2/3								

续表

缺陷名称		单块锦砖最大边长（mm）								备注
		不大于25				大于25				
		优等品		合格品		优等品		合格品		
		正面	背面	正面	背面	正面	背面	正面	背面	
缺边	长度（mm）	2.0～3.0	5.0～6.0	3.0～5.0	6.0～8.0	3.0～5.0	6.0～9.0	5.0～8.0	9.0～13.0	正背面缺边不允许出现在同一侧面。同一侧面不允许有2处缺边。正面只允许有2处缺边
	宽度（mm）	1.5	2.5	2.0	3.0	1.5	3.0	2.0	3.5	
	深度（mm）	1.5	2.5	2.0	3.0	1.5	2.5	2.0	3.5	
变形	翘曲	不明显				≤0.3		≤0.5		—
	大小头（mm）	≤0.2		≤0.4		≤0.6		≤1.0		

陶瓷锦砖的物理性能指标　　表 3-51

项　目	性能指标	
	无釉锦砖	有釉锦砖
吸水率（%）	≤0.2	≤0.1
耐急冷急热性	不作要求	经急冷急热试验不裂

陶瓷锦砖成联质量要求　　表 3-52

序号	项　目	质量要求
1	锦砖与铺贴衬材的粘接	按标准规定试验后，不允许有锦砖脱落
2	脱纸时间	正面贴纸锦砖的脱纸时间不大于 40min
3	色　差	联内及联间锦砖色差，优等品目测基本一致，合格品目测稍有色差
4	露　纸	锦砖铺贴成联后，不允许铺贴纸露出

一级品卫生陶瓷的外观质量标准　　表 3-53

缺陷名称	洗面器		水　槽		便器类		水　箱
	洗面器	可见面	洗面器	可见面	洗面器	可见面	可见面
裂　纹	不允许	极少	不允许	极少	不允许	极少	不允许
棕点斑点（个）	各 20	各 50	少许	少许	少许	少许	各 25
桔釉、烟熏	不明显	不明显	不明显	不明显	不明显	不明显	不明显
落　脏	不允许	$4mm^2$	$20mm^2$	$20mm^2$	$14mm^2$	$14mm^2$	低水箱 $10mm^2$ 高水箱 $14mm^2$
缺　釉	不允许	少量	少量	少量	少量	少量	少量
磕碰（mm^2）	不允许	50	不允许	50	不允许	不允许	不允许
坑包（个）	2	3	3	5	2	3	2

一级品卫生洁具的尺寸允许偏差 表3-54

项　目	尺寸范围（mm）	允许偏差	项目	尺寸范围（mm）	允许偏差
外形尺寸	>100	±3%	孔眼尺寸	$\phi \leq 15$	±2
	≤100	±3%		$15 < \phi < 30$	±2
孔眼距中心线偏移	>100	3%		$30 \leq \phi \leq 80$	±3
	≤100			$\phi > 80$	±5
排出口距边	>300	±3%	孔眼圆度	$40 \leq \phi \leq 70$	1.5
	≤300	±10%		$70 < \phi \leq 100$	2.5
				$\phi > 100$	4.0

一级品卫生洁具的最大允许变形值 **表 3-55**

洁具名称	允许变形值（mm）			
	安装面	上表面	整体变形	边缘变形
坐便器	5	5	8	—
洗涤器				
洗面器	4	—	6	5
蹲便器	—	—	7	6
小便器	3	—	—	—
立式（落地式）小便器	10	—	—	6
水箱	5	7	7	6
水槽	6（底面）	6	10	6
皂盒、手纸盒				2

卫生洁具的物理性能及冲洗能量　　表 3-56

洁具名称	项目		性能指标
坐便器	用水量	虹吸式及冲落式	排污口外径 < 100mm，用水量≤9L；外径 > 100mm，用水量不超过 13L
		喷射虹吸式及旋涡虹吸式	≤13L。连体型旋涡虹吸式：≤15L
	排污能量		一次排出全部污物及卫生纸，并不留墨水痕迹
蹲便器	用水量		≤11L
	排污能量		一次排出全部污物，洗刷不留墨水痕迹
卫生洁具	物理性能		平均吸水率：≤3%（煮沸法）、≤3.5%（真空法） 抗裂性能：经抗裂试验，不允许有裂痕 色差：一件产品或全套产品之间，不允许有明显色差

3.3.3 园林陶瓷

园林陶瓷分为园林建筑陶瓷和园林装饰陶瓷两大类。园林建筑陶瓷包括古建筑的琉璃制品，如勾头、滴水、瓦件等；园林装饰陶瓷包括与园林装饰及景色点缀有关的花窗、栏杆、照壁、盆景、果皮箱等。

园林陶瓷由黏土制成坯泥，制坯成型后经干燥、素烧、表面施色釉、高温釉烧而成。建筑琉璃制品的特点是质细致密、表面光滑、不易沾污、坚实耐久、色彩绚丽、造型古朴、富有民族特点。常见的颜色有金黄、翠绿、宝蓝等。

3.3.4 耐酸陶瓷

耐酸陶瓷制品的耐酸性能优异，但性脆、抗冲击韧性差、热稳定性低，主要用于耐酸的楼地面、墙裙、踢脚板或排除酸性体管道、排污管道等处。耐酸砖的主要规格有 230mm × 113mm、150mm × 150mm、150mm × 75mm、100mm × 100mm、100mm ×50mm 等。物理化学性能及外观质量要求见表 3-57 和表 3-58。

耐酸砖的物理化学性能　　表3-57

项　目	性能指标		
	1类	2类	3类
吸水率（%）	≤0.5	≤2.0	≤4.0
弯曲强度（MPa）	≥39.2	≥29.2	≥19.6
耐酸度（%）	≥99.80	≥99.80	≥99.70
耐急冷急热性（℃）	100	130	150
	试验一次后，试样不得有裂纹、剥落等破损现象		

耐酸砖的外观质量要求　　表3-58

缺陷类别	质量要求	
	一等品	合格品
裂　纹	工作面：不允许 非工作面：宽不大于0.25mm、长5～15mm，允许2条	工作面：宽不大于0.25mm、长5～15mm，允许1条 非工作面：宽不大于0.5mm、长5～20mm，允许2条

续表

缺陷类别	质量要求	
	一等品	合格品
磕碰	工作面：伸入工作面1～2mm，砖厚小于20mm时深不大于3mm，砖厚20～30mm时深不大于5mm，砖厚大于30mm时深不大于10mm的磕碰允许2处，总长不大于35mm 非工作面：深2～4mm，长不大于35mm，允许3处	工作面：深入工作面1～4mm，砖厚小于20mm时深不大于5mm，砖厚20～30mm时深不大于8mm，砖厚大于30mm时深不大于10mm的磕碰允许2处，总长不大于40mm 非工作面：深2～5mm，长不大于40mm，允许4处
疵点	工作面：最大尺寸1～2mm，允许3个 非工作面：最大尺寸1～3mm，每面允许3个	工作面：最大尺寸2～4mm，允许3个 非工作面：最大尺寸3～6mm，每面允许4个

续表

缺陷类别	质量要求	
	一等品	合格品
开裂	不允许	不允许
缺釉	总面积不大于1cm^2 每处不大于0.3cm^2	总面积不大于2cm^2 每处不大于0.5cm^2
釉裂	不允许	不允许
桔釉	不允许	不超过釉面面积的1/4
干釉	不允许	不严重

3.3.5 工艺陶瓷

工艺陶瓷一般由陶瓷锦砖或艺术釉面砖等拼组而成。艺术釉面砖有手工彩绘、贴花、刻瓷等多种，画面优美、生动传神。拼组的壁画、壁挂、屏风、陈设等，不论是风景、人物还是花、鸟、虫、鱼等都栩栩如生，而且耐腐蚀、抗风雨、坚固耐用、易于清洗。

3.4 石膏及矿物质装饰板材

3.4.1 石膏装饰板材

3.4.1.1 装饰石膏板

装饰石膏板是以建筑石膏为主要原料，掺入少量纤维增强材料和聚乙醇外加剂，与水一起搅拌成均匀的料浆，经浇注成型、干燥而成。生产时在板面粘贴一层聚氯乙烯面层或喷涂一层花色增加装饰性。用作吊顶吸声板时，则将板穿以圆形、长圆形的盲孔或全穿孔。也有以纸面石膏板为基板，再进行穿孔或粘贴装饰壁纸等的纸面装饰石膏板。

装饰石膏板具有轻质、保温、吸声、防火、防燃、调节室内温度等特点，可用于宾馆、商场、礼堂、音乐厅、影剧院等建筑的墙面、隔墙和吊顶装饰。

装饰石膏板按构造形式可分为普通石膏板和嵌装式装饰石膏板，按耐湿性能可分为普通板和防潮板，按板面特征可分为平板、孔板及浮雕板。装饰石膏板执行《装饰石膏板》（GB 9777—1988）和《嵌装式装饰石膏板》（GB 9778—1988）标准。装饰石膏板的分类及代号、规格及技术质量标准见表3-59 ~表3-64。

装饰石膏板的分类及代号　　表3-59

分类	普通板			防潮板		
	平板	孔板	浮雕板	平板	孔板	浮雕板
代号	P	K	D	FP	FK	FD

装饰石膏板的规格　　表3-60

名　　称	边长（mm）	边厚（mm）
普通装饰石膏板	500×500	9
	600×600	11
嵌装式装饰石膏板	500×500	>25
	600×600	>28
纸面装饰石膏板	600×600	9
	600×900	9.5，12
	1200×2500	9.5，12

普通装饰石膏板的外观质量、尺寸允许偏差、不平度和直角偏离度　　表 3-61

项目		指标		
		优等品	一等品	合格品
尺寸允许偏差（mm）	边长	0，-2	+1，-2	+1，-2
	厚度	±0.5	±1.0	±1.0
不平度（mm）		1.0	2.0	3.0
直角偏离度（mm）		1	2	3
外观质量		板面正面不应有影响装饰效果的气孔、污痕、裂纹、缺角、色彩不均匀和图案不完整等缺陷		

普通装饰石膏板的性能　　表 3-62

项目	优等品		一等品		合格品	
	平均值	最大值	平均值	最大值	平均值	最大值
含水率≤（%）	2.0	2.5	2.5	3.0	3.0	3.5
吸水率≤（%）	5.0	6.0	8.0	9.0	10.0	11.0

续表

项目		优等品		一等品		合格品	
		平均值	最大值	平均值	最大值	平均值	最大值
受潮挠度≥（mm）		5	7	10	12	15	17
断裂荷载≥（N）	P，K，FP，FK	176	159（最小值）	147	132（最小值）	118	106（最小值）
	D，FD	186	168（最小值）	147	132（最小值）	118	106（最小值）

嵌装式装饰石膏板的外观质量、尺寸允许偏差、不平度和直角偏离度　表3-63

项目			指标		
			优等品	一等品	合格品
尺寸允许偏差（mm）	边长		±1		+1，-2
	铺设高度				
	边厚	500	≥25		
		600	≥28		

续表

项目	指标		
	优等品	一等品	合格品
不平度（mm）	1.0	2.0	3.0
直角偏离度（mm）	±1.0	±1.2	±1.5
外观质量	板面正面不得有影响装饰效果的气孔、污痕、裂纹、缺角、色彩不均匀和图案不完整等缺陷		

嵌装式装饰石膏板的性能　　表 3-64

项目	优等品		一等品		合格品	
	平均值	最大值	平均值	最大值	平均值	最大值
单位面积重量≤（kg/m^2）	16.0	18.0	16.0	18.0	16.0	18.0
含水率≤（%）	2.0	3.0	3.0	4.0	4.0	5.0
断裂荷载≥（N）	196	176（最小值）	176	157（最小值）	157	127（最小值）

3.4.1.2　普通纸面石膏板

普通纸面石膏板是以建筑石膏为主要原料，掺入纤维和适量的外加剂构成芯材，并与护面纸牢固地结合在一起的建筑板材。普通纸面石膏板具有质轻、抗弯和抗冲击性强、保温、防火、吸声的性能，可锯、可钉、可钻，主要用于干燥环境下的室内隔断和吊顶。

普通纸面石膏板的棱边有矩形（代号 PJ）、45°倒角形（代号 PD）、楔形（代号 PC）、半圆形（代号 PB）和圆形（代号 PY）五种。

普通纸面石膏板的长度为 1800、2100、2400、2700、3000、3300 和 3600mm，宽度为 900 和 1200mm，厚度为 9、12、15 和 18mm。普通纸面石膏板的外观质量和尺寸允许偏差应符合表 3-65 的规定，性能要求见表 3-66。

3.4.1.3　吸声用穿孔石膏板

吸声用穿孔石膏板是以装饰石膏板和纸面石膏板为基础板材，并有贯通于石膏板正面和背面的圆柱形孔眼，在石膏板背面粘贴有具有透气性的背覆材料和能吸收入射声能的吸声材料等组合而成。用于音乐厅、影剧院、播演室、会议室以及其他对音质要求高的或对噪声限制较严的场所的吊顶、墙面等处。

普通纸面石膏板的外观质量和尺寸允许偏差　　表3-65

项目		优等品	一等品	合格品
波纹、沟槽、污痕和划伤等缺陷		不允许有	允许有，但不明显	允许有，但不影响使用
石膏芯的裸露面积（cm^2）		0	0	3
尺寸允许偏差（mm）	长度	0，-5	0，-6	
	宽度	0，-4	0，-5	0，-6
	厚度	±0.5	±0.6	±0.8
	楔形棱边深度	0.6~2.5		
	楔形棱边宽度	40~80		

注：检验板材时，对于板材的外观、长度、宽度、厚度、楔形棱边深度和宽度，以及护面纸与石膏芯的粘结性能等质量指标，其中有1项不合格，则为不合格板；5张板材中不合格板多于1张时，则该批产品判为不合格。

普通纸面石膏板的性能要求 **表 3-66**

项目		优等品		一等品		合格品	
		平均值	最大、最小值	平均值	最大、最小值	平均值	最大、最小值
单位面积质量（kg/m^2）	9mm	8.5	9.5（最大）	9.0	10.0（最大）	9.5	10.5（最大）
	12mm	11.5	12.5（最大）	12.0	13.0（最大）	12.5	13.5（最大）
	15mm	14.5	15.5（最大）	15.0	16.0（最大）	15.5	16.5（最大）
	18mm	17.5	18.5（最大）	18.0	19.0（最大）	18.5	19.5（最大）
纵向断裂荷载（N）	9mm	392	353（最小）	353	318（最小）	353	318（最小）
	12mm	539	485（最小）	490	441（最小）	490	441（最小）
	15mm	686	617（最小）	637	573（最小）	637	573（最小）
	18mm	833	750（最小）	784	706（最小）	784	706（最小）
横向断裂荷载（N）	9mm	167	150（最小）	137	123（最小）	137	123（最小）
	12mm	206	185（最小）	176	159（最小）	176	159（最小）
	15mm	255	229（最小）	216	194（最小）	216	194（最小）
	18mm	294	265（最小）	255	229（最小）	255	229（最小）
含水率（%）		2.0	2.5（最大）	2.0	2.5（最大）	3.0	3.5（最大）

注：检验时，对于板材的单位面积质量、含水率和断裂荷载等质量指标，5 张板材中不合格板多于 1 张时，则该批产品判为不合格。

吸声用穿孔石膏板的规格分为500mm×500mm和600mm×600mm两种，厚度分为9mm和12mm。板面上开有$\phi 6$、$\phi 8$、$\phi 10$的孔眼，孔眼垂直于板面，孔距一般为18～24mm，穿孔率为5.7%～15.7%，孔眼成正方形或三角形排列。

吸声用穿孔石膏板执行《吸声用穿孔石膏板》（GB 11980—89）标准。吸声用穿孔石膏板的尺寸允许偏差、含水率、断裂荷载见表3-67～表3-69。

吸声用穿孔石膏板尺寸允许偏差（mm）　表3-67

项　目	优等品	一等品	合格品
边　长	0，-2	+1，-2	
厚　度	±0.5	±1.0	
不平度	1.0	2.0	3.0
直角偏离度	1.0	1.2	1.5
孔　径	±0.5	±0.6	±0.7
孔　距	±0.5	±0.6	±0.7

吸声用穿孔石膏板含水率（%）　表3-68

优等品		一等品		合格品	
平均值	最大值	平均值	最大值	平均值	最大值
2.0	2.5	2.5	3.0	3.0	3.5

吸声用穿孔石膏板断裂荷载（N） 表 3-69

孔径—孔距（mm）	厚度（mm）	优等品		一等品		合格品	
		平均值	最小值	平均值	最小值	平均值	最小值
6—18 6—22 6—24	9	140	126	130	117	120	108
	12	160	144	150	135	140	126
8—22 8—24	9	100	90	90	81	80	72
	12	110	99	100	90	90	81
10—24	9	90	81	80	72	70	63
	12	100	90	90	81	80	72

3.4.2 矿物质装饰板材

3.4.2.1 矿棉装饰吸声板

矿棉装饰吸声板是以矿渣棉为主要材料，加入适量的胶粘剂等，经过加压成型、烘干、饰面而成。具有防火阻燃、保温、吸声、质量轻、装饰效果好等特点，适用于宾馆、商场、剧院、影院、车站、办公室、体育馆等公共建筑吊顶装饰。

矿棉装饰吸声板的品种分类与代号、规格尺寸、尺寸允许偏差及外观质量、技术性能要求见表3-70～表3-73。

矿棉吸声板品种分类与代号　　表3-70

分类	普通板					防潮板				
	滚花	印刷	立体	浮雕	贴面	滚花	印刷	立体	浮雕	贴面
代号	GH	YS	LT	FD	TM	FGH	FYS	FLT	FFD	FTM

矿棉吸声板规格尺寸（mm）　　表3-71

长　度	宽　度	厚　度
500，1000	500	9
600，1200	300，600	12 15 18
1800	375	

矿棉装饰吸声板在使用时应注意防潮、碰撞和重压。施工时应避开高温多雨季节，以防板材变形，同时要注意龙骨与板材边角的配套使用。

矿棉吸声板尺寸允许偏差及外观质量　　表 3-72

项　目	允许偏差			外观质量
	精密	一般	半精密	
长度（mm）	±0.5	±2.0	±2.0	板的正面不应有影响装饰效果的污痕、色彩不匀、图案不完整等缺陷。产品不得有裂纹、碎片、翘曲、扭曲，不得有防碍使用及装饰效果的缺角缺棱
宽度（mm）			±0.5	
厚度（mm）	±0.5	±1.0		
直角偏离差	1/1000	5/1000		

矿棉吸声板的技术性能要求　　表 3-73

项　目	技术指标
体积密度（kg/m^3）	不大于 500
含水率（%）	不大于 3
弯曲破坏荷载（N）	厚度 9mm，≥40 厚度 12mm，≥60 厚度 15mm，≥90 厚度 18mm，≥130

续表

<table>
<tr><th>项　　目</th><th colspan="2">技术指标</th></tr>
<tr><td>燃烧性能</td><td colspan="2">按 GB 8625—1988 测定的产品，燃烧性能应达到 B_1 级；按 GB 2406—1993 测定的产品，氧指数应大于 50</td></tr>
<tr><td rowspan="3">降噪系数</td><td>类别</td><td>混响室法（刚性壁）</td></tr>
<tr><td>滚花</td><td>≥0.45</td></tr>
<tr><td>其余</td><td>≥0.30</td></tr>
<tr><td>受潮挠度（mm）</td><td colspan="2">不大于 3.5</td></tr>
</table>

3.4.2.2 玻璃棉装饰吸声板

玻璃棉装饰吸声板是以玻璃棉为主要原料，加入适量的胶粘剂、防潮剂、防腐剂等，经过加压、烘干、表面加工而成。在玻璃棉装饰板的表面粘贴有图案花纹的 PVC 薄膜或铝箔，使其具有良好的吸声效果，主要用于影剧院、音乐厅、会场、宾馆等建筑的内装饰。其产品的规格和性能见表 3-74。

玻璃棉装饰吸声板的产品规格和性能　　表 3-74

产品名称	规格（mm）	技术性能	
		项目	指标
玻璃棉装饰顶棚板	1200×600×15 1200×600×25	密度（kg/m^3） 导热系数［W/（m·K）］ 吸声系数	48 0.0333 0.40～0.98
玻璃棉吊顶板	1200×600	密度（kg/m^3） 导热系数［W/（m·K）］	50～80 0.0299
玻璃棉吸声板	300×300 （10、18、20）	导热系数［W/（m·K）］ 吸声系数（Hz/吸声系数）	0.047～0.064 （500～4000）/0.7
半硬质玻璃棉吸声板	500×500×40 500×500×50	密度（kg/m^3） 吸声系数	100 0.29～0.71
硬质玻璃棉装饰吸声板	300×400×16 400×400×16 500×500×30	密度（kg/m^3） 抗折强度（MPa） 吸声系数	300 1.6 0.13～0.78

3.4.2.3 膨胀珍珠岩装饰吸声板

膨胀珍珠岩装饰吸声板，系以膨胀珍珠岩粉及石膏、水玻璃等配以其他材料，经拌和加工，加入配筋材料压制成型，并经热处理固化而成的多孔性吸声材料。具有重量轻、装饰效果好、吸声、保温、施工方便、可锯割等特点，适用于室内顶棚和内墙面装饰。

膨胀珍珠岩吸声板有各种颜色，主要规格有400mm×400mm×15mm、500mm×500mm×16mm等。膨胀珍珠岩吸声板的外观质量、尺寸允许偏差和主要技术性能见表3-75～表3-77。

膨胀珍珠岩吸声板的外观质量　　表3-75

项　目	质量要求	
	优等品、一等品	合格品
缺棱、掉角、裂缝、脱落、剥离等现象	不允许	不影响使用
正面的图案破损、夹杂物	图案清晰、无夹杂物混入	
色差ΔE	≤3	

膨胀珍珠岩吸声板的尺寸允许偏差(mm) 表 3-76

项目	优等品	一等品	合格品
边长	0，-0.3	0，-1.0	0，-1.0
厚度	±0.5	±1.0	±1.0
直角偏离度（不大于）	0.10	0.40	0.60
不平度（不大于）	0.80	1.0	2.50

膨胀珍珠岩吸声板的主要技术性能 表 3-77

板材类别	密度 (kg/m^3) ≤	吸湿率（%）≤			表面吸水量 (g)	断裂荷载（N）≤			吸声系数 α_s（混响室法）	不燃性
		优等品	一等品	合格品		优等品	一等品	合格品		
PB	500	5	6.5	8	—	245	196	157	0.40～0.60	不燃
FB		3.5	4	5	0.6～2.5	294	245	176	0.35～0.45	

3.4.3 石膏及矿物质装饰板材的储运

石膏装饰板在运输、安装时要轻拿轻放，注意洁净。板材运输时应包装并绑扎牢固，使用专用装卸工具装卸。无纸石膏板须立式搬运，纸面石膏板运输时应平放，不宜立放或悬排。在储存过程中，应放于通风干燥的室内，防止板材受潮和碰损。

矿棉装饰板和膨胀珍珠岩装饰吸声板的每块板先用塑料袋包装起来，并以纸箱包装。搬运时必须两块正面对合，一起搬运，以防损坏板面。搬运时轻装轻卸，防止一角落地。运输过程中，要加盖雨布，避免淋湿。保管存放在干燥、洁净的地方，有防雨水措施。

3.5 金属装饰材料

金属装饰材料主要有钢材、铝合金和黄铜制品等。

3.5.1 建筑装饰用钢材

3.5.1.1 不锈钢制品

不锈钢制品主要有各种薄板、型材、管材和异型材，还有各种规格的不锈钢厨具、卫生洁具、五金配件等制品。

不锈钢饰面板的主要品种有镜面不锈钢板、彩色不锈钢板、彩色不锈钢镜面板、发纹板等。具有耐火、耐水、耐腐蚀、不变形、不破碎、安装方便等特点，适用于建筑物的电梯厢板、车厢板、室内外墙面、柱面、幕墙等工程部位。板的厚度为0.2～2mm，宽度为600mm和915mm，长度为2440mm、3048mm和4880mm。

不锈钢装饰管材按截面不同可分为方管、圆管、扁圆管材，按壁厚可分为薄壁管（小于2mm）或厚壁管（大于4mm）。不锈钢装饰管材可用于楼梯扶手和栏杆、屏风、店面装饰等。产品规格见表3-78。

不锈钢管材的规格 **表3-78**

产品名称	规格、型号	标准名称
不锈钢管	ϕ6～630×1～50mm	流体输送用不锈钢管
不锈钢管	ϕ6～630×1～50mm	结构用无缝不锈钢管
不锈钢管	ϕ6～630×1～50mm	锅炉、热交换器用不锈钢管
不锈钢焊管	ϕ219～1200×3～20mm	流体输送用不锈钢管

槽型、角型等彩色不锈钢型材，广泛用于墙面、顶棚饰面的压边线、收口线，装饰画、装饰镜面的边框线等。

3.5.1.2 彩色钢板

(1) 彩色涂层钢板

彩色涂层钢板是以镀锌钢板或冷轧钢板为基板，经刷磨、除油、磷化、钝化等表面处理后，涂以各种保护、装饰涂层而成的一种复合金属板材。彩色涂层钢板的构造如图3-1所示。

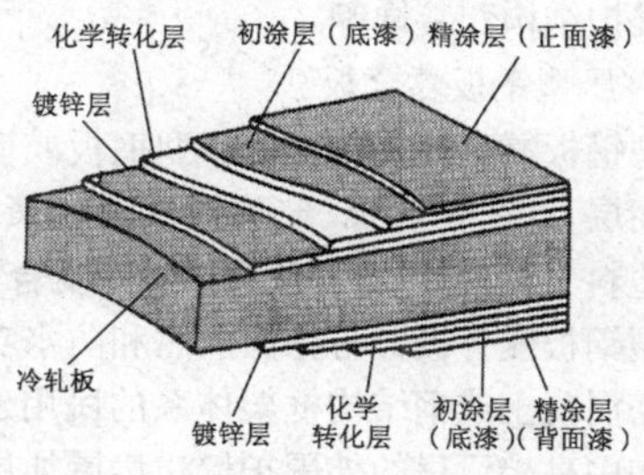

图3-1 彩色涂层钢板的构造

彩色涂层钢板具有较高的强度和刚性、可加工性好、耐腐蚀、耐湿热、耐低温、色彩丰富、美观耐用、涂层附着力强等特点，主要应用于各类建筑物的外墙板、屋面板、室内的护壁板、吊顶板等。

（2）彩色压型钢板

彩色压型钢板是以镀锌钢板为基材，经辊压、冷弯成异型断面，表面涂装彩色防腐涂层或彩色烤漆而成，或采用彩色涂层钢板直接成型制作彩色压型钢板。压型钢板有平面带肋型板、弧形板、波形板、长条或方形吊顶板等，具有重量轻、强度高、耐久性好、色彩鲜艳、加工简单、安装方便等特点，适用于工业与民用建筑、仓库、大跨度钢结构房屋的维护结构和装饰等。

（3）压型钢板复合板

压型钢板复合板是以彩色压型钢板或镀锌压型钢板为面层,以结构岩棉、玻璃棉或阻燃聚苯、聚氨酯泡沫塑料为芯材,用特种胶粘剂粘结复合而成的。

压型钢板复合板具有保温隔热和防水功能，适用于钢筋混凝土或钢结构框架体系的民用建筑、公用建筑和中高档厂房的外围护墙、房屋加层以及各类建筑物、构筑物的屋顶等。

3.5.1.3 轻钢龙骨

轻钢龙骨是以冷轧镀锌薄钢板、彩色涂层钢板为原料，经冷压或冲压而成的。轻钢龙骨具有自重轻、刚度大、抗震性能优良、制作容易、安装方便、防火等特点。

轻钢龙骨按断面形状可分为U型龙骨、C型龙骨、T型龙骨及L型龙骨。其厚度通常为0.5～1.5mm。常用于顶棚和隔墙工程。吊顶龙骨按荷载类型可分为上人龙骨和不上人龙骨，按受力大小和规格可分为承载龙骨（主龙骨）、覆面龙骨（中龙骨或横撑龙骨）。墙体龙骨分为竖龙骨、横龙骨和通贯龙骨。吊顶龙骨按承载龙骨的规格可分为D38、D45、D50、D60，墙体龙骨按承载龙骨的规格可分为Q50、Q75、Q100。龙骨断面形状如图3-2所示。

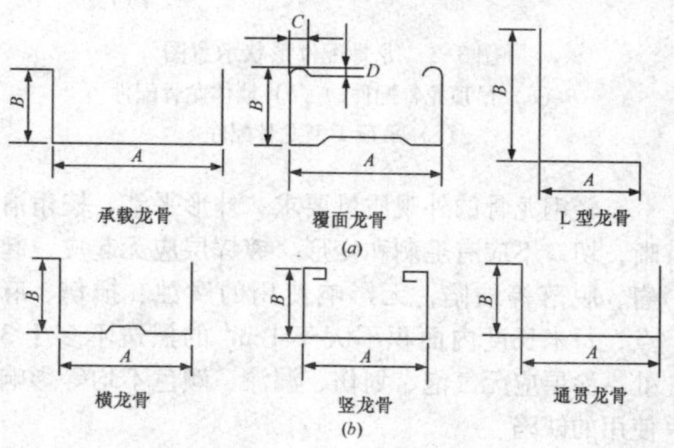

图3-2　龙骨断面形状示意图
（a）吊顶龙骨　（b）墙体龙骨

轻钢龙骨除龙骨主件外，相应的配件有：吊杆、吊件、挂件、挂插件、接插件和连接件。龙骨配件形状如图 3-3 所示。

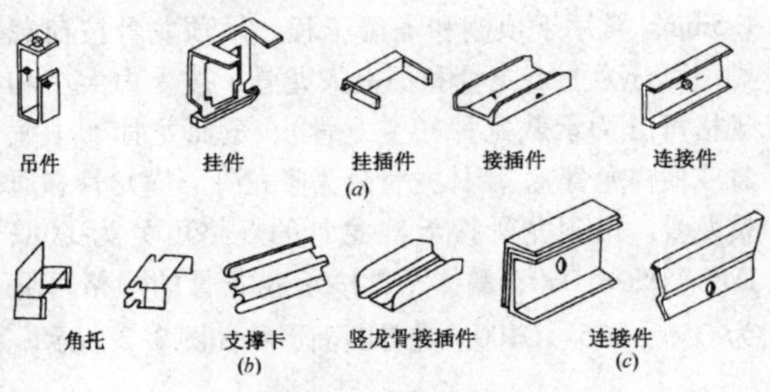

图 3-3　龙骨配件形状示意图
（a）吊顶龙骨配件　（b）墙体龙骨配件
（c）吊顶 T 型龙骨配件

轻钢龙骨的外观质量要求：外形平整，棱角清晰，切口不应有毛刺和变形。镀锌层应无起皮、起瘤、脱落等缺陷，无影响使用的腐蚀、损伤、麻点，每米长度内面积不大于 $1cm^2$ 的黑斑不多于 3 处。涂层应无气泡、划伤、漏涂、颜色不均等影响使用的缺陷。

轻钢龙骨执行《建筑用轻钢龙骨》（GB 11981—2008）标准，尺寸允许偏差和力学性能应符合表 3-

79、表3-80的要求。

轻钢龙骨尺寸允许偏差　　　表3-79

项　目		允许偏差（mm）
长度	C、U、V、H、L、CH型	±5
	T型孔距	±0.3
覆面龙骨断面尺寸	尺寸 *A*	≤1.0
	尺寸 *B*	≤0.5
其他龙骨断面尺寸	尺寸 *A*	≤0.5
	尺寸 *B*	≤1.0
	尺寸 *F*（内部净空）	≤0.5
厚　度		公差应符合相应材料的标准要求

3.5.1.4　钢管

（1）无缝钢管

无缝钢管按材质分为碳素钢无缝钢管和低合金钢无缝钢管，有热轧管和冷拔管之分。热轧钢管的长度通常为3～12m，冷拔钢管为2～10.5m。无缝钢管主要用于各种液体或气体工业管道。钢管的力学性能见表3-81，产品执行《结构用无缝钢管》（GB 8162—99）标准。

轻钢龙骨组件的力学性能 表3-80

类别		项目		要求
墙体		抗冲击性试验		残余变形量不大于10.0mm，龙骨不得有明显的变形
墙体		静载试验		残余变形量不大于2.0mm
吊顶	U、C、V、L型（不包括造型用V型龙骨）	静载试验	覆面龙骨	加载挠度不大于5.0mm 残余变形量不大于1.0mm
吊顶	U、C、V、L型（不包括造型用V型龙骨）	静载试验	承载龙骨	加载挠度不大于4.0mm 残余变形量不大于1.0mm
吊顶	T、H型	静载试验	主龙骨	加载挠度不大于2.8mm

碳素钢、低合金钢无缝钢管的纵向力学性能 **表 3-81**

序号	钢号	抗拉强度 σ_b（N/mm²）≥	屈服点 σ_s（N/mm²）≥			伸长率 δ_5（%）	压扁试验平板间距 H（mm）
			壁厚 ≤22mm	壁厚 22～30mm	壁厚 >30mm		
1	10	335	205	195	185	24	2/3D
2	20	390	245	235	225	20	2/3D
3	35	510	305	295	285	17	—
4	45	590	335	325	315	14	—
5	16Mn	490	325	315	305	21	7/8D

注：1. 压扁试验的两平板间距（H）最小值应是钢管壁厚的 5 倍。

2. D 为钢管外径。

(2) 焊接钢管

1) 直缝电焊钢管

直缝电焊钢管适用于各种结构件、零件和输送流体管道以及其他用途。其力学性能见表3-82，产品执行《直缝电焊钢管》(GB/T 13793—2008)标准。

直缝电焊钢管的力学性能　　　　表3-82

牌　号	软状态钢管（R）		低硬状态钢管（DY）	
	抗拉强度（MPa）≥	伸长率（%）≥	抗拉强度（MPa）≥	伸长率（%）≥
08F、08、10F、10	315	22	375	13
15F、15	365	20	400	11
20	390	19	440	9
Q195	315	22	335	14
Q215A、Q215B	335	22	355	13
Q235A、Q235B	375	20	390	9

2) 低压流体输送用焊接钢管及镀锌焊接钢管

低压流体输送用焊接钢管及镀锌焊接钢管用于输送水、煤气、油和取暖蒸汽等一般较低压力流体和其他用途。钢管按壁厚可分为普通钢管和加厚钢管，按焊接工艺可分为电阻焊钢管和埋弧焊钢管等。产品的力学性能见表3-83，执行《低压流体输送用焊接钢管》（GB/T 3091—2001）标准。

低压流体输送用焊接钢管的力学性能　　表3-83

<table>
<tr><th rowspan="2">牌　号</th><th rowspan="2">抗拉强度 σ_b（MPa）≥</th><th rowspan="2">屈服点 σ_s（MPa）≥</th><th colspan="2">断裂伸长率 δ_5（%）≥</th></tr>
<tr><th>$D\leq$ 168.3mm</th><th>$D>$ 168.3mm</th></tr>
<tr><td>Q215A、Q215B</td><td>335</td><td>215</td><td rowspan="2">15</td><td rowspan="2">20</td></tr>
<tr><td>Q235A、Q235B</td><td>375</td><td>235</td></tr>
<tr><td>Q295A、Q295B</td><td>390</td><td>295</td><td rowspan="2">13</td><td rowspan="2">18</td></tr>
<tr><td>Q345A、Q345B</td><td>510</td><td>345</td></tr>
</table>

注：1. 公称外径 D 不大于114.3mm的钢管，不测定屈服强度。

2. 公称外径 D 大于114.3mm的钢管，测定屈服强度做参考，不作交货条件。

3. 钢管的液压试验压力值为：

公称外径 D（mm）	试验压力值（MPa）
$D\leq168.3$	3
$168.3<D\leq323.9$	5
$323.9<D\leq508$	3
$D>508$	2.5

3.5.2 建筑装饰用铝合金

3.5.2.1 铝合金装饰板

（1）铝合金花纹板

铝合金花纹板是采用防锈铝合金等坯料，用专制的花纹轧辊轧制而成的，具有花纹多样、不易磨损、防腐蚀性能强、防滑性能好、施工安装简便等特点。通过表面处理，可获得多种色彩。产品的厚度为1.5~7.0mm，宽度为1000~1600mm，长度为2000~10000mm。适用于墙面装饰及楼梯踏板等处。

（2）铝合金压型板

铝合金压型板是采用防锈铝合金平板经机械压制加工成异型截面的装修板材。板材截面平凸间隔，截面形状有U形和V形多种形式，增加了装饰板材的刚度。

铝合金压型板具有质量轻、外形美观、耐久、耐腐蚀、施工安装简便等特点，通过表面处理可得到各种色彩，是一种使用广泛的装饰装修板材，主要用于墙面和屋面。

（3）蜂窝芯铝合金复合板

蜂窝芯铝合金复合板的外表层为0.2~0.7mm

的铝合金薄板，中心层用铝箔、玻璃布或纤维纸制成蜂窝结构，铝板表面喷涂以聚合物着色保护涂料，在复合板的外表面覆以可剥离的塑料保护膜，以保护板材表面在加工和安装过程中不致受损。板的结构如图 3-4 所示。

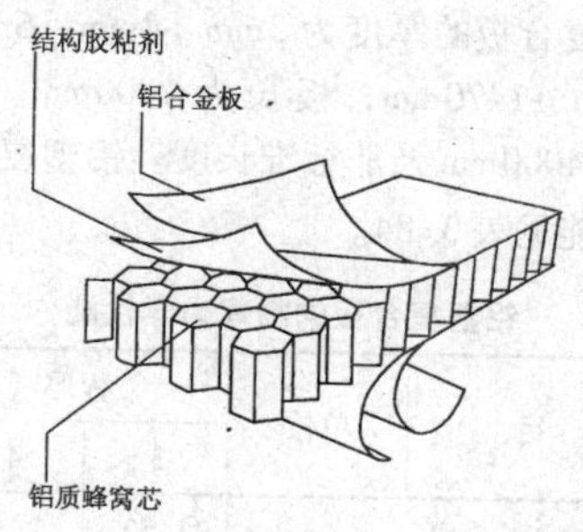

图 3-4　蜂窝芯铝合金复合板结构图

蜂窝芯铝合金复合板具有轻质、强度高、隔声、防震、保温隔热、易于成型等特点，可用于建筑幕墙和室内装饰。

（4）铝塑复合板

铝塑复合板由三层材料经高温、高压复合而成。上下两层为高强度铝合金板，中间层为低密度的聚氯乙烯（PVC）泡沫板或聚乙烯（PE）芯板。具有强度高、质量轻、刚度大、耐酸、耐碱、耐候性强、隔声、隔热、隔震、抗冲击性好、加工性能优良、安装方便等特点，主要用于建筑幕墙、门厅、吊板、展示台等处。

铝塑复合板的厚度为3mm、4mm、6mm，板宽为1220mm、1470mm，板长为2000mm、2500mm、3000mm、4000mm及非标准长度。铝塑复合板的物理力学性能见表3-84。

铝塑复合板的物理力学性能　　表3-84

项　　目	单位	板厚（mm）		
		3	4	6
密度	g/cm^3	1.52	1.37	1.22
板重（面密度）	kg/m^2	4.55	5.48	7.34
热膨胀率（-20℃～60℃）	10^{-6}/℃	22	24	25
热传导率（表观）	W/(m·K)	0.15～0.19		
热变形温度	℃	113		
隔声性能（100～3200Hz）	dB	24	26	27

续表

项　　目	单位	板厚（mm）		
		3	4	6
抗拉强度	MPa	45.8	48.0	38.2
屈服强度	MPa	43.4	44.2	30.4
伸长率	%	12	14	17
弯曲弹性模量	10^4 MPa	3.2	4.2	2.8
冲击剪切阻力（最大负荷）	kg	1320	1670	2120
粘结强度	N/mm	8.8	9.0	9.2

3.5.2.2　铝合金型材

（1）铝合金顶棚龙骨

铝合金顶棚龙骨是以铝合金板材为主要原料，轧制成各种轻薄型材后组合安装而成的一种金属骨架。分为主龙骨（T型）、次龙骨（横撑龙骨）、边龙骨、异型龙骨和配件等部件。

铝合金T型主龙骨的长度为3m，可用连接件接长。T型铝合金吊顶龙骨根据罩面板安装方式的不同，分龙骨底面外露和不外露两种。

铝合金龙骨具有质量轻、防火、抗震、刚度好、耐腐蚀、经久耐用、加工安装方便等特点，适用于商厦、医院、会议室、办公室、大厅、走廊等要求较高的吊顶工程。

（2）铝合金隔墙龙骨

铝合金隔墙龙骨多用于高级建筑物室内隔断墙，它以龙骨为骨架，两面覆以石膏板或石棉水泥板、塑料板、纤维板等为墙面，表面用塑料壁纸贴面。

（3）铝合金幕墙型材

安装幕墙的骨架材料由 5 种铝合金型材构成，主要用于高级建筑物外表、酒店大堂、内天井等自然采光的地方。

（4）铝合金线条

铝合金线条颜色多，装饰效果好，主要用于装饰面压边线、收口线，装饰画、装饰镜面边框线，玻璃门的推拉槽，地毯收口线等部位。

3.5.2.3 铝合金管材

铝合金管材多采用冷拉和热挤压工艺生产而成，耐酸，不耐碱及盐水，适用于制作热交换器、管道及建筑五金等。管材断面有圆形、正方形、矩形和椭圆形等。品种有冷拉圆管、挤压圆管、冷轧圆管、冷拉矩形管、冷拉正方形管、冷拉椭圆形管。铝合金管材执行《铝及铝合金管材外形尺寸及允许偏差》（GB/T 4436—1995）标准，其名称和规格见表3-85。

铝合金管材的名称和规格　　　表3-85

名　称	规格（rnm）
挤压圆管	公称外径：25～400　壁厚：5～50
冷拉、轧圆管	公称外径：6～120　壁厚：0.5～5.0
冷拉正方形管	壁厚：0.5～5.0　外径：45～120
冷拉矩形管	公称边长（长×宽×壁厚） （14×10、16×12、18×10）×（2.5、3.0、4.0、5.0） （18×14、20×12、22×14）×（3.0、4.0、5.0） （25×15、28×16）×（4.0、5.0） （28×22、32×18）×5.0 （40×25、40×30、45×30、50×30、55×40）×1.0 （60×40、70×50）×（1.0、1.5）
冷拉椭圆形管	公称边长（长轴×短轴×壁厚） 27.0×11.5×1.0、33.5×14.5×1.0、(40.5×17.0)×（1.0、1.5）、(47.0×20.0)×（1.0、1.5）、(54.0×23.0)×(1.5、2.0)、(60.5×25.5)×(1.5、2.0)、

续表

名　称	规格（mm）
冷拉椭圆形管	(67.5×28.5)×(1.5、2.0)、(74.0×31.5)×(1.5、2.0)、(81.0×34.0)×(2.0、2.5)、87.5×37.0×2.0、87.5×40.0×2.5、94.5×40.0×2.5、101.0×43.0×2.5、108.0×45.5×2.5、114.5×48.5×2.5

3.5.3　建筑装饰用铜合金

利用铜合金板材制成的铜合金压型板，主要用于建筑物墙面、柱面饰面，制作花饰、铜字等装饰。铜合金型材分为空心型材和实心型材。铜合金线条主要用于水磨石地面的分格条、楼梯踏步的防滑条、楼梯踏步地毯的压角线等。铜合金装饰制品还可用于门的把手、门锁、执手，浴缸龙头、卫生洁具开关，各种灯具、家具等。

铜合金管用于建筑工程中的栏杆、建筑配件等。按材质分为铜管和黄铜管，按制造工艺分为拉制铜管和挤制铜管。铜合金管的规格和力学性能见表3-86～表3-89。

拉制铜管的牌号、状态和规格(GB/T 1527—2006)　　表 3-86

牌　号	状　态	规格 (mm)			
		圆　形		矩（方）形	
		外径	壁厚	对边距	壁厚
T2、T3、TU1、TU2、TP1、TP2	软（M）、轻软（M_2）硬（Y）、特硬（T）	3 ~ 360	0.5 ~ 15	3 ~ 100	1 ~ 10
	半硬（Y_2）	3 ~ 100			
H96、H90	软（M）、轻软（M_2）半硬（Y_2）、硬（Y）	3 ~ 200	0.2 ~ 10		0.2 ~ 7
H85、H80、H85A					
H70、H68、H59、HPb59-1、HSn62-1、HSn70-1、H70A、H68A		3 ~ 100			
H65、H63、H62、Hb66-0.5、H65A		3 ~ 200			

续表

牌号	状态	规格（mm）			
		圆形		矩（方）形	
		外径	壁厚	对边距	壁厚
HPb63-0.1	半硬（Y2）	18~31	6.5~13		
	1/3 硬（Y_3）	8~31	3.0~13		
BZn15-20	硬（Y）、半硬（Y_2）、软（M）	4~40	0.5~8		
BFe10-1-1	硬（Y）、半硬（Y_2）、软（M）	8~160			
BFe30-1-1	半硬（Y_2）、软（M）	8~80			

注：1. 外径≤100mm 的圆形直管，供应长度为 1000~7000mm；其他规格的圆形直管供应长度为 500~6000mm。

2. 矩（方）形直管的供应长度为 1000~5000mm。

3. 外径≤30mm、壁厚<3mm 的圆形管材和圆周长≤100mm 或圆周长与壁厚之比≤15 的矩（方）形管材，可供应长度≥6000mm 的盘管。

纯铜管的力学性能 **表 3-87**

牌号	状态	壁厚（mm）	拉伸试验		硬度试验	
			抗拉强度 R_m（MPa）≥	伸长率 A（%）≥	维氏硬度（HV）	布氏硬度（HB）
T2、T3、TU1、TU2、TP1、TP2	软（M）	所有	200	40	40～65	35～60
	轻软（M_2）	所有	220	40	45～75	40～70
	半硬（Y_2）	所有	250	20	70～100	65～95
	硬（Y）	≤6	290	—	95～120	90～115
		>6～10	265	—	75～110	70～105
		>10～15	250	—	70～100	65～95
	特硬（T）	所有	360	—	≥110	≥150

注：1. 特硬（T）状态的抗拉强度仅适用于壁厚≤3mm 的管材；壁厚>3mm 的管材，其性能由供需双方协商确定。

2. 维氏硬度试验负荷由供需双方协商确定。软（M）状态的维氏硬度试验仅适用于壁厚≥1mm 的管材。

3. 布氏硬度试验仅适用于壁厚≥3mm 的管材。

挤制铜管的牌号、状态、规格（GB/T 1528—1997）　　表 3-88

牌号	状态	规格 mm	
		外径	壁厚
T2、T3、TP2、TU1、TU2	挤制（R）	30 ~ 300	5 ~ 30
H96、H62、HPb59-1、HFe59-1-1		21 ~ 280	1.5 ~ 42.5
QA19-2、QA19-4、QA110-3-1.5、QA110-4-4		20 ~ 250	3 ~ 50

挤制铜管的室温纵向力学性能　　表 3-89

牌号	状态	壁厚（mm）	抗拉强度 σ_b（MPa）	伸长率（%）		布氏硬度（HB）
				δ_{10}	δ_5	
			≥			
T2、T3、TP2	R	5 ~ 30	186	35	42	—
H96	R	1.5 ~ 42.5	186	35	42	—

续表

牌　号	状态	壁厚（mm）	抗拉强度 σ_b（MPa）	伸长率（%）		布氏硬度（HB）
				δ_{10}	δ_5	
			≥			
H62	R	1.5～42.5	295	38	43	—
HPb59-1	R	1.5～42.5	390	20	24	—
HFe59-1-1	R	1.5～42.5	430	28	31	—
QA19-2	R	3～50	470	15	—	—
AQ19-4	R	3～50	490	15	17	110～190

3.5.4 金属装饰材料的贮运

金属装饰材料应用无腐蚀作用的材料进行包装，包装箱应具有足够强度，并有防潮措施。箱内产品确保运输中不受损坏，箱内各类部件避免发生相互碰撞、窜动。

在运输装卸过程中，不允许发生碰撞，应轻抬、缓放，防止挤压变形，运输工具应有防雨措施，并保持清洁无污染。

贮存时应存放在无腐蚀性危害的室内，注意防潮。产品堆放时，底部需垫适当数量的垫条，防止变形。严禁与酸、碱、盐类腐蚀物质接触，并防止雨水侵入。

3.6 塑料装饰材料

3.6.1 塑料膜材（塑料壁纸）

塑料壁纸分为普通壁纸、发泡壁纸和特种壁纸。

3.6.1.1 普通壁纸

普通壁纸用80g/m^2 的纸作基材，涂以100g/m^{2}左右PVC糊状树脂，再经印花、压花而成。根据加工方法、工序的不同，普通壁纸分为单色轧花壁纸、印花轧花壁纸、有光印花和平光印花壁纸等。常用于建筑物室内墙面、柱面、顶棚等部位的装饰贴面。

塑料壁纸的规格尺寸、外观质量要求、可洗性、物理性能指标见表3-90～表3-93。产品执行《聚氯乙烯壁纸》（QB/T 3805—1999）标准。

3.6.1.2 发泡壁纸

发泡壁纸是以100g/m^{2}的原纸作为基材，涂塑300～400g/m^{2}掺有发泡剂的PVC糊状树脂，印花后，再加热发泡而成，分为高发泡壁纸和低发泡壁纸。高发泡壁纸表面呈富有弹性的凹凸状，是一种兼具装饰、吸声、隔热多种功能的壁纸，用于影剧院、住宅天花板等处装饰。低发泡壁纸是在发泡平面上印有花纹图案，用于室内墙裙、客厅和内走廊的装饰。

3.6.1.3 特种壁纸

耐水壁纸以玻璃纤维毡为基料，并在它上面涂上聚氯乙烯树脂制成，多用于浴室、卫生间等潮湿房间墙壁的装饰。

防火壁纸用100～200g/m^{2}的石棉纸作基材，且在涂聚氯乙烯树脂中掺加阻燃剂以使壁纸具有一定的阻燃防火性能，适用于防火要求较高的饰面和木制品表面装饰。

聚氯乙烯壁纸的规格尺寸 表 3-90

项目		标准规定		
宽度和每卷长度		宽度：（530±5）mm，（900～1000）mm±10mm 每卷长度：（530mm 宽）10m±0.05m （900～1000mm 宽）50m+0.5m 其他规格尺寸由供需双方协商或以上述标准尺寸的倍数供应		
每卷段数和段长	10 m/卷	每卷1段		
	50m/卷	等级	每卷段数≤	最小段长（m）≥
		优等品	2	10
		一等品	3	3
		合格品	6	3

聚氯乙烯壁纸的外观质量要求　　表 3-91

缺陷名称	规定指标		
	优等品	一等品	合格品
色差	不允许有	不允许有明显差异	允许有差异，但不影响使用
伤痕和皱折	不允许有	不允许有	允许基纸有明显折印，但壁纸表面不许有死折
气泡	不允许有	不允许有	不允许有影响外观的气泡
套印精度	偏差不大于 0.7mm	偏差不大于 1mm	偏差不大于 2mm
露底	不允许有	不允许有	允许有 2mm 的露底，但不允许密集
漏印	不允许有	不允许有	不允许有影响外观的漏印
污染点	不允许有	不允许有目视明显的污染点	允许有目视明显的污染点，但不允许密集

聚氯乙烯壁纸的可洗性 **表 3-92**

使用等级	指　　标
可　洗	30 次无外观上的损伤和变化
特别可洗	100 次无外观上的损伤和变化
可刷洗	40 次无外观上的损伤和变化

注：可洗性是壁纸在粘贴后的使用期内可洗涤的性能。这是对壁纸用在有污染和湿度较高的地方的要求。

聚氯乙烯壁纸的物理性能指标 **表 3-93**

项　目			性能指标		
			优等品	一等品	合格品
耐摩擦色牢度试验（级）	干摩擦	纵向	>4	≥4	≥3
		横向			

续表

项目			性能指标		
			优等品	一等品	合格品
耐摩擦色牢度试验（级）	湿摩擦	纵向	>4	≥4	≥3
		横向			
褪色性（级）			>4	≥4	≥3
遮蔽性（级）			4	≥3	≥3
湿润拉伸负荷（N/15mm）		纵向	>2.0	≥2.0	≥2.0
		横向			
胶粘剂可拭性		横向	20次无外观上的损伤和变化	20次无外观上的损伤和变化	20次无外观上的损伤和变化

表面彩色砂粒壁纸是在基材上撒布彩色砂粒，再喷涂胶粘剂，使表面具有砂粒毛面，常用于门厅、柱头、走廊等局部装饰。

3.6.2 塑料板材

塑料装饰板材主要有聚氯乙烯（PVC）装饰板、有机玻璃装饰板、PC耐力采光板、塑料贴面板、玻璃钢（GRP）装饰板和钙塑装饰板等。

3.6.2.1 聚氯乙烯（PVC）装饰板

（1）硬质PVC波形板

硬质PVC波形板分有纵向波形板和横向波形板，有不透明和透明两种。色彩鲜艳，表面平滑，断面形状多样。不透明板适用于外墙装饰和建筑的屋面防水，透明板多用于顶棚饰面。

纵向波形板的宽度为900~1300mm，长度不超过6m；横向波形板的宽度为800~1500mm，每卷长度为10~30m，板厚一般为1.0~1.5mm。

（2）硬质PVC异型板

硬质PVC异型板分为单层异型和中空异型两种，如图3-5所示。板厚1.0~1.5mm，板宽100~200mm，板长最大为6m。

硬质PVC异型板有各种色彩，具有隔热、隔

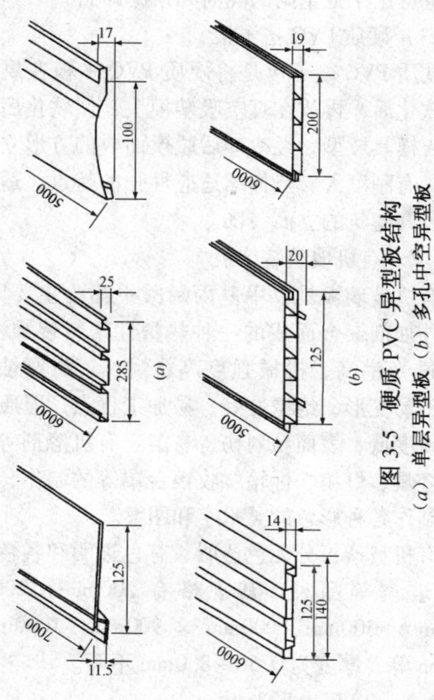

图 3-5 硬质 PVC 异型板结构

（a）单层异型板（b）多孔中空异型板

声和保护墙体的作用，可用于建筑物内外墙的护墙板，也可用于卫生间的隔断和顶棚饰面。

（3）硬质 PVC 格子板

硬质 PVC 格子板是将硬质 PVC 平板在烘箱内加热软化后，再放在真空吸塑模上，使软化后的硬板吸入模具成型，经冷却后脱模而成的方形立体板材。具有刚度大、热伸缩适应性强的特点，适用于大型公共建筑的立面装饰。

3.6.2.2 有机玻璃装饰板

有机玻璃板是以甲基丙烯酸甲酯为主要原料，加入外加剂聚合而成的一种热塑性塑料装饰板材。具有透光率高、机械强度高、耐热、耐腐蚀、抗冻、不易变形、绝缘性好、易加工优点，但质地较脆、硬度低、表面易划伤、易溶于有机溶剂等。可用于灯具、灯箱、标箱、收银台罩等的制作，还能用来制作各种彩色的美术字和图案。

有机玻璃板分无色透明、有色透明和各色珠光有机玻璃等品种，其规格有 200mm × 200mm、300mm × 300mm、900mm × 900mm、1000mm × 400mm 等，厚度为 0.50 ~ 8.0mm 不等。

3.6.2.3 PC 耐力采光板

PC 耐力采光板是以聚碳酸酯塑料为基材，采用挤出成型工艺制成的栅格状中空结构异型断面板材。板的两面都覆有透明保护膜，有印刷图案的一面经紫外线防护处理，安装时应朝外。具有质量轻、厚度薄、刚性大、抗冲击、防水、隔热、保温、阻燃、透光性好、耐候性好、色彩丰富、加工性好等特点。适用于商场、飞机场、游泳池等建筑物之采光天窗，停车场、购物街、超市等场所的拱形顶采光罩，银行、钟表店、银楼之展示的橱窗。

板面的长度有2440mm、3660mm、4880mm，宽度有915mm、1000mm、1220mm、1830mm，厚度为2～12mm。

3.6.2.4 塑料贴面板

塑料贴面板是以改性三聚氰胺树脂、酚醛树脂浸渍专用纸为基纸，在高温高压下制成的纸质层塑料板。分为镜面和柔光两种。塑料贴面板表面光洁、色泽鲜艳，具有一定的耐磨、耐污染、耐腐蚀、耐热等特点。常用于建筑物室内装饰。

塑料贴面板的规格为（0.8～1）mm×（950～1220）mm×（1750～2440）mm。

3.6.2.5 玻璃钢（GRP）装饰板

玻璃钢是用热固性不饱和聚酯树脂或环氧树脂为粘结材料，以玻璃纤维织物为增强材料制作而成的一种复合材料。按形状可分为波形板、格子板、折板等。具有重量轻、强度高、耐水、耐腐蚀、透光性及装饰性好等特点，可用作货栈、车棚、集贸大棚等处的轻型屋面材料。

波形板常用的规格有（1800～2000）mm×（500～700）mm×（0.8～2.0）mm。

3.6.2.6 钙塑装饰板

钙塑装饰板是以聚氯乙烯（聚乙烯、聚丙烯）、轻质碳酸钙为主要原料，掺入填充料、助剂，经热塑压延而成。钙塑装饰板具有花色美观、光洁平整、防潮耐腐蚀、可锯、可刨、可钻孔、施工简便等特点，常用于建筑物室内装饰等。

3.6.3 塑料管材

3.6.3.1 硬聚氯乙烯塑料管材（PVC-U）

硬聚氯乙烯塑料管材（PVC-U）系由聚氯乙烯树脂加入稳定剂、润滑剂等助剂经捏合、滚压塑化、切粒、挤出成型加工而成。主要用于建筑工程上给排水系统管道、楼梯扶手、栏杆扶手及电线电缆的保护套管等。

建筑排水用PVC-U管材的规格尺寸和物理机械性能见表3-94和表3-95。

建筑排水用 PVC-U 管材的规格尺寸　　表 3-94

公称外径 d_e（mm）	平均外径 极限偏差（mm）	壁厚 e（mm）		长度 L（mm）	
		基本尺寸	极限偏差	基本尺寸	极限偏差
40	+0.3 0	2.0	+0.4 0	4000 或 6000	±10
50	+0.3 0	2.0	+0.4 0		
75	+0.3 0	2.3	+0.4 0		
90	+0.3 0	3.2	+0.6 0		
110	+0.4 0	3.2	+0.6 0		
125	+0.4 0	3.2	+0.6 0		
160	+0.5 0	4.0	+0.6 0		

注：管材长度亦可由供需双方协商确定。

建筑排水用 PVC-U 管材的物理机械性能要求 **表 3-95**

项目		指标	
		优等品	合格品
拉伸屈服强度（MPa）		≥43	≥40
断裂伸长率（%）		≥80	—
维卡软化温度（℃）		≥79	≥79
扁平试验		无破裂	无破裂
落锤冲击试验 TIR①	20℃	TIR≤10%	9/10 通过
	0℃	TIR≤5%	9/10 通过
纵向回缩率（%）		≤5.0	≤9.0

注：①TIR 为真空冲击率。

建筑给水用 PVC-U 管材的长度一般为 4m、6m、8m、12m，也可由供需双方商定。管材的连接形式为弹性密封圈连接型和溶剂粘结型。管材管件的物理力学性能及卫生指标见表 3-96～表 3-98。

建筑用 PVC-U 电工套管的技术性能见表3-99。

埋地排污、废水用 PVC-U 管材物理力学性能见表 3-100。管材按连接形式分为弹性密封圈式连接和粘结式连接。

3.6.3.2 PVC-U 芯层发泡管材

PVC-U 芯层发泡管材是用同一牌号 PVC 树脂的三层材料共挤而成的，内外表层为 PVC 硬层，中间为微小密闭蜂窝型泡孔结构组成的 PVC 发泡芯层。具有重量轻、隔声、隔热性能好、抗冲击强度高、环向刚度大等特点，可用于建筑排水或埋地排水等。管材按环刚度分为 S_0 和 S_1 两级，其物理机械性能要求见表 3-101。

3.6.3.3 软聚氯乙烯塑料管

软聚氯乙烯塑料管以聚氯乙烯树脂为主要原料，经挤出成型而得。一种用于在常温下输送某些适宜的流体，另一种用于在常温下保护电线、电缆。其物理机械性能见表 3-102。

给水用 PVC-U 管材的物理力学性能（GB/T 10002.1—2006） **表 3-96**

项目		技术指标
物理性能	密度（kg/m^3）	1350～1460
	维卡软化温度（℃）	≥80
	纵向回缩率（%）	≤5
	二氯甲烷浸渍试验（15℃，15min）	表面变化不劣于4N
力学性能	落锤冲击试验（20℃）TIR（%）	≤5
	液压试验	无破裂，无渗漏
	连接密封试验	无破裂，无渗漏

给水用 PVC-U 管件的物理力学性能（GB 10002.2—2003） **表 3-97**

项目		技术指标
物理性能	密度（kg/m^3）	1350～1460
	维卡软化温度（℃）	≥74
	烘箱试验	均无任何起泡或拼缝线开裂等现象

续表

项目		技术指标
力学性能	坠落试验	无破裂
	液压试验	无渗漏

给水用 PVC-U 管材的卫生指标规定（GB/T 17219—1998）　表 3-98

项目	技术指标
铅的萃取值（mg/L）	第一次萃取≤1.0 第三次萃取≤0.3
锡的萃取值（mg/L）	第三次萃取≤0.02
镉的萃取值（mg/L）	三次萃取，每次≤0.01
汞的萃取值（mg/L）	三次萃取，每次≤0.001
氯乙烯单体含量（mg/kg）	≤1.0

建筑用 PVC-U 电工套管的技术性能要求　　表 3-99

项　　目	性 能 指 标
外　　观	光滑
抗压性能	载荷 1min 时 $D_f \leqslant 25\%$，卸荷时 $D_f \leqslant 10\%$
冲击试验	12 个试件中至少有 9 个不坏、不裂
弯曲性能	无可见裂纹
弯扁性能	量规自重通过
跌落性能	无震裂、破碎
耐热性能　（s）	≤30
阻燃性能　（s）	≤30
电气性能	15min 内不击穿，$R \geqslant 100M\Omega$

埋地排污、废水用 UPVC 管材的物理力学性能要求　　表 3-100

项目		技术指标
密度	(g/cm^3)	≤1.5
维卡软化温度	(℃)	≥79
纵向回缩率	(%)	≤5
落锤冲击试验（20℃）	TIR（%）	≤10
环刚度（kPa）	S25	≥2
	S20	≥4
	S16.7	≥8
二氯甲烷浸渍		表面无变化
连接密封试验		不渗漏

PVC-U 芯层发泡管材的物理机械性能（GB/T 16800—1997）　　表 3-101

项　目	性能指标	
	S_0	S_1
环刚度（kPa）	≥2	≥4
表观密度（g/cm^3）	0.90～1.20	
落锤冲击试验	真实冲击率法 TIR≤10%	通用法 12 次冲击，11 次不破裂
纵向回缩率（%）	≤15，且不分脱、不破裂	
扁平试验	不破裂、不分脱	
连接密封试验	连接处不渗漏、不破裂	
二氯甲烷浸渍	内外表面不劣于 4L	

软聚氯乙烯管的物理机械性能要求　　表 3-102

输送流体用管（GB/T 13527.1—92）		电线绝缘用管（GB/T 13527.2—92）	
项　目	指　标	项　目	指　标
拉伸强度（MPa）	≥14	拉伸强度（MPa）	≥15
断裂伸长率（%）	≥200	断裂伸长率（%）	≥150
热老化性能： 拉伸强度变化率 V_1（%） 断裂伸长率变化率 V_2（%）	 $-20 \leq V_1 \leq 20$ $-20 \leq V_2 \leq 20$	热老化性能： 拉伸强度变化率（%） 断裂伸长率变化率（%）	 ≥90 ≥70
水压试验	不破裂	耐油性： 拉伸强度残留率（%） 断裂伸长率残留率（%）	 ≥70 ≥70
耐寒试验[（−10±2）℃]	无裂痕和破碎现象		

续表

输送流体用管（GB/T 13527.1—92）			电线绝缘用管（GB/T 13527.2—92）	
项　　目		指　　标	项　　目	指　　标
	H_2O 吸水率（%） 抽出率（%）	≤0.5	绝缘电阻（MΩ·m）	≥1000
			耐电压（5000V，lmin）	不击穿
浸渍试验	(10±1)%（m/m） NaCl 溶液 (30±1)%（m/m） H_2SO_4 溶液 质量变化率 W_c（%）	$-0.5 \leq W_c \leq 0.5$	耐热性 厚度变形率（%） 长度收缩率（%）	 ≤10 ≤10
	(40±1)%（m/m） NaOH 溶液 (40±1)%（m/m） HNO_3 溶液 质量变化率 W_c（%）	$-0.5 \leq W_c \leq 5.0$	耐寒试验 （-20±2℃）	表面无裂痕、裂缝
			自熄性	离开火焰后15s 内熄灭

3.6.3.4 聚乙烯塑料管

常规聚乙烯塑料管材以聚乙烯树脂及一定量的助剂经挤出成型加工而成，主要有高密度聚乙烯（HDPE）管与低密度聚乙烯（LDPE）管两种，也有少量中密度聚乙烯管。聚乙烯管适用于输送液体、气体。

聚乙烯塑料管材的长度一般为6m、9m、12m，也可根据供需双方协商决定。其物理机械性能要求见表3-103、表3-104。

HDPE给水管材的物理性能要求

（GB/T 13663—2000） **表3-103**

项目		性能要求
断裂伸长率（%）		≥350
纵向回缩率（110℃）（%）		≤3
氧化诱导时间（200℃）（min）		≥20
耐候性（管材累计接受≥3.5GJ/m^2老化能量后）	80℃静液压强度（165h）	不破裂，不渗漏
	断裂伸长率（%）	≥350
	氧化诱导时间（200℃）（min）	≥10

LDPE 给水管材的物理机械性能要求（GB 1930—93）

表 3-104

项目			指标
断裂伸长率（%）			≥350
纵向回缩率（%）			≤3.0
液压试验	短期	温度 20℃，时间 1h，环应力 6.9MPa	不破裂，不渗漏
	长期	温度 70℃，时间 100h，环应力 2.5MPa	不破裂，不渗漏

3.6.3.5 交联聚乙烯（PEX）塑料管

交联聚乙烯（PEX）塑料管材是以交联聚乙烯为主要原材料加工而成的。具有优良的长期耐温、耐压、抗蠕变性能，柔韧性好，机械强度高等特点，可广泛应用于燃气工程、给水工程、建筑冷热水循环管道系统、地板辐射采暖热循环水管道系统等。

3.6.3.6 无规共聚聚丙烯塑料管（PP-R 管）

无规共聚聚丙烯管（PP-R 管）是以乙烯无规共聚物和聚丙烯共聚而成的无规共聚聚丙烯为原

料，加入适当的稳定剂，经挤出成型加工而成的。具有轻质、耐腐蚀、无锈蚀、不结垢、良好的耐热性、较高的强度和良好的抗冲击性能等特点。主要用于工业与民用建筑冷热水、饮用水及地板采暖管道系统等。管材执行《冷热水用聚丙烯（PP-R）管材》（GB/T 18742—2002）标准。

3.6.3.7 塑料波纹管

塑料波纹管是以聚氯乙烯（PVC）或聚乙烯（PE）树脂为原料，加入其他助剂和改性剂，经双螺杆挤出剂混炼塑化造粒，再经挤出机、成型机及压缩空气连续吹塑成波定型加工而成的，有单壁和双壁两种，多采用双壁管。具有耐酸、耐碱、耐候、电绝缘性强、耐电压2kV不击穿等特点，适用于建筑物内外排水、地埋电线、电缆穿线等管材。

双壁波纹管材的分类、规格和物理力学性能要求见表3-105～表3-107。

双壁波纹管材的分类　　表3-105

按环刚度分类	级别	S_0	S_1	S_2	S_3
	环刚度（kN/m^2）	≥2	≥4	≥8	≥16
按压力等级分类	级别	P_1	P_2	P_3	
	压力（MPa）	无压	0.2	0.4	

双壁波纹管材的规格　　　　表 3-106

公称外径（mm）	最小平均内径（mrn）	最小承口平均内径（mm）	最小承口深度（mm）
63	54	63.3	40
75	65	75.4	40
90	77	90.4	41
110	97	110.5	41
125	107	125.5	42
160	135	160.6	46
200	172	200.7	SO
250	216	250.9	S5
280	243	280.9	58
315	270	316.1	61
400	340	401.3	70
450	383	451.5	75
500	432	501.6	80
630	540	632.0	93
710	614	712.2	93
800	680	802.5	93
900	766	902.8	93
1000	864	1003.1	93

双壁波纹管材的物理力学性能要求　　表 3-107

项　目		指　标
液压试验	P_1	—
	P_2	不破裂，不渗漏
	P_3	不破裂，不渗漏
落锤冲击		不破裂，两壁不脱开
环刚度（kN/m²）	S_0	≥2
	S_1	≥4
	S_2	≥8
	S_3	≥16
扁平试验		不破裂，两壁不脱开

3.6.3.8　塑料复合管

（1）铝塑复合管

铝塑复合管是将铝和聚乙烯（高密度或中密度聚乙烯）结合而制成的，管材为五层复合构造，内外壁使用聚乙烯交联，中间是铝质管壁，铝质管壁用胶粘剂紧紧地粘结在内外管壁上。复合管材具有金属管的坚硬和塑料管的柔性、易加工、易于弯曲和伸直、防腐蚀、耐高温、耐高压、抗紫外线、管内壁平滑、管内流体阻力小、管材保温性好、抗静电等特点。

铝塑复合管可应用于冷热水管道，煤气、天然气管道，电线、电缆穿管，地面及地下暖气管道等。产品的技术性能应符合《铝塑复合压力管》(GB/T 18997—2003) 标准要求。

(2) 钢塑复合管

钢塑复合管包括不锈钢塑料复合管和镀锌钢板塑料复合管。不锈钢塑料复合管由塑料管经特殊工艺外复不锈钢，并内复不同材质的内管加工而成。这种管材既具有镀锌管的刚性和表面硬度，又具有塑料管的韧性和耐蚀性，整体刚性好，线膨胀系数小，耐压，不结垢，输送水稳定，隔热保温。镀锌钢板塑料复合管的结构与铝塑复合管相似。

钢塑料复合管适用于民用供水管，化工气、液、水用管，消防用管，采暖空调系统用管等。其物理力学性能见表3-108。

钢塑复合管的物理力学性能 **表 3-108**

项目	技术指标	
	不锈钢塑料复合管	镀锌钢板塑料复合管
屈服强度（MPa）	≥210	
抗拉强度（MPa）	560	
延伸率（%）	40	
可弯曲度（°）	360	
液压试验	（冷水管）6.4MPa、20℃，1h 无破坏，无渗漏	22MPa，20℃，1h 无管壁膨胀及渗漏
连结点密封性试验	6.4MPa，20℃，1h 无破坏，无渗漏	22MPa，20℃，1h 连接处不分离，无泄漏
扁平试验	20℃压至 $0.8D_g$（公称外径）时，管材无分层，管道表面无裂缝	10～15s 压至管材直径的 50%，连接处不分离、无泄漏

3.7 建筑涂料

建筑涂料的种类繁多，根据分类依据的不同，可以有各种分类方法，详见表3-109。

3.7.1 内墙及顶棚涂料

内墙及顶棚涂料的品种及说明见表3-110，内墙涂料中有害物质限量见表3-111。

3.7.2 外墙涂料

外墙涂料的品种及说明见表3-113。

3.7.3 地面涂料

地面涂料的品种及说明见表3-119。

3.7.4 油漆涂料

油漆涂料的品种及说明见表3-120。

3.7.5 特种涂料

特种涂料的品种及说明见表3-121。

建筑涂料的分类　　表 3-109

分类方法	涂料类别	
按主要成膜物质的化学成分分类	有机涂料	溶剂型涂料
		水溶性涂料
		乳胶涂料
	无机涂料	
	无机-有机复合涂料	
按构成涂膜的主要成膜物质分类	聚乙烯醇系建筑涂料	
	丙烯酸系建筑涂料	
	聚氨酯建筑涂料	
	氯化橡胶外墙涂料	
	水玻璃或硅溶胶外墙涂料	
按建筑物的使用部位分类	外墙涂料、内墙涂料、顶棚涂料、地面涂料	
按建筑涂料的功能分类	装饰性涂料、防火涂料、防水涂料、保温涂料、防腐涂料、防霉涂料	
按涂膜的状态分类	薄质涂料、厚质涂料、砂壁涂料、凹凸花纹涂料	

内墙及顶棚涂料的品种及说明 **表 3-110**

涂料名称		说明	
合成树脂乳液内墙涂料（内墙乳胶漆）	聚醋酸乙烯乳液	以聚醋酸乙烯乳液为主要成膜物质，掺入适量的填料、少量的颜料和辅助材料后，经加工而成的水乳型涂料。具有无味、无毒、不燃、干燥快、透气性好、附着力强、耐水性好的特点	产品技术质量指标见表 3-112
	乙-丙乳胶漆	以聚醋酸乙烯与丙烯酸酯共聚乳液为主要成膜物质，掺入适量的颜料、填料和辅助材料后，经过研磨或分散后配置而成的半光或有光内墙涂料。具有耐碱、耐水和耐候等特点	
	苯-丙乳胶漆	由苯乙烯、甲基丙烯酸等三元共聚乳液为主要成膜物质，加入颜料、填料和助剂等原材料制得的涂料。具有遮盖力强、附着力高、防霉、防潮、耐洗刷、无毒无味等特点	

续表

涂料名称	说明
幻彩涂料	用经特殊聚合工艺加工而成的合成树脂乳液和专门的有机、无机颜料制成的高档涂料。具有良好的触变性及适当的光泽，优良的耐水性、耐碱性和耐洗刷性
仿瓷涂料	以多种高分子化合物为基料，并加入颜料、填料、助剂等配制而成的。具有瓷釉亮光的涂料。具有耐磨、耐水、耐老化、耐冲击及硬度高的特点，涂层坚硬光亮、色泽柔和，有陶瓷釉料的光泽感。仿瓷涂料分为双组分和单组分，一般为双组分
纤维质涂料	在各种色彩的纤维材料中加入有机高分子胶粘剂和辅助材料而制得的涂料。具有立体感强、质感丰富、阻燃、防霉变、吸声效果好等特性，涂层表面的耐污染性和耐水性较差
内墙粉末涂料	以水溶性树脂或有机胶粘剂为基料，配以适量的颜料、填料、助剂，经研磨混料加工而成。具有使用方便、不起壳、不掉粉、价格便宜等特点

内墙涂料中有害物质限量（GB 18582—2001）　　表 3-111

项目		限量值
挥发性有机化合物（VOC）（g/L）≤		200
游离甲醛（g/kg）≤		0.1
重金属（mg/kg）	可溶性铅≤	90
	可溶性镉≤	75
	可溶性铬≤	60
	可溶性汞≤	60

合成树脂乳液内墙涂料的技术质量指标（GB/T 9756—2001）　　表 3-112

项目	指标		
	优等品	一等品	合格品
容器中状态	无硬块，搅拌后呈均匀状态		
施工性	刷涂二道无障碍		

续表

项目	指标		
	优等品	一等品	合格品
低温稳定性	不变质		
干燥时间（表干）（h）≤	2		
涂膜外观	正常		
对比率（白色和浅色）≥	0.95	0.93	0.90
耐碱性	24h 无异常		
耐洗刷性/次≥	1000	500	200

外墙涂料的品种及说明　　表 3-113

名称		说明	
外墙无机建筑涂料	碱金属硅酸盐类	以碱金属硅酸盐为主要成膜物质，配以着色剂、填充剂、固化剂、表面活性剂等配制而成。品种有	技术性能要求见表 3-114

续表

名称		说明	
外墙无机建筑涂料	碱金属硅酸盐类	钠水玻璃涂料、钾水玻璃涂料和钾钠水玻璃涂料。具有良好的耐候、保色、耐水、耐水洗刷、耐酸碱、不燃烧、无毒无味、施工方便等特点	技术性能要求见表3-114
	硅溶胶类	以二氧化硅胶体为主要成膜物质，加入适量的合成树脂乳液、颜料、填料和助剂配制而成。以水为分散剂，具有无毒无味、资源丰富、生产工艺简便、节约能源、减少环境污染、耐久性好的特点	
合成树脂乳液外墙涂料（外墙乳胶漆）		以合成树脂乳液为基料，与颜料、体质颜料及各种助剂配制而成，施涂后能形成表面平整的薄质涂层。技术性能要求见表3-115	
合成树脂乳液砂壁状建筑涂料		以合成树脂乳液为主要胶粘剂，以砂粒、石材微粒和石粉为骨料，加入适量的助剂加工而成。采用喷涂方法施工，形成具	

续表

名　称	说　明
合成树脂乳液砂壁状建筑涂料	有石材质感饰面的粗面涂层。砂壁状建筑涂料按用途分为内用合成树脂乳液砂壁状建筑涂料（N 型）和外用合成树脂乳液砂壁状建筑涂料（W 型）。其技术性能要求见表 3-116
聚氨酯系外墙涂料	以聚氨酯树脂或聚氨酯与其他树脂的复合物为主要成膜物质，加入溶剂、颜料、填料和助剂等经研磨而成。品种有聚氨酯－丙烯酸酯外墙涂料和聚氨酯高弹性外墙防水涂料。膜层的弹性强，具有很好的耐水性、耐酸碱腐蚀性、耐候性和耐污性，与基层的粘结力强
仿石涂料	是一种高级水溶性厚质涂料（丙烯酸共聚乳液为基料），采用天然石材经特殊工艺制成，外观似天然花岗石或麻石，具有硬度高、粘结力强、无毒、无味、防火、防水、耐碱、耐污染、耐擦洗等特点

续表

名　称	说　明
复层建筑涂料	以水泥系、硅酸盐系和合成树脂系等粘结料和骨料为主要原料，用刷涂、滚涂或喷涂等方法，在建筑物墙面上涂布2～3层厚度为1～5mm的凹凸状或平面状装饰面而成。复层涂料由底涂层、主涂层、面涂层组成（其中聚合物水泥系和反应固化型环氧树脂系两类复层涂料无底涂层）。复层涂料的组成、分类及代号和技术指标见表3-117和表3-118

外墙无机建筑涂料的技术性能要求（JG/T 26—2002）　　表3-114

项　目	技术指标
容器中状态	搅拌后无结块，呈均匀状态
施工性	刷涂两道无障碍

续表

项　　目	技术指标
涂膜外观	涂膜外观正常
对比率（白色和浅色）	≥0.95
热贮存稳定性（30d）	无结块、凝聚、霉变现象
低温贮存稳定性（3次）	无结块、凝聚现象
表干时间	≤2h
耐洗刷性	≥1000次
耐水性（168h）	无起泡、裂纹、剥落，允许轻微掉粉
耐碱性（168h）	无起泡、裂纹、剥落，允许轻微掉粉
耐温变性（10次）	无起泡、裂纹、剥落，允许轻微掉粉
耐沾污性：Ⅰ Ⅱ	≤20% ≤15%

续表

项目	技术指标
耐人工老化性（白色和浅色）：	
Ⅰ（800h）	无起泡、裂纹、剥落，粉化≤1级，变色≤2级
Ⅱ（500h）	无起泡、裂纹、剥落，粉化≤1级，变色≤2级

注：表中的浅色是指以白色涂料为主要成分，添加适量色浆后配制成的浅色涂料形成的涂膜所呈现的灰色、粉红色、奶黄色、浅绿色等浅颜色。

合成树脂乳液外墙涂料的技术要求（GB/T 9755—2001）　**表 3-115**

项目	技术指标		
	优等品	一等品	合格品
容器中状态	无硬块，搅拌后呈均匀状态		
施工性	刷涂二道无障碍		

续表

项目		技术指标		
		优等品	一等品	合格品
低温稳定性		不变质		
干燥时间（表干）（h）≤		2		
涂膜外观		正常		
对比率（白色或浅色）≥		0.93	0.90	0.87
耐水性		96h 无异常		
耐碱性		48h 无异常		
耐洗刷性（次）≥		2000	1000	500
耐人工气候老化性	白色和浅色	600h 不起泡、不剥落、无裂纹	400h 不起泡、不剥落、无裂纹	250h 不起泡、不剥落、无裂纹
	粉化（级）≤	1		
	变色（级）≤	2		
	其他色	商定		

续表

项目	技术指标		
	优等品	一等品	合格品
耐沾污性（白色和浅色）（%）≤	15	15	20
涂层耐湿变化（5 次循环）	无异常		

注：浅色是指以白色涂料为主要成分，添加适量色浆后配制成的浅色涂料形成的涂膜所呈现的浅颜色。

合成树脂乳液砂壁状建筑涂料的技术性能要求（JG/T 24—2000）

表 3-116

项目	技术指标	
	N 型（内用）	W 型（外用）
容器中状态	搅拌后无结块，呈均匀状态	
施工性	喷涂无困难	

续表

项　目	技术指标	
	N型（内用）	W型（外用）
涂料低温贮存稳定性	3次试验后，无结块、凝聚及组成物的变化	
涂料热贮存稳定性	1个月试验后，无结块、霉变、凝聚及组成物的变化	
初期干燥抗裂性	无裂纹	
干燥时间（表干）h	≤4	
耐水性	—	96h涂层无起鼓、开裂、剥落，与未浸泡部分相比，允许颜色轻微变形
耐碱性	48h涂层无起鼓、开裂、剥落，与未浸泡部分相比，允许颜色轻微变化	96h涂层无起鼓、开裂、剥落，与未浸泡部分相比，允许颜色轻微变化

续表

项目		技术指标	
		N型（内用）	W型（外用）
耐冲击性		涂层无裂纹、剥落及明显变形	
涂层耐温变性		—	10次涂层无粉化、开裂、剥落、起鼓，与标准板相比，允许颜色轻微变化
耐沾污性		—	5次循环试验后≤2级
粘结强度（MPa）	标准状态	≥0.70	
	浸水后	—	≥0.50
耐人工老化性		—	500h涂层无开裂、起鼓、剥落，粉化0级，变色≤1级

复层建筑涂料的组成、分类及代号　　表3-117

项目	名称	备注
组成	底涂层	用于封闭基层和增强主涂料的附着能力
	主涂层	用于形成凹凸式或平状装饰面
	面涂层	用于装饰面着色，提高耐候性、耐污染性及防水性等
分类	聚合物水泥系复层涂料（代号CE）	用混有聚合物分散剂的水泥作为粘结料
	硅酸盐系复层涂料（代号Si）	用混有合成树脂乳液的硅溶胶等作为粘结料
	合成树脂乳液系复层涂料（代号E）	用合成树脂乳液作为粘结料
	反应固化型合成树脂乳液系复层涂料（代号RE）	用环氧树脂乳液等作为粘结料

复层建筑涂料的理化性能要求（GB /T 9779—2005）　　表 3-118

项目			技术指标		
			优等品	一等品	合格品
容器中状态			无硬块，呈均匀状态		
涂膜外观			无开裂、无明显针孔、无气泡		
低温稳定性			不结块，无组成物分离、无凝聚		
初期干燥抗裂性			无裂纹		
粘结强度（MPa）	标准状态≥	RE	1.0		
		Si、E	0.7		
		CE	0.5		
	浸水后≥	RE	0.7		
		Si、E、CE	0.5		
耐温变性（5 次循环）			不剥落、不起泡、无裂纹、无明显变色		

续表

项目		技术指标		
		优等品	一等品	合格品
透水性（mL）		A 型 <0.5，B 型 <2.0		
耐碱性		不剥落、不起泡、不粉化、无裂纹		
耐冲击性		无裂纹、剥落以及明显变形		
耐候性（白色和浅色）	老化时间（h）	600	400	250
	外观	不起泡、无裂纹、不剥落		
	粉化（级）≤	1		
	变色（级）≤	2		
耐沾污性（白色和浅色）	平状（%）≤	15	15	20
	立体状（级）≤	2	2	3

地面涂料的品种及说明 **表 3-119**

名称	说明
过氯乙烯地面涂料	以过氯乙烯树脂为主要成膜物质，溶于挥发性溶剂中，再加入颜料、填料、增塑剂和稳定剂等附加成分而成。具有干燥速度快、耐水、耐磨、耐候、耐化学腐蚀、易燃、有毒等特点，适用于水泥地面涂装
聚氨酯-丙烯酸酯地面涂料	以聚氨酯－丙烯酸酯树脂溶液为主要成膜物质，再加入颜料、填料和各种助剂等，经过一定的加工工序制作而成。具有耐磨性、耐水性、耐酸碱腐蚀性能好等特点，表面有瓷砖的光亮感，适用于公共建筑地面的装饰
丙烯酸硅树脂地面涂料	以丙烯酸酯和硅树脂复合作为主要成膜物质，加入着色颜料、填料、助剂和溶剂配制而成。具有含固量低，渗透性好，良好的耐磨性、耐水性、耐沾污性、耐腐蚀和耐候性等特点，用于室外的水泥砂浆、混凝土和砖石的地面装饰

续表

名　称	说　明
环氧树脂地面涂料	以环氧树脂为主要成膜物质，加入稀释剂，颜料、填料、增塑剂和固化剂等，经过一定的制作工艺加工而成，是一种双组分环氧树脂涂料，具有质地坚实、防腐、防尘、保养方便、维护费用低廉等优点，主要用于工业厂房地面的防护
聚氨酯弹性彩色地面涂料	由聚氨酯、颜色填料、助剂调制而成。具有耐水、耐油、耐酸、耐碱、有弹性等特点。适用于旅游建筑、文化体育等建筑地面
聚氨酯涂料	以聚氨酯为主要成分，配合特殊添加剂精制而成的双组分涂料。具有干燥快、硬度高、涂膜平整、光亮丰满、优良的耐水性、耐酸碱性和耐磨性等特点，适用于木地板和木制品的涂装

常用油漆涂料的品种及说明　表 3-120

名称		说明
油脂漆	清油	以半干性桐油为主要原料，加热聚合到适当稠度，再加入催干剂后制成。干燥速度快，漆膜光亮、柔韧，用于调制油性漆、厚漆、底漆及腻子
	厚漆	由干性油、颜料与体质颜料混合研磨制成。颜色品种多，施工方便，干燥慢，漆膜软，耐久性差，可用作打底或调制腻子
	油性调合漆（有光及无光）	由干性油、颜料、溶剂、催干剂和其他辅助材料配制而成。弹性强，耐水性、耐久性和粘结力好，不易粉化、脱落、龟裂，漆膜较软、干燥速度慢。用于室内外一般木材、金属及建筑物表面施涂
天然树脂漆	虫胶漆（漆片）	由一种积累在树枝上的寄生昆虫的分泌物，经收集加工溶于酒精中而成。使用方便，干燥快，漆膜坚硬光亮，耐

续表

名称		说明
天然树脂漆	虫胶漆（漆片）	水性、耐候性和耐碱性差，日光暴晒会失光，一般用于室内涂饰
	大漆（土漆、天然漆、中国漆）	分生漆和熟漆。从漆树上割开树皮后会流出一种白色的黏性树液，经部分脱水并过滤而得到的棕黄色黏稠液体即为大漆。大漆的漆膜坚硬，富有光泽，耐磨，耐久，绝缘，耐热，黏度高，不易施工，性脆，不耐阳光直射。生漆经加工即成熟漆。适用于木器家具、工艺美术品及某些建筑制品等
清漆	脂胶清漆（耐水清漆）	以干性油和甘油松香为主要成膜物质而制成。漆膜光亮，耐水性好，但光泽不持久，干燥性差，用于木质家具、门窗等的涂刷及金属表面的罩光

续表

名称		说明
清漆	酚醛清漆	由干性油和改性酚醛树脂为主要成膜物质制成。干燥快，漆膜坚韧耐久，光泽好，耐热，耐水，施工方便，颜色深，易泛黄，不能砂磨抛光，光洁度较差，涂层干后稍有黏性。用于室内外木器和金属表面的涂刷
	醇酸清漆	以干性油和改性醇酸树脂为主要成膜物质分散于有机溶剂中而制成。漆膜干燥快、硬度高、绝缘性好，可抛光、打磨，色泽光亮，但膜脆，耐热、抗大气性较差。用于涂刷门窗、木地面、家具等，不宜用于室外
	硝基清漆（蜡克、喷漆）	以硝化棉为主要成膜物质，加入其他合成树脂、增韧剂、溶剂和稀释剂制成。具有干燥快、漆膜坚硬、光亮、耐磨、耐久等优点，但耐光性差。适用于木材和金属表面的复层涂饰

续表

名　称	说　明
磁漆（瓷器）	在清漆基础上加入无机颜料而制成。漆膜光亮、坚硬，酷似瓷（磁）器，色泽丰富，附着力强，用于室内外木质、金属及建筑构、配件施涂。分为平光、半光和有光三种
聚酯漆	以不饱和聚酯树脂为主要成膜物质的一种高档油漆涂料。干燥快，漆膜丰满厚实、硬度高、韧性好、光亮透明，耐磨、耐热、耐潮湿性能较好。适宜在静止的平面上涂饰，不能用虫胶漆和虫胶腻子打底，否则会降低漆膜的附着力。可作为绝缘漆，用于高档生活用品的涂饰

特种涂料的品种及说明 表 3-121

名称		说明
防水涂料	乳液型	属单组分的水乳型涂料。具有无毒、无污染、不易燃烧和防水性能好等特点
	溶剂型	以高分子合成树脂有机溶剂的溶液为主要成膜物质，加入颜料、填料及助剂而形成。防水效果好，可以在较低的温度下施工
	反应型	是双组分型，膜层是由涂料中的主要成膜物质与固化剂进行反应后而形成的。耐水性、耐老化性和弹性均好，具有较好的抗拉强度、延伸率和撕裂强度
防火涂料	非膨胀型防火涂料	由难燃或不燃的树脂及阻燃剂、防火填料等材料组成。涂膜具有较好的难燃性，能够阻止火焰蔓延

续表

名称		说明
防火涂料	膨胀型防火涂料	由难燃树脂、阻燃剂及成碳剂、脱水成碳催化剂、发泡剂等材料组成。涂料的涂层在受到高温或火焰作用时会产生体积膨胀，形成的泡沫碳质层能阻止燃烧进一步扩展
防霉涂料		是通过在涂料中加入适量的抑菌剂来达到防止霉菌生长的目的的。按照成膜物质和分散介质不同可分为溶剂型和水乳型两类；按照涂料的用途不同可分为外用、内用和特种用途等
防腐蚀涂料		是一种能够将酸、碱及各类有机物与材料隔离开来，使材料免于有害物质侵蚀的涂料。它的耐腐蚀性能高于一般的涂料，维护保养方便，耐久性好，能够在常温状态下固化成膜。防腐蚀涂料在配置时应注意采用的颜料、填料等都应具有防腐蚀性能，如石墨粉、瓷土、硫酸钡等

3.7.6 建筑涂料的运输与保管

建筑涂料应储存于干燥、通风的库房内或有遮篷盖住，避免日光直接照射和雨淋，应隔绝火源、远离热源。夏季温度过高时应设法降温，冬季时应采取适当防冻措施，并配有相应的灭火器材。

包装件在运输时应符合运输标准的有关规定，运输中的堆码高度应不高于3.5m，装卸时应轻取轻放，不得摩擦、碰撞或在地上滚动。油漆涂料存放时，其货架或堆垛至少应距离采暖设备1m以上。

3.8 胶粘剂

胶粘剂又称粘结剂或粘合剂，是能在两种物体表面形成薄膜，并使之紧密粘结在一起的液态或膏状材料。常用于建筑墙面、吊顶、地面工程的装饰粘结。胶粘剂按用途可分为壁纸墙布胶粘剂、陶瓷墙地砖胶粘剂、地板胶粘剂、竹木胶粘剂、多功能建筑胶粘剂等几大类。

3.8.1 壁纸墙布胶粘剂

根据《壁纸胶粘剂》（JC/T 548—1994），壁纸墙布胶粘剂的产品分类、应用范围及代号见表3-122，技术要求见表3-123，其中部分产品名称、性能特点及适用范围见表3-124。

壁纸墙布胶粘剂的分类、应用范围及代号

表3-122

分类	应用范围	代号		
		粉型	调制型	成品型
第1类	适用于一般纸基壁纸粘贴	1F	1H	1Y
第2类	具有高湿黏性、高干强，适用于各种基底壁纸粘贴	2F	2H	2Y

3.8.2 陶瓷墙地砖胶粘剂

根据《陶瓷墙地砖胶粘剂》（JC/T 547—1994）标准，陶瓷墙地砖胶粘剂的分类与分级见表3-125，技术要求见表3-126，其中部分产品名称、性能特点及适用范围见表3-127。

壁纸墙布胶粘剂技术要求 **表 3-123**

序号	项目		技术指标			
			第1类		第2类	
			优等品	合格品	优等品	合格品
1	成品胶外观		均匀无团块胶液			
2	pH 值		6~8			
3	适用期		不变质（不腐败、不变稀、不长霉）			
4	晾置时间（min）		≥15		≥10	
5	湿黏性	标记线距离（mm）	200	150	300	250
		30s 移动距离（mm）	<5			
6	干黏性	纸破率（%）	100			
7	滑动性（N）		≤2		≤5	
8	防霉性等级		1		0	1

壁纸墙布胶粘剂部分产品名称、性能特点与适用范围　　表 3-124

产品名称	性能特点	适用范围
SG 8104 壁纸胶	具有较好的耐水、耐潮湿性，对温度、温度变化引起的胀缩适应性好，不开胶，粘结强度为0.4～1.0MPa	适用于水泥砂浆、混凝土、水泥石棉板、石膏板以及胶合板等墙面、顶棚上粘贴纸基塑料壁纸
VAE 壁纸胶	白色乳状液，固含量为(20±2)%，pH 值为4～7	适用于壁纸墙布的粘贴
强力白胶	乳白色，pH 值为3～7，黏度≥9000MPa·s	适用于粘贴墙纸、塑料贴面及夹板等
BR-814 壁纸胶	具有良好的粘结性，涂刷面积大，耐潮湿，耐老化	适用于各种布、纸底面的塑料壁纸的粘贴

续表

产品名称	性能特点	适用范围
CFS1 胶	醋酸乙烯乳化型胶，具有耐水、耐霉性，黏度（30℃）为 1 ~ 2Pa · s，pH 值为 4 ~ 5	适用于壁布、壁纸的粘贴
聚醋酸乙烯胶粘剂（白乳胶）	无毒，不燃，常温固化快，成膜好，粘结强度高，不易老化，耐霉变性好，不含溶剂	适用于木材、墙纸、墙布、纤维板的粘合
粉状胶粘剂	无味，无毒，水溶性好，粘结牢固，干后无色	专门用于壁纸、墙布的粘贴
通用墙纸胶粉	无异味，不变色，易调制，水溶性好，粘力强	适合粘贴各类胶面墙纸、纸质墙纸及发泡胶墙纸

陶瓷墙地砖胶粘剂的分类与分级　　表 3-125

按化学组成和物理形态分类		按耐水性分级	
类别	说　明	级别	说　明
A 类	由水泥等无机胶凝材料、矿物集料和有机外加剂等组成的粉状产品	F 级	较快具有耐水性的产品
B 类	由聚合物分散液与填料等组成的膏糊状产品	S 级	较慢具有耐水性的产品
C 类	由聚合物分散液和水泥等无机胶凝材料、矿物集料等两部分组成的双包装产品		
D 类	由聚合物溶液和填料等组成的膏糊状产品	N 级	无耐水性要求的产品
E 类	由反应性聚合物及填料等组成的双包装或多包装产品		

陶瓷墙地砖胶粘剂的技术要求 表 3-126

<table>
<tr><th rowspan="2">序号</th><th rowspan="2" colspan="2">项　目</th><th colspan="3">技术指标</th></tr>
<tr><th>F级</th><th>S级</th><th>N级</th></tr>
<tr><td>1</td><td rowspan="2">拉伸胶接强度达到0.17MPa的时间间隔（min）</td><td>晾置时间</td><td colspan="3">≥10</td></tr>
<tr><td>2</td><td>调整时间</td><td colspan="3">>5</td></tr>
<tr><td>3</td><td colspan="2">收缩性（%）</td><td colspan="3"><0.50</td></tr>
<tr><td rowspan="6">4</td><td rowspan="6">压剪胶接强度（MPa）</td><td>原强度</td><td colspan="3">≥1.00</td></tr>
<tr><td rowspan="2">耐水</td><td>≥0.70</td><td colspan="2"></td></tr>
<tr><td></td><td>≥0.70</td><td></td></tr>
<tr><td>耐温</td><td colspan="3">≥0.70</td></tr>
<tr><td rowspan="2">耐冻融</td><td>≥0.70</td><td colspan="2"></td></tr>
<tr><td></td><td>≥0.70</td><td></td></tr>
<tr><td>5</td><td colspan="2">防霉性等级</td><td colspan="3">1</td></tr>
</table>

陶瓷墙地砖胶粘剂部分产品名称、性能特点及适用范围　　表 3-127

产品名称	性能特点	适用范围
超强瓷砖粘贴粉	附着性能强，防水抗热，耐候性及稳定性好，粘贴后不脱落	适用于混凝土、水泥内外墙粘贴各种瓷砖、大理石、花岗石等饰面材料
聚合物墙地砖粘结胶	粘结强度高，耐水性、耐碱性和耐冻融性及稳定性好，不含有害物质，安全无毒	适用于建筑室内外花岗石、大理石、墙地砖、隔热板、矿棉板、玻璃棉板与加气混凝土砌块的粘结
多力胶	高强、耐水、耐候、耐胀缩	可用于瓷砖、石块、锦砖、大理石及其他天然石材等与墙、地面的粘结

续表

产品名称	性能特点	适用范围
通用瓷砖胶粘剂	白色或灰色粉末，加水搅拌即可使用，耐水，操作方便	适用于在混凝土、砂浆墙面、地面和石膏板等表面粘贴瓷砖、锦砖、天然大理石、人造大理石等
耐水型瓷砖胶粘剂	单组分膏状，耐水性优良，无毒，防霉	适用于各类瓷砖、马赛克与水泥砂浆、石膏板、水泥石棉板等基材的粘结
防冻型瓷砖胶粘剂	抗冻性能优良	适用于瓷砖、锦砖的粘结
重质石材胶粘剂	双组分，粘结强度大、使用方便、无毒、无味、耐水、耐候、耐冻	适用于重质石材，如花岗石、大理石等的粘结

3.8.3 地板胶粘剂

塑料地板（PVC 地板）与水泥砂浆或混凝土地面的粘贴，常用半硬质聚氯乙烯块状塑料地板胶粘剂，根据《聚氯乙烯块状塑料地板胶粘剂》（JC/T 550-1994）标准，产品的分类及代号见表 3-128，技术要求见表 3-129。根据《木地板胶粘剂》（JC/T 636—1996）标准，木地板与混凝土、水泥砂浆基材的粘贴所用产品的类型及代号见表 3-130，技术要求见表 3-131。其中部分产品名称、性能特点及适用范围见表 3-132。

3.8.4 竹木胶粘剂

竹材、木材常用胶结剂主要有脲醛树脂胶、酚醛树脂胶、聚醋酸乙烯胶几类。其中部分产品名称、性能特点与适用范围见表 3-133。

3.8.5 多功能建筑胶粘剂

多功能建筑胶粘剂能用于多种材料的粘结，如顶棚板、墙板、吸声材料、玻璃、地板、陶瓷、木制品等。其中部分产品名称、性能特点与适用范围见表 3-134。

PVC 地板胶粘剂的分类及代号　　表 3-128

按粘料分类				按用途分类	
类型		代号	说明	类型	说明
乙酸乙烯系	乳液型	VA_1	以乙酸乙烯树脂为粘料，加入其他添加剂，分乳液型和溶剂型	A 型普通用	用于不受水影响的粘贴情况
	溶剂型	VA_2			
乙烯共聚系	乳液型	EC_1	以乙烯和乙酸乙烯共聚物为粘料，加入其他添加剂，分乳液型和溶剂型	B 型耐水用	用于易受水影响的粘贴情况
	溶剂型	EC_2			
合成胶乳系		SL	以合成胶乳为粘料，加入其他添加剂		
环氧树脂系		ER	以环氧树脂为粘料，加入其他添加剂		

PVC 地板胶粘剂的技术要求 表 3-129

试验项目			技术指标	
			一等品	合格品
外观			胶体均匀，无团块颗粒	
涂布性			容易涂布，梳齿不零乱	
粘结强度（MPa）≥	普通用	VA_1	0.60	0.50
		VA_2	0.60	0.50
		EC_1	0.30	0.20
		EC_2	0.60	0.50
		SL	0.30	0.20
		ER	0.90	0.80
	耐水用	168h	0.60	0.50

木地板胶粘剂的类型及代号 表 3-130

类　型	代号	说　明
聚乙烯醇系	PV	以聚乙烯醇改性物为粘料，加入添加剂
乙酸乙烯系	VA	以乙酸乙烯树脂为粘料，加入添加剂
乙烯共聚系	EC	以乙酸乙烯和乙烯共聚物为粘料，加入添加剂
丙烯酸系	AC	以丙烯酸树脂为粘料，加入添加剂

木地板胶粘剂的技术要求 表 3-131

试验项目	技术指标
涂布性	容易涂布，胶层均匀
拉伸劈裂粘结强度（N/cm）	≥200

地板胶粘剂部分产品名称、性能特点与适用范围　　表 3-132

产品名称	性能特点	适用范围
地板胶粘剂	无毒，无味，不燃，粘结性、耐水性良好	适用于塑料地板或木地板与水泥、混凝土地面间的粘贴
强力地板胶	粘结迅速、强度高、常温可硬化	适用于 PVC 地板、木地板、地毯等装饰材料的粘结
水性弹性塑料地板胶	具有水溶性、良好的耐水性、优异的粘结力、较高的粘结强度及弹性	可用于建筑物室内各种塑料地面卷材、块材、泡沫背衬材、地毯与基层的粘结
阻燃强力胶	室温固化，毒性小，固化速度快并有阻燃性能	适用于粘结橡胶、皮革、木材、塑料、织物及金属等
强力建筑胶粘剂	初粘性能好、强度高、耐温、耐水、耐老化、低温不结冻、无毒、无腐蚀	可用于粘结石英地板、PVC 地板、地板革、瓷地板、木地板、大理石、花岗石地板、ABS 塑料、玻璃、多孔材料与金属等

续表

产品名称	性能特点	适用范围
聚氯乙烯塑料地板胶粘剂	无毒、无味、不燃、施工方便、初始粘结强度高、防水性能好	适用于硬质、半硬质、软质聚氯乙烯塑料地板与水泥地面的粘贴，也适用于硬木拼花地板与水泥地面的粘贴
耐水塑料地板胶	粘结强度高、干固快、施工方便、耐水、耐温	用于水泥地面与塑料地板的粘接

竹木胶粘剂部分产品名称、性能特点与适用范围　表 3-133

产品名称	性能特点	适用范围
902 脲醛树脂胶	粘结强度高、速度快、耐水性好	用于层压板、刨花板、蔗渣板、贴面板、碎粒板的制造

续表

产品名称	性能特点	适用范围
563 脲醛胶	室温条件下固化、耐水、耐热、耐微生物侵蚀、不发霉	用于竹木或其他木质制品的胶结
5011 脲醛树脂胶	室温条件下硬结固化、耐水、防霉等	用于制造竹、木层压板、胶合板及其他竹、木材的粘结
脲醛树脂胶	硬化迅速，不需长时间压缩	用于木材与木材的快速粘结
酚醛树脂胶	初始粘结强、胶膜柔韧、耐老化等	用于木与木、三合板、装饰板、PVC 板、织物、有机玻璃、金属等物的粘结
醋酸乙烯乳化胶	使用方便、快干、胶膜透明强韧	用于木材、竹材、纸等粘结及装配加工

多功能建筑胶粘剂部分产品名称、性能特点与适用范围　　表 3-134

产品名称	性能特点	适用范围
建筑多用胶粘剂	初粘强度高、收缩率小、常温固化	用于水泥制品、水泥刨花板、矿棉板、石棉板、石膏板、砖、陶瓷、木材、钙塑板、轻质泡沫、塑料板的自粘或互粘，可广泛用于室内装修
建筑轻板胶粘剂	无色透明胶液，无毒，无臭，无污染，耐火性能好，胶液冻融后不影响使用	适用于石膏空心条板、纸面石膏板、菱苦土条板、加气混凝土条板、保温隔热及吸声板等与混凝土、砖墙、柱的粘结，也可用于大理石、花岗石、汉白玉、瓷砖与混凝土墙面的粘结

续表

产品名称	性能特点	适用范围
建筑装修胶粘剂	单组分膏状，粘结强度高，使用方便，冻融后粘结强度不变	用于混凝土板、石膏板、加气混凝土等制作的墙、柱上粘结门、窗框、木制饰品以及瓷砖等装饰品和安装电器木台等，不宜在潮湿环境中使用
建筑胶粘剂	单组分粉状，与水混合后使用。早期强度上升快，抗渗，防水、有弹性，不脆裂，施工性能好	适用于室内外各建筑部位如抹灰墙面、石膏板墙面、水泥板墙面、水泥预制板面、水泥地面等粘贴各种瓷砖、马赛克、地砖、加气混凝土、石膏或水泥基内外墙保温板材

3.9 木材

3.9.1 木材的分类

木材按材种分类见表3-135。常用锯材的分类规格和质量要求分别见表3-136和表3-137。

木材的分类　　表3-135

分类名称	说　明
原条	指已经除去皮、根、树梢的木料，但尚未按一定尺寸加工成规定的木材
原木	指已经除去皮、根、树梢的木料，并已按一定尺寸加工成规定直径和长度的材料
锯材	指已经加工锯解成材的木料
枕木	指按枕木断面和长度加工而成的成材

锯材的分类规格　　表3-136

分类名称	厚度（mm）	宽度（mm）		长度（m）
		尺寸范围	进级	
薄板	12、15、18	50～240	10	1～8
中板	25、30	50～240		1～6
厚板	40、50、60	50～300		

锯材的质量要求 **表 3-137**

木材缺陷名称	计算方法	允许限度	
		一等	二等
活节死节	宽材面最大的节子尺寸不得超过检尺宽的(圆形节不分贯通程度，以量得的实际尺寸计算；条状节、掌状节以其最宽处的尺寸计算。窄材面的节子不计，阔叶树活节不计)	40%	不限
腐朽	面积不得超过所在材面的	5%	25%
裂纹	长度不得超过检尺长的（除贯通裂纹处，宽度不足3mm 的不计）	20%	不限
虫害	宽材面虫眼个数最多的 1 m 长范围中不得超过（窄材面虫眼不计，宽材面虫眼最小直径不足 3mm 的不计）	10 个	不限
钝棱	宽材面最严重的缺角尺寸，不得超过检尺宽的（窄材面以着锯为限）	40%	80%
弯曲	横弯不得超过（顺弯、翘弯均不计）	2%	4%
斜纹	宽材面斜纹的倾斜度不超过（窄材面的斜纹不计）	20%	不限

3.9.2 人造板材

3.9.2.1 胶合板

胶合板是由原木沿年轮方向旋切为大张单板，经干燥、涂胶后，按相邻单板层木纹方向相互垂直的原则组坯、胶合而成的板材。胶合板具有材质均匀、强度高、不翘曲、不开裂、木纹华丽、色泽自然、幅面大、易加工、使用方便、装饰性好的特点，因此应用十分广泛。胶合板的分类、幅面尺寸见表3-138 和表 3-139，胶合板的胶合强度与含水率要求见表 3-140。胶合板的甲醛释放量：对 E_1 级要求不超过 1.5mg/L，对 E_2 级要求不超过 5.0mg/L。

3.9.2.2 细木工板

细木工板属于特种胶合板，是芯板由木板条拼接而成，两个表面为胶贴木质单板的实心板材。细木工板按其结构可分为芯板条不胶拼和芯板条胶拼，按使用的胶合剂可分为Ⅰ类胶和Ⅱ类胶，按表面加工状况可分为一面砂光、两面砂光和不砂光，按面板的材质和加工工艺质量可分为一、二、三个等级。细木工板具有质硬、吸声、隔热、表面平整、幅面宽大、使用方便，可代替实木板等

胶合板的分类　　表 3-138

按结构组成分类	3 层、5 层、9 层、11 层及 15 层胶合板等
按适用条件分类	Ⅰ类：指耐气候、耐沸水胶合板（NQF），能在室外使用
	Ⅱ类：指耐冷胶合板（NS），可在室外使用
	Ⅲ类：指耐湿胶合板（NC），适用于室内常态下使用
	Ⅳ类：指不耐潮胶合板（BNC），可在室内常态下使用
按表面加工状况分类	未砂光板、砂光板、预饰面板（装饰单板、薄膜、浸渍等）等

胶合板的幅面尺寸　　表 3-139

宽度（mm）	长度（mm）				
	915	1220	1830	2135	2440
915	915	1220	1830	2135	—
1220	—	1220	1830	2135	2440

特点，适用于隔墙、墙裙基层与造型层及家具制作等。细木工板的尺寸规格和主要技术性能见表3-141。

3.9.2.3 中密度纤维板

中密度纤维板是指密度为450~880kg/m^3，以木质纤维或其他植物纤维为原料，施加脲醛树脂或其他合成树脂，在加热加压条件下压制而成的一种板材。由于其具有组织结构均匀、密度适中、重量轻、抗拉强度大、板面平滑、使用方便、握持螺钉牢固等特点，因此广泛应用于家具、内门、墙板、隔断、地板、窗台板、散热器罩、踢脚板及各种装饰线条等。

中密度纤维板执行《中密度纤维板》（GB/T 11718—1999）标准，按适用条件分类见表3-142，按产品外观质量和内结合强度可分为优等品、一等品、合格品。幅面规格：宽度为1220mm、915mm，长度为2440mm、2135mm、1830mm。中密度纤维板的尺寸偏差、外观质量、物理力学性能指标和甲醛释放量应符合表3-143~表3-148的规定。

胶合板的胶合强度与含水率 **表 3-140**

胶合板树种	单个试件的胶合强度（MPa）		含水率（%）	
	Ⅰ、Ⅱ类	Ⅲ、Ⅳ类	Ⅰ、Ⅱ类	Ⅲ、Ⅳ类
椴木、杨木、拟赤杨	≥0.70	≥0.70	6~14	8~16
水曲柳、荷木、枫香、槭木、榆木、柞木	≥0.80			
桦　木	≥1.00			
马尾松、云南松、落叶松、云杉	≥10.80			

细木工板的尺寸规格和主要技术性能 **表 3-141**

长度（mm）					宽度（mm）	厚度（mm）	技术性能		
915	1220	1830	2135	2440					
915	—	1830	2135	—	915	16	含水率		(10±3)%
						19	静曲强度（MPa）	厚度为16mm	不低于15
—	1220	1830	2135	2440	1220	22		厚度<16mm	不低于12
						25	胶层剪切强度（MPa）		不低于1

中密度纤维板分类 **表 3-142**

类　型	简称	表示符号	适用条件	适用范围
室内型中密度纤维板	室内型板	MDF	干燥	所有非承重的部位，如家具和装修件
室内防潮型中密度纤维板	防潮型板	MDF·H	潮湿	
室外型中密度纤维板	室外型板	MDE·E	室外	

中密度纤维板尺寸偏差 表 3-143

性能	单位	公称厚度范围（mm）	
		≤19	>19
厚度偏差	mm	±0.20	±0.30
长度和宽度偏差	mm/m	±2.0	
对角线差	mm	≤6	
翘曲度	mm/m	≤5.0	
边角不直度	mm/m	±1.5	

中密度纤维板正表面外观质量要求 表 3-144

缺陷名称	缺陷规定	允许范围		
		优等品	一等品	合格品
局部松软	直径≤50mm	不允许		3 个
边角缺损	宽度≤10mm	不允许		允许
油污	直径≤8mm	不允许		1 个

续表

缺陷名称	缺陷规定	允许范围		
		优等品	一等品	合格品
炭化	—	不允许		
分层、鼓泡	—	不允许		

室内型中密度纤维板物理力学性能要求　　表 3-145

性能		单位	公称厚度范围（mm）								
			1.8~2.5	2.5~4	4~6	6~9	9~12	12~19	19~30	30~45	>45
内结合强度	优等品	MPa	0.65	0.65	0.65	0.65	0.60	0.55	0.55	0.50	0.50
	一等品		0.60	0.60	0.60	0.60	0.55	0.50	0.50	0.45	0.45
	合格品		0.55	0.55	0.55	0.55	0.50	0.45	0.45	0.45	0.45
静曲强度		MPa	≥23	≥23	≥23	≥23	≥22	≥20	≥18	≥17	≥15
弹性模量		MPa	—	—	≥2700	≥2700	≥2500	≥2200	≥2100	≥1900	≥1700

续表

性能		单位	公称厚度范围（mm）								
			1.8~2.5	2.5~4	4~6	6~9	9~12	12~19	19~30	30~45	>45
握螺钉力	板面	N	—	—	—	—	—	1000	1000	1000	1000
	板边							800	750	700	700
吸水厚度膨胀率		%	45	35	30	15	12	10	8	6	6
含水率		%	4~13								

防潮型中密度纤维板物理力学性能要求　　表 3-146

性能	单位	公称厚度范围（mm）								
		1.8~2.5	2.5~4	4~6	6~9	9~12	12~19	19~30	>30~45	>45
内结合强度	MPa	0.70	0.70	0.70	0.80	0.80	0.75	0.75	0.70	0.60
静曲强度	MPa	≥27	≥27	≥27	≥27	≥26	≥24	≥22	≥17	≥15

续表

性　能	单位	公称厚度范围（mm）								
		1.8～2.5	2.5～4	4～6	6～9	9～12	12～19	19～30	>30～45	>45
弹性模量	MPa	≥2700	≥2700	≥2700	≥2700	≥2500	≥2400	≥2300	≥2200	≥2000
吸水厚度膨胀率	%	35	30	18	12	10	8	7	7	6
内结合强度（湿循环法）	MPa	0.35	0.035	0.035	0.30	0.025	0.20	0.15	0.10	0.10
内结合强度（沸腾法）	MPa	0.20	0.20	0.20	0.15	0.15	0.12	0.12	0.10	0.10
吸水厚度膨胀率（湿循环法）	%	50	40	25	19	16	15	15	15	15

室外型中密度纤维板物理力学性能要求 表 3-147

性能	单位	公称厚度范围（mm）								
		1.8~2.5	2.5~4	4~6	6~9	9~12	12~19	19~30	30~45	>45
内结合强度	MPa	0.70	0.70	0.70	0.80	0.80	0.75	0.75	0.70	0.60
静曲强度	MPa	≥34	≥34	≥34	≥34	≥32	≥30	≥28	≥21	≥19
弹性模量	MPa	≥3000	≥3000	≥3000	≥3000	≥2800	≥2700	≥2600	≥2400	≥2200
吸水厚度膨胀率	%	35	30	18	12	10	8	7	7	6
内结合强度（沸腾法）	MPa	0.20	0.20	0.20	0.15	0.15	0.12	0.12	0.10	0.10

中密度纤维板甲醛释放量指标 表 3-148

级别	单位	指标值
A 级	mg/100g	≤9.0
B 级		9.0~40.0

3.9.2.4 刨花板

刨花板是利用木材碎料（木刨花、锯末或类似材料）或非木材植物碎料（亚麻屑、甘蔗渣、麦秸、稻草或类似材料）与胶粘剂一起热压而成的人造板材。具有结构比较均匀、各向性能基本相同、表面平整、易加工、吸声与隔声性能好等特点，适宜用作展板、隔板、家具及用于室内装修。刨花板执行《刨花板》（GB/T 4897.1～7—2003）系列标准，公称厚度为4、6、8、10、12、14、16、19、22、25、30mm，幅面尺寸为1220mm×2440mm。刨花板的分类、对角线之差允许值、外观质量和在出厂时的共同指标要求分别见表3-149、表3-150，表3-151和表3-152，干燥状态下使用的家具与室内装修用刨花板物理性能指标要求见表3-153。

3.9.2.5 实木地板

实木地板（又称原木地板）是用优良的硬质木材，经干燥处理后，加工制成的条状小木板。实木地板具有坚硬、耐磨、透气性好、热传导低、保温性好、隔声、吸声、有弹性、有光泽、纹理美、色泽柔和等特点。适用于高级楼宇、宾馆、别墅、商店、会议室、展览厅及家庭卧室。实木地板分为榫接地板、平接地板、镶嵌地板等，最常用的是榫接

刨花板分类 表3-149

分类项目	类型	分类项目	类型
制造方法	平压法刨花板和辊压法刨花板	板的构成	单层结构、三层结构、多层结构和渐变结构刨花板
		所使用原料	木材、亚麻屑、甘蔗渣、麦秸、竹材、稻草等刨花板
表面状态	未砂光板、砂光板和涂饰板	用途	干燥状态下使用的普通用板、家具与室内装修用板、结构用板、增强结构用板，潮湿状态下使用的结构用板、增强结构用板
刨花尺寸和形状	刨花板和定向刨花板		

刨花板对角线之差允许值　　表 3-150

板长度（mm）	允许值（mm）
≤1220	≤3
1220～1830	≤4
1830～2440	≤5
>2440	≤6

刨花板外观质量　　表 3-151

缺陷名称	允许值
断痕、透裂	不允许
单个面积 >40mm^2 的胶斑、石蜡斑、油污斑等污染点	不允许
边角缺损	在公称尺寸内不允许

地板。实木地板执行《实木地板》（GB/T 15036—2001）标准，根据外观质量、物理力学性能分为优等品、一等品和合格品三个等级。外观质量和物理力学性能主要指标分别见表 3-154 和表 3-155。

刨花板在出厂时的共同指标　　表 3-152

序号	项目		单位	指标
1	公称尺寸偏差	板内和板间厚度（砂光板）	mm	±0.3
		板内和板间厚度（未砂光板）		-0.1，+1.9
		长度和宽度		0~5
2	板边缘不直度偏差		mm/m	1.0
3	翘曲度		%	≤1.0
4	含水率		%	4~13
5	密　度		g/cm^3	0.4~0.9
6	板内平均密度偏差		%	±8.0
7	甲醛释放量（穿孔法）	E_1	mg/100g	≤9.0
		E_2		9.0~30

干燥状态下使用的家具与室内装修用刨花板物理性能指标　表 3-153

性　能	单位	公称厚度范围（mm）							
		3～4	4～6	6～13	13～20	20～25	25～32	32～40	＞40
静曲强度	MPa	≥13	≥15	≥14	≥13	≥11.5	≥10	≥8.5	≥7
弯曲弹性模量	MPa	≥1800	≥1950	≥1800	≥1600	≥1500	≥1350	≥1200	≥1050
内结合强度	MPa	≥0.45		≥0.40	≥0.35	≥0.30	≥0.25	≥0.20	
表面结合强度	MPa	≥0.8							
2h 吸水厚度膨胀率	%	≤8.0							

实木地板外观质量主要指标 **表 3-154**

板表面腐朽、缺棱、漆膜鼓泡	三个等级都不允许有
地板表面裂纹	优等品、一等品不允许有，合格品允许有两条，但对裂纹的长度、宽度有要求
地板表面活节	优等品、一等品都允许有 2~4 个，合格品个数不限，但有尺寸限制。板背面的活节尺寸与个数不限
死节与蛀孔	优等品不允许有，一等品、合格品有数量限制
色差	标准对此不作要求

实木地板物理性能主要指标 表 3-155

名　　称	单位	优等品	一等品	合格品
含水率 W	%	$7 \leqslant W \leqslant$ 我国各地区的平衡含水率		
漆板表面耐磨	g/100r	≤0.08 且漆膜未磨透	≤0.10 且漆膜未磨透	≤0.15 且漆膜未磨透
漆膜附着力	—	0～1	2	3
漆膜硬度	—	≥H		

注：含水率是指地板未拆封和使用前的含水率。

3.9.2.6 强化木地板

强化木地板是浸渍纸层压木质地板的商品名称，是以一层或多层专用纸浸渍热固性氨基树脂，铺装在刨花板、高密度纤维板等人造板基材表面，背面加平衡层、正面加耐磨层，经热压、成型的地板。其特点是耐磨性强，表面花纹整齐，色泽均匀，节约木材资源。广泛用于公共场所和家庭等。强化木地板执行《浸渍纸层压木质地板》（GB/T 18102—2007）标准，分类见表3-156。幅面尺寸为（600～2430）mm×（60～600）mm，厚度为6～15mm。尺寸偏差、外观质量和理化性能指标分别见表3-157～表3-159。

3.9.2.7 实木复合地板

实木复合地板是指以实木拼板或单板为面层、实木板条为芯层、单板为底层制成的企口地板和以单板为面层、胶合板为基材制成的企口地板。以面层树种来确定地板树种名称。由于它是由不同树种的板材交错层压而成的，可克服实木地板单向同性的缺点，具有干缩湿胀小、尺寸较稳定、规格较大及实木地板自然舒适的特点。实木复合地板执行《实木复合地板》（GB/T 18103—2000）标准，其分类、幅面尺寸、主要外观质量和理化性能指标分别见表3-160～表3-163，产品按外观质量和理化性能分为优等品、一等品和合格品。

强化木地板分类　　　　表3-156

按用途分	1）商用级浸渍纸层压木质地板 2）家用Ⅰ级浸渍纸层压木质地板 3）家用Ⅱ级浸渍纸层压木质地板
按地板基材分	1）以刨花板为基材的浸渍纸层压木质地板 2）以高密度纤维板为基材的浸渍纸层压木质地板
按装饰层分	1）单层浸渍纸层压木质地板 2）热固性树脂浸渍纸高压装饰层积板层压木质地板
按表面的模压形状分	1）浮雕浸渍纸层压木质地板 2）光面浸渍纸层压木质地板
按表面耐磨等级分	1）商用级，≥9 000转 2）家用Ⅰ级，≥6 000转 3）家用Ⅱ级，≥4 000转
按甲醛释放量分	1）E_0级浸渍纸层压木质地板 2）E_1级浸渍纸层压木质地板

强化木地板尺寸偏差　　表 3-157

项　目	要　　求
厚度偏差	公称厚度 t_n 与平均厚度 t_a 之差的绝对值≤0.5 mm 厚度最大值 t_{max} 与最小值 t_{min} 之差≤0.5 mm
面层净长偏差	公称长度 l_n≤1 500 mm 时，l_n 与每个测量值 l_m 之差的绝对值≤1.0 mm 公称长度 l_n>1 500 mm 时，l_n 与每个测量值 l_m 之差的绝对值≤2.0 mm
面层净宽偏差	公称宽度 ω_n 与平均宽度 ω_a 之差的绝对值≤0.10 mm 宽度最大值 ω_{max} 与最小值 ω_{min} 之差≤0.20 mm
直角度	q_{max}≤0.20 mm
边缘直度	s_{max}≤0.30 mm/m
翘曲度	宽度方向凸翘曲度 f_{w1}≤0.20%，宽度方向凹翘曲度 f_{w2}≤0.15% 长度方向凸翘曲度 f_1≤1.00%，长度方向凹翘曲度 f_2≤0.50%
拼装离缝	拼装离缝平均值 o_a≤0.15 mm　拼装离缝最大值 o_{max}≤0.20 mm
拼装高度差	拼装高度差平均值 h_a≤0.10 mm　拼装高度差最大值 h_{max}≤0.15 mm

注：表中要求是指拆包检验的质量要求。

浸渍纸层压木质地板各等级外观质量要求　　表 3-158

缺陷名称	正面		背面
	优等品	合格品	
干、湿花	不允许	总面积不超过板面的3%	允许
表面划痕	不允许		不允许露出基材
表面压痕	不允许		
透底	不允许		
光泽不均	不允许	总面积不超过板面的3%	允许
污斑	不允许	$\leqslant 10\ mm^2$，允许1个/块	允许
鼓泡	不允许		$\leqslant 10\ mm^2$，允许1个/块
鼓包	不允许		$\leqslant 10\ mm^2$，允许1个/块
纸张撕裂	不允许		$\leqslant 100$ mm，允许1处/块
局部缺纸	不允许		$\leqslant 20\ mm^2$，允许1处/块
崩边	允许，但不影响装饰效果		允许
颜色不匹配	明显的不允许		允许

续表

缺陷名称	正面		背面
	优等品	合格品	
表面龟裂	不允许		
分层	不允许		
榫舌及边角缺损	不允许		

强化木质地板理化性能表 **表 3-159**

检验项目	单位	指标
静曲强度	MPa	≥35.0
内结合强度	MPa	≥1.0
含水率	%	3.0～10.0
密度	g/cm^3	≥0.85
吸水厚度膨胀率	%	≤18
表面胶合强度	MPa	≥1.0
表面耐冷热循环	—	无龟裂、无鼓泡

续表

检验项目	单位	指　标
表面耐划痕	—	4.0 N 表面装饰花纹未划破
尺寸稳定性	mm	≤0.9
表面耐磨	转	商用级：≥9 000
		家用Ⅰ级：≥6 000
		家用Ⅱ级：≥4 000
表面耐香烟灼烧	—	无黑斑、裂纹和鼓泡
表面耐干热	—	无龟裂、无鼓泡
表面耐污染腐蚀	—	无污染、无腐蚀
表面耐龟裂		用 6 倍放大镜观察，表面无裂纹
抗冲击	mm	≤10
甲醛释放量	mg/L	E_0 级：≤0.5
		E_1 级：≤1.5
耐光色牢度	级	≥灰度卡 4 级

实木复合地板分类　　表 3-160

按面层材料	1）以实木拼板作为面层的实木复合地板 2）以单板作为面层的实木复合地板
按结构	1）三层结构实木复合地板 2）以胶合板为基材的实木复合地板
按表面有无涂饰	1）涂饰实木复合地板 2）未涂饰实木复合地板
按甲醛释放量	1）A 类实木复合地板 2）B 类实木复合地板

3.9.3 人造板材的运输和储存

产品应标记生产厂家 、地址、产品名称、生产日期、商标、规格型号、类别、等级、甲醛释放限量标志、耐磨等级，并有安装使用说明书。

产品在运输和储存过程中应平整堆放，防止污染，注意防潮、防雨、防晒、防火、防虫蛀、防变形。储存时应按类别、规格、等级分别堆放，每堆应有相应的标记。

3.10 建筑门窗

建筑门窗的分类见表 3-164。

实木复合地板幅面尺寸(mm) **表 3-161**

三层结构实木复合地板				以胶合板为基材的实木复合地板				
长度	宽度			长度	宽度			
2100	180	189	205	2200	—	189	225	—
2200	180	189	205	1818	180	—	225	303

实木复合地板主要外观质量要求 **表 3-162**

名称	项目	表面			背面
		优等品	一等品	合格品	
死节	最大单个长径（mm）	不允许	2	4	50
孔洞（含虫孔）	最大单个长径（mm）	不允许		2，需修补	15
浅色夹皮	最大单个长度（mm）	不允许	20	30	不限
	最大单个宽度（mm）		2	4	
深色夹皮	最大单个长度（mm）	不允许		15	不限
	最大单个宽度（mm）			2	

续表

名称		项目	表面			背面
			优等品	一等品	合格品	
树枝囊和树脂道		最大单个长度（mm）	不允许		5，且最大单个宽度小于1	不限
腐朽		—	不允许			
变色		不超过板面积（%）	不允许	5，板面色泽要协调	20，板面色泽要大致协调	不限
裂缝		—	不允许			不限
拼接离缝	横拼	最大单个宽度（mm）	0.1	0.2	0.5	不限
		最大单个长度不超过板长（%）	5	10	20	
	纵拼	最大单个宽度（mm）	0.1	0.2	0.5	
叠层		—	不允许			不限
鼓泡、分层		—	不允许			

实木复合地板主要物理性能要求　　表 3-163

项　　目	单位	优等品	一等品	合格品
浸渍剥离	—	每一边的任一胶层开胶的累计长度不超过该胶层长度的1/3（3mm 以下不计）		
静曲强度	MPa	≥30		
弹性模量	MPa	≥4000		
含水率	%	5～14		
表面耐磨	g/100r	≤0.08，且漆膜未磨透		≤0.15，且漆膜未磨透
漆膜附着力	—	割痕及割痕交叉处允许有少量断续剥落		
表面耐污染	—	无污染痕迹		
甲醛释放量	mg/100g	A 类：≤9；B 类：>9～40		

建筑门窗分类　　　　表3-164

按材质分类	铝合金门窗、塑料门窗、彩色涂层钢板门窗、钢门窗、木门窗、复合门窗等
按用途分类	普通门窗、保温门窗、隔声门窗、防火门和防爆门等
按开启分类	平开门窗、推拉门窗、弹簧门、固定门、固定窗、滑轴窗、滑轴平开窗、悬转窗、平开下悬窗等
按构造分类	镶玻璃门、玻璃门、连窗门、单层窗、双层窗、带形窗、组合窗、落地窗、带纱扇窗、百叶窗等

3.10.1 铝合金门窗

铝合金门窗具有重量轻、强度高、耐腐蚀、使用维修方便、色调美观、便于工业化生产等优点，但铝合金型材的热导率大，铝合金门窗的保温性能差。铝合金门窗通常是在工厂加工制作成门窗产品，在施工现场安装。铝合金门窗执行《铝合金门》（GB/T 8478—2003）与《铝合金窗》（GB/T 8479—2003）标准。

(1) 材料要求

铝合金门窗常用型材的室温力学性能和表面处理应分别符合表3-165和表3-166要求。铝合金门窗的受力构件应经试验或计算确定。未经表面处理的型材最小实测壁厚：对门应≥2.0mm，对窗应≥1.4 mm。

(2) 外观质量要求

1) 门窗表面不应有铝屑、油污、毛刺或其他污迹。

2) 门窗连接处不应有外溢的胶粘剂。

3) 门窗表面应平整，没有明显的色差、凹凸不平、擦伤、划伤、碰伤等缺陷。

4) 门窗五金配件的安装应位置正确、牢固、数量齐全、满足功能要求。承受反复运动的五金配件应便于更换，避免用自攻螺钉和拉铆钉安装主要五金配件。

5) 门窗扇必须安装牢固、开关灵活、关闭严密、无倒翘，推拉门窗扇必须有防脱落措施。

6) 门窗扇的橡胶密封条或毛刷条应安装完好，不得脱槽。

(3) 尺寸偏差要求

铝合金门窗尺寸允许的偏差见表3-167。

铝合金型材室温力学性能　　表 3-165

合金牌号	合金状态	壁厚(mm)	拉伸试验			硬度试验		
			抗拉强度 σ_b（MPa）	规定非比例伸长应力 $R_{PO.2}$（MPa）	伸长度(%)	试样厚度(mm)	维氏硬度(HV)	韦氏硬度(HW)
			≥					
6063	T5	所有	160	110	8	0.8	58	8
	T6	所有	205	180	8	—	—	—
6063A	T5	≤10	200	160	5	0.8	65	10
		>10	190	150	5			
	T6	≤10	230	190	5	—	—	—
		>10	220	180	4	—	—	—
6061	T4	所有	180	110	16	—	—	—
	T6	所有	265	245	8	—	—	—

铝合金型材表面处理 **表 3-166**

品　种	阳极氧化、着色	电泳涂漆	粉末喷涂	氟碳漆喷涂
厚　度	AA15	B 级	40 ~ 120 μm	≥30μm

注：有特殊要求的按《铝合金建筑型材》现行标准选择。

铝合金门窗尺寸允许偏差 **表 3-167**

项　目	铝合金门		铝合金窗	
	尺寸范围（mm）	偏差值（mm）	尺寸范围（mm）	偏差值（mm）
门（窗）框槽口高度、宽度	≤2000	±2.0	≤2000	±2.0
	>2000	±3.0	>2000	±2.5
门（窗）框槽口对边尺寸之差	≤2000	≤2.0	≤2000	≤2.0
	>2000	≤3.0	>2000	≤3.0

续表

项目	铝合金门		铝合金窗	
	尺寸范围（mm）	偏差值（mm）	尺寸范围（mm）	偏差值（mm）
门（窗）框对角线尺寸之差	≤3000	≤3.0	≤2000	≤2.5
	>3000	≤4.0	>2000	≤3.5
门（窗）框与门（窗）扇搭接宽度		±2.0		±1.0
同一平面高低差		≤3.0		≤0.3
装配间隙		≤0.2		≤0.2

（4）主要性能要求

铝合金门窗的抗风压性能、气密性能、水密性能、保温性能、空气声隔声性能及窗采光性能分别符合表3-168～表3-173相应分级的要求。

同时要求铝合金门窗的启闭力应不大于50N，门窗扇启闭时不得有影响正常功能的碰擦。铝合金门反复启闭不少于10万次，铝合金窗反复启闭不少于1万次，启闭无异常，使用无障碍。铝合金门窗经撞击后，门扇框无变形，连接处无松动现象，插销等附件应完整无损，启闭正常，玻璃无破损。当施加30kg荷载时，铝合金门扇卸荷后的下垂量应不大于2mm。

（5）运输与储存要求

1）产品在明显的部位应标有制造厂名与商标、产品名称、型号、标志、产品标牌、制作日期或编号。

2）产品应用无腐蚀作用的材料包装。包装箱应有足够的强度，确保运输中不受损坏。包装箱内各类部件避免发生相互碰撞、窜动。产品装箱后，箱内应装有装箱单和产品检验合格证。

3）在运输过程中避免包装箱发生相互碰撞，并采取防雨措施，保持清洁无污染。

抗风压性能分级 **表 3-168**

分级	指标值（kPa）	分级	指标值（kPa）
1	$1.0 \leqslant p_3 < 1.5$	6	$3.5 \leqslant p_3 < 4.0$
2	$1.5 \leqslant p_3 < 2.0$	7	$4.0 \leqslant p_3 < 4.5$
3	$2.0 \leqslant p_3 < 2.5$	8	$4.5 \leqslant p_3 < 5.0$
4	$2.5 \leqslant p_3 < 3.0$	×. ×	$p_3 \geqslant 5.0$
5	$3.0 \leqslant p_3 < 3.5$		

注：×. ×表示用 $p_3 \geqslant 5.0$kPa 的具体值取代分级代号。

气密性能分级 **表 3-169**

分级	单位缝长指标值 q_1 [m^3/(m·h)]	单位面积指标值 q_2 [m^3/(m^2·h)]	分级	单位缝长指标值 q_1 [m^3/(m·h)]	单位面积指标值 q_2 [m^3/(m^2·h)]
2	$2.5 < q_1 \leqslant 4.0$	$7.5 < q_2 \leqslant 12$	4	$0.5 < q_1 \leqslant 1.5$	$1.5 < q_2 \leqslant 4.5$
3	$2.5 \geqslant q_1 > 1.5$	$7.5 \geqslant q_2 > 45$	5	$q_1 \leqslant 0.5$	$q_2 \leqslant 1.5$

注：窗的气密性能分级为 3、4、5。

水密性能分级　　表 3-170

分级	指标值（Pa）	分级	指标值（Pa）
1	$100 \leqslant \Delta p < 150$	4	$350 \leqslant \Delta p < 500$
2	$150 \leqslant \Delta p < 250$	5	$500 \leqslant \Delta p < 700$
3	$250 \leqslant \Delta p < 350$	××××	$\Delta p \geqslant 700$

注：××××表示用≥700Pa 的具体值取代分级代号，适用于热带风暴和台风袭击地区的建筑。

保温性能分级　　表 3-171

分 级	5	6	7	8	9	10
指标值 K（W/m^2）	$3.5 \leqslant K < 4.0$	$3.0 \leqslant K < 3.5$	$2.5 \leqslant K < 3.0$	$2.0 \leqslant K < 2.5$	$1.5 \leqslant K < 2.0$	$K < 1.5$

空气声隔声性能分级 表 3-172

分　级	2	3	4	5	6
指标值 R_w（dB）	$25 \leq R_W < 30$	$30 \leq R_W < 35$	$35 \leq R_W < 40$	$40 \leq R_W < 45$	$R_W \geq 45$

窗采光性能分级 表 3-173

分　级	1	2	3	4	5
指标值 T_r	$0.20 \leq T_r < 0.30$	$0.30 \leq T_r < 0.40$	$0.40 \leq T_r < 0.50$	$0.50 \leq T_r < 0.60$	$T_r \geq 0.60$

4）在搬运过程中应轻拿轻放，严禁摔、扔、碰击。

5）产品应放置通风、干燥的地方。严禁与酸、碱、盐类物质接触并防止雨水侵入。

6）产品严禁与地面直接接触，底部垫高大于100mm。产品放置应用垫块垫平，立放角度不小于70°。

3.10.2 塑料门窗

塑料门窗是由未增塑聚氯乙烯（PVC-U）型材组制而成的，具有优良的保温性能、耐腐蚀性能和隔声性能，但尺寸稳定性、抗风压性能较差，可广泛用于多雨、潮湿的地区和有腐蚀性介质的工业建筑。塑料门窗执行《未增塑聚氯乙烯（PVC-U）塑料门》（JG/T 180—2005）与《未增塑聚氯乙烯（PVC-U）塑料窗》(JG/T 140—2005)标准。

（1）材料要求

塑料门窗的型材性能应符合表3-174规定的要求。

为满足抗风压性能的要求，使塑料门窗的框、扇具有足够的刚度，需在型材空腔中加衬增强型钢。增强型钢的代号、截面、规格、用途见表3-175。增强型钢及其紧固件的表面应经防锈处理，增强型钢的壁厚应≥1.2mm，增强型钢应与型材内腔尺寸相一致，用于固定每根增强型钢的紧固件不得少于3只，其间距应不大于300mm，距型钢端头应不大于100mm，紧固件应用ϕ4mm的大头自攻螺钉或加放垫圈的自攻螺钉固定。

（2）外观质量要求

1）门窗构件可视面应平滑，颜色基本均匀一致，无裂纹、气泡，不得有严重影响外观的擦伤、划伤等缺陷。焊缝清理后，刀痕应均匀、光滑、平整。

2）五金配件安装位置应正确，数量应齐全，承受往复运动的配件在结构上应便于更换。

3）五金配件承载能力应与门窗扇重量和抗风压要求相匹配。门窗扇锁闭点不应少于两个。五金配件与型材连接应满足物理性能和力学性能要求。

4）密封条、毛条装配后应均匀、牢固，接口严密，无脱槽、收缩、虚压等现象。

（3）尺寸偏差要求

门窗外形尺寸的允许偏差见表3-176。

型材性能 表3-174

项目	要求	
维卡软化温度	≥75°C	
简支梁冲击强度	≥20kJ/m²	
主型材弯曲弹性模量	≥2200MPa	
拉伸冲击强度	≥600kJ/m²	
外观	颜色均匀，表面光滑、平整、无明显凹凸，无杂质	
外形尺寸和极限偏差（mm）	厚度（*D*）≤80	极限偏差 ±3.0
	厚度（*D*）≥80	极限偏差 ±0.5
	宽度（*W*）	±0.5
型材直线偏差	长度为1m主型材直线偏差≤1mm	
	长度为1m纱扇型材直线偏差≤2mm	
主型材的重量	不小于每米长度标称重量95%	

续表

项　目	要　求
加热后尺寸变化率	主型材两个相对最大可视面加热后尺寸变化率为 ±2.0% 每个试样两可视面的加热尺寸变化率之差应≤0.4%
	辅型材加热后尺寸变化率为 ±3.0%
主型材落锤冲击	在可视面上破裂的试样数≤1 个，对共挤型材，共挤层不能出现分离
150°C 加热后状态	试样无气泡、裂纹、麻点，对共挤型材，共挤层不能出现分离
老化后冲击强度保留率	≥60%
主型材焊接性	焊角平均应力≥35MPa，试样的最小应力≥30MPa

增强型钢的代号、截面、规格、用途　　表 3-175

序号	增强型钢			重量 (kg/m)	用　途
	代号	截面形式	规格（mm）		
1	SK1-01	[	34×15×1.2	0.60	窗框、窗扇
2	SK1-02	[	38×10×1.2	0.52	窗梃、窗扇
3	SK1-03	[	30×12×1.2	0.49	窗扇、窗梃
4	SK1-04 SK1-04A	[	40×17×1.2 40×17×2	0.67 1.10	窗梃、门窗扇、窗框
5	SK1-05	[	45×20×1	0.78	窗框
6	SK2-01	口	40×1.5	1.77	门扇
7	SK1-06	[	50×30×1.5	1.20	门扇
8	SK1-12	[	16×17×2	0.72	窗扇
9	SK1-07	[	45×10×1.2	0.59	窗框

续表

序号	增强型钢			重量 (kg/m)	用　途
	代号	截面形式	规格（mm）		
10	SK1-08	[	20×20×2	0.37	窗扇
11	SK1-09	[	35×25×1.5	0.96	门窗扇
12	SK1-10	[	45×12×1.2	0.57	窗扇
13	SK1-11	[	75×15×2	1.59	拼条

门窗外形尺寸允许偏差 **表 3-176**

项　目	门框、门扇（mm）		窗框、窗扇（mm）	
	尺寸范围	尺寸允许偏差	尺寸范围	尺寸允许偏差
宽度和高度 (mm)	≤2000	±2.0	≤1500	±2.0
	>2000	±3.0	>1500	±3.0

注：门窗框、门窗扇对角线尺寸之差不应大于 3.0 mm。

(4) 力学性能要求

平开门、平开下悬门、推拉下悬门、折叠门、地弹簧门的力学性能应符合表3-177的要求，推拉门的力学性能应符合表3-178的要求。平开窗、平开下悬窗、上悬窗、中悬窗、下悬窗的力学性能应符合表3-179的要求，推拉窗的力学性能应符合表3-180的要求。

平开门、平开下悬门、推拉下悬门、折叠门、地弹簧门的力学性能　表3-177

项　目	技术要求
锁紧器（执手）的开关力	不大于100 N（力矩不大于10 N·m）
开关力	不大于80 N
悬端吊重	在500 N力作用下，残余变形不大于2 mm，试件不损坏，仍保持使用功能
翘　曲	在300 N作用力下，允许有不影响使用的残余变形，试件不损坏，仍保持使用功能

续表

项　目	技术要求
开关疲劳	经不少于100 000次的开关试验，试件及五金配件不损坏，其固定处及玻璃压条不松动，仍保持使用功能
大力关闭	经模拟7级风连续开关10次，试件不损坏，仍保持开关功能
焊接角破坏力	门框焊接角的最小破坏力的计算值不应小于3 000 N，门扇焊接角的最小破坏力不应小于6 000 N，且实测值均应大于计算值
垂直荷载强度	对门扇施加30kg荷载，门扇卸荷后的下垂量不应大于2 mm
软物撞击	无破损，开关功能正常
硬物撞击	无破损

注：1. 垂直荷载强度适用于平开门、地弹簧门。

2. 全玻门不检测软、硬物撞击性能。

推拉门的力学性能　　表 3-178

项　目	技术要求
开关力	不大于 100 N
弯　曲	在 300 N 力作用下，允许有不影响使用的残余变形，试件不损坏，仍保持使用功能
扭　曲	在 200 N 作用下，试件不损坏，允许有不影响使用的残余变形
开关疲劳	经不少于 100 000 次的开关试验，试件及五金件不损坏，其固定处及玻璃压条不松脱
焊接角破坏力	门框焊接角最小破坏力的计算值不应小于 3 000 N，门扇焊接角最小破坏力的计算值不应小于 4 000 N，且实测值均应大于计算值
软物撞击	无破损，开关功能正常
硬物撞击	无破损

注：1. 无凸出把手的推拉门不做扭曲试验。
2. 全玻门不检测软、硬物撞击性能。

（5）物理性能要求

塑料门窗的抗风压性能、气密性能、水密性能、保温性能、空气声隔声性能及窗采光性能要求分别同铝合金门窗表 3-168 ~ 表 3-173，不同处是塑料门窗的保温性能分级为 7、8、9、10。

平开窗、平开下悬窗、上悬窗、中悬窗、下悬窗的力学性能 表 3-179

项目	技术要求			
锁紧器（执手）的开关力	不大于 80 N（力矩不大于 10 N·m）			
开关力	平合页	不大于 80 N	摩擦铰链	不小于 30 N 且不大于 80N
悬端吊重	在 500 N 力作用下，残余变形不大于 2 mm，试件不损坏，仍保持使用功能			
翘曲	在 300 N 作用力下，允许有不影响使用的残余变形，试件不损坏，仍保持使用功能			
开关疲劳	经不少于 100 000 次的开关试验，试件及五金配件不损坏，其固定处及玻璃压条不松动，仍保持使用功能			
大力关闭	经模拟 7 级风连续开关 10 次，试件不损坏，仍保持开关功能			

续表

项　目	技 术 要 求
焊接角破坏力	窗框焊接角的最小破坏力的计算值不应小于2 000 N，窗扇焊接角的最小破坏力不应小于2500 N，且实测值均应大于计算值
窗撑试验	在200 N力作用下，不允许位移，连接处型材不破裂
开启限位装置	在10 N力作用下，开启10次，试件不损坏

注：大力关闭只检测平开窗和上悬窗。

推拉窗的力学性能　　表 3-180

项　目	技术要求			
开关力	推拉窗	不大于 100 N	上下推拉窗	不大于 135N
弯　曲	在 300 N 力作用下，允许有不影响使用的残余变形，试件不损坏，仍保持使用功能			
扭　曲	在 200 N 作用下，试件不损坏，允许有不影响使用的残余变形			
开关疲劳	经不少于 100 00 次的开关试验，试件及五金件不损坏，其固定处及玻璃压条不松脱			
焊接角破坏力	窗框焊接角最小破坏力的计算值不应小于 2500 N，窗扇焊接角最小破坏力的计算值不应小于 1400 N，且实测值均应大于计算值			

注：无凸出把手的推拉窗不做扭曲试验。

（6）运输与储存要求

1）产品应注明制造厂名称、产品标记、执行标准、制造日期，并有合格证。

2）产品表面应有保护措施，宜用无腐蚀性的软质材料包装。包装应牢固，并有防潮措施。

3）装运产品的运输工具，应有防雨措施并保持清洁。在运输、装卸时，应保证产品不变形、不损伤、表面完好。

4）产品应放置在通风、防雨、干燥、清洁、平整的地方，严禁与腐蚀性物质接触。

5）产品储存环境温度应低于50℃，距离热源不应小于1 m。

6）产品不应直接接触地面，底部应垫高不小于100 mm，产品应立放，立放角不应小于70°，并有防倾倒措施。

3.10.3 彩色涂层钢板门窗

彩色涂层钢板门窗具有耐腐蚀性好、装饰性好、易加工成形、可操作性好、便于清洁保养、不易褪色的特点，可用于制作平开门窗、推拉门窗、固定门窗等。

（1）材料要求

彩色涂层钢板门窗采用建筑外用彩色涂层钢板（简称彩板），板厚为0.7～1.0mm，基材类型为热浸镀锌平整钢带，其室温力学性能及热浸镀锌量满足表3-181要求。

室温力学性能及热浸镀锌量　　表3-181

材质	抗拉强度（MPa）	屈服强度（MPa）	伸长度（%）	双面镀锌量（g/m^2）
优质碳素钢	300～400	230～330	28～32	180～200

（2）外观质量要求

1）彩色涂层钢板门窗装饰表面不应有明显脱漆、裂纹，相邻构件漆膜不应有明显色差。

2）门窗框、扇四角组装牢固，不应有松动、锤迹、破裂及加工变形等缺陷。缝隙处密封严密，不应出现透光现象。

3）配件位置准确，安装牢固，启闭灵活，不应有阻滞、回弹等缺陷，推拉门窗安装时应调整滑块或滑轮使之达到设计及使用要求。

4）门窗橡胶密封条安装后接头严密，表面平整，玻璃密封条无咬边。

（3）尺寸偏差要求

彩色涂层钢板门窗尺寸允许偏差应符合表3-182要求。

彩色涂层钢板门窗尺寸允许偏差(mm) 表 3-182

项目	技术要求		项目	技术要求	
门窗高度宽度尺寸允许偏差	≤1500	+2.5	搭接量 b 允许偏差	$b \geqslant 8$	±3.0
		-1.0		$6 \leqslant b < 8$	±2.5
	>1500	+3.5	门窗框、扇四角交角缝隙	≤0.5	
		-1.0			
两对角线允许长度偏差	≤2000	≤5	四角同一平面高低差	≤0.3	
	>2000	≤6	分格尺寸允许差（平开窗）	±2.0	

（4）物理性能要求

彩色涂层钢板门窗的物理性能必须满足表 3-183 要求。

彩色涂层钢板门窗物理性能　　表 3-183

项　目	要　　求	
抗风压性能	平开窗	$p_3 \geqslant 2.0$ kPa 并且满足工程设计要求
	推拉窗	$p_3 \geqslant 1.5$kPa 并且满足工程设计要求
	平开、推拉门	$p_3 \geqslant 1.0$kPa 并且满足工程设计要求
气密性能	平开窗	$q_o \leqslant 1.5\text{m}^3/(\text{m}^2 \cdot \text{h})$
	推拉窗	$q_o \leqslant 2.5\text{m}^3/(\text{m}^2 \cdot \text{h})$
	平开、推拉门	$q_o \leqslant 6.0\ \text{m}^3/(\text{m}^2 \cdot \text{h})$
水密性能	平开窗	$\Delta p \geqslant 250$Pa 并满足工程设计要求
	推拉窗	$\Delta p \geqslant 150$Pa 并满足工程设计要求
	平开、推拉门	$\Delta p \geqslant 50$Pa 并满足工程设计要求

（5）运输与储存要求

1）产品应注明制造厂名或商标、产品名称、产品型号、制造日期或编号及标准代号。

2）产品应用无腐蚀作用的材料进行包装。包装箱应具有足够强度，并有防潮措施。箱内产品应保证其相互间不发生窜动，箱内须有产品合格证。

3）装运产品的运输工具应有防雨措施并保持清洁。在运输装卸时，应轻抬、缓放，防止挤压变形及玻璃破损。

4）产品应放置在仓库中或通风干燥的场地，严禁与腐蚀物质接触，并防止雨水侵入。产品存放不应直接接触地面，底部应垫高100mm以上。

3.11 建筑五金

3.11.1 固定配件

3.11.1.1 钉

（1）圆钉

圆钉又称铁钉，是以低碳钢盘条经冷拔制成线材后轧制而成的。其用途十分广泛，常用于钉固木竹器材、木结构构件等。圆钉的规格见表3-184。

圆钉规格　　表 3-184

钉号	规格 (mm)	钉杆尺寸 (mm)			1000 个钉重量 (kg)	
		长度 L	直径 d		标准型	重型
			标准型	重型		
1	10	10	0.9	1.0	0.0499	0.0617
1.3	13	13	1.0	1.1	0.0803	0.097
1.6	16	16	1.1	1.2	0.1194	0.142
2	20	20	1.2	1.4	0.1776	0.242
2.5	25	25	1.4	1.6	0.303	0.395
3	30	30	1.6	1.8	0.474	0.600
3.5	35	35	1.8	2.0	0.700	0.864
4	40	40	2.0	2.2	0.988	1.195
4.5	45	45	2.2	2.5	1.344	1.733
5	50	50	2.5	2.8	1.925	2.410
6	60	60	2.8	3.1	2.898	3.56
7	70	70	3.1	3.4	4.149	4.15
8	80	80	3.4	3.7	5.714	6.76

续表

钉号	规格 (mm)	钉杆尺寸 (mm)			1000 个钉重量 (kg)	
		长度 L	直径 d		标准型	重型
			标准型	重型		
9	90	90	3.7	4.1	7.633	9.35
10	100	100	4.1	4.5	10.363	12.5
11	110	110	4.5	5.0	13.736	16.9
13	130	130	5.0	5.5	20.04	24.4
15	150	150	5.5	6.0	28.01	33.3
17.5	175	175	6.0	6.5	38.91	45.5
20	200	200	6.5		52	

(2) 水泥钉

水泥钉又称水泥钢钉，此种钉经热处理后硬度较高，主要用于水泥类墙壁或其他硬质基层上的固定。其规格见表 3-185。

水泥钉规格 表 3-185

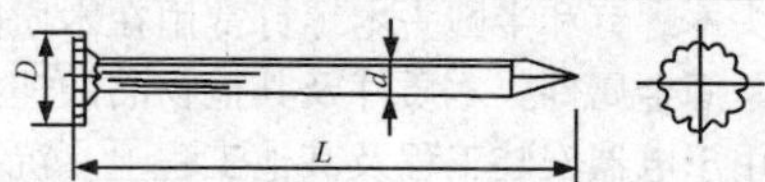

钉号	钉杆尺寸（mm）		1000 个钉重量（kg）
	长度 L	直径 d	
7	101.6	4.57	13.38
7	76.2	4.57	10.11
8	76.2	4.19	8.55
8	63.5	4.19	7.17
9	50.8	3.76	4.73
9	38.1	3.76	3.62
9	25.4	3.76	2.51
10	50.8	3.40	3.92
10	38.1	3.30	3.01
10	25.4	3.40	2.11
11	38.1	3.05	2.49
11	25.4	3.05	1.76
12	38.1	2.77	2.10
12	25.4	2.77	1.40

（3）木螺钉

沉头木螺钉和半圆头木螺钉常用在木质门窗和家具上紧固金属件、木质件及其他物品的连接紧固件，也用于电器安装工程及其他工程上。沉头木螺钉和半圆头木螺钉的规格见表3-186和表3-187。

沉头木螺钉规格　　　　表3-186

直径（mm）	1.6	2	2.5	3	3.5	4	4.5	5	6	7	8
长度（mm）	6～10	6～14	8～25	8～30	8～40	12～70	14～70	18～100	25～100	45～100	40～120

半圆头木螺钉规格　　　　表3-187

直径（mm）	2	2.5	3	4	6	8
长度（mm）	6～12	8～25	8～30	12～60	20～100	25～100

3.11.1.2　螺栓

（1）塑料膨胀螺栓

塑料膨胀螺栓适用于各种拉力不大的物体固定。塑料膨胀螺栓的规格见表3-188。

塑料膨胀螺栓规格　　表3-188

规格（mm）（外径×长度）	钻孔直径（mm）			示意图
	混凝土中钻孔	加气混凝土中钻孔	砖结构中钻孔	
6×30	6	5~5.5	5.5	
8×50	8	7~7.5	7.5	
9×60	9	8~8.5	8.5	
10×70	10	9~9.5	9.5	
12×70	12	11~11.5	11.5	

（2）金属膨胀螺栓

金属膨胀螺栓的锚固力较高，适用于在各类墙面和地面上固定物体。金属膨胀螺栓的规格见表3-189。

3.11.2 门窗附件

门窗附件主要包括：合页、拉手、执手、插销、门锁、窗锁、撑挡、定门器、闭门器、地弹簧、固定片等。门窗附件的质量应符合相应的标准。表3-190为门窗附件的部分标准。

金属膨胀螺栓规格　　表 3-189

规格尺寸（mm）				安装后参考尺寸（mm）		示意图
规格	L	l	c	a	b	
M6×65	65	30	30	3	8	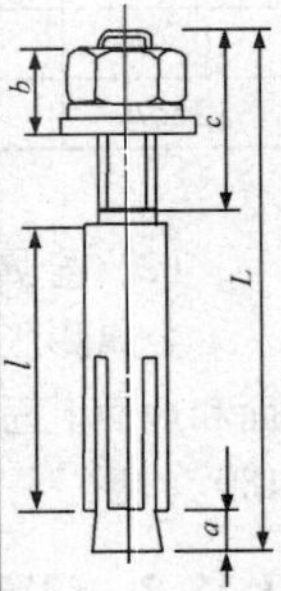
M6×75	75	35	35	3	8	
M6×85	85	35	35	3	8	
M8×80	80	40	35	3	9	
M8×90	90	45	40	3	9	
M8×100	100	45	40	3	9	
M10×95	95	45	40	3	12	
M10×110	110	55	50	3	12	
M10×125	125	55	50	3	12	
M12×110	110	55	52	4	14.5	
M12×130	130	65	52	4	14.5	
M12×150	150	65	52	4	14.5	
M16×150	150	70	62	4	19	
M16×175	175	90	70	4	19	
M16×200	200	90	70	4	19	
M16×220	220	90	70	4	19	

门窗附件的部分标准 表3-190

QB/T 2697—2005	地弹簧	JG/T 124—2000	聚氯乙烯（PVC）门窗执手
QB/T 3885—1999	铝合金门插销	JG/T 125—2000	聚氯乙烯（PVC）门窗合页
QB/T 3886—1999	平开铝合金窗执手	JG/T 126—2000	聚氯乙烯（PVC）门窗传动闭锁器
QB/T 3887—1999	铝合金窗撑挡		
QB/T 3888—1999	铝合金窗不锈钢滑撑	JG/T 127—2000	聚氯乙烯（PVC）门窗滑撑
QB/T 3889—1999	铝合金门窗拉手	JG/T 128—2000	聚氯乙烯（PVC）门窗撑挡
QB/T 3890—1999	铝合金窗锁	JG/T 129—2000	聚氯乙烯（PVC）门窗滑轮

续表

QB/T 3891—1999	铝合金门锁	JG/T 130—2000	聚氯乙烯（PVC）门窗半圆锁
QB/T 3892—1999	推拉铝合金门窗用滑轮	JG/T 131—2000	聚氯乙烯（PVC）门窗增强型钢
QB/T 2698—2005	闭门器	JG/T 132—2000	聚氯乙烯（PVC）门窗固定片
JG/T 3005—1993	PVC门窗帘吊挂启闭装置	JG/T 168—2004	建筑门窗内平开下悬五金系统

4 水暖卫工程材料

4.1 给水排水工程材料

4.1.1 给水排水管道及管附件

4.1.1.1 管材选用(表4-1)

4.1.1.2 塑料管分类、用途及连接方法（表4-2)

4.1.1.3 PP-R管

（1）应根据系统的工作压力和输送的水温，再考虑工程安全余量来选择PP-R管材尺寸的管系列。PP-R管材尺寸分为S5、S4、S3.2、S2.5、S2五个管系列。

（2）PP-R管用于热水系统时，应根据长期设计温度不同分为两个应用级别，见表4-3。

（3）应根据系统适合的应用级别和所需管材的设计压力 P_D 确定PP-R管材尺寸的管系列，见表4-4。

管材选用推荐表 表 4-1

类别 / 管材	给水管（冷）		热水管	饮用净水管	中水管	排水管	
	立管	支管				立管	横支管
PVC-U 硬聚氯乙烯		√			√		
PVC-C 氯化聚氯乙烯			√				
PE 聚乙烯		√		√			
PE-X 交联聚乙烯			√				
PE-RT 耐热聚乙烯			√				
PP-B 共混聚丙烯		√					
PP-R 无规共聚聚丙烯		√	√	√			
PB 聚丁烯			√				
PAP（PE-Al-PE）铝塑复合管		√					
PAP（PEX-Al-PEX）铝塑复合管			√				

续表

类别 / 管材			给水管（冷）		热水管	饮用净水管	中水管	排水管	
			立管	支管				立管	横支管
钢塑复合管	内衬	PVC-U	√				√		
		PVC-C			√				
		PE	√						
		PE-X			√				
		PE-RT			√				
	内涂	EP（环氧树脂）	√						
		PE	√						
超薄不锈钢衬塑复合管	内衬	PE	√	√		√			
		PE-X			√				
		PE-RT			√				

续表

类别 管材	给水管（冷）		热水管	饮用净水管	中水管	排水管	
	立管	支管				立管	横支管
铝合金衬塑管	√	√					
建筑给水薄壁不锈钢管	√	√	√	√			
建筑给水铜管	√	√	√				
PVC-U 实壁排水管						√	√
PVC-U 芯层发泡管						√	√
PVC-U 螺旋管						√	
柔性接口机制铸铁排水管						√	√

塑料管分类、用途及连接方法 表 4-2

序号	塑料管名称	输送介质	管件原材料	连接方法	备注
1	硬聚氯乙烯给水管（PVC-U）	冷水	PVC-U	承插粘接、承插胶圈	
2	聚乙烯给水管（PE）	冷水	PE	热熔、电熔、机械	
3	交联聚乙烯给水管（PEX）	冷水、热水	铜	机械	
4	无规共聚聚丙烯给水管（PP-R）	冷水、热水	PP-R	热熔	
5	耐冲击共聚聚丙烯给水管（PP-B）	冷水	PP-B	热熔	耐热性明显低于 PP-R，只应用在低温的场合

续表

序号	塑料管名称		输送介质	管件原材料	连接方法	备注
6	均聚聚丙烯给水管（PP-H）		冷水	PP-H	热熔	脆性大，很少用
7	氯化聚乙烯给水管（PVC-C）		冷水、热水	PVC-C	粘接	
8	聚丁烯给水管（PB）		冷水、热水	PB	粘接	
9	铝塑复合管（搭接焊）	PAP	冷水	铜	机械	内外层均为 PE
		XPAP	冷水、热水			内外层均为 PEX

续表

序号	塑料管名称		输送介质	管件原材料	连接方法	备　注
10	铝塑复合管（对接焊）	PAP3	冷水	铜	机械	内外层均为 PE
		XPAP1	冷水、热水			内层为 PEX，外层为 PE
		XPAP2	冷水、热水			内外层均为 PEX
11	硬聚氯乙烯排水管（PVC-U）		污、废水	PVC-U	承插粘接	
12	硬聚氯乙烯雨水管（PVC-U）		雨水	PVC-U	承插粘接	

续表

序号	塑料管名称	输送介质	管件原材料	连接方法	备注
13	双壁波纹管	污、废水、雨水	PVC-U、HDPE、PP	PVC-U采用承插胶圈连接，其他采用热熔连接	
14	径向加筋波纹管	污、废水、雨水	PVC-U	承插胶圈	
15	实壁埋地排水管	污、废水、雨水	PVC-U	承插胶圈、粘接	
16	缠绕熔接管	污、废水、雨水	HDPE	电熔	
17	工程塑料管（ABS）	冷水、热水	工程塑料	粘接	
18	玻璃钢管（FRP）	冷水	FRP	承插胶圈	

PP-R 管根据长期设计温度不同分为两个应用级别

表 4-3

应用级别	设计温度 T_D（℃）	T_D 下寿命（年）	最高温度 T_{max}（℃）
级别 1	60	49	80
级别 2	70	49	80
应用级别	T_{max} 下寿命（年）	故障温度 T_{mal}（℃）	T_{mal} 下寿命（h）
级别 1	1	95	100
级别 2	1	95	100

PP-R 管所需管材的设计压力 P_D 对应的管系列

表 4-4

级别 \ P_D(MPa)	0.4	0.6	0.8	1.0
级别 1	S5	S5	S3.2	S2.5
级别 2	S5	S3.2	S2.5	S2

（4）PP-R 管用于冷水系统时，应根据所需管材的公称压力 P_N 确定管材尺寸的管系列，见表 4-5。

PP-R 管所需管材的公称压力 P_N 对应的管系列

表 4-5

P_N（MPa）	1.25	1.6	2.0	2.5	3.2
管系列	S5	S4	S3.2	S2.5	S2

注：上表是指在 20℃、50 年寿命的条件下的情况。当在 40℃、50 年寿命的条件下，管材的设计压力 $P_D \approx 0.7P_N$。

（5）PP-R 管材规格系列及壁厚基本尺寸见表 4-6。

PP-R 管材规格系列及壁厚基本尺寸（mm）

表 4-6

公称外径 D_N	外径偏差	管系列				
		S5	S4	S3.2	S2.5	S2
		管材公称壁厚 E_N				
20	+0.30	—	2.3	2.8	3.4	4.1
25	+0.30	2.3	2.8	3.5	4.2	5.1
32	+0.30	2.9	3.6	4.4	5.4	6.5
40	+0.40	3.7	4.5	5.5	6.7	8.1
50	+0.50	4.6	5.6	6.9	8.3	10.1
63	+0.60	5.8	7.1	8.6	10.5	12.7

续表

公称外径 D_N	外径偏差	管系列				
		S5	S4	S3.2	S2.5	S2
		管材公称壁厚 E_N				
75	+0.70	6.8	8.4	10.3	12.5	15.1
90	+0.90	8.2	10.1	12.3	15.0	18.1
110	+1.00	10.0	12.3	15.1	18.3	22.1

注：1. 用于热水系统的管材、管件生产厂家应出具系统适用性实验报告。

2. 管材供货长度 L 一般为 4000mm、6000mm，不许有负偏差。

（6）PP-R 管的主要物理性能见表 4-7。

PP-R 管的主要物理性能　　表 4-7

项　目	单　位	指　标
密度	g/cm^3	0.89～0.91
线膨胀系数	mm/（m·℃）	0.14～0.16
导热系数	W/（m·K）	0.23～0.24
弹性模量	N/mm^2（20℃）	800

4.1.1.4 PE-X 管

(1) 应根据系统的工作压力和输送的水温，再考虑工程安全余量来选择管材尺寸的管系列。PE-X 管材尺寸分为 S6.3、S5、S4、S3.2 四个管系列。

(2) PE-X 管用于热水系统时，应根据长期设计温度不同分为两个应用级别，见表 4-8。

PE-X 管根据长期设计温度不同分为两个应用级别

表 4-8

应用级别	设计温度 T_D（℃）	T_D 下寿命（年）	最高温度 T_{max}（℃）
级别 1	60	49	80
级别 2	70	49	80
应用级别	**T_{max} 下寿命（年）**	**故障温度 T_{mal}（℃）**	**T_{mal} 下寿命（h）**
级别 1	1	95	100
级别 2	1	95	100

(3) PE-X 管用于热水系统时，应根据系统适合的应用级别，和所需管材的设计压力 P_D 确定 PE-X 管材尺寸的管系列，见表 4-9。

PE-X 管所需管材的设计压力 P_D 对应的管系列

表 4-9

级别 \ P_D(MPa)	0.4	0.6	0.8	1.0
级别 1	S6.3	S6.3	S4	S3.2
级别 2	S6.3	S5	S4	S3.2

（4）PE-X 管用于冷水系统时，应根据所需管材的公称压力 P_N 确定管材尺寸的管系列，见表 4-10。

PE-X 管所需管材的公称压力 P_N 对应的管系列

表 4-10

P_N（MPa）	1.0	1.25	1.6	2.0
管系列	S6.3	S5	S4	S3.2

注：上表是指在 20℃、50 年寿命的条件下的情况。当在 40℃、50 年寿命的条件下，管材的设计压力 $P_D \approx 0.78P_N$。

（5）PE-X 管材规格系列及壁厚基本尺寸见表 4-11。

PE-X 管材规格系列及壁厚基本尺寸（mm）

表 4-11

公称外径 D_N	外径偏差	管系列最小壁厚 E_N			
		S6.3	S5	S4	S3.2
20	+0.30	1.9	2.0	2.3	2.8
25	+0.30	1.9	2.3	2.8	3.5
32	+0.30	2.4	2.9	3.6	4.4
40	+0.40	3.0	3.7	4.5	5.5
50	+0.50	3.7	4.6	5.6	6.9
63	+0.60	4.7	5.8	7.1	8.6

注：1. 直管供货时管材长度 L 为 4.0m、6.0m，不允许有负偏差。

2. $D_N \leqslant 32$mm 管材采用盘状供货时，公称外径 20mm、25mm、32mm 的管材每盘长度一般依次为 200m、150m 及 100m，且每米应有累计标记，总长度不允许有负偏差。

（6）PE-X 管的主要物理性能见表 4-12。

PE-X 管的主要物理性能 **表 4-12**

项　　目	单　　位	管材、管件指标
密度	g/cm^3	≥0.940
线膨胀系数	mm/（m·℃）	0.15
导热系数	W/（m·K）	0.461

4.1.1.5 PVC-U 给水管

PVC-U 给水管管材公称压力和规格尺寸（mm）

表 4-13

公称外径 D_e	不同公称压力 P_N（MPa）的管材公称壁厚 E_N				
	0.60	0.80	1.00	1.25	1.60
20					2.0
25					2.0
32				2.0	2.4
40			2.0	2.4	3.0
50		2.0	2.4	3.0	3.7
63	2.0	2.5	3.0	3.8	4.7
75	2.2	2.9	3.6	4.5	5.6
90	2.7	3.5	4.3	5.4	6.7
110	3.2	3.9	4.8	5.7	7.2

注：E_N = 2.0mm 为最小壁厚。

4.1.1.6 建筑给水紫铜管

建筑给水紫铜管管材规格表 **表 4-14**

公称通径 D_N (mm)	铜管外径 D_w (mm)	壁厚 T (mm) 类型			理论质量 (kg/m)			平均外径允许偏差 (mm)	
		A	B	C	A	B	C	普通级	高精级
5	6	1.0	0.8	0.6	0.140	0.116	0.091	±0.06	±0.03
6	8	1.0	0.8	0.6	0.196	0.161	0.124		
8	10	1.0	0.8	0.6	0.252	0.206	0.158		
10	12	1.2	0.8	0.6	0.362	0.251	0.191		
15	15	1.2	1.0	0.7	0.463	0.391	0.280		
20	22	1.5	1.2	0.9	0.860	0.698	0.531	±0.08	±0.04
25	28	1.5	1.2	0.9	1.111	0.899	0.682		
32	35	2.0	1.5	1.2	1.845	1.405	1.134	±0.10	±0.05
40	42	2.0	1.5	1.2	2.237	1.699	1.369		

续表

公称通径 D_N (mm)	铜管外径 D_w (mm)	壁厚 T (mm)			理论质量 (kg/m)			平均外径允许偏差 (mm)	
		类型			A	B	C	普通级	高精级
		A	B	C					
50	54	2.5	2.0	1.2	3.600	2.908	1.772	±0.20	±0.05
65	67	2.5	2.0	1.5	4.509	3.635	2.747	±0.24	±0.06
80	85	2.5	2.0	1.5	5.138	4.138	3.125		
100	108	3.5	2.5	1.5	10.226	7.374	4.467	±0.30	±0.06
125	133	3.5	2.5	1.5	12.673	9.122	5.515	±0.40	±0.10
150	159	4.0	3.0	2.0	17.335	13.085	8.779	±0.60	±0.18
200	219	6.0	5.0	4.0	35.733	29.917	24.046	±0.70	±0.25

4.1.1.7 PVC-U 排水管

PVC-U 排水管材的外径及壁厚标准　　表 4-15

公称外径 D_e（mm）	平均外径极限偏差（mm）	壁厚（mm）	
		基本尺寸	极限偏差
40	+0.30	2.0	+0.40
50	+0.30	2.0	+0.40
75	+0.30	2.3	+0.40
90	+0.30	3.2	+0.60
110	+0.40	3.2	+0.60
125	+0.40	3.2	+0.60
160	+0.50	4.0	+0.60

4.1.1.8 离心铸造球墨铸铁管

离心铸造球墨铸铁管适用于给水及燃气等压力流体输送。离心铸造球墨铸铁管均采用柔性接口，按接口类型可分为机械式、滑入式两类。机械式又分为 N1 型、K 型和 S 型三种，滑入式为 T 型。离心铸造球墨铸铁管的技术性能见表 4-16。

4.1.1.9 地漏

（1）地漏的分类和命名

地漏按使用功能或安装形式进行分类和命名，各类地漏的功能特点、常用规格及使用场所见表 4-17。

离心铸造球墨铸铁管技术性能 表 4-16

公称直径 D_N (mm)	试验压力（MPa）					抗拉强度 σ_b（MPa）	屈服强度 $\sigma_{0.2}$（MPa）	伸长率 δ（%）
	K8	K9	K10	K12	最高试验压力	不小于		
≤300	4		5		10	420	300	10
350～600	3.2	4	5	7.2	8			
700～1000	2.5	3.2	4	6	6			
1200	1.8	2.5	3.2	4	4			7

地漏分类 **表 4-17**

分类	命名	功能特点	常用规格	使用场所
普通型地漏	直通式地漏	排除地面积水，出水口垂直向下，内部不带水封	*DN*50 ~ *DN*150	需要地面排水的卫生间、盥洗室、车库、阳台等
实用型地漏	密闭型地漏	带有密闭盖板，排水时其盖板可人工打开，不排水时可密闭	*DN*50 ~ *DN*100	需要地面排水的洁净车间、手术室、管道技术层、卫生标准高及不经常使用地漏的场所
	带网框地漏	内部带有活动网框，可用来拦截杂物，并可取出倾倒	*DN*50 ~ *DN*150	排水中挟有易于堵塞的杂物时，如淋浴间、理发室、公共浴室、公共厨房

续表

分类	命名	功能特点	常用规格	使用场所
实用型地漏	防溢地漏	内部设有防止废水排放时冒溢出地面的装置	$DN50$	用于所接地漏的排水管有可能从地漏口冒溢之处
	多通道地漏	可接纳地面排水和1～2个器具排水，内部带水封	$DN50$	用于水封易丧失，利用器具排水进行补水或需接纳多个排水接口
	侧墙式地漏	箅子垂直安装，可侧向排除地面水，内部不带水封	$DN50$～$DN150$	需同层排除地面积水或地漏下面不容许敷管
	直埋式地漏	安装在垫层里，横排水管不穿越楼层，内部带水封	$DN50$	

（2）地漏材料

地漏的材质可根据工程需要选择铸铁、工程塑料（ABS）或硬聚氯乙烯（PVC-U），也可采用铜合金或不锈钢等材料，其性能应符合国家现行相关材料标准。一般箅子材料采用铜合金或工程塑料，箅子表面宜镀铬处理。

（3）性能和构造

地漏一般由本体、箅子、调节段和防水翼环组成。内部结构分为带水封和不带水封两类。带水封地漏的水封深度不应小于50mm；无水封地漏排出管需配存水弯，水封深度不应小于50mm。本体构造应有足够的强度，承受水压大于0.2MPa，最小厚度见表4-18。

地漏本体构造最小厚度（mm）　　表4-18

地漏规格	铸铁	ABS	PVC-U
*DN*50	4.5	2.5	2.5
*DN*75	5.0	2.5	3.0
*DN*100	5.0	3.0	3.5
*DN*125	5.5	3.5	4.0
*DN*150	5.5	4.0	4.5

4.1.1.10 水嘴

水嘴分类见表4-19。

水嘴分类　　表4-19

分类方式	分　类
功能	普通（冷）水嘴、热水嘴、直饮水水嘴、混合水嘴、浴盆水嘴、淋浴水嘴、洗衣机水嘴、净身器水嘴、旋转出水口水嘴、手持可伸缩式水嘴、自动水嘴、自动收费（插卡）水嘴
密封结构	旋塞式、螺旋升降式、陶瓷片密封式、空心球式、轴筒式、小孔先导式、电极旋转式、电磁直提式
材质	结构件材料有灰铸铁、可锻铸铁、铜合金（黄铜）、锌基合金（制造把手、装饰罩等）、不锈钢、工程塑料（ABS、聚乙烯、尼龙）
表面处理	防锈漆、冷（化学镀）镀锌、喷塑、热浸锌、镀铬（包括镀铜、镀镍）、镀钛、镀金
规格和安装	口径为*DN*10、*DN*15、*DN*20、*DN*25 冷、热水联体阀的档距分别为100mm、150mm、200 mm 安装方向水平直接、垂直向下（台面）连接

续表

分类方式	分　类
控制方式	直接手控（分为单柄单控、单柄双控）、肘控、脚（踏）控、非接触控制（利用红外线传感器和电力阀门）、自动延时关闭、自动限制流量、无水关闭、自动恒温、插卡（收费）

注：铸铁螺旋升降式水嘴为淘汰产品。

4.1.2 消防管道及管附件

4.1.2.1 消防管材

自动喷水灭火系统和水喷雾灭火系统报警阀以前的管道、消火栓系统给水管，架空时应采用内外壁热浸镀锌钢管；埋地时应采用球墨铸铁管。自动喷水灭火系统和水喷雾灭火系统报警阀以后的管道可采用热浸镀锌钢管、铜管、不锈钢管及钢衬塑、不锈钢衬塑等管道。

热浸锌镀锌焊接钢管分别为普通钢管和加厚钢管，当系统压力小于等于 1.2MPa 时，可采用热浸镀锌焊接普通钢管；当系统压力大于 1.2MPa 时，应采用热浸镀锌焊接加厚钢管或无缝钢管。

4.1.2.2 室内消火栓（表 4-20）

SG 型室内消火栓或室内减压稳压消火栓性能规格　　　表 4-20

型号	消火栓		水带		直流水栓		电气设备		外形尺寸（mm）			主要生产厂
	型号	数量（个）	每根长（m）	数量（根）	型号	数量（支）	指示灯（个）	报警按钮（个）	长	高	宽	
SG18/50	SN50			1	QZ16	1					180、200	
SG21/65	SN65	1	20		QZ19	1	1	1	650	800	210、200	
SG24/S50	SNS50				QZ16	2						湖南省消防器材总厂
SG24/SS50	SNSS50			2	QZ16	2						
SG24/S65	SNS65				QZ19	2					240	
SG24/SS65	SNSS65				QZ19	2						
SG24JPS/1920	SN65	1	20	1	QZ19	1	1	1	700	1000		
SG24JPS/1920	SNSS65	1			QZ19	1						

续表

型号	消火栓		水带		直流水栓		电气设备		外形尺寸（mm）			主要生产厂
	型号	数量（个）	每根长（m）	数量（根）	型号	数量（支）	指示灯（个）	报警按钮（个）	长	高	宽	
SG24/50	SN50	1	20	1	QZ16	1	1	1	650	800	240	烟台市消防设备制造公司
SG24/65	SN65				QZ19				650	800	240	
SG24/S50	SNS50			2	QZ16	2			700	1000	240	
SG24/S65	SNS65				QZ19				700	1000	240	
SG20A50	SN50	1	20	1	QZ16	1	0	0	700	550	200	珠海市珠海消防器材厂
SG20A65	SN65				QZ19							
SG24B50	SN50	1	20	1	QZ16	1	1	1	800	650	240	
SG24B65	SN65				QZ19							
SG24C50P	SN50	1	20	1	QZ16	1	0	0	950	650	240	

续表

型号	消火栓		水带		直流水栓		电气设备		外形尺寸（mm）			主要生产厂
	型号	数量（个）	每根长（m）	数量（根）	型号	数量（支）	指示灯（个）	报警按钮（个）	长	高	宽	
SG35C65	SNS65	2	20	2	QZ19	2	1	1	950	650	350	珠海市珠海消防器材厂
SG35C65P	SN65	1		1	QZ19	1	0	0				
SG24D50P	SN50	1	20	1	QZ16	1	1	1	1150	650	240	
SG24D65P	SN65				QZ19							
SG35D50P	SN50				QZ16						350	
SG35D65P	SN65				QZ19							
SG24E50	SNS50	2	20	2	QZ16	2	1	1	1200	800	240	
SG24E65	SNS65				QZ19							
SG24E50P	SNS50				QZ16							

续表

型号	消火栓		水带		直流水栓		电气设备		外形尺寸（mm）			主要生产厂
	型号	数量（个）	每根长（m）	数量（根）	型号	数量（支）	指示灯（个）	报警按钮（个）	长	高	宽	
SG24E65P	SNS65				QZ19						240	
SG35E50	SNS50				QZ16							
SG35E65	SNS65	2	20	2	QZ19	2	1	1	1200	800	350	珠海市珠海消防器材厂
SG35E50P	SNS50				QZ16							
SG35E65P	SNS65				QZ19							

注：1. 型号中含有 P 或 JP 的表示该室内消火栓箱内带有消防软管卷盘。A、B、C、D 均为单门结构，E 为双门结构。

2. 北京海淀普惠机电技术开发公司生产的 SG 型室内消火栓型号与表内性能规格相同，其中室内减压稳压消火栓型号为 SNJ65-H，进口水压为 0.4～1.6MPa 时，出口水压为 0.3MPa，稳压精度为 ±0.05MPa，流量 >5L/s；外形尺寸与普通室内消火栓相同。

4.1.2.3 室外消火栓（图4-1、图4-2、表4-21）

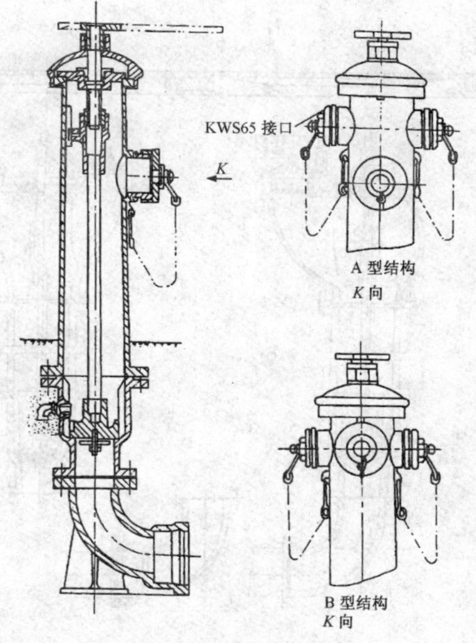

图4-1 地上室外消火栓

4.1.2.4 消防水泵接合器（表4-22）

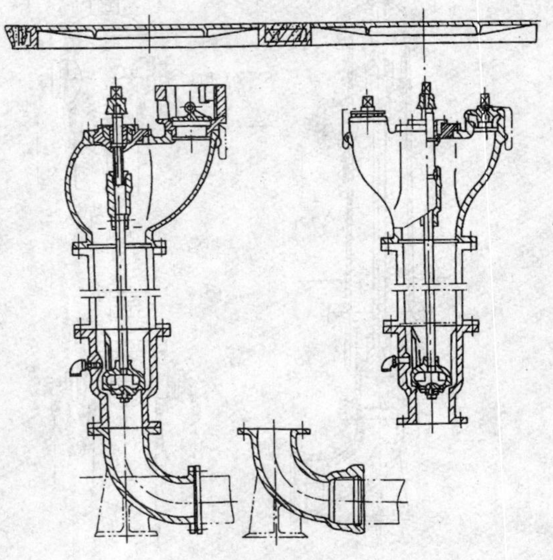

图4-2　地下室外消火栓

室外消火栓性能规格及外形尺寸

表 4-21

<table>
<tr><th rowspan="2">型　号</th><th rowspan="2">工作压力（MPa）</th><th colspan="3">进水口</th><th colspan="3">出水口</th><th colspan="3">外形尺寸（mm）</th><th rowspan="2">主要生产厂</th></tr>
<tr><th>形式</th><th>直径（mm）</th><th>数量（个）</th><th>形式</th><th>直径（mm）</th><th>数量（个）</th><th>长</th><th>宽</th><th>高</th></tr>
<tr><td rowspan="2">SS100-10</td><td rowspan="2">1.0</td><td rowspan="2">承插弯管</td><td rowspan="8">100</td><td rowspan="8">1</td><td>内扣式</td><td>65</td><td>2</td><td rowspan="4">300</td><td rowspan="4">350</td><td rowspan="2">1515</td><td rowspan="8">烟台市消防设备制造公司</td></tr>
<tr><td>外螺纹式</td><td>100</td><td>1</td></tr>
<tr><td rowspan="2">SS100-16</td><td rowspan="2">1.6</td><td rowspan="2">法兰弯管</td><td>内扣式</td><td>65</td><td>2</td><td rowspan="2">1525</td></tr>
<tr><td>外螺纹式</td><td>100</td><td>1</td></tr>
<tr><td>SA65-10</td><td>1.0</td><td>承插弯管</td><td rowspan="2">内扣式</td><td rowspan="2">65</td><td rowspan="2">2</td><td rowspan="2">475</td><td rowspan="2">300</td><td>1040</td></tr>
<tr><td>SA65-16</td><td>1.6</td><td>法兰弯管</td><td>1050</td></tr>
<tr><td rowspan="2">SA100-16</td><td rowspan="2">1.6</td><td rowspan="2">承插弯管</td><td>内扣式</td><td>65</td><td>1</td><td rowspan="2">495</td><td rowspan="2">300</td><td rowspan="2">1040</td></tr>
<tr><td>外螺纹式</td><td>100</td><td>1</td></tr>
</table>

续表

型号	工作压力 (MPa)	进水口			出水口			外形尺寸 (mm)			主要生产厂
		形式	直径 (mm)	数量 (个)	形式	直径 (mm)	数量 (个)	长	宽	高	
SS100-1.0	1.0	承插弯管	100	1	内扣式	65	2	300	350	1525	北京燕山消防器材厂
SS100-1.6	1.6	法兰弯管				100	1				
SS150-1.0	1.0	承插弯管	150	1	外螺纹式	65	2				
SS150-1.6	1.6	法兰弯管				150	1	120	480	1050	
SA100-1.0	1.0	承插弯管	100	1	连接器专用	100	1				
SA100-1.6	1.6	法兰弯管				100	1				
SA65/65-1.0	1.0	承插弯管	100	1	内扣式	65	1	380		1025	
SA65/65-1.6	1.6	法兰弯管									
SA100/65-1.0	1.0	承插弯管			内扣式外螺纹式	100	1	390	530	1040	

续表

<table>
<tr><th rowspan="2">型　号</th><th rowspan="2">工作压力（MPa）</th><th colspan="3">进水口</th><th colspan="3">出水口</th><th colspan="3">外形尺寸（mm）</th><th rowspan="2">主要生产厂</th></tr>
<tr><th>形式</th><th>直径（mm）</th><th>数量（个）</th><th>形式</th><th>直径（mm）</th><th>数量（个）</th><th>长</th><th>宽</th><th>高</th></tr>
<tr><td>SA100/65-1.6</td><td>1.6</td><td>法兰弯管</td><td>100</td><td>1</td><td>内扣式
外螺纹式</td><td>100</td><td>1</td><td>390</td><td>530</td><td>1040</td><td>北京燕山消防器材厂</td></tr>
<tr><td>SS100-1.0A</td><td rowspan="2">1.0</td><td rowspan="2">承插弯管</td><td rowspan="4">100</td><td rowspan="4">1</td><td rowspan="2">内扣式</td><td rowspan="2">65</td><td rowspan="2">2</td><td rowspan="4">405</td><td rowspan="4">390</td><td>1505</td><td rowspan="4">湖南省消防器材总厂</td></tr>
<tr><td>SS100-1.0B</td><td>1275</td></tr>
<tr><td>SS100-1.6A</td><td rowspan="2">1.6</td><td rowspan="2">法兰弯管</td><td rowspan="2">外螺纹式</td><td rowspan="2">100</td><td rowspan="2">1</td><td>1518</td></tr>
<tr><td>SS100-1.6B</td><td>1288</td></tr>
</table>

消防水泵接合器性能规格　　表 4-22

型　号	技术参数					主要生产厂
	公称通径（mm）	工作压力（MPa）	进水口（根数-直径）（mm）	接口型号	介质	
SQS100A-1.6	100	1.6	2-65	KWS65	水泡沫混合液	北京燕山消防器材厂
SQS150A-1.6	150		2-80	KWS80		
SQB100A-1.6	100		2-65	KWS65		
SQB150A-1.6	150		2-80	KWS80		
SQX100A-1.6	100		2-65	KW65		
SQX150A-1.6	150		2-80	KW80		
SQS100-1.6	100		2-65	KWS65		
SQS150-1.6	150		2-80	KWS80		
SQB100-1.6	100		2-65	KWS65		

续表

型　号	技术参数					主要生产厂
	公称通径（mm）	工作压力（MPa）	进水口（根数-直径）（mm）	接口型号	介质	
SQB150-1.6	150	1.6	2-80	KWS80	水泡沫混合液	北京燕山消防器材厂
SQX100-1.6	100		2-65	KWA65		
SQX150-1.6	150		2-80	KWA80		
SQS100-16	100	1.6	2-65	KWS65	水泡沫混合液	烟台市消防设备制造公司
SQS150-16	150		2-80	KWS80		
SQX100-16	100		2-65	KWS65		
SQX150-16	150		2-80	KWS80		
SQB100-16	100		2-65	KWS65		
SQB150-16	150		2-80	KWS80		

4.1.2.5 自动喷水系统报警控制装置

报警控制阀装置，按形式可分为湿式阀装置、干湿两用阀装置、雨淋阀装置、预作用阀装置等，如图4-3～图4-6所示。各种形式的报警控制阀装

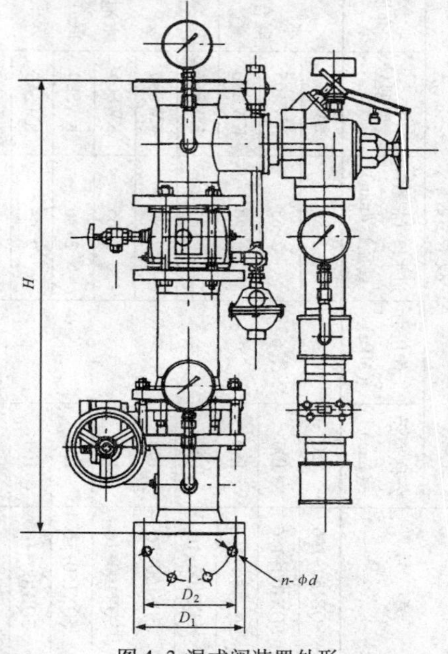

图4-3 湿式阀装置外形

置主要由报警阀本体、蝶阀、泄放阀、泄放试验管、连接管、压力表等组成，与管网采用法兰连接。各装量的性能规格及外形尺寸见表4-23。

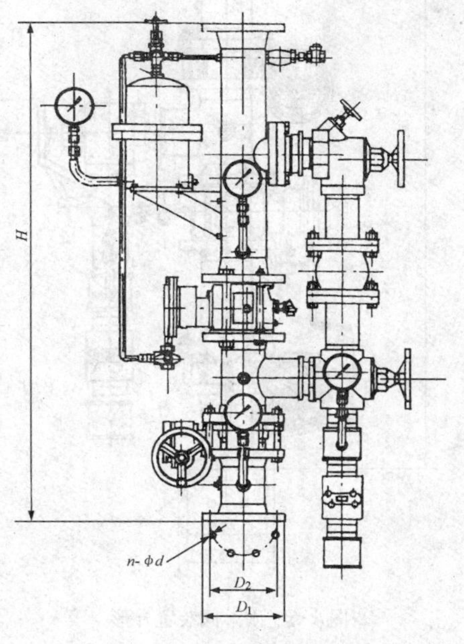

图4-4　干湿两用阀装置外形

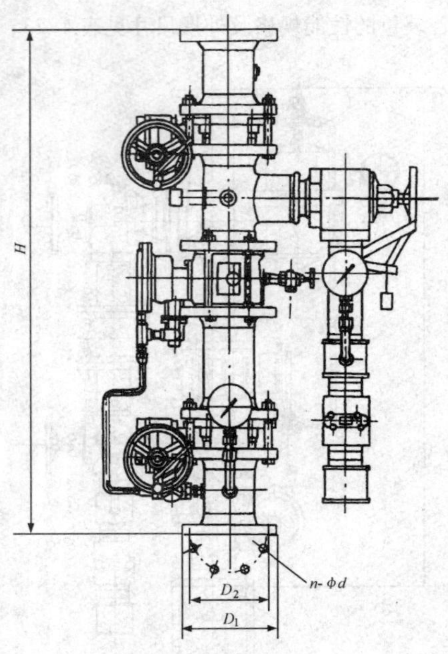

图 4-5　雨淋阀装置外形

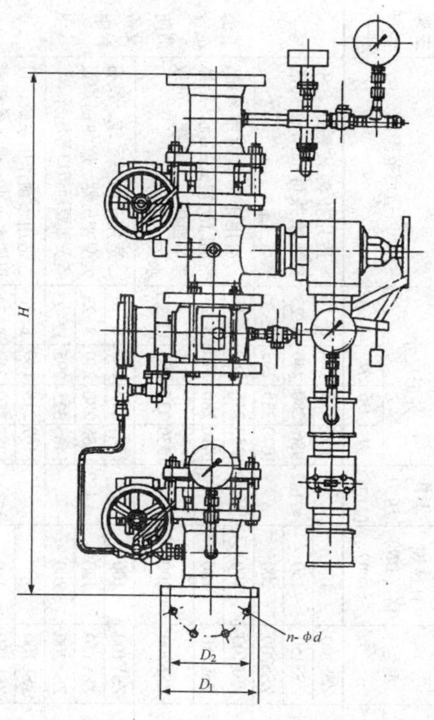

图 4-6　预作用阀装置外形

报警控制阀装置性能规格及外形尺寸 表 4-23

形式	型号	直径规格（DN）（mm）	工作压力（MPa）	外形尺寸				适用范围	主要生产厂
				H	D_1	D_2	$n-\phi d$		
湿式阀	ZSS100	100	≤1.2	900	215	180	8-18	适用于湿式系统，不易结冰并可取水灭火的场所	上海华夏消防设备有限公司
	ZSS150	150		986	280	240	8-23		
	ZSS200	200		1070	335	295	12-23		
干湿两用阀	ZSL100	100	≤1.2	1353	215	180	8-18	适用于干湿两用系统，常温时为湿式系统，结冰季节换成干式系统，可取水灭火的场所	
	ZSL150	150		1410	280	240	8-23		
	ZSL200	200		1530	335	295	12-23		
雨淋阀	ZSY100	100	≤1.2	1167	215	180	8-18	适用于雨淋系统，设有大型变压器、燃油锅炉设备及重要通道口等场所	
	ZSY150	150		1288	280	240	8-23		
	ZSY200	200		1465	335	295	12-23		
预作用阀	ZSU100	100	≤1.2	1167	215	180	8-18	适用于预作用系统，可以取水灭火，但又希望管网平时不充水的场所	
	ZSU150	150		1288	280	240	8-23		
	ZSU200	200		1465	335	295	12-23		

4.1.2.6 喷头

（1）玻璃球标准喷头（图4-7、表4-24）。

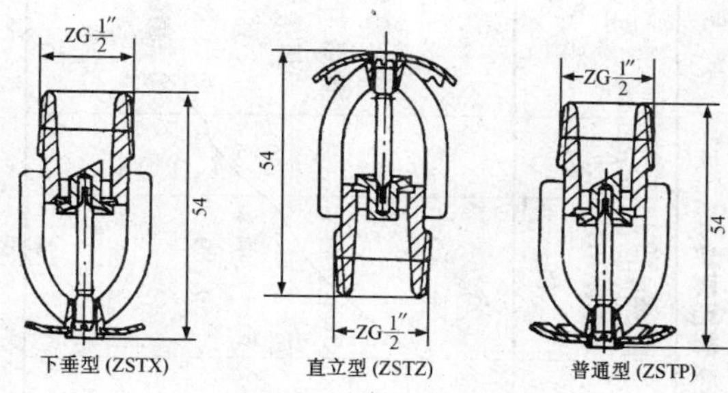

图4-7 玻璃球标准喷头

（2）大口径水平边墙型喷头（图4-8、表4-25）。

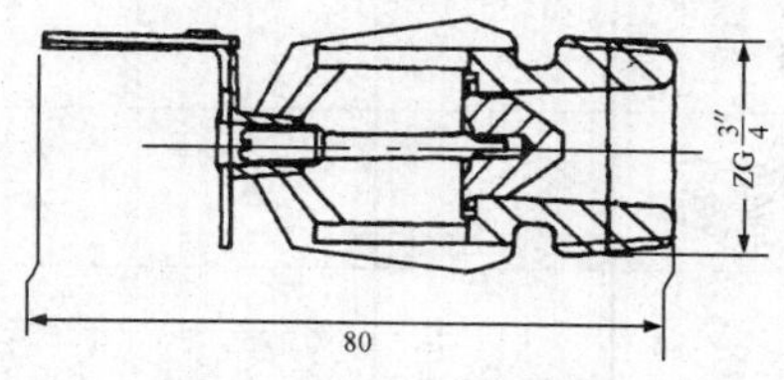

图4-8 大口径水平边墙型喷头

玻璃球标准喷头性能规格 **表 4-24**

型　号	温度（℃）	最高使用环境温度（℃）	色标	热响应指数 *RTI* 值	*K* 系数	主要生产厂
ZSTX15/57 ZSTZ15/57 ZSTP15/57	57	27	橙	3mm 玻璃球 <50 5mm 玻璃球 50～80	80	上海华夏消防设备有限公司、四川消防机械总厂、西安卫士消防设备制造厂、南京消防器材厂
ZSTX15/68 ZSTZ15/68 ZSTP15/68	68	38	红			
ZSTX15/79 ZSTZ15/79 ZSTP15/79	79	49	黄			

续表

型号	温度（℃）	最高使用环境温度（℃）	色标	热响应指数 *RTI* 值	*K* 系数	主要生产厂
ZSTX15/93 ZSTZ15/93 ZSTP15/93	93	63	绿	3mm 玻璃球 <50 5mm 玻璃球 50～80	80	上海华夏消防设备有限公司、四川消防机械总厂、西安卫士消防设备制造厂、南京消防器材厂
ZSTX15/141 ZSTZ15/141 ZSTP15/141	141	111	蓝			
ZSTX15/182 ZSTZ15/182 ZSTP15/182	182	152	紫			

注：*K* 系数为每一种喷头的注量系数，其流量公式为：$Q=K\sqrt{P}$。

大口径水平边墙型喷头性能规格 表 4-25

型号	额定温度（℃）	最高使用环境温度（℃）	色标	热响应指数 *RTI* 值	*K* 系数	主要生产厂
$ZSTB_{水平}20/57$	57	27	橙	50～80	115	上海华夏消防设备有限公司、四川消防机械总厂
$ZSTB_{水平}20/68$	68	38	红			
$ZSTB_{水平}20/79$	79	49	黄			
$ZSTB_{水平}20/93$	93	63	绿			
$ZSTB_{水平}20/141$	141	111	蓝			
$ZSTB_{水平}20/182$	182	152	紫			

（3）隐蔽型喷头（图4-9、表4-26）。

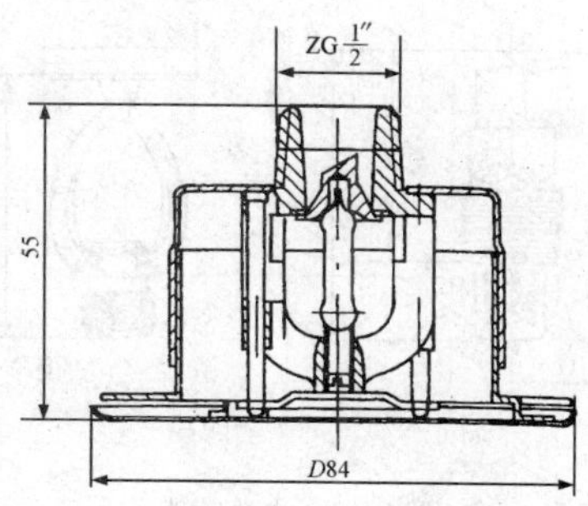

图4-9 隐蔽型喷头

隐蔽型喷头性能规格 表4-26

额定温度（℃）	盖板释放温度（℃）	最高使用环境温度（℃）	色标
68	57	38	红
热响应指数RTO值	*K*系数	连接螺纹	主要生产厂
<100	80	ZG1/2″	上海华夏消防设备有限公司

(4) 水幕喷头(图4-10、表4-27)

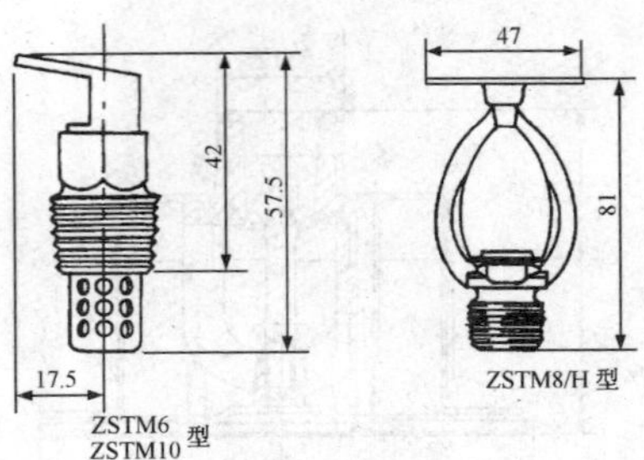

图4-10 水幕喷头

水幕喷头性能规格 表4-27

型 号	连接螺纹	工作压力(MPa)	K系数	主要生产厂
ZSTM6	ZG1/2″	0.14~0.5	24	上海华夏消防设备有限公司、四川消防机械总厂
ZSTM10		0.14~0.5	40.5	
ZSTM8/H		0.1~0.5	43	

4.1.2.7 水流指示器（表4-28）

国产桨状水流指示器的规格、性能　　表4-28

型号	ZSJZ 型桨状水流指示器
规格	*DN*50、*DN*65、*DN*80、*DN*100、*DN*125、*DN*150、*DN*200
工作压力（MPa）	1.2（或0.14~1.6）
延时（S）	各厂不同（20~30、2~90、0.4~60）
最低动作流量（L/min）	15~40（或17~45）
触点容量	DC24V/3A 或 AC220V/5A
连接形式	螺丝、法兰、插入焊接、法兰对夹

4.1.2.8 信号阀（表4-29）

4.1.2.9 末端试水装置（表4-30）

4.1.3 卫生洁具

4.1.3.1 陶瓷便器

（1）便器的种类包括坐便器、蹲便器、小便器。其材质绝大多数为陶瓷。分类见表4-31。

信号阀的性能参数 表 4-29

	型　号	公称直径（mm）	工作压力（MPa）	适用温度（℃）	信号触点容量	连接方式
信号蝶阀	XDF 型	*DN*50、*DN*65、*DN*80、*DN*100、*DN*125、*DN*150	1.6	≤100	DC24V/1A	对夹式
	（A）XD371-10/16 型	*DN*50、*DN*65、*DN*80、*DN*100、*DN*125、*DN*150	1.0、1.6、2.5	≤100	DC24V/1A	对夹式
	ZSFD 型	*DN*50、*DN*65、*DN*80、*DN*100、*DN*150、*DN*200	1.6	≤70	DC24V/0.5A	对夹式
信号闸阀	XZF 型	*DN*50、*DN*65、*DN*80、*DN*100、*DN*125、*DN*150	1.6	≤100	DC24V/1A	法兰
信号隔膜阀	YXF 型	*DN*80、*DN*100、*DN*125、*DN*150	1.0、1.6	≤100	DC24V/1A	法兰

末端试水装置　表4-30

型号	MDS-XF-XJ型	ZSJM型	ZSPP型
控制方式	手动或自动	手动或自动	手动或自动
规格（mm）	*DN*20、*DN*25、*DN*50	*DN*20、*DN*25	*DN*15、*DN*20
最大工作压力（MPa）		1.6	1.2

便器的分类　表4-31

类别	分类		
	按外形分	按功能分	按排水口分
坐便器	挂箱式（分体式） 坐箱式 连体式 壁挂式	冲落式 虹吸式 喷射虹吸式 漩涡虹吸式	下排水 后排水
蹲便器	踏板式蹲便器（带水封） 普通蹲便器（不带水封）		
小便斗	斗式小便器 壁挂式小便器 落地式小便器		

续表

类别	分类
水箱	壁挂式低水箱（与挂箱式或壁挂式坐便器配套） 坐箱式低水箱（与坐箱式坐便器配套） 高水箱（与蹲便器配套）

（2）便器基本尺寸不尽相同，但大多数都在一个范围内变动，见表4-32。

便器基本尺寸（mm）　　**表4-32**

便器种类	长	宽	高
坐箱式坐便器	662~750	345~381	364~395
连体式坐便器	641~740	375~537	360~381
壁挂式坐便器	530~560	350~365	340~395
蹲式便器	530~600	260~435	200~270

（3）便器接口尺寸

1）便器排出口尺寸

① 坐便器下排水的排出口尺寸（外径），虹

吸式坐便器一般为85mm，冲落式坐便一般为90mm；坐便器后排水的排出口尺寸（外径）一般为110mm。

② 蹲便器排出口尺寸（外径），一般为110mm。

2）便器排出口距墙（地面）尺寸

便器排出口（中心线）距墙和距地面的尺寸见表4-33。

便器排出口（中心线）距墙和距地面的尺寸

表4-33

便器种类	排出口距墙间距（mm）	
	一般	6L水
挂箱式坐便器	400	300、400
坐箱式坐便器	165～480	200、300、400
连体式坐便器	210～410	200、300
蹲式便器	582～680	200、300、580
后排水坐箱式便器	距地面高度（mm）	
	85～184	180

（4）水箱基本尺寸和接口尺寸

1）水箱基本尺寸由制造企业确定。

2）水箱接口尺寸：

①低水箱进水管口外径为25mm，进水管内径为13～13.5mm，排水阀口外径为63mm（排水阀内径≥50mm），溢流管内径≥16mm。

②高水箱进水管口外径为25mm（进水管内径为15mm），排水阀口外径为45mm（排水管内径为32mm）。

③水箱供水角式截止阀内径为15mm。

4.1.3.2 陶瓷洗面器

（1）洗面器分类（表4-34）

洗面器分类 **表4-34**

按外形分	按水嘴孔数分
立柱式洗面器	无孔洗面器
台式洗面器：台上式、台下式	单孔洗面器
托架式洗面器	双孔洗面器
背挂式洗面器	三孔洗面器

（2）基本尺寸

陶瓷件的外形尺寸由于美学观念不同，由各制造企业自定。基本尺寸见表4-35。

基本尺寸（mm）　　　　表4-35

类　　型	宽度（左右）	深度（前后）	高度（上下）
立柱式洗面器	560~710	430~560	780~800
台式洗面器	450~560	310~470	190~200
普通洗涤槽	510~610	360~510	150~200

（3）接口尺寸

1）洗面器排出口尺寸，一般为70mm（上口）/50mm（内径）。

2）洗涤槽排出口尺寸：50mm（内径）或65mm（内径）。

3）洗面器进水管孔尺寸和间距

①双孔的进水管孔：25mm（内径）。

②单孔的进水管孔：38 mm（内径）。

③双孔的进水管孔的间距：100~110mm（混合型水嘴），180~200mm（非混合型水嘴）。

4.1.3.3　浴盆

（1）浴盆分类（表4-36）

浴盆分类　　表 4-36

按材质分	按功能分	按外形分
钢板搪瓷浴盆 铸铁搪瓷浴盆 玻璃钢浴盆 压克力浴盆	普通浴盆 按摩浴盆	带裙边浴盆 不带裙边浴盆

（2）浴盆的尺寸

1）普通浴盆尺寸：长度一般为 1200mm、1300mm、1400mm、1500mm、1600mm、1700mm，宽度一般为 700～900mm，高度一般为 355～518mm。

2）坐泡式浴盆尺寸：长度一般为 1100mm，宽度为 700mm，高度为 475mm（坐处 310mm）。

3）按摩浴盆尺寸：长度一般为 1500mm，宽度为 800～900mm，高度为 470mm。

（3）接口尺寸

1）浴盆排出口尺寸，一般为 40mm 或 50mm。

2）浴盆溢流口尺寸，一般为 32mm 或 50mm。

4.1.4　阀门及仪表

4.1.4.1　截止阀

截止阀是利用阀瓣沿着阀座通道的中心移动来

控制管路启闭的一种闭路阀，适用于各种压力及各种温度下输送各种液体和气体。手动截止阀性能规格与外形尺寸见图 4-11、表 4-37。

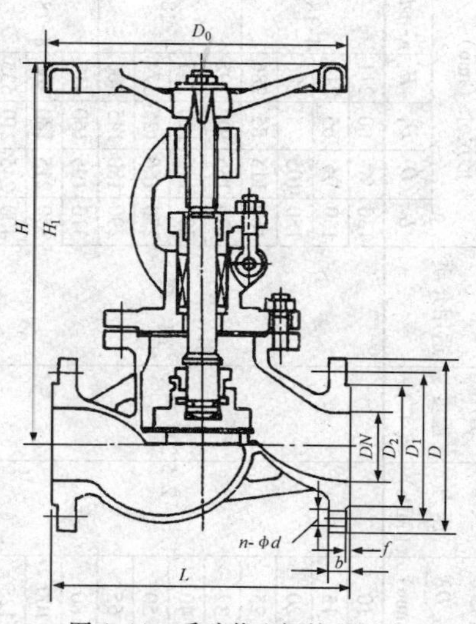

图 4-11　手动截止阀外形尺寸

手动截止阀性能规格与外形尺寸

表 4-37

产品型式	公称直径 DN (mm)	工作压力 (MPa)	适用温度 (℃)	适用介质	外形尺寸 (mm)					质量 (kg)	主要生产厂
					L	D	D_1	H	n-ϕd		
Z T C J41H-16 P W R	10	1.6～2.5	200～425	水、蒸气、油、酸、碱	130	90	60	211	4-18	4	永嘉精铸阀门厂、上海精嘉阀门制造有限公司、江苏省花山阀门厂
	15				130	95	65	211		4	
	20				150	105	75	286		9	
	25				160	115	85	286		10	
	32				190	135	100	295	4-18	11	
	40				200	145	110	337		18	
	50				230	160	125	374		25	
	65				290	180	145	406		32	
	80				310	195	160	417	8-18	41	
	100				350	215	180	460		58	
	125				400	245	210	535		80	
	150				480	280	240	585	8-23	101	

4.1.4.2　闸阀

（1）明杆楔式闸阀

Z41T-10 型明杆楔式闸阀规格与外形尺寸见图 4-12、表 4-38。

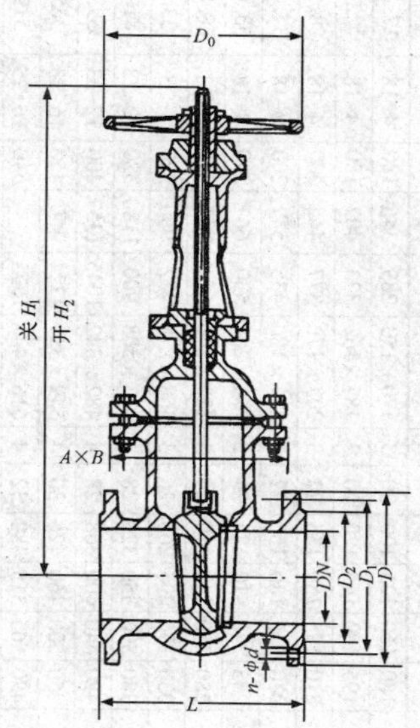

图 4-12　Z41T-10 型明杆楔式闸阀外形尺寸

Z41T-10 型明杆楔式闸阀规格与外形尺寸　　表 4-38

公称直径 DN (mm)	外形尺寸 (mm)										$n\text{-}\phi d$	重量 (kg)	主要生产厂
	L	D	D_1	D_2	b	f	$A\times B$	H_1	H_2	D_0			
50	180	160	125	100	20	3	170×150	289	346	180	4-18	17.3	铁岭阀门股份有限公司、武汉阀门水处理机械股份有限公司、铜陵市铜都阀门总厂、江苏省花山阀门厂、安徽白湖阀门厂、上海精嘉阀门制造有限公司
65	195	180	145	120	20	3	187×162	333	402	180	4-18	22	
80	210	195	160	135	22	3	207×172	377	465	200	4-18	28.9	
100	230	215	180	155	22	3	231×186	435	547	200	8-18	37.4	
125	255	245	210	185	24	3	263×208	530	667	240	8-18	53.6	
150	280	280	240	210	24	3	320×240	604	762	240	8-23	68.8	
200	330	335	295	265	26	3	368×278	772	990	320	8-23	133.3	
250	380	390	350	320	28	3	423×508	900	1180	320	12-23	181.8	
300	420	440	400	368	28	4	482×342	1045	1357	400	12-23	259.9	
350	450	500	460	428	30	4	549×399	1224	450	450	16-23	365	
400	480	565	515	482	32	4	616×441	1875		640	16-25	519	
450	510	610	565	532	32	4	685×500	2110		640	20-25	622	
500	540	670	620	585	34	4	780×360	2481	1931	720	20-25	681	
600	600	780	725	685	36	5	900×405	2870	2136	720	20-30	1035	
700	660	895	840	800	38	5	1060×525	3180	2410	900	24-30	1652	

（2）Z941T-10 型电动明杆楔式闸阀规格与外形尺寸见图 4-13、表 4-39。

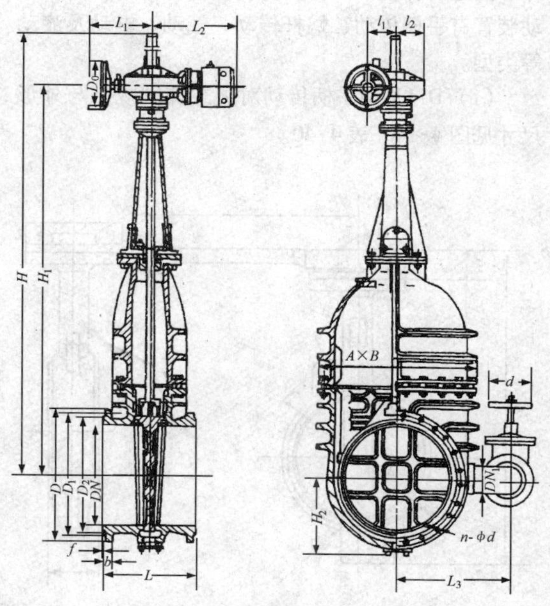

图 4-13　Z941T 型电动明杆楔式闸阀外形尺寸

4.1.4.3 对夹式蝶阀

对夹式蝶阀结构紧凑，形小体轻，主要由阀体、阀座、蝶板、阀杆及传动装置等零件组成。传动装置有手柄传动、蜗杆传动、气动、电动及液动等类型。

(1) D71X 型手柄传动对夹式蝶阀规格与外形尺寸见图 4-14、表 4-40。

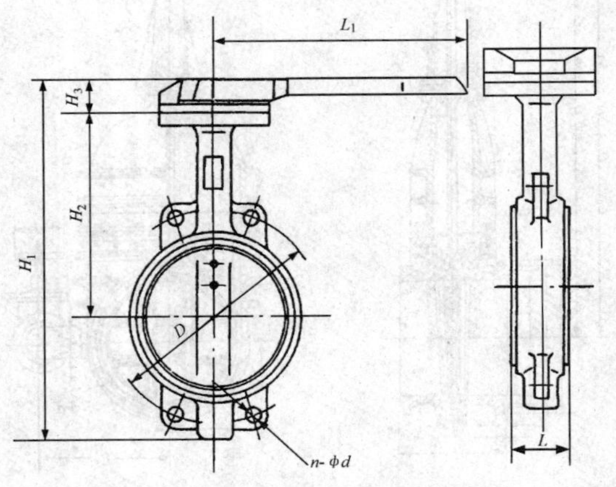

图 4-14 D71X 型手柄传动对夹式蝶阀外形尺寸

（2）D371X（H、F）型蜗轮传动对夹式蝶阀规格与外形尺寸见图4-15～图4-17、表4-41。

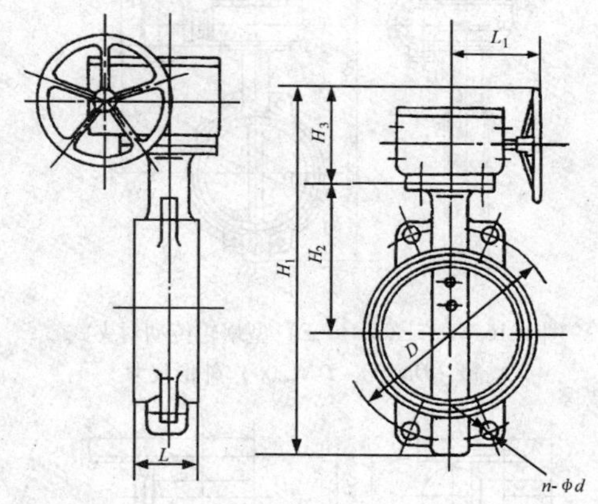

图4-15　D371X（H、F）型蜗轮传动对夹式蝶阀（$DN150 \sim DN700$）外形尺寸

4.1.4.4　止回阀

（1）H44T（X）-10型旋启式止回阀规格与外形尺寸见图4-18、表4-42。

（2）HH49X-10型微阻缓闭消声蝶式止回阀规格与外形尺寸见图4-19、表4-43。

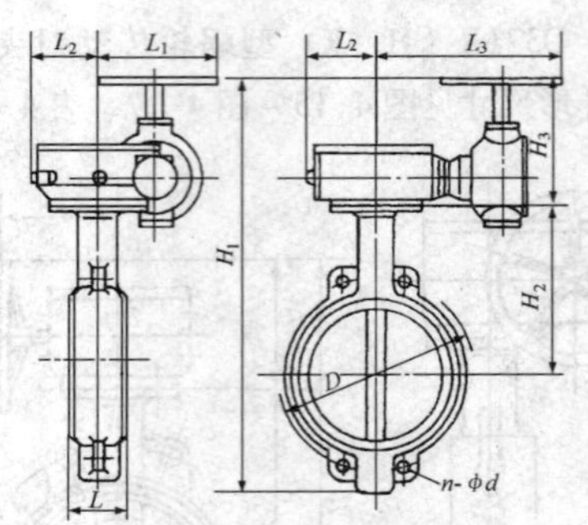

图 4-16　D371X（H、F）型蜗轮传动对夹式蝶阀（*DN*800～*DN*1200）外形尺寸

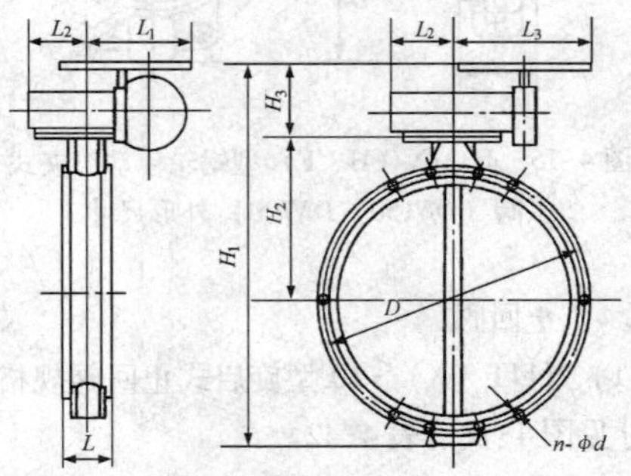

图 4-17　D371X（H、F）型蜗轮传动对夹式蝶阀（*DN*1400～*DN*2200）外形尺寸

H44T（X）-10 型旋启式止回阀规格与外形尺寸　　表 4-42

公称直径 DN（mm）	外形尺寸（mm）							旁通阀尺寸（mm）				$n-\phi d$	重量（kg）	主要生产厂
	L	D	D_1	D_2	b	f	H	B_1	L_1	d_1	d_0			
125	400	245	210	185	24	3	203					8-18	72	武汉阀门水处理机械股份有限公司、铜陵市铜都阀门总厂、济南齐鲁给排水设备制造公司
150	480	280	240	210	24	3	266					8-23	156	
200	500	335	295	265	26	3	303					8-23	136	
250	600	390	350	320	28	3	344					12-23	194	
300	700	440	400	368	28	4	368					12-23	270	
350	800	500	460	428	30	4	430					16-23	300	
400	900	565	515	482	32	4	468	447	520	50	180	16-25	508	
450	1000	615	565	532	32	4	523	512	620	80	200	20-25	602	
500	1100	670	620	585	34	4	525	540	680	100	200	20-25	653	
600	1300	780	725	685	36	5	608	600	680	100	200	20-30	998	

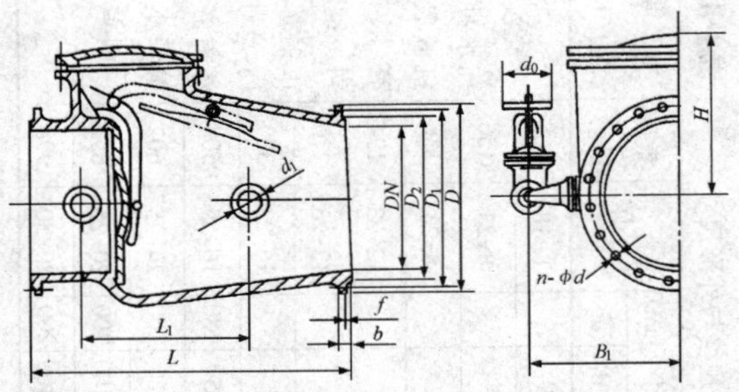

图 4-18　H44T（X）-10 型旋启式止回阀外形尺寸

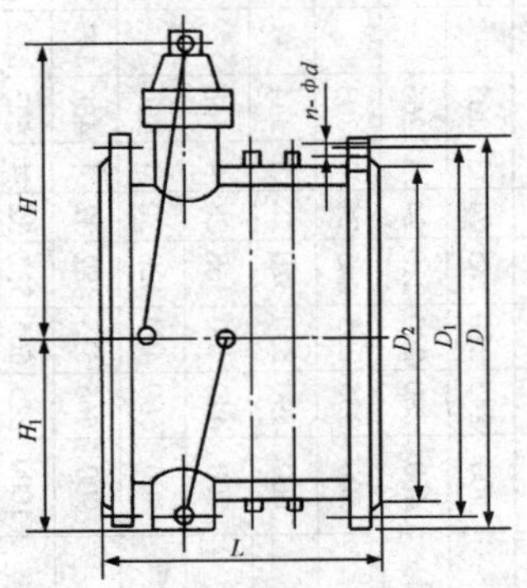

图 4-19　HH49X-10 型微阻缓闭消声蝶式止回阀外形尺寸

HH49X-10 型微阻缓闭消声蝶式止回阀规格与外形尺寸　　表 4-43

公称直径 *DN*		外形尺寸（mm）						$n-\phi d$	主要生产厂
mm	英寸	D	D_1	D_2	H	H_1	L		
150	6	280	240	210	228	172	210	8-23	上海精嘉阀门制造有限公司、铜陵市铜都阀门总厂
200	8	335	295	265	270	210	230	8-23	
250	10	390	350	320	305	240	250	12-23	
300	12	440	400	368	367	264	270	12-23	
350	14	500	460	428	422	294	290	16-23	
400	16	565	515	482	462	324	310	16-25	
450	18	615	565	532	497	351	330	20-25	
500	20	670	620	585	532	379	350	20-25	
600	24	780	725	685	607	434	390	20-30	
700	28	895	840	800	702	491	430	24-30	
800	32	1010	950	905	792	549	470	24-34	
900	36	1110	1050	1005	900	600	510	28-34	
1000	40	1220	1160	1115	975	655	550	28-34	
1200	48	1450	1380	1325	1140	770	630	32-41	

（3）HH44X-10/16 型微阻缓闭止回阀规格与外形尺寸见图 4-20、表 4-44。

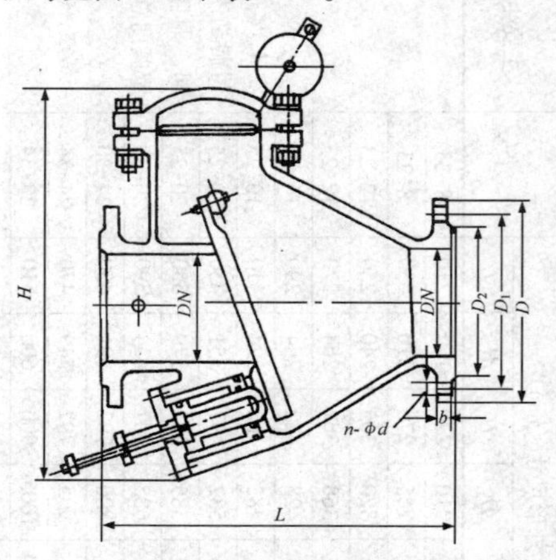

图 4-20　HH44X-10/16 型微阻缓闭止回阀外形尺寸

4.1.4.5　水力浮球阀

水力浮球阀安装在各行业的给排水系统的水池、水塔进水管道中。当水池水位达到预设定水位时，阀门自动关闭；水位下降时，阀门自动开启补水。水力浮球阀的性能规格与外形尺寸见图 4-21、表 4-45。

HH44X-10/16 型微阻缓闭止回阀规格与外形尺寸　　表 4-44

公称直径 DN (mm)	外形尺寸 (mm)						$n-\phi d$	重量 (kg)	主要生产厂
	L	D	D_1	D_2	b	H			
50	230	160	125	100	2	190	4-18	20	上海精嘉阀门制造有限公司、济南齐鲁给排水设备制造公司
65	290	180	145	120	20	220	4-18	28	
80	310	195	160	135	22	270	4-18	40	
100	550	215	180	155	24	380	8-18	75	
125	400	245	210	180	24	450	8-18	100	
150	480	285	240	210	24	540	8-23	135	
200	500	335	295	265	26	600	8-23	160	
250	550	390	350	320	28	650	12-23	230	
300	620	445	400	368	28	720	12-23	315	
350	720	500	460	428	30	780	16-23	480	
400	820	565	515	482	32	860	16-25	600	
450	880	615	565	532	32	980	20-25	680	
500	980	670	620	585	34	1100	20-25	750	
600	1180	780	725	685	36	1300	20-30	950	

水力浮球阀性能规格与外形尺寸 **表 4-45**

型号	公称直径(mm)	工作压力(MPa)	适用温度(℃)	适用介质	外形尺寸(mm)				$n-\phi d$	重量(kg)	主要生产厂
					L	H	D	D_1			
F745X-1.0 FS745X-10	50	0.07~1.0	0~80	水、油品	240	270	160	125	4-18	17	上海精嘉阀门制造有限公司、株洲南方阀门制造有限公司、天津市国威给排水设备制造有限公司、永嘉精铸阀门厂
	65				270	340	180	145	4-18	26	
	80				300	400	195	160	8-18	32	
	100				320	440	215	180	8-18	48	
	125				400	460	245	210	8-18	70	
	150				480	500	280	240	8-23	109	
	200				500	640	335	295	8-23	153	
	250				605	690	390	350	12-23	230	
	300				700	820	440	400	12-23	442	
	350				800	850	500	460	16-23	590	
	400				980	1150	565	515	16-25	850	
	500				1100	1550	670	620	20-25	1200	
	600				1300	1600	780	725	20-30	1600	
	700				1300	1600	780	725	20-30	2500	
	800				1300	1600	780	725	20-30	3500	

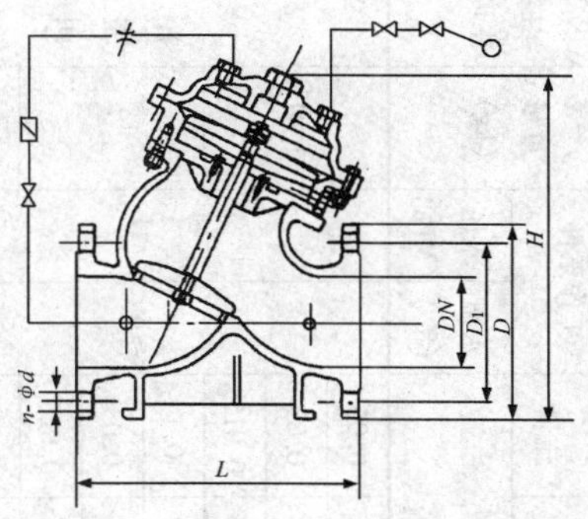

图4-21　水力浮球阀性能外形尺寸

4.1.4.6　水表

自来水表有旋翼湿式水表、可拆卸螺翼式水表、旋翼干式远传水表等。

(1) 旋翼湿式水表

旋翼湿式水表采用特种液体封装，具有始动流量小、读数清晰的优点，特别适用于水质较差的管网，具有远传功能。性能规格见表4-46，外形尺寸见图4-22、表4-47。

旋翼湿式水表性能规格 **表 4-46**

型号	公称直径(mm)	计量等级	最大流量	常用流量	分界流量	最小流量	工作条件		重量(kg)	主要生产厂
			m^3/h				水温(℃)	水压(MPa)		
LXS	15(13)	A	3	1.5	0.15	0.06	≤40	≤1	1.41	天津仪表集团
		B			0.12	0.03				
		C			0.0225	0.015				
	20	A	5	2.5	0.25	0.1			1.7	
		B			0.2	0.05				
		C			0.0375	0.025				
	25	A	7	3.5	0.35	0.14			2.7	
		B			0.28	0.07				

续表

型号	公称直径（mm）	计量等级	最大流量	常用流量	分界流量	最小流量	工作条件		重量（kg）	主要生产厂
			m^3/h				水温（℃）	水压（MPa）		
LXS	32	A	12	6	0.6	0.24	≤40	≤1		天津仪表集团
		B			0.48	0.12				
	40	A	20	10	1.0	0.4			5.7	
		B			0.8	0.2				
	50	A	30	15	1.5	0.6			16.6	
		B			1.2	0.3				

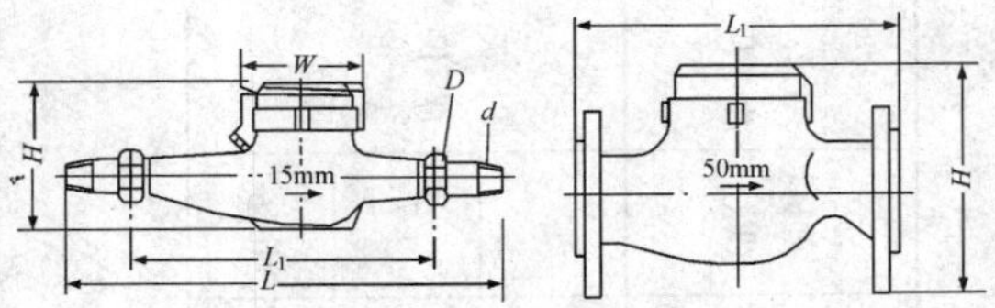

图 4-22　LXS 型旋翼湿式水表外形尺寸

LXS 型旋翼湿式水表外形尺寸　　表 4-47

公称直径 DN（mm）	外形尺寸（mm）					
	L	L_1	W	H	d	D
15	260	165	98	112	R1/2	G3/4″
20	299	195	98	115	R3/4	G1″
25	345	225	102	121	R1	G1½″
40	375	245	125	152	R1½	G2″
50		280	125	177	法兰 GB2555-81	

（2）可拆卸螺翼式水表

可拆卸螺翼式水表具有在线修理、压力损失小的特点。性能规格见表 4-48，外形尺寸见图 4-23、表 4-49。

可拆卸螺翼式水表性能规格 表 4-48

型号	公称直径(mm)	计量等级	最大流量	常用流量	分界流量	最小流量	工作条件		重量(kg)	主要生产厂
			m³/h				水温(℃)	水压(MPa)		
LXLC	50	A	30	15	4.5	1.2	≤40	≤1		天津仪表集团
		B			3.0	0.45				
	80	A	80	40	12.0	3.25				
		B			8.0	1.2				
	100	A	120	60	18.0	4.8				
		B			12.0	1.8				
	150	A	300	150	45	12.0				
		B			30	4.5				
	200	A	500	250	75.0	20.0				
		B			50.0	7.5				

续表

型号	公称直径（mm）	计量等级	最大流量	常用流量	分界流量	最小流量	工作条件		重量（kg）	主要生产厂
			m^3/h				水温（℃）	水压（MPa）		
LXLC	250	A	800	400	120	32	≤40	≤1		天津仪表集团
		B			80	12				
	300	A	1200	600	180	48				
		B			120	18				
	400	A	2000	1000	300	80				
		B			200	30				
	500	A	3000	1500	450	120				
		B			300	45				

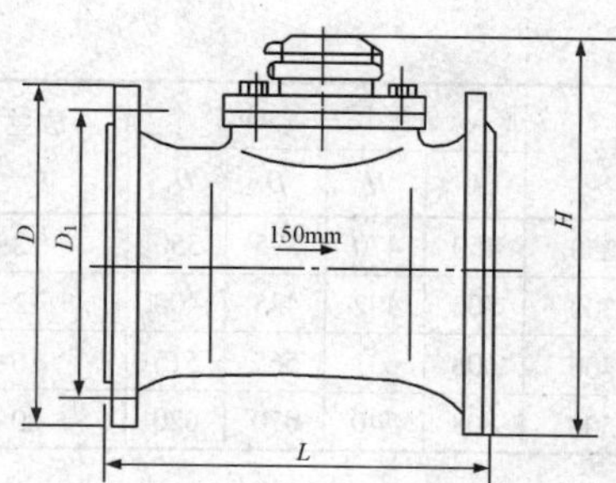

图4-23　可拆卸螺翼式水表外形尺寸

LXLC 型水表外形尺寸　　**表 4-49**

型号	外形尺寸（mm）				法兰连接
	L	H	D	D_1	$n-Md$
LXLC-50	200	232	165	125	4-16
LXLC-65	200	242	185	145	4-16
LXLC-80	225	252	200	160	8-16
LXLC-100	250	262	220	180	8-16
LXLC-125	250	275	250	210	8-16
LXLC-150	300	325	280	240	8-16
LXLC-200	350	352	340	295	8-16

续表

型　号	外形尺寸（mm）				法兰连接
	L	H	D	D_1	$n-Md$
LXLC-250	450	470	395	350	12-16
LXLC-300	500	492	445	400	12-16
LXLC-400	608	631	565	515	16-16
LXLC-500	808	740	670	620	20-16

（3）旋翼干式远传水表

旋翼干式远传水表是由 LXSY－15E～50E 发讯表（一次表）和 XS－15～50（或 XS－15A～50A 带二只一次表显示器）液晶显示器（二次表）两部分组成，适用于记录流经管道内的自来水量。性能规格见表 4-50，外形尺寸见图 4-24、表 4-51。

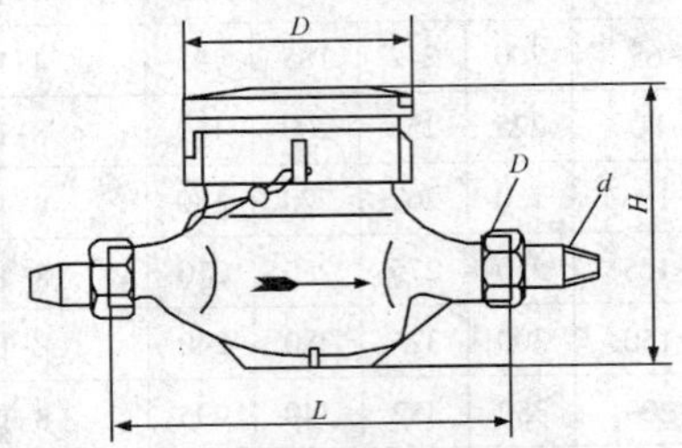

图 4-24　LXSG 旋翼干式远传水表外形尺寸

旋翼干式远传水表性能规格 **表 4-50**

型 号	公称直径(mm)	最大流量	常用流量	分界流量	最小流量	重量 (kg)	主要生产厂
		m^3/h					
LXSG-15Y	15	3	1.5	0.15	0.045	1.6	天津仪表集团
LXSG-20Y	20	5	2.5	0.25	0.075	2.1	
LXSG-25Y	25	7	3.5	0.35	0.105	2.6	
LXSG-32Y	32	12	6	0.60	0.180	3.1	
LXSG-40Y	40	20	10	1.00	0.300	4.5	
LXSG-50Y	50	30	15	3.00	0.450	7.0	

LXSG 旋翼干式远传水表外形尺寸　表 4-51

型　号	外表尺寸（mm）			连接螺纹	
	L	*B*	H	*d*	*D*
LXSG-15Y	165	99	124	ZG½″	G½″
LXSG-20Y	195	99	124	ZG¾″	G1″
LXSG-25Y	225	104	132	ZG1″	G1½″
LXSG-32Y	230	104	137	ZG1¼″	G1¾″
LXSG-40Y	245	125	167	ZG1½″	G2″
LXSG-50Y	280	125	167	法兰（GB2555—81）	

4.2　采暖与煤气工程材料

4.2.1　采暖管道及附件

4.2.1.1　采暖管材

（1）工业建筑及一般民用建筑采暖管道采用碳素钢管。碳素钢管规格见表 4-52。

（2）住宅建筑分户热计量采暖系统供回水干管、共用立管及分户独立系统管道明装时，宜采用热镀锌钢管。敷设在本层地面垫层内或镶嵌在踢脚板内时，应采用塑料管或铜管。

（3）采暖用塑料管材的基本性能及选用见表 4-53～表 4-59。

碳素钢管规格 **表 4-52**

公称直径		低压流体输送用焊接钢管（GB/T 3091—2001）				输送流体用无缝钢管（GB/T 8163—1999）			
		外径×壁厚	重量	外表面积	容量	外径×壁厚	重量	外表面积	容量
mm	英寸	mm	kg/m	m^2/m	L/m	mm	kg/m	m^2/m	L/m
15	1/2	21.3×2.8	1.28	0.067	0.20				
20	3/4	26.9×2.8	1.66	0.086	0.36				
25	1	33.7×3.2	2.41	0.105	0.59	32×2.5	1.82	0.10	0.572
32	1¼	42.4×3.5	3.36	0.133	0.98	38×2.5	2.19	0.119	0.854
40	1½	48.3×3.5	3.87	0.151	1.33	45×2.5	2.62	0.141	1.256
50	2	60.3×3.8	5.29	0.189	2.18	57×3.5	4.62	0.179	1.963
65	2½	76.1×4.0	7.11	0.239	3.64	76×3.5	6.0	0.23	3.42

续表

公称直径		低压流体输送用焊接钢管（GB/T 3091—2001）				输送流体用无缝钢管（GB/T 8163—1999）			
		外径×壁厚	重量	外表面积	容量	外径×壁厚	重量	外表面积	容量
mm	英寸	mm	kg/m	m^2/m	L/m	mm	kg/m	m^2/m	L/m
80	3	88.9×4.0	8.38	0.279	5.12	89×4	8.38	0.279	5.278
100	4	114.3×4.0	10.88	0.359	8.71	108×4	10.26	0.339	7.85
125	5					133×4	12.72	0.418	12.266
150	6					159×4.5	17.14	0.449	17.663
200	8					219×6	31.52	0.688	33.637
250	10					273×7	45.92	0.857	52.659
300	12					325×8	67.52	1.021	78.88

采暖用塑料管材的基本性能 **表 4-53**

项目		单位	指标						
			交联铝塑复合管（XPAP）	聚丁烯管（PB）		交联聚乙烯管（PE－X）		无规共聚聚丙烯管（PP－R）	
密度		g/cm^3	≥0.94	≥0.92		≥0.94		0.89～0.91	
纵向长度回缩率		%	≤2	≤2		≤2		≤2	
热稳定性		MPa（环应力）	—	2.4		2.5		1.9	
蠕变特性及检测点	环应力	MPa		15.5	6.0	12.0	4.4	16.5	3.5
	温度	℃		20	95	20	95	20	95
	时间	h		>1	>1000	>1	>1000	>1	>1000
交联度	硅烷	%	≥65	—		≥65		—	
	过氧化物	%	≥70			≥70			
	辐照	%	≥60			≥60			

续表

项目	单位	指标			
		交联铝塑复合管（XPAP）	聚丁烯管（PB）	交联聚乙烯管（PE－X）	无规共聚聚丙烯管（PP－R）
维卡软化点	℃	≥105	113	123	140
抗拉屈服强度（23±1℃）	MPa	≥23	≥17	≥17	≥27
断裂延伸率（23±1℃）	%	≥350	≥280	≥400	≥700
导热系数	W/（m·K）	≥0.45	≥0.33	≥0.41	≥0.37
线膨胀系数	mm/（m·K）	0.025	0.130	0.200	0.180

塑料管材使用条件分级 表 4-54

应用等级	设计温度 T_D	在 T_D 下的时间	最高设计温度 T_{max}	在 T_{max} 下的时间	故障温度 T_{mal}	T_{mal} 下的时间	典型应用范围
	℃	年	℃	年	℃	年	
级别 1	60	49	80	1	95	100	供应热水（60℃）
级别 2	70	49	80	1	95	100	供应热水（70℃）
级别 4	20 40 60	25 20 25	70	2.5	100	100	地板采暖和低温散热器采暖
级别 5	20 60 80	14 25 10	90	1	100	100	高温散热器采暖

注：1. 表中所列各使用条件级别的管道系统应同时满足在 20℃、1MPa 条件下输送冷水 50 年使用寿命的要求。

2. 当 T_D、T_{max} 和 T_{mal} 超出本表所给出的值时，不能用本表。

塑料管材的许用设计环应力 σ_D（MPa）

表 4-55

使用条件分级	1	2	3	4	20℃/50 年
PB 管	5.73	5.04	5.46	4.31	10.92
PE-X 管	3.85	3.54	4.00	3.24	7.60
PP-R 管	3.09	2.13	3.30	1.90	6.93

聚丁烯（PB）管选用

表 4-56

适用于使用条件级别 1（σ_D = 5.73MPa）					
系统工作压力 P_D（MPa）		0.4	0.6	0.8	1.0
应选的管材系列		S10	S8	S6.3	S5
管材应选用的最小壁厚（mm）					
管材公称外径（mm）	16	1.3	1.3	1.3	1.5
	20	1.3	1.3	1.5	1.9
	25	1.3	1.5	1.9	2.3
适用于使用条件级别 2（σ_D = 5.04MPa）					
系统工作压力 P_D（MPa）		0.4	0.6	0.8	1.0
应选的管材系列		S10	S8	S6.3	S5

续表

适用于使用条件级别 2（σ_D = 5.04MPa）					
管材应选用的最小壁厚（mm）					
管材公称外径（mm）	16	1.3	1.3	1.3	1.5
	20	1.3	1.3	1.5	1.9
	25	1.3	1.5	1.9	2.3
适用于使用条件级别 4（σ_D = 5.46MPa）					
系统工作压力 P_D（MPa）		0.4	0.6	0.8	1.0
应选的管材系列		S10	S8	S6.3	S5
管材应选用的最小壁厚（mm）					
管材公称外径（mm）	16	1.3	1.3	1.3	1.5
	20	1.3	1.3	1.5	1.9
	25	1.3	1.5	1.9	2.3
适用于使用条件级别 5（σ_D = 4.31MPa）					
系统工作压力 P_D（MPa）		0.4	0.6	0.8	1.0
应选的管材系列		S10	S6.3	S5	S4
管材应选用的最小壁厚（mm）					
管材公称外径（mm）	16	1.3	1.3	1.5	1.8
	20	1.3	1.5	1.9	2.3
	25	1.3	1.9	2.3	2.8

交联聚丁烯（PE-X）管选用　　表4-57

<table>
<tr><td colspan="6">适用于使用条件级别1（σ_D = 3.85MPa）</td></tr>
<tr><td colspan="2">系统工作压力 P_D（MPa）</td><td>0.4</td><td>0.6</td><td>0.8</td><td>1.0</td></tr>
<tr><td colspan="2">应选的管材系列</td><td>S6.3</td><td>S6.3</td><td>S4</td><td>S3.2</td></tr>
<tr><td colspan="6">管材应选用的最小壁厚（mm）</td></tr>
<tr><td rowspan="3">管材公称外径（mm）</td><td>16</td><td>1.8*</td><td>1.8*</td><td>1.8</td><td>2.2</td></tr>
<tr><td>20</td><td>1.9*</td><td>1.9*</td><td>2.3</td><td>2.8</td></tr>
<tr><td>25</td><td>1.9</td><td>1.9</td><td>2.8</td><td>3.5</td></tr>
<tr><td colspan="6">适用于使用条件级别2（σ_D = 3.54MPa）</td></tr>
<tr><td colspan="2">系统工作压力 P_D（MPa）</td><td>0.4</td><td>0.6</td><td>0.8</td><td>1.0</td></tr>
<tr><td colspan="2">应选的管材系列</td><td>S6.3</td><td>S5</td><td>S4</td><td>S3.2</td></tr>
<tr><td colspan="6">管材应选用的最小壁厚（mm）</td></tr>
<tr><td rowspan="3">管材公称外径（mm）</td><td>16</td><td>1.8*</td><td>1.8*</td><td>1.8</td><td>2.2</td></tr>
<tr><td>20</td><td>1.9*</td><td>1.9*</td><td>2.3</td><td>2.8</td></tr>
<tr><td>25</td><td>1.9</td><td>2.3</td><td>2.8</td><td>3.5</td></tr>
<tr><td colspan="6">适用于使用条件级别4（σ_D = 4.00MPa）</td></tr>
<tr><td colspan="2">系统工作压力 P_D（MPa）</td><td>0.4</td><td>0.6</td><td>0.8</td><td>1.0</td></tr>
<tr><td colspan="2">应选的管材系列</td><td>S6.3</td><td>S6.3</td><td>S5</td><td>S4</td></tr>
</table>

续表

适用于使用条件级别4（$\sigma_D=4.00$MPa）					
管材应选用的最小壁厚（mm）					
管材公称外径（mm）	16	1.8*	1.8*	1.8*	1.8
	20	1.9*	1.9*	1.9	2.3
	25	1.9	1.9	2.3	2.8
适用于使用条件级别5（$\sigma_D=3.24$MPa）					
系统工作压力 P_D（MPa）		0.4	0.6	0.8	1.0
应选的管材系列		S6.3	S5	S4	S3.2
管材应选用的最小壁厚（mm）					
管材公称外径（mm）	16	1.8*	1.8*	1.8	2.2
	20	1.9*	1.9	2.3	2.8
	25	1.9	2.3	2.8	3.5

注：带*者表示考虑到管材的刚性与连接要求，该厚度不按管系列计算。

无规共聚聚丙烯（PP-R）管选用　表4-58

适用于使用条件级别1（$\sigma_D=3.09$MPa）				
系统工作压力 P_D（MPa）	0.4	0.6	0.8	1.0
应选的管材系列	S5	S5	S3.2	S2.5

续表

适用于使用条件级别1（σ_D=3.09MPa）					
管材应选用的最小壁厚（mm）					
管材公称外径（mm）	16	—	—	2.2	2.7
	20	2.0*	2.0*	2.8	3.4
	25	2.3	2.3	3.5	4.2
适用于使用条件级别2（σ_D=2.13MPa）					
系统工作压力 P_D（MPa）		0.4	0.6	0.8	1.0
应选的管材系列		S5	S3.2	S2.5	S2
管材应选用的最小壁厚（mm）					
管材公称外径（mm）	16	—	2.2	2.7	3.3
	20	2.0*	2.8	3.4	4.1
	25	2.3	3.5	4.2	5.1
适用于使用条件级别4（σ_D=3.30MPa）					
系统工作压力 P_D（MPa）		0.4	0.6	0.8	1.0
应选的管材系列		S5	S5	S4	S3.2
管材应选用的最小壁厚（mm）					
管材公称外径（mm）	16	—	—	2.0	2.2
	20	2.0*	2.0*	2.3	2.8
	25	2.3	2.3	2.8	3.5

续表

适用于使用条件级别 5（σ_D = 1.90MPa）					
系统工作压力 P_D（MPa）		0.4	0.6	0.8	1.0
应选的管材系列		S4	S3.2	S2	—
管材应选用的最小壁厚（mm）					
管材公称外径（mm）	16	2.0	2.2	3.3	—
	20	2.3	2.8	4.1	—
	25	2.8	3.5	5.1	—

注：带 * 者表示考虑到管材的刚性与连接要求，该厚度不按管系列

4.2.1.2 采暖管附件

（1）调节阀（图 4-25、表 4-60）

（2）自动排气阀（表 4-61）

（3）温控阀（图 4-26、表 4-62）

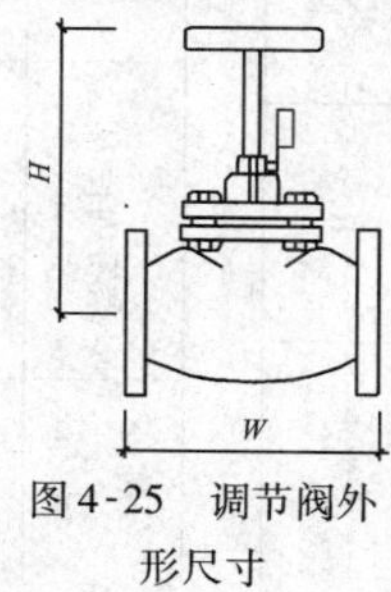

图 4-25 调节阀外形尺寸

交联铝塑复合（XPAP）管选用　　表 4-59

铝管搭接焊式铝塑管使用条件

流体类型	用途代号	铝塑管代号	长期工作温度 T_0（℃）	允许工作压力 P_0（MPa）
冷热水	R	XPAP	75	1.00
			82	0.86

铝管搭接焊式铝塑管结构尺寸

公称外径 D_N	参考内径 D_i	管壁厚 E_m 最小值	内层塑料最小壁厚 E_n	外层塑料最小壁厚 E_w	铝管层最小壁厚 E_a
16	12.1	1.7	0.9	0.4	0.18
20	15.7	1.9	1.0	0.4	0.23
25	19.9	2.3	1.1	0.4	0.23
32	25.7	2.9	1.2	0.4	0.28

续表

铝管搭接焊式铝塑管结构尺寸

公称外径 D_N	参考内径 D_i	管壁厚 E_m 最小值	内层塑料最小壁厚 E_n	外层塑料最小壁厚 E_w	铝管层最小壁厚 E_a
40	31.6	3.9	1.7	0.4	0.33
50	40.5	4.4	1.7	0.4	0.47

铝管搭接焊式铝塑管使用条件

流体类型	用途代号	铝塑管代号	长期工作温度 T_0（℃）	允许工作压力 P_0（MPa）
冷热水	R	XPAP1、XPAP2	75	1.5
			95	1.25

铝管对接焊式铝塑管结构尺寸

公称外径 D_N	参考内径 D_i	管壁厚 E_m 公称值	内层塑料公称壁厚 E_n	外层塑料最小壁厚 E_w	铝管层公称壁厚 E_a
16	10.9	2.3	1.4	0.3	0.28
20	14.5	2.5	1.5	0.3	0.36

续表

铝管对接焊式铝塑管结构尺寸					
公称外径 D_N	参考内径 D_i	管壁厚 E_m 公称值	内层塑料公称壁厚 E_n	外层塑料最小壁厚 E_w	铝管层公称壁厚 E_a
25	18.5	3.0	1.7	0.3	0.44
32	25.5	3.0	1.6	0.3	0.60
40	32.4	3.5	1.9	0.4	0.75
50	41.4	4.0	2.0	0.4	1.00

注：1. 交联铝塑复合（XPAP）管是一种内外塑料层为交联聚乙烯的铝塑管。其中一种嵌入金属层为搭接焊铝合金管，称为铝管搭接焊式铝塑管；一种嵌入金属层为对接焊铝合金管，称为铝管对接焊式铝塑管。

2. 交联铝塑（XPAP）管结合了塑料管的大部分优点，同时又结合了金属管的部分优点，在长期强度方面，具有一定的金属特性。

3. XPAP 管为外层交联聚乙烯，中间层铝合金，内层交联聚乙烯。XPAP1 管为外层聚乙烯，中间层铝合金，内层交联聚乙烯。XPAP2 管为外层交联聚乙烯，中间层铝合金，内层交联聚乙烯。

调节阀选用表 表 4-60

调节阀规格	公称直径	水流量 m^3/h	阀体长度 W（mm）	开启高度 H（mm）	重量 kg	连接方法
T10H-16	DN15	5.46	90	170	1.1	螺纹连接
	DN20	5.46	100	172	1.5	
	DN25	8.52	120	195	2.5	
	DN32	13.3	140	210	3.5	
	DN40	21.7	170	273	6	
	DN50	37.53	200	290	8.5	
T40H-16	DN20	5.46	150	172	3.5	法兰连接
	DN25	8.52	160	195	4.8	
	DN32	13.3	180	210	7.0	
	DN40	21.7	200	273	9.5	

续表

调节阀规格	公称直径	水流量 m^3/h	阀体长度 W（mm）	开启高度 H（mm）	重量 kg	连接方法
T40H-16	*DN*50	37.53	230	290	13.5	法兰连接
	*DN*65	59.0	290	426	29	
	*DN*80	116.0	310	468	35	
	*DN*100	161.0	350	530	56	
	*DN*125	255.0	400	613	79	
	*DN*150	304.0	480	698	117	
	*DN*200	555.0	600	777	185	
T40H-10	*DN*250	848.0	730	1074	327	法兰连接
	*DN*300	1221.0	850	1074	422	
	*DN*350	1221.0	980	1168	610	
	*DN*400	1221.0	991	1168	750	

自动排气阀规格及适用范围 **表 4-61**

型号	规格	适用范围	安装形式	外形尺寸（mm）
ZP-Ⅰ、Ⅱ，ZPT-C	DN15、DN20、DN25	ZP-Ⅰ、ZPT-C 型：$t \leq 110$℃、$P \leq 0.70$MPa 的冷、热水系统 ZP-Ⅱ型：$t \leq 130$℃、$P \leq 1.2$MPa 的冷、热水系统	A~F	158×90×125
P21T-4	DN20	$t \leq 120$℃、$P \leq 0.4$MPa 的冷、热水系统	B~F	
PQ-RQ-S	DN15	$t \leq 110$℃、$P \leq 0.4$MPa 的冷、热水系统	C~F	D70×115
ZP88-Ⅰ	DN15、DN20	$t \leq 110$℃、$P \leq 0.8$MPa 的冷、热水系统	C~F	D34×65
B11X-4	DN20、DN25	$t \leq 95$℃、$P \leq 0.4$MPa 的冷、热水系统	C~F	D150×110
WZ85-2	DN15、DN20、DN25	$t \leq 150$℃、$P \leq 0.8$MPa 的冷、热水系统	A~F	155×155×185
MPⅡ	DN15、DN20	$t \leq 120$℃、$P \leq 1.0$MPa 的冷、热水系统	C~F	D50×85
B23T	DN15、DN20、DN25	$P \leq 0.1$MPa 的蒸汽设备或管道系统		D62

温控阀性能 表 4-62

型号	形式	接口		预置									最大压力		试验压力	最高水温
				K_v 值（$\Delta P = 0.1$MPa 时的 m^3/h 数）								Kvs	工作压力	压差		
		D	d	1	2	3	4	5	6	7	N		MPa	kPa	MPa	℃
RTD-N 10	直形	3/8″	3/8″	0.04	0.08	0.12	0.18	0.23	0.30	0.34	0.50	0.65	1	60	1.6	120
	角形															
RTD-N 15	直形	1/2″	1/2″	0.04	0.08	0.12	0.20	0.27	0.36	0.45	0.60	0.90				
	角形															
RTD-N 20	直形	3/4″	3/4″	0.10	0.15	0.17	0.25	0.32	0.41	0.62	0.83	1.40				
	角形															
RTD-N 25	直形	1″	1″	0.10	0.15	0.17	0.25	0.32	0.41	0.62	0.83	1.40				
	角形															

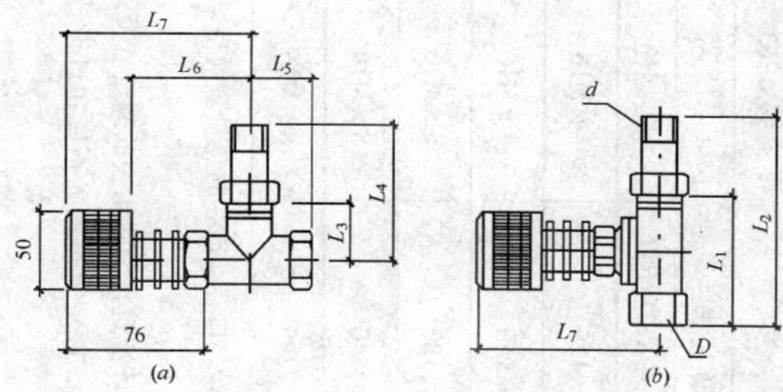

图 4-26　温控阀外形尺寸
（a）角形　（b）直形

（4）热量表（图 4-27、表 4-63、表 4-64）

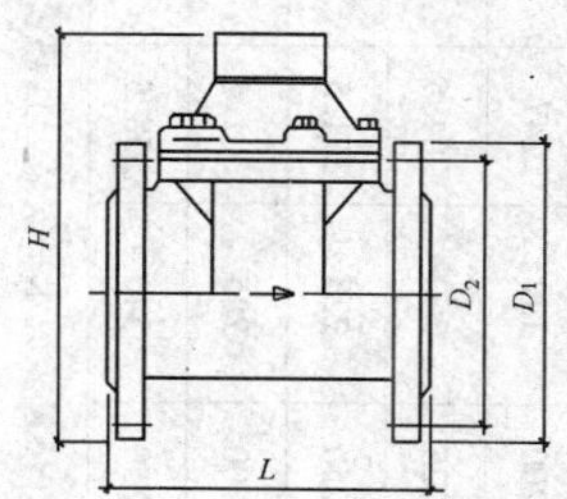

图 4-27　DN50 ~ DN200 热量表外形尺寸

热量表外形尺寸 **表 4-63**

口径	长 L	最大宽度	高 H	连接法兰		
mm				法兰外径 D_1	螺栓孔中心直径 D_2	连接螺栓
50	200	172	247	165	125	4×M16
80	225	200	264.5	200	160	8×M16
100	250	220	271.5	220	180	8×M16
150	300	285	301.5	285	240	8×M16
200	350	340	358.5	340	295	8×M16

注：1. 热量表应水平安装，且热量表前应设置水过滤器。口径≥ϕ50 的热量表前后均应有不小于 300mm 的直管段。

2. 当建筑物热力口安装热量表时，宜按 80% 的设计流量作为热量表的额定流量。

3. 户用热量表的额定流量应按该户设计流量确定，额定流量最大不应超过设计流量的 1.5 倍。

热量表性能参数 表 4-64

口径 (mm)	最大流量 Q_s (m^3/h)	公称流量 Q_n (m^3/h)	最小流量 Q_i (m^3/h)	额定压力 (MPa)	最大压降 (MPa)	温度上限 (℃)	温度下限 (℃)	最大温差 (℃)	最小温差 (℃)
15	3	1.5	0.03	1.6	0.1	120	2	75	2
20	5	2.5	0.05	1.6	0.1	120	2	75	2
25	7	3.5	0.07	1.6	0.1	120	2	75	2
50	30	15	0.45	1.0	0.015	160	2	150	2
80	80	40	1.20	1.0	0.015	160	2	150	2
100	120	60	1.80	1.0	0.015	160	2	150	2
150	300	150	4.50	1.0	0.015	160	2	150	2
200	500	250	7.50	1.0	0.015	160	2	150	2

4.2.2 散热器

4.2.2.1 铸铁柱型散热器（图4-28、表4-65）

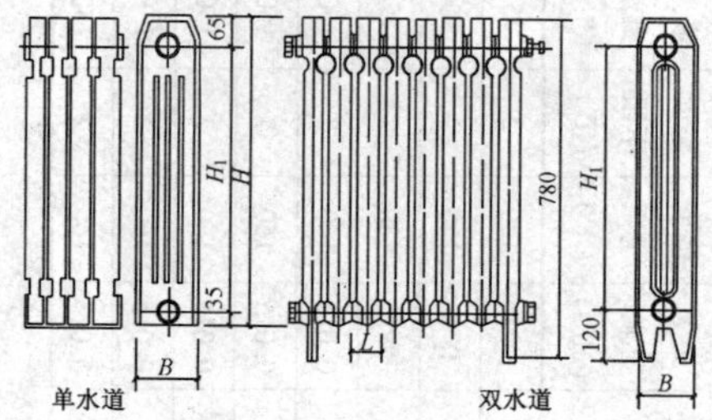

图4-28 铸铁柱型散热器外形尺寸

4.2.2.2 铸铁细柱型散热器（图4-29、表4-66）

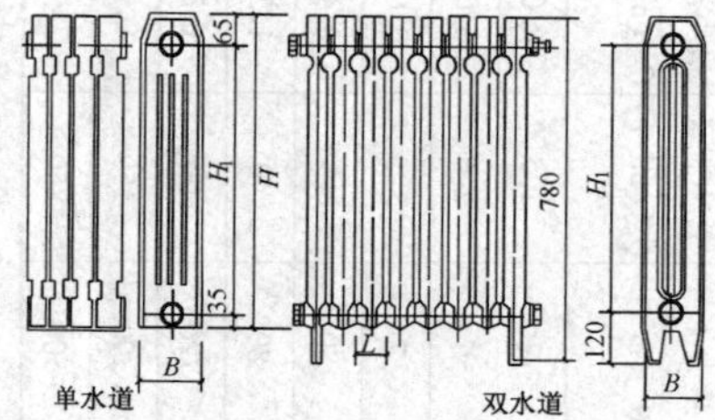

图4-29 铸铁细柱型散热器外形尺寸

铸铁柱型散热器规格及主要技术性能参数表 表 4-65

项　目	单位	TZ2-5-6 (8)	TZ4-3-6 (8)	TZ4-5-6 (8)	TZ4-6-6 (8)	TZ4-9-6 (8)
进出水口中心距 H_1	mm	500	300	500	600	900
中片高度 H	mm	582	382	582	682	982
足片高度 H_2	mm	660	460	660	760	1060
宽度 B	mm	132	143	143	143	164
长度 L	mm	80	60	60	60	60
中片重量	kg/片	6.5	3.5	5.4	6.2	11.7
足片重量	kg/片	7.3	4.2	6.2	7.0	12.5
水容量	L/片	1.32	0.62	1.03	1.15	—
散热面积	m^2 片	0.24	0.13	0.20	0.235	0.44
传热系数 K	$W/m^2 \cdot ℃$	—	$3.53\Delta T^{0.240}$	$2.81\Delta T^{0.276}$	$2.29\Delta T^{0.316}$	—
标准散热量	W/片	136	82	115	130	187

续表

项　目	单位	TZ2-5-6（8）	TZ4-3-6（8）	TZ4-5-6（8）	TZ4-6-6（8）	TZ4-9-6（8）

适用压力

材质	工作压力（MPa）		试验压力（MPa）
	低于130℃热水	蒸汽	
普通灰铸铁	0.6	0.2	0.75
稀土灰铸铁	0.8	0.2	1.2

注：1. 本表按《灰铸铁柱型散热器》（JG-3—2002）编制。

2. 参数表中标准散热量为$\Delta T=64.5$℃时的散热量。

铸铁细柱型散热器规格及主要技术性能参数　　表 4-66

项　目	单位	TX4-4-6 (8)	TX4-5-6 (8)	TX4-6-6 (8)	TX6-6-6 (8)
进出水口中心距（H_1）	mm	400	500	600	600
中片高度（H）	mm	457	557	657	657
足片高度（H_2）	mm	525	625	725	725
宽度（B）	mm	113	113	113	174
长度（L）	mm	45	45	45	45
中片重量	kg/片	3.05	3.5	4.2	6.60
足片重量	kg/片	3.40	3.9	4.6	7.0
水容量	L/片	0.42	0.50	0.52	0.70
散热面积	m^2 片	0.126	0.155	0.183	0.273
传热系数（K）	W/(m^2·℃)	$3.11\Delta T^{0.265}$	$2.42\Delta T^{0.278}$	$2.75\Delta T^{0.287}$	—

续表

项　目	单位	TX4-4-6（8）	TX4-5-6（8）	TX4-6-6（8）	TX6-6-6（8）
标准散热量	W/片	78.6	92.3	109.4	153.2

适用压力

材质	工作压力（MPa）		试验压力（MPa）
	低于130℃热水	蒸汽	
普通灰铸铁	0.6	0.2	0.75
稀土灰铸铁	0.8	0.2	1.2

注：参数中标准散热量为$\Delta T=64.5$℃时的散热量。

4.2.2.3　单面定向对流散热器（图 4-30、表 4-67）

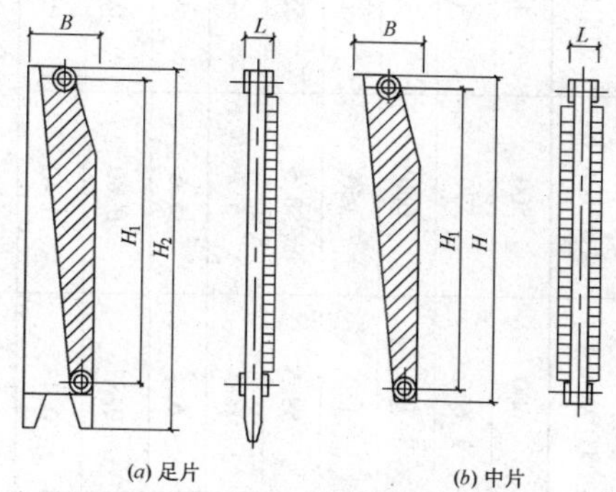

图 4-30　单面定向对流散热器外形尺寸

4.2.2.4　辐射对流散热器（图 4-31、表 4-68）

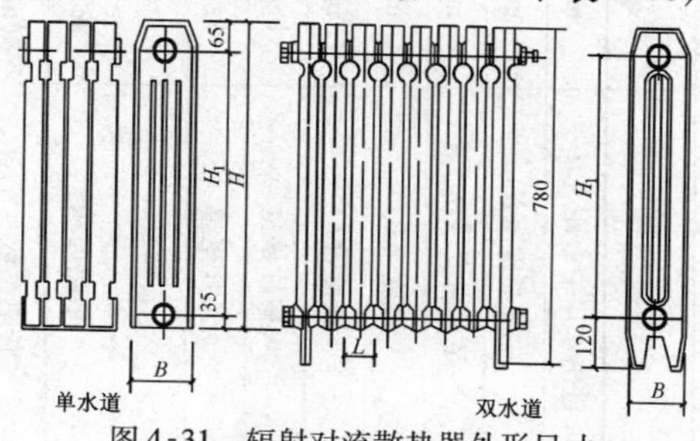

图 4-31　辐射对流散热器外形尺寸

单面定向对流散热器规格及主要技术性能参数　　表 4-67

项　目	单　位	TDD1-6-6	TDD1-5-6	TDD1-4-6
进出水口中心距（H_1）	mm	600	500	400
中片高度（H）	mm	670	570	470
足片高度（H_2）	mm	750	650	550
宽度（B）	mm	150	150	150
长度（L）	mm	58.5	58.5	58.5
中片重量	kg/片	6.0	5.2	4.2
足片重量	kg/片	6.4	5.6	4.6
水容量	L/片	0.87	0.80	0.73
散热面积	m^2 片	0.43	0.40	0.37
传热系数（K）	W/(m^2·℃)	$1.66\Delta T^{0.314}$	$1.91\Delta T^{0.255}$	$1.43\Delta T^{0.318}$

续表

项　　目	单　位	TDD1-6-6	TDD1-5-6	TDD1-4-6
标准散热量	W/片	168	144	129

适用压力

材质	工作压力（MPa）		试验压力（MPa）
	热水	蒸汽	
普通	0.6	0.2	0.75
高压	0.8	0.2	1.2

注：1. 参数表中标准散[illegible]64.5℃时的散热量。

2. 可用于工厂和公共建筑。

辐射对流散热器规格及主要技术性能参数 表 4-68

项　目	单位	TFD_1（Ⅰ）0.9/6-6	TFD_1（Ⅱ）0.9/6-6	TFD_1（Ⅲ）1.0/6-6	TFD_2（Ⅳ）-1.2/6-6
进出水口中心距（H_1）	mm	600	600	600	600
高度（H）	mm	700	700	700	700
宽度（B）	mm	90	90	100	120
长度（L）	mm	60	75	65	65
重量	kg/片	6.6	7.5	6.3	6.2
水容量	L/片	0.67	0.85	0.84	0.75
散热面积	m^2 片	0.355	0.422	0.420	0.340
标准散热量	W/片	144	179	168	178

续表

项　目	单位	TFD_1（Ⅰ）0.9/6-6	TFD_1（Ⅱ）0.9/6-6	TFD_1（Ⅲ）1.0/6-6	TFD_2（Ⅳ）-1.2/6-6

适用压力

材质	工作压力（MPa）		试验压力（MPa）
	低于130℃热水	蒸汽	
普通灰铸铁	0.6	0.2	0.9
稀土灰铸铁	0.8	0.2	1.2

注：1. 参数表中标准散热量为$\Delta T=64.5$℃时的散热量。

2. 可用于工厂和公共建筑。

4.2.2.5 光面管散热器（图 4-32、图 4-33、表 4-69 和表 4-70）

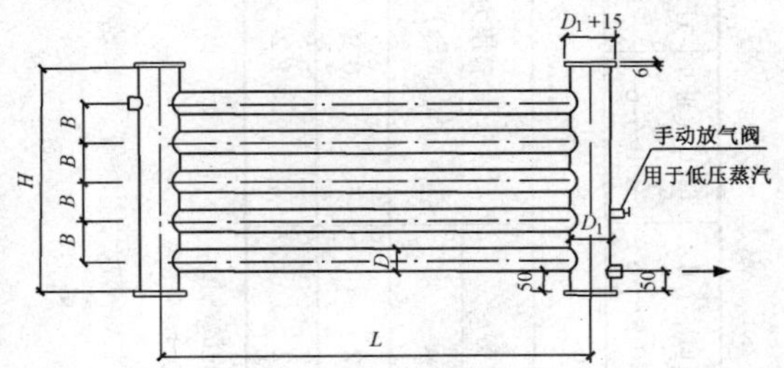

图 4-32　蒸汽型光面管散热器外形尺寸

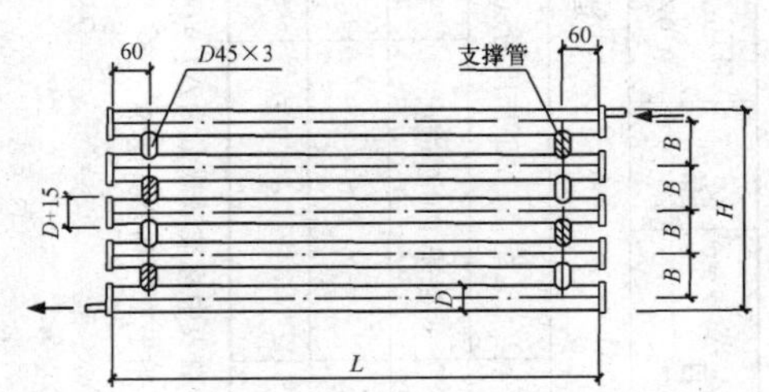

图 4-33　热水型光面管散热器外形尺寸

4.2.2.6 铜铝复合散热器（图 4-34、表 4-71）

4.2.2.7 钢制柱型散热器（图 4-35、表 4-72）

蒸汽型光面管散热器尺寸 **表 4-69**

排管排数	四排	五排	四排	五排	四排	五排	四排	五排
D	$D57\times3.5$		$D76\times3.5$		$D89\times3.5$		$D108\times4$	
D_1	$D108\times4$		$D133\times4$		$D159\times4.5$		$D219\times6$	
B	110	110	140	140	160	160	180	180
H	467	577	576	716	649	809	728	908

热水型光面管散热器尺寸 **表 4-70**

排管排数	四排	五排	四排	五排	四排	五排	四排	五排
D	$D57\times3.5$		$D76\times3.5$		$D89\times3.5$		$D108\times4$	
B	110	110	140	140	160	160	180	180
H	387	497	496	636	569	729	648	828

注：1. 图中光面管散热器的长度 L 分为 1500～4000mm，一般以 500mm 为间隔。

2. 散热器制造完毕后进行水压试验，试验压力为工作压力的 1.5 倍，但不得小于 0.7MPa。

3. 适用于工厂的车间采暖。

铜铝复合散热器规格及主要技术性能参数　　表 4-71

项　目	单位	TLF400/ 75×75	TLF500/ 75×75	TLF600/ 75×75	TLF900/ 75×75	TLF1200/ 75×75
进出水口中心距（H_1）	mm	400	500	600	900	1200
高度（H）	mm	444	544	644	944	1244
宽度（B）	mm	75	75	75	75	75
长度（L）	mm	75	75	75	75	75
重量	kg/片	1.10	1.28	1.46	2.00	2.54
水容量	L/片	0.291	0.324	0.357	0.515	0.614
传热系数（K）	W/(m^2·℃)	$5.28\Delta T^{0.310}$	$5.94\Delta T^{0.324}$	$6.16\Delta T^{0.352}$	$8.02\Delta T^{0.354}$	$9.87\Delta T^{0.356}$
标准散热量	W/片	124	147	172	226	280
项　目	单位	TLF400/ 120×75	TLF500/ 120×75	TLF600/ 120×75	TLF900/ 120×75	TLF1200/ 120×75
进出水口中心距（H_1）	mm	400	500	600	900	1200

续表

项目	单位	TLF400/120×75	TLF500/120×75	TLF600/120×75	TLF900/120×75	TLF1200/120×75
高度（H）	mm	444	544	644	944	1244
宽度（B）	mm	120	120	120	120	120
长度（L）	mm	75	75	75	75	75
重量	kg/片	1.25	1.50	1.75	2.50	3.25
水容量	L/片	0.411	0.451	0.491	0.611	0.731
传热系数（K）	W/(m^2·℃)	$6.19\Delta T^{0.359}$	$7.44\Delta T^{0.360}$	$8.72\Delta T^{0.361}$	$11.43\Delta T^{0.354}$	$14.00\Delta T^{0.365}$
标准散热量	W/片	178	215	253	333	412
适用压力						
工作压力		1.0MPa		试验压力		1.5MPa

注：1. 可用于住宅、工厂和公共建筑。

2. 热媒为热水，不可用于蒸汽。

3. 参数表中标准散热量为$\Delta T=64.5$℃时的散热量。

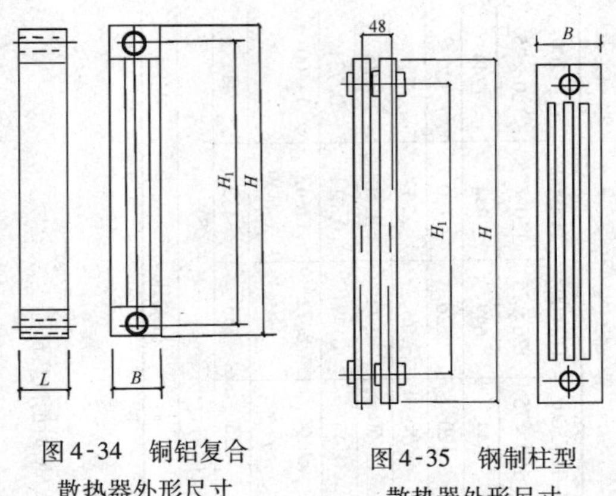

图 4-34 铜铝复合散热器外形尺寸

图 4-35 钢制柱型散热器外形尺寸

4.2.2.8 钢制扁管散热器（图 4-36、表 4-73 和表 4-74）

钢制扁管散热器规格尺寸　　表 4-73

进出水口中心距（H_1）	mm	360	470	570
高度　（H）	mm	416	520	624
宽度　（B）	mm	D 型 50	DL 型 50	SL 型 117
长度　（L）	mm	400˙~1800（间隔 200）		

钢制扁管散热器主要技术性能参数　　表 4-74

组装形式	高度 H	重量	水容量	散热面积	散热量
	mm	kg/m	L/片	m^2/m	W
单板（D 型）	416	12.1	3.76	0.915	$Q=1.889\Delta T^{1.401}G^{0.044}L^{0.6214}$
	520	15.1	4.71	1.135	$Q=4.100\Delta T^{1.249}G^{0.042}L^{0.7105}$
	624	18.1	5.49	1.355	$Q=3.778\Delta T^{1.298}G^{0.046}L^{0.8218}$
单板带对流片（DL 型）	416	17.5	3.76	3.62	$Q=5.175\Delta T^{1.208}G^{0.047}L^{0.7213}$
	520	23	4.71	4.56	$Q=5.818\Delta T^{1.229}G^{0.02}L^{0.7374}$
	624	27.4	5.49	5.54	$Q=6.745\Delta T^{1.241}G^{0.01}L^{0.7318}$
双板带对流片（SL 型）	416	35	7.52	7.25	$Q=6.870\Delta T^{1.30}G^{0.02}L^{0.857}$
	520	46	9.42	9.12	$Q=5.349\Delta T^{1.318}G^{0.103}L^{0.8353}$
	624	54.8	10.98	11.08	$Q=8.131\Delta T^{1.307}G^{0.04}L^{0.8853}$

注：1. L 为散热器长度（m），G 为水流量（kg/h）。

2. 工作压力 0.8MPa，试验压力 1.2MPa。

3. 热媒为热水，不可用于蒸汽。

4. 不适用于卫生间、浴室等潮湿环境。

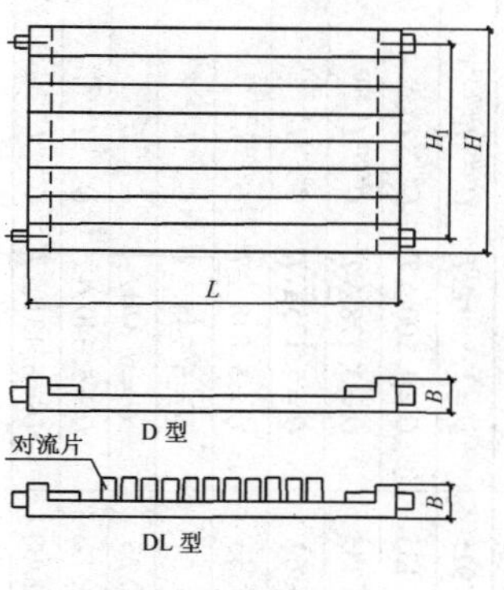

图 4-36　钢制柱型散热器外形尺寸

4.2.3　燃气管道及管附件

4.2.3.1　中、低压燃气管道管材分类（表 4-75）

4.2.3.2　燃气阀门

燃气阀门为专用阀门，中、低压燃气阀门常用的类型有闸阀、截止阀、蝶阀、球阀、旋塞阀、PE 聚乙烯塑料球阀等。室内燃气管道上多采用球阀、旋塞阀，液化石油气管道多采用截止阀，专用阀门选用见表 4-76。

中、低压燃气管道管材分类 **表 4-75**

类别			使用场所	主要功能
钢管	无缝钢管		埋地、地下室、半地下室、室内管井等处的中、低压燃气管	焊缝少，用于安全级别高的场合
	焊接钢管	螺旋缝电焊钢管	埋地的中、低压燃气管道	配气
		直缝焊管	埋地的中、低压燃气管道	配气
		低压流体输送用钢管	室内低压燃气管	室内配气
铸铁管	球墨铸铁	机械接口	埋地用中压 B 级燃气管	配气
聚乙烯燃气管	直径与管壁厚度之比 $D/S=17.6$		埋地的低压燃气管	配气
	直径与管壁厚度之比 $D/S=11.4$		埋地的中压燃气管	

续表

类别		使用场所	主要功能
钢骨架聚乙烯塑料复合管		中、低压燃气管	配气
金属软管		有较大沉降量的建筑的燃气引入管及住宅内燃气分支管阀门后采用低压不锈钢软管，可室内暗埋、暗封或明装敷设	室内配气
铜管		室内燃气管、暗埋、暗封	室内配气
非金属软管		液化石油气罐车、气瓶连接管、燃具连接管	配气

燃气专用阀门选用 **表 4-76**

类别		用途	特点及主要功能
闸阀	RZ 系列燃气用平行双闸板闸阀	0.2MPa 以下压力，设在阀门井内	切断管道中的燃气。阀中腔有燃气
	RQZ 系列球墨铸铁制燃气用平行双闸板闸阀	0.8MPa 以下压力，设在阀门井内	
	TRZ 系列弹性密封燃气闸阀	0.4 MPa 以下压力，可设在阀门井内或与管道焊接直埋	切断管道中的燃气。阀中腔无燃气，下游管道施工，可缩短准备时间
球阀	浮动球球阀，管径小于 $\phi150$	用于室内燃气管道上	切断管道中的燃气。全通径，有防火、防静电、有限位器、防阀杆冲出的装置
	固室球球阀，管径大于 $\phi200$	用于阀门井内	

续表

类别		用途	特点及主要功能
蝶阀	燃气专用蝶阀	适用于要求安装空间小的场合，如调压箱、狭窄的计量间内	切断管道中的燃气。由于其体积小，操作方便，性价比较好，目前的调压箱（站）内使用较多。要求：三偏心、双向金属密封，零泄漏，防火，阀板有限位及指示
旋塞阀	紧接式旋塞阀	室内燃气管道	切断管道中的燃气
	联锁式旋塞阀	燃具控制阀	
	XW10 单头旋塞阀	与胶管接燃具	
	XW15 双头旋塞阀	与两根胶管接燃具	

4.2.3.3 燃气过滤器分类（表 4-77）

燃气过滤器分类 **表 4-77**

类别		用途、规格	主要功能
过滤器	筒形	燃气调压器或仪表之前的管道上。规格：*DN*25～*DN*400	过滤燃气管道的固体杂质、煤焦油、萘等
	Y形	用气设备前。规格：*DN*20～*DN*100	过滤固体杂质

4.2.3.4 室内燃气管道

（1）低压焊接钢管、镀锌钢管宜选用管径不大于65mm的管道。

（2）在安全等级要求高的室内（如地下室或不得不穿越的非燃气用房）使用无缝钢管，最大选用管径宜≤300mm。所配用阀门及连接法兰的压力等级均应按1.6MPa选用。

（3）选用不锈钢波纹软管及管道接头时，供气压力不应大于3kPa。选用铜管时，供气压力不应大于5kPa。表4-78宜作为选用参考。

室内燃气管道技术特性 **表 4-78**

项　　目	可埋式不锈钢波纹管道	脱氧铜管 TP_2
公称直径 DN（mm）	管道用：15、20、25 灶具及表用：10、20、32、40、50、80	8、10、15、20、25、32、40、50、65、80、100、125、150、200
壁厚（mm）	≥0.2	0.6～6
敷设地点	室内明装，暗埋敷设于室内墙壁中，暗封敷设在管井、吊顶、橱柜中	室内天花板吊顶内或地板、墙壁中
执行标准	《流体输送用不锈钢焊接钢管》（GB/T 12771—2008）	《无缝铜水管和铜氧管》（GB/T 18033—2000） 《铜管接头》（GB/T11618—1999） 《建筑用铜管管件（承插式）》（CJ/T 117—2000）
连接方式	专用管接头、垫圈、螺纹连接	承插式低银焊条钎焊（毛细管渗透）焊接法

4.2.3.5　燃气计量仪表（表4-79、表4-80）

燃气计量仪表　　　　　　**表4-79**

品种	分类	使用场所	主要功能
容积式	膜式表	居民厨房、小型餐厅厨房	能测很小的流量，量程比大，经久耐用
	腰轮表	餐厅厨房、较大流量低压燃气计量间	能测相当大的流量，对气流不稳以及搅流不敏感
速度式	涡轮表	大用户或锅炉房的计量间	量程比大，能测大流量、非脉动流及用于非压力突变场合（不应装在调压器出口、压缩机前后）
		锅炉房及工业用户燃气计量间	量程比大，能测大流量
	孔板流量计	中、低压调压站（过去曾用）	

注：低压燃气的流量计量一般使用容积式流量计、速度式流量计。在燃气压力及温度大致一定的低压燃气用户，用皮膜表、腰轮表（专利名称为罗茨表）。中压、次中压燃气用户，用带有压力、温度补偿的腰轮表、速度式流量计。目前常用涡轮表、旋进旋涡流量计。

燃气计量仪表技术性能参数 表 4-80

品种 / 性能		容积式		速度式	
		膜式表	腰轮表	涡轮表	旋进旋涡表
主要技术参数	流量范围（m^3/h）	120	20～3000	10～6500	8～3600
	最大量程比	1:120	1:160	1:20	
	超载能力承压	5kPa	0.4kPa		
	最佳精度（%）	≤±3	量程比≥30，精度：±1 量程比≥60，精度：±2	1～2	±15
	表前、后直管段	不需要	不需要	长度见产品使用说明	
	压力损失（Pa）	200～400	200～300	200～1000	

续表

品种 / 性能	容积多		速度式	
	膜式表	腰轮表	涡轮表	旋进旋涡表
安全性	好	会发生卡转断气	较好（带电部分本安型防爆）	
耐久性	耐久	较耐久	轴承易损	
功能性	能测很小的流量，经久耐用，稳定性好，体积大	能测大流量，对气体搅流不敏感，噪声大	量程比大，能测大流量，计量精度高，重复性好	量程比大，能测大流量

4.2.3.6 燃气灶具（表4-81、表4-82）

燃气灶具主要技术性能 **表4-81**

类型	家用燃具		商业燃具			
	双眼灶	热水器	炒菜灶	大锅灶	蒸箱	沸水器
功率（kW）	5.8～7.0	10～34	35～105	28～52	35～252	27～50

燃气灶具基本尺寸 **表4-82**

		家用燃具		商业燃具			
		双眼灶	热水器	炒菜灶	大锅灶	蒸箱	沸水器
外形尺寸（mm）	长	≥680	≥300	800～2000	1000～1400	800～1500	ϕ600
	宽	≥300	≥230	900～1100	1000～1400	900～1000	—
	高	≥140	≥420	750	720～780	1650～1960	1700～2800
接口尺寸		ϕ10～15	ϕ10～15	*DN*25～40	*DN*25～40	*DN*25～40	*DN*25
接口位置		灶后	下方	侧方	侧方	侧方	侧方
执行标准		《家用燃气灶具》（GB 16410—1996）	《家用燃气热水器》（GB 6932—2001）	《中餐燃气炒菜灶》（CJ/T 28—2003）	《炊用燃气大锅灶》（CJ/T 3030—95）	《燃气蒸箱》（CJ/T 187—2003）	《燃气沸水器》（CJ/T 29—2003）

5 电气工程材料

5.1 电缆、电线及其敷设

5.1.1 电缆、电线的种类与型号

5.1.1.1 导体材料选择

（1）铜、铝的性能比较（表5-1）

铜、铝的性能比较　　表5-1

性能＼材料	铜	铝
导电率（20℃电阻率）	$1.72\times10^{-6}\Omega\cdot cm$	$2.82\times10^{-6}\Omega\cdot cm$
电阻温度系数（20℃）	0.00393	0.00410
线膨胀系数（℃）	0.000017	0.000023
密度（g/cm^3）	8.89	2.703

（2）不应采用铝芯线缆的情况

1）需要确保长期运行中连接可靠的回路；

2）移动设备的线路及振动场所的线路；

3）对铝有腐蚀性的环境；

4）高温环境、潮湿环境、爆炸及火灾危险环境；

5）应急系统及消防设施的线路；

6）工业及市政工程、户外工程的布电线。

（3）不宜采用铝芯线缆的情况

1）非熟练人员容易接触的线路，如公共建筑与居住建筑；

2）线芯截面 $6mm^2$ 及以下的线缆。

5.1.1.2 电缆芯数选择

下列情况宜采用单芯电缆组成电缆束替代多芯电缆：

（1）在水下、隧道或特殊的较长距离线路中，为避免或减少中间接头时；

（2）沿电缆桥架敷设，为减小弯曲半径时；

（3）负荷电流很大，采用两根电缆并联仍难以满足要求时；

（4）采用矿物绝缘电缆时。

5.1.1.3 绝缘材料及护套选择

（1）电缆型号的含义（表5-2）

电缆型号的含义　　表 5-2

绝缘种类	导电线芯	内护层	派生结构	外护层
代号及含义	代号及含义	代号及含义	代号及含义	代号及含义
Z 纸绝缘	L 铝芯	V 聚氯乙烯	D 不滴流	见表 5-3 见表 5-4
X 橡皮绝缘	T 铜芯	Y 聚乙烯	F 分相	
V 聚氯乙烯		H 橡套	P 屏蔽	
Y 聚乙烯		HF 非燃性橡套	Z 直流	
YJ 交联聚乙烯		L 铝包	FR 阻燃	
XD 丁基橡胶		Q 铅包	ZR 阻燃 NF 耐火	

非金属套电缆外护层结构数字含义　　表 5-3

代号	外护层结构		
	内衬层	铠装层	外被层
12	绕包型：塑料袋或无纺布袋 挤出型：塑料套	连锁铠装	聚氯乙烯外套
22		双钢带	聚氯乙烯外套
23			聚乙烯外套
32		单细圆钢丝	聚氯乙烯外套
33			聚乙烯外套
62		双铝带（或铝合金带）	聚氯乙烯外套
63			聚乙烯外套
42	塑料套	单粗圆钢丝	聚氯乙烯外套
43			聚乙烯外套
41		双粗圆钢丝	胶粘涂料-聚丙烯绳或电缆沥青-浸渍麻-电缆沥青-白垩粉
441			
241		双钢带-单粗圆钢丝	

金属套电缆外护层结构数字含义　　表 5-4

代号	外护层结构		
	内衬层	铠装层	外被层
02	无	无	电缆沥青(或热熔胶)-聚氯乙烯外套
03	无	无	电缆沥青(或热熔胶)-聚乙烯外套
22	绕包型：电缆沥青-塑料袋或电缆沥青-塑料袋-无纺麻布带或电缆沥青-塑料袋-浸渍纸带（或浸渍麻）-电缆沥青 挤出型：电缆沥青-聚氯乙烯套或电缆沥青-聚乙烯套	双钢带	聚氯乙烯外套
23		双钢带	聚乙烯外套
32		单细圆钢丝	聚氯乙烯外套
33		单细圆钢丝	聚乙烯外套

续表

代号	外护层结构		
	内衬层	铠装层	外被层
41	电缆沥青（或热熔胶）-聚乙烯套 电缆沥青-塑料袋-浸渍麻-电缆沥青	单粗圆钢丝	胶粘涂料-聚丙烯绳或电缆沥青-浸渍麻-电缆沥青-白垩粉
42			聚氯乙烯外套
43			聚乙烯外套
441		双粗圆钢丝	胶粘涂料-聚丙烯绳或电缆沥青-浸渍麻-电缆沥青-白垩粉
241		双钢带-单粗圆钢丝	

5.1.2 常用电线、电缆

5.1.2.1 常用绝缘导线

（1）聚氯乙烯绝缘电线（图5-1～图5-6、表5-5～表5-11）

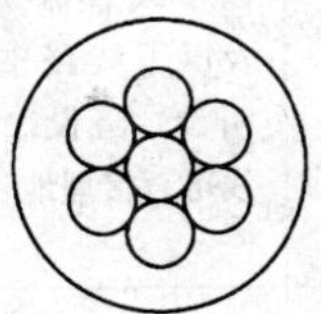

图5-1 聚氯乙烯绝缘电线（截面）

图5-2 BV型电线

图5-3 BV. BLV型二芯平型电线

图5-4 BV. BLV型单芯电线

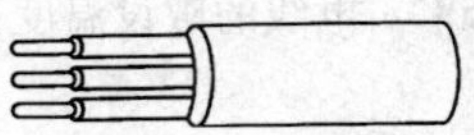

图5-5 BVV. BLVV型电线

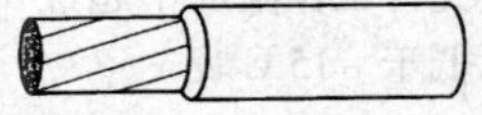

图5-6 BVR型电线

聚氯乙烯绝缘电线的型号及名称　　表 5-5

型号	名　称	主要用途
BV BLV BVV BLVV	铜芯聚氯乙烯绝缘电线 铝芯聚氯乙烯绝缘电线 铜芯聚氯乙烯绝缘聚氯乙烯护套电线 铝芯聚氯乙烯绝缘聚氯乙烯护套电线	用于交流 500V 及以下或直流 1000V 及以下线路中，可明设、暗设，护套线可直接埋地
BVR	铜芯聚氯乙烯绝缘软线	同上，安装要求软线时用

该系列电线（又称塑料线）供交流额定电压 500V 及以下或直流电压 1000V 及以下的电器装置、电工仪器、仪表设备、动力装置配线用。

该系列电线分为普通型和耐热型。普通型线芯长期允许工作温度不超过 +65℃。耐热型线芯长期允许工作温度不超过 +105℃。电线的敷设温度不低于 -15℃。

（2）聚氯乙烯绝缘软线（图 5-7、图 5-8、表 5-12 ~ 表 5-15）

电压 450V BV 型单芯电线及二芯平型电线 **表 5-6**

标称截面 (mm^2)	线芯结构	电线最大外径（mm）		电线重 (kg/km)	
	根数/单线直径（mm）	单芯	二芯平型		
0.5	1/0.80	2.0	2.0×4.0	7.17	14.34
0.75	1/0.97	2.4	2.4×4.8	10.48	20.96
1	1/1.13	2.6	2.6×5.2	13.23	26.46
1.50	1/1.37	3.3	3.3×6.6	20.31	40.62
2.50	1/1.76	3.7	3.7×7.4	30.12	60.74
4	1/2.24	4.2	4.2×8.4	45.11	90.22
6	1/2.73	4.8	4.8×9.6	63.76	127.52
10	7/1.33	6.6	6.6×13.2	110.93	221.86
16	7/1.70	7.8		173.43	
25	7/2.12	9.6		267.99	
35	7/2.50	10.9		363.66	
50	19/1.83	13.2		521.48	
70	19/2.12	14.7		687.97	

续表

标称截面（mm^2）	线芯结构	电线最大外径（mm）		电线重（kg/km）
	根数/单线直径（mm）	单芯	二芯平型	
95	19/2.50	17.3		952.65
120	37/2.00	18.1		1168.20
150	37/2.24	20.2		1465.89
185	37/2.50	22.2		1807.54

电压 450V BV 型二芯、三芯绞型电线 表 5-7

标称截面（mm^2）	线芯结构	电线最大外径（mm）		电线重（kg/km）	
	根数/单线直径（mm）	二芯	三芯	二芯	三芯
0.50	1/0.8	4.0	4.3	15.2	22.8
0.75	1/0.97	4.8	5.1	21.1	31.5

电压 450V BLV 型单芯电线及二芯平型电线 **表 5-8**

标称截面	线芯结构	电线最大外径（mm）		电线重（kg/km）	
（mm^2）	根数/单线直径（mm）	单芯	二芯	单芯	二芯
1.5	1/1.37	3.3	3.3×6.6	12	23
2.5	1/1.76	3.7	3.7×7.4	16	31
4	1/2.24	4.2	4.2×8.4	22	43
6	1/2.73	4.8	4.8×9.6	28	57
10	7/1.33	6.6	6.6×13.2	52	104
16	7/1.70	7.8		76	
25	7/2.12	9.6		117	
35	7/2.50	10.9		153	
50	19/1.83	13.2		215	
70	19/2.12	14.7		280	
95	19/2.50	17.3		380	
120	37/2.00	18.1		449	
150	37/2.24	20.2		551	
185	37/2.50	22.2		668	

电压 450V BVV 型单芯护套及二芯、三芯平型护套电线　　表 5-9

标称截面 (mm^2)	线芯结构	电线最大外径 (mm)			电线重 (kg/km)		
	根数/单线直径 (mm)	单芯	二芯	三芯	单芯	二芯	三芯
0.75	1/0.97	3.9	3.9×6.3	4.2×8.9	18.64	34.37	52.69
1.0	1/1.13	4.1	4.1×6.7	4.3×9.5	21.84	40.86	62.54
1.50	1/1.37	4.4	4.4×7.2	4.6×10.2	27.31	51.83	79.34
2.50	1/1.76	4.8	4.8×8.1	5.0×11.5	37.90	73.25	111.91
4	1/2.24	5.3	5.3×9.1	5.5×13.1	53.86	105.56	160.97
6	1/2.73	6.5	6.5×11.3	7.0×16.5	80.37	158.39	245.82
10	1/1.33	8.4	8.4×14.5	8.8×21.1	132.46	261.58	402.62

电压 450V BLVV 型单芯护套及二芯、三芯平型护套电线　　表 5-10

标称截面 (mm^2)	线芯结构	电线最大外径 (mm)			电线重 (kg/km)		
	根数/单线直径 (mm)	单芯	二芯	三芯	单芯	二芯	三芯
1.0	1/1.13	4.1	4.1×6.7	4.3×9.5	16.11	27.62	41.10
1.50	1/1.37	4.4	4.4×7.2	4.6×10.2	18.81	32.97	48.14
2.50	1/1.76	4.8	4.8×8.1	5.0×11.5	23.45	40.84	61.40
4	1/2.24	5.3	5.3×9.1	5.5×13.1	30.16	54.53	80.76
6	1/2.73	6.5	6.5×11.3	7.0×16.5	45.20	81.34	124.16
10	1/1.33	8.4	8.4×14.5	8.8×21.1	73.86	135.92	201.90

电压 450V BVR 型单芯电线　　表 5-11

标称截面（mm^2）	线芯结构 根数/单线直径（mm）	电线最大外径（mm）	电线重（kg/km）
0.75	7/0.37	2.5	11.16
1.00	7/0.43	2.7	14.03
1.50	7/0.52	3.5	21.45
2.50	19/0.41	4.0	32.28
4	19/0.52	4.6	48.05
6	19/0.64	5.3	69.02
10	49/0.52	7.4	122.49
16	19/0.64	8.5	178.02
25	98/0.58	11.1	287.66
35	133/0.58	12.2	376.83
50	133/0.68	14.3	517.81

该系列电线供交流额定电压 250V 及以下或直流电压 500V 及以下的各种移动电器、仪表及自动化装置接线用，但截面在 0.06mm^2 及以下者仅用于低电压设备内部的接线。该系列电线分为普通型和耐热型。普通型线芯长期允许工作温度不超过 +65℃，耐热型线芯长期允许工作温度不超过

+105℃。电线的安装温度不低于-15℃。

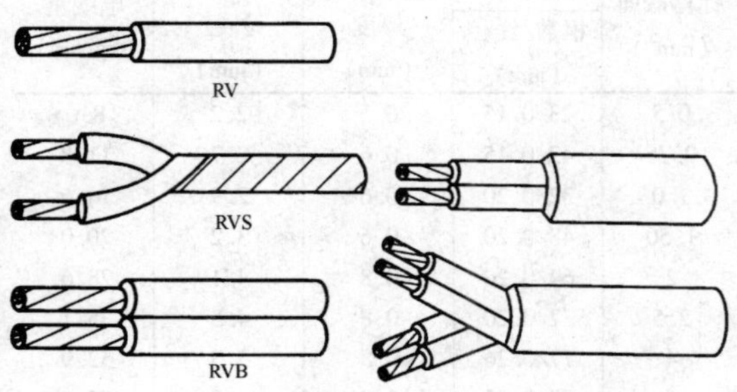

图 5-7　RV. RVS. RVB 型电线　　图 5-8　RVV 型电线

聚氯乙烯绝缘软线的型号及名称　表 5-12

型号	名　称	主要用途
RV	铜芯聚氯乙烯绝缘软线	供交流 250V 及以下各种移动电器接线用
RVB	铜芯聚氯乙烯绝缘平型软线	
RVS	铜芯聚氯乙烯绝缘绞型软线	
RVV	铜芯聚氯乙烯、绝缘聚氯乙烯护套软线	同上，额定电压为 500V 以下

RV、RV-105 型聚氯乙烯绝缘软线　表 5-13

标称截面 (mm^2)	线芯结构 根数/线径 (mm)	绝缘标称厚度 (mm)	电线最大外径 (mm)	电线重 (kg/km)
0.5	23/0.15	0.5	2.2	8.0
0.75	42/0.15	0.6	2.7	11.8
1.0	32/0.20	0.6	2.9	14.6
1.50	48/0.20	0.6	3.2	20.0
2	64/0.20	0.8	4.1	28.6
2.5	77/0.20	0.8	4.5	35.1
4	77/0.26	0.8	5.3	52.9
6	77/0.32	1.0	6.7	77.6

RVB、RVS 型聚氯乙烯绝缘软线　表 5-14

标称截面 (mm^2)	线芯结构	电线最大外径 (mm)		电线重 (kg/km)	
	芯数×根数/线径 (mm)	RVB	RVS	RVB	RVS
0.5	2×28/0.15	2.4×4.8	4.8	17.9	18.6
0.75	2×42/0.15	2.9×5.8	5.8	25.9	26.9
1.0	2×32/0.2	3.1×6.2	6.2	31.7	33.0
1.5	2×48/0.2	3.4×6.8	6.8	42.9	44.7
2	2×64/0.2	4.1×8.2	8.2	57.5	59.9
2.5	2×77/0.2	4.5×9.0	9.0	70.4	73.3

RVV 型护套软线 　　表 5-15

标称截面积（mm^2）	芯数及外径（mm）											
	2 芯（椭圆）	2 芯（圆）	3 芯	4 芯	5 芯	6、7 芯	10 芯	12 芯	14 芯	16 芯	19 芯	24 芯
0. 5	4. 0×6. 2	6. 2	6. 5	7. 1	7. 3	7. 9	10. 6	10. 9	11. 5	12. 1	12. 8	15. 7
0. 75	4. 5×7. 2	7. 2	7. 6	8. 3	9. 1	9. 9	12. 6	13. 4	14. 2	14. 9	15. 7	18. 9
1. 0	4. 6×7. 5	7. 5	7. 9	9. 1	9. 5	10. 4	13. 7	14. 1	14. 9	15. 9	16. 6	19. 9
1. 5	5. 0×8. 2	8. 2	9. 1	9. 9	10. 4	11. 4	15. 0	15. 5	16. 3	17. 3	18. 2	21. 9
2. 0	6. 3×10. 3	10. 3	11. 0	12. 0	12. 8	14. 4						
2. 5	6. 7×11. 2	11. 2	11. 9	13. 1	14. 3	15. 7						
4	7. 5×12. 9	12. 9	14. 1	15. 5	—	—						
6	9. 4×16. 1	16. 1	17. 1	18. 9	—	—						

(3) 丁腈聚氯乙烯复合绝缘软线（表5-16）

该系列电线用于交流额定电压250V及以下或直流电压500V及以下的各种移动电器、无线电设备和照明灯座的连接线。具有耐寒、耐热老化及不延燃等性能。线芯长期允许工作温度为+70℃，最低使用环境温度为-40℃。

RFB、RFS型复合物绝缘平型、绞型软线

表5-16

标称截面（mm^2）	线芯结构	电线最大外径（mm）		电线重（kg/km）	
	芯数×根数/线径（mm）	RFB	RFS	RFB	RFS
0.5	2×28/0.15	2.4×4.8	4.8	19	20
0.75	2×42/0.15	2.9×5.8	5.2	25	26
1.0	2×32/0.20	3.1×6.2	6.2	31	32
1.5	2×48/0.20	3.4×6.8	6.8	42	43
2.0	2×40/0.20	4.1×8.2	8.2	56	58
2.5	2×77/0.20	4.5×9.0	9.0	68	70

5.1.2.2 常用电缆

(1) 聚氯乙烯绝缘聚氯乙烯护套电力电缆（表5-17~表5-20）

该类电缆适用于交流50Hz、额定电压为6kV

电缆结构　　表 5-17

电缆结构	VV. VLV 型	电缆结构	VV_{22}. VLV_{22} 型
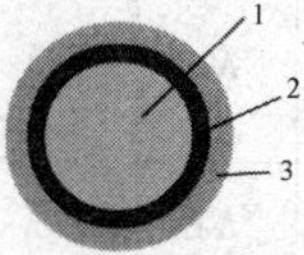 1 2 3	1. 导体 2. 聚氯乙烯绝缘 3. 聚氯乙烯护套	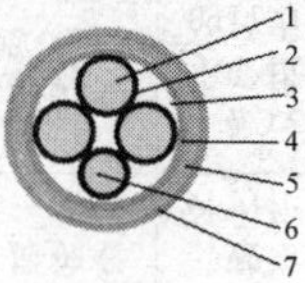 1 2 3 4 5 6 7	1. 铜或铝导体 2. 聚氯乙烯绝缘 3. 包带 4. 聚氯乙烯内护套 5. 钢带铠装 6. 中性线芯 7. 聚氯乙烯护套

聚氯乙烯绝缘聚氯乙烯护套电力电缆的型号、名称及用途　　表 5-18

型号		名称	主要用途
铜芯	铝芯		
VV	VLV	聚氯乙烯绝缘聚氯乙烯护套电力电缆	敷设在室内、隧道内、管道中，电缆不能承受机械外力作用
VV_{29}	VLV_{29}	聚氯乙烯绝缘聚氯乙烯护套内钢带铠装电力电缆	敷设在地下，电缆能承受机械外力作用，但不能承受大的拉力
VV_{30}	VLV_{30}	聚氯乙烯绝缘聚氯乙烯护套内裸细钢丝铠装电力电缆	敷设在室内、矿井中，电缆能承受机械外力作用并能承受相当的拉力
VV_{39}	VLV_{39}	聚氯乙烯绝缘聚氯乙烯护套内细钢丝铠装电力电缆	敷设在水中，电缆能承受相当的拉力
VV_{50}	VLV_{50}	聚氯乙烯绝缘聚氯乙烯护套裸粗钢丝铠装电力电缆	同 VV_{30} 型
VV_{59}	VLV_{59}	聚氯乙烯绝缘聚氯乙烯护套内粗钢丝铠装电力电缆	同 VV_{39} 型

（1000V，2芯、3芯、3+1芯全塑）**VV、VLV型电力电缆**　**表5-19**

标称截面（mm^2）	2芯			3芯			（3+1）芯		
	电缆外径（mm）	电缆重量（kg/km）		电缆外径（mm）	电缆重量（kg/km）		电缆外径（mm）	电缆重量（kg/km）	
		VV	VLV		VV	VLV		VV	VLV
1.0	9.8	103							
1.5	10.3	118							
2.5	11.1	147	117	10.8	174	128			
4	11.6	188	139	12.6	236	163	13.4	274	185
6	13.8	254	182	14.5	325	216	15.3	368	234
10	16.3	373	252	17.3	488	305	18.2	565	340
16	18.8	541	342	19.9	718	419	20.4	794	460
25	22.2	783	473	23.5	1051	587	24.7	1193	668

续表

标称截面（mm^2）	2 芯			3 芯			(3+1) 芯		
	电缆外径（mm）	电缆重量（kg/km）		电缆外径（mm）	电缆重量（kg/km）		电缆外径（mm）	电缆重量（kg/km）	
		VV	VLV		VV	VLV		VV	VLV
35	24.9	1031	601	26.5	1400	755	27.8	1502	795
50	22.4	1191	582	25.0	1733	820	28.2	1939	927
70	25.2	1603	750	27.8	2315	1036	31.9	2648	1215
95	28.6	2124	1015	31.8	3107	1371	37.6	3588	1632
120	31.2	2630	1169	34.8	3824	1631	39.8	4300	1894
150	34.2	3146	1419	39.2	4805	2064	43.6	5379	2327
185				42.9	5869	2488	48.3	6526	2834
240				48.3	7574	3188			

（1000V，3 芯、4 芯全塑）VV_{29}、VLV_{29}型电力电缆　　表 5-20

标称截面（mm^2）	3 芯			4 芯		
	电缆外径（mm）	电缆重量（kg/km）		电缆外径（mm）	电缆重量（kg/km）	
		VV_{29}	VLV_{29}		VV_{29}	VLV_{29}
4	16.8	487	412	17.6	540	451
6	19.1	626	517	19.9	694	560
10	22.7	972	789	23.5	1070	851
16	25.3	1259	961	25.8	1352	1017
25	28.9	1684	1188	30.7	1904	1372
35	32.5	2153	1507	33.8	2293	1586
50	31.0	2449	1536	34.2	2741	1728
70	33.8	3106	1827	38.3	3571	2145
95	38.2	4031	2295	43.6	4630	2674
120	40.8	4819	2626	46.6	5477	3071
150	45.2	5890	3149	50.4	6665	3613
185	49.7	7130	3749	54.9	7923	4231
240	54.9	8964	4578			

及以下的输配电线路用，固定敷设。电缆导电线芯长期工作温度应不超过+65℃，敷设时环境温度应不低于0℃，弯曲半径不小于电缆外径的10倍。

（2）交联聚乙烯绝缘聚乙烯护套电力电缆（表5-21～表5-26）

该类电缆在环境温度不低于0℃的条件下敷设时，无须预先加温。电缆性能不受其敷设位差限制，其敷设时弯曲半径应不小于电缆外径的10倍。6～10kV电缆线芯长期允许工作温度应不超过+90℃，35kV电缆线芯长期允许工作温度不超过+80℃。

5.1.3 电线管槽

5.1.3.1 PVC管槽及波纹管

（1）PVC电线管槽（表5-27）

（2）PVC波纹管（表5-28）

PVC波纹管具有阻燃、耐压、防虫、防酸碱、绝缘等特性，使用容易，运输方便，成本低廉，切割和弯曲时不需辅助于任何器材，弯曲半径较小。

5.1.3.2 金属管槽及金属电线管

（1）金属管槽

GQJ1型槽式桥架为封闭型，适用于敷设电力电缆、计算机电缆、通信电缆和控制电缆。无槽孔

电缆结构 **表 5-21**

电缆结构	YJV. YJLV 型	电缆结构	YJV_{22}. $YJLV_{22}$ 型
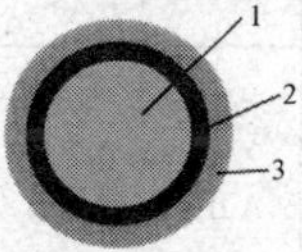	1. 铜或铝导体 2. 交联聚乙烯绝缘 3. 聚氯乙烯护套	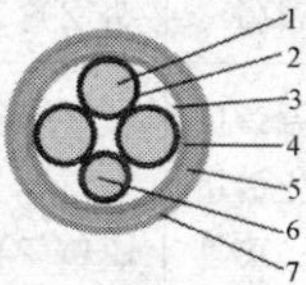	1. 铜或铝导体 2. 交联聚乙烯绝缘 3. 包带 4. 聚氯乙烯内护套 5. 钢带铠装 6. 中性线芯 7. 聚氯乙烯护套

交联聚乙烯绝缘聚乙烯护套电力电缆型号、名称及用途　　表 5-22

型号		名称	主要用途
铜芯	铝芯		
YJV	YJLV	交联聚乙烯绝缘聚氯乙烯护套电力电缆	可在室内外、隧道内、混凝土管道、电缆沟及松散土层中敷设。电缆不能承受机械外力作用，但可经受一定的敷设牵引
YJV_{29}	$YJLV_{29}$	交联聚乙烯绝缘、聚氯乙烯护套内钢带铠装电力电缆	敷设在地下，电缆能承受机械外力作用，但不能承受大的拉力
YJV_{39}	$YJLV_{39}$	交联聚乙烯绝缘、聚氯乙烯护套内细钢丝铠装电力电缆	敷设在水中，电缆能承受相当的拉力
YJV_{50}	$YJLV_{50}$	交联聚乙烯绝缘、聚氯乙烯护套内粗钢丝铠装电力电缆	同 YJV_{39} 型

电压 0.6/1kV YJV 交联聚氯乙烯绝缘聚氯乙烯护套 3+1 芯电力电缆

表 5-23

导体标称横截面积（mm^2）	绝缘厚度（mm）	护套厚度（mm）	近似外径（mm）	近似重量（kg/km）	20℃导体最大电阻（Ω/km）	额定电流 A		电压降（mV/m）
						空气中（40℃）	空气中（30℃）	
3×10+1×6	0.7/0.7	1.8	16.4	503	1.83	68	75	84
3×16+1×10	0.7/0.7	1.8	18.5	727	1.15	91	100	69
3×25+1×16	0.9/0.7	1.8	22.3	1092	0.727	116	127	56
3×35+1×16	0.9/0.7	1.8	24.8	1476	0.524	144	158	50
3×50+1×25	1.0/0.9	1.8	25.9	1907	0.387	174	192	45
3×70+1×35	1.1/0.9	1.9	29.9	2612	0.268	224	246	39
3×95+1×50	1.1/1.0	2.1	33.7	3489	0.193	271	298	36
3×120+1×70	1.2/1.1	2.2	37.5	4448	0.153	315	346	32
3×150+1×70	1.4/1.1	2.3	41.6	5383	0.124	363	399	30
3×185+1×95	1.6/1.1	2.5	46.7	6711	0.0991	415	456	28
3×240+1×120	1.7/1.2	2.7	51.9	8561	0.0754	490	538	25
3×300+1×150	1.8/1.4	2.9	57	11080	0.0601	565	620	23

电压 0.6/1kV YJV 交联聚氯乙烯绝缘聚氯乙烯护套 4 芯电力电缆

表 5-24

导体标称横截面积（mm^2）	绝缘厚度（mm）	护套厚度（mm）	近似外径（mm）	近似重量（kg/km）	20℃导体最大电阻（Ω/km）	额定电流 A		电压降（mV/m）
						空气中（40℃）	空气中（30℃）	
4×10	0.7	1.8	18.6	610	1.83	68	75	84
4×16	0.7	1.8	20	879	1.15	91	100	69
4×25	0.9	1.8	20	1286	0.727	116	127	56
4×35	0.9	1.9	26	1688	0.524	144	158	50
4×50	1.0	1.9	28	2341	0.387	174	192	45
4×70	1.1	2.2	33	3175	0.268	224	246	39
4×95	1.1	2.3	36	4171	0.193	271	298	36
4×120	1.2	2.5	37	5262	0.153	315	346	32
4×150	1.4	2.6	39.5	6542	0.124	363	399	30
4×185	1.6	2.8	45	7893	0.0991	415	456	28
3×240	1.7	3.0	54	10215	0.0754	490	538	25
3×300	1.8	3.2	58	11643	0.0601	565	620	23

电压 0.6/1kV YJV 交联聚氯乙烯绝缘聚氯乙烯护套 4+1 芯电力电缆

表 5-25

导体标称横截面积（mm^2）	绝缘厚度（mm）	护套厚度（mm）	近似外径（mm）	近似重量（kg/km）	20℃导体最大电阻（Ω/km）	额定电流 A		电压降（mV/m）
						空气中（40℃）	空气中（30℃）	
4×10+1×6	0.7	1.8	18	619	1.83	68	75	84
4×16+1×10	0.7	1.8	20.7	911	1.15	91	100	69
4×25+1×16	0.9	1.8	24.6	1359	0.727	116	127	56
4×35+1×16	0.9	1.8	26.8	1749	0.524	144	158	50
4×50+1×25	1.0	1.9	28.5	2387	0.387	174	192	45
4×70+1×35	1.1	2.0	30.6	3280	0.268	224	246	39
4×95+1×50	1.1	2.2	34.7	4407	0.193	271	298	36
4×120+1×70	1.2	2.4	38.1	5580	0.153	315	346	32
4×150+1×70	1.4	2.5	42.6	6803	0.124	363	399	30
4×185+1×95	1.6	2.6	47.4	8158	0.0991	415	456	28
4×240+1×120	1.7	2.8	53.2	10850	0.0754	490	538	25

电压 0.6/1kV 钢带铠装多芯电力电缆　　表 5-26

标称截面	近似外径（mm）								近似重量（kg/km）							
	VV_{22}				YJV_{22}				VV_{22}				YJV_{22}			
	3+1芯	4芯	4+1芯	5芯	3+1芯	4芯	4+1芯	5芯	3+1芯	4芯	4+1芯	5芯	3+1芯	4芯	4+1芯	5芯
4	17.9	18.5	19.2	19.7	16	17	17	19.2	538	565	605	644	425	445	485	507
6	19.5	19.7	20.8	21.3	17	18	19	20.8	657	685	765	790	527	550	637	638
10	22.1	22.8	23.9	24.6	20	21	22	23.9	894	960	1052	1110	734	787	882	926
16	24.7	25.3	26.9	27.4	23	24	25	26.9	1194	1273	1482	1485	1019	1076	1208	1277
25	28.5	30.5	32.4	33.3	26	28	28	32.4	1668	1998	2312	2339	1434	1519	1713	1817
35	31.7	33.5	35.1	36.6	28	30	33	35.1	2243	2505	2756	2953	1757	1957	2152	2705
50	35	35.2	39.7	41.6	31	36	37	39.7	2852	3122	3680	3975	2229	2759	3263	3525
70	38.5	38.7	44	45.5	36	41	42	44	3657	4025	4768	5125	3386	3678	4376	4732
95	44.3	44.7	50.2	52.1	40	46	48	50.2	4796	5291	6267	6798	4397	4832	5695	6256
120	49	49.4	55.1	57.3	44	51	53	55.1	5912	6464	7689	8217	5468	5906	7129	7571
150	53.5	53.7	59.9	63.1	49	56	58	59.9	7025	7866	9216	10030	6464	7186	8282	9221
185	58.9	58.9	66.5	69.9	52	61	65	66.5	8598	9542	11293	12275	8004	8807	10287	11319
240	60.6	61	74	77.1	58	69	73	74	10631	11916	14371	15077	10140	11268	13163	14631
300	65.6	66.2	81.9	86.5	63	76	80	81.9	12913	14501	17385	19395	12445	13824	16169	17948

PVC 电线管槽型号及名称　　表 5-27

外　型	型号	编号	产品名称
	NC-15	C101	15×10 线槽
	NC-25	C102	15×14 线槽
	NC-40	C103	40×18 线槽
	NC-60	C104	60×22 线槽
		C105	100×27 线槽

PVC 波纹管技术规格　　表 5-28

编号	GC16	GC20	GC25	GC32	GC40	GC50
规格	$\phi16$	$\phi20$	$\phi25$	$\phi32$	$\phi40$	$\phi50$

式桥架对屏蔽干扰和恶劣环境中防腐蚀、防粉尘都有较好的效果，有槽孔式桥架散热性较好。GQJ1 型槽式桥架在不同跨距下最大允许均布荷载及变形量（挠度）如图 5-9 所示。GQJ1 型槽式桥架部件外形、规格及尺寸见表 5-29、表 5-30。

(2) 金属导管

金属导管主要包括焊接钢管、普通碳素钢电线套管、套接紧定式钢导管、套接扣压式薄壁钢导管、可挠金属电线保护管等五类产品。目前施工工地普遍应用的为焊接钢管、套接紧定式钢导管、套接扣压式薄壁钢导管。

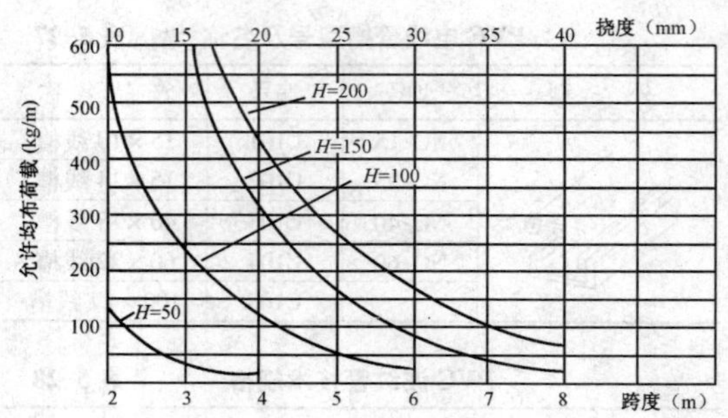

图 5-9　槽式桥架最大允许均布荷载曲线图

GQJ1 型槽式桥架部件外形　　　表 5-29

无孔直通	有孔直通
GQJ1-1W	GQJ1-1Y
H　B　2000	H　B　2000

表 5-30

GQJ1 型槽式桥架部件规格及尺寸

型　号	外形尺寸（mm）		重量（kg/m）	配用盖板	
	H	B		型　号	重量（kg/m）
GQJ1-1W/Y-0505	50	50	2.26	GQJ1-1W/Y-0505G	1.03
GQJ1-1W/Y-0507	50	75	3.31	GQJ1-1W/Y-0507G	1.69
GQJ1-1W/Y-0510	50	100	3.77	GQJ1-1W/Y-0510G	2.54
GQJ1-1W/Y-0515	50	150	4.70	GQJ1-1W/Y-0515G	3.47
GQJ1-1W/Y-0520	50	200	5.62	GQJ1-1W/Y-0520G	4.39
GQJ1-1W/Y-0525	50	250	6.47	GQJ1-1W/Y-0525G	5.24
GQJ1-1W/Y-0530	50	300	7.93	GQJ1-1W/Y-0530G	6.16
GQJ1-1W/Y-0710	75	100	4.68	GQJ1-1W/Y-0710G	2.54
GQJ1-1W/Y-0715	75	150	5.59	GQJ1-1W/Y-0715G	3.47

续表

型　号	外形尺寸（mm）		重量（kg/m）	配用盖板	
	H	B		型　号	重量（kg/m）
GQJ1-1W/Y-0720	75	200	6.52	GQJ1-1W/Y-0720G	4.39
GQJ1-1W/Y-0725	75	250	7.40	GQJ1-1W/Y-0725G	5.24
GQJ1-1W/Y-1015	100	150	6.47	GQJ1-1W/Y-1015G	3.47
GQJ1-1W/Y-1020	100	200	7.39	GQJ1-1W/Y-1020G	4.39
GQJ1-1W/Y-1025	100	250	8.32	GQJ1-1W/Y-1025G	5.24
GQJ1-1W/Y-1030	100	300	9.78	GQJ1-1W/Y-1030G	6.16
GQJ1-1W/Y-1040	100	400	15.32	GQJ1-1W/Y-1040G	8.01
GQJ1-1W/Y-1050	100	500	17.79	GQJ1-1W/Y-1050G	9.78
GQJ1-1W/Y-1060	100	600	20.25	GQJ1-1W/Y-1060G	15.47

续表

型　　号	外形尺寸（mm）		重量	配用盖板	
	H	*B*	（kg/m）	型　　号	重量（kg/m）
GQJ1-1W/Y-1530	150	300	11.55	GQJ1-1W/Y-1530G	6.16
GQJ1-1W/Y-1540	150	400	17.79	GQJ1-1W/Y-1540G	8.01
GQJ1-1W/Y-1550	150	500	20.25	GQJ1-1W/Y-1550G	9.78
GQJ1-1W/Y-1560	150	600	22.64	GQJ1-1W/Y-1560G	15.47
GQJ1-1W/Y-2040	200	400	20.25	GQJ1-1W/Y-2040G	8.01
GQJ1-1W/Y-2050	200	500	22.64	GQJ1-1W/Y-2050G	9.78
GQJ1-1W/Y-2060	200	600	25.10	GQJ1-1W/Y-2060G	15.47
GQJ1-1W/Y-2080	200	800	29.88	GQJ1-1W/Y-2080G	20.33

焊接钢管生产工艺简单、生产效率高、品种规格多、设备投资少，其技术数据见表5-31。

焊接钢管系列产品技术数据　　　表5-31

公称口径(mm)	公称外径(mm)	普通钢管		加厚钢管	
		公称壁厚(mm)	理论重量(kg/m)	公称壁厚(mm)	理论重量(kg/m)
6	10.2	2.0	0.4	2.5	0.47
8	13.5	2.5	0.68	2.8	0.74
10	17.2	2.5	0.91	2.8	0.99
15	21.3	2.8	1.28	3.5	1.54
20	26.9	2.8	1.66	3.5	2.02
25	33.7	3.2	2.41	4.0	2.93
32	42.4	3.5	3.36	4.0	3.79
40	48.3	3.5	3.87	4.5	4.86
50	60.3	3.8	5.29	4.5	6.19
65	76.1	4.0	7.11	4.5	7.95
80	88.9	4.0	8.38	5.0	10.35
100	114.3	4.0	10.88	5.0	13.48
125	139.7	4.0	13.39	5.5	18.20
150	168.3	4.5	18.18	6.0	24.02

轻型金属电线管的主要特点是薄而轻，以扣塞

安装方式取代传统的螺纹连接和焊接施工方法，重量轻，能节约原材料，降低造价，其技术数据见表5-32。

轻型金属电线管系列产品技术数据　表5-32

序号	名称	型号	规格	备　注
1	薄壁直线管	1G16	$\phi16\times1$	采用优质钢带，经高频连续焊接，超精拉制而成，主要特点：重量轻，一般仅为水煤气管的30%～40%；接插尺寸精确，其外径及不圆柱度公差远远优于国标，否则无法插接配合。 名义尺寸为外径×壁厚，有$\phi16\sim40$五种管径，定长为4m±20mm，特殊要求可按用户需要生产。 表面分别为镀锌管（银白或黄金彩）、高能浸镀管（银灰或黑色），该工艺系军工科研成果，可保持管内壁有良好的防腐蚀性能。钢丝捆扎，每件25支（100m）
2		1G20	$\phi20\times1$	
3		1G25	$\phi25\times1$	
4		1G32	$\phi32\times1.2$	
5		1G40	$\phi40\times1.5$	

5.2 照明器具

5.2.1 照明光源

5.2.1.1 光源分类

电光源按照发光物质可分为固体发光光源和气体放电发光光源两大类（表5-33）。

光源分类 表5-33

<table>
<tr><td rowspan="12">电光源</td><td rowspan="4">固体发光光源</td><td rowspan="2">热辐射光源</td><td colspan="2">白炽灯</td></tr>
<tr><td colspan="2">卤钨灯</td></tr>
<tr><td rowspan="2">电致发光光源</td><td colspan="2">场致发光灯（EL）</td></tr>
<tr><td colspan="2">半导体发光二极管（LED）</td></tr>
<tr><td rowspan="8">气体放电发光光源</td><td rowspan="2">辉光放电灯</td><td colspan="2">氖灯</td></tr>
<tr><td colspan="2">霓虹灯</td></tr>
<tr><td rowspan="6">弧光放电灯</td><td rowspan="2">低气压灯</td><td>荧光灯</td></tr>
<tr><td>低压钠类</td></tr>
<tr><td rowspan="4">高气压灯</td><td>高压汞灯</td></tr>
<tr><td>高压钠灯</td></tr>
<tr><td>金属卤化物灯</td></tr>
<tr><td>氙灯</td></tr>
</table>

5.2.1.2 光源型号命名（表5-34、表5-35）

5.2.1.3 电光源

（1）白炽灯

白炽灯是利用钨丝通过电流时使灯丝处于白炽状态而发光的一种热辐射光源。它结构简单、成本低、显色性好、使用方便、有良好的调光性能，但发光效率很低、寿命短，其技术数据见表5-36~表5-38。

（2）荧光灯

1）双端(直管形)荧光灯(表5-39、表5-40)

2）单端荧光灯（表5-41）

单端荧光灯按放电管数量及形状分为双管、四管、多管、环形、方形荧光灯。

3）自镇流（紧凑型）荧光灯（表5-42）

自镇流荧光灯集白炽灯和荧光灯的优点，具有光效高、寿命长、显色性好、使用方便等特点。

（3）金属卤化物灯（表5-43）

金属卤化物灯光效高、寿命长、显色性好，而且可以根据不同需要设计制造出所需的光色。

（4）发光二极管（LED）

LED为低压供电，具有附件简单、结构紧凑、可控性好、色彩丰富纯正、高亮点、防潮及防振性能好、节能环保等优点。

部分常用白炽光源型号命名

表 5-34

光源名称		型号的组成						
		第一部分	第二部分	第三部分	第四部分		第五部分	
普通照明灯泡	普通照明灯泡	PZ	额定电压（V）	额定功率（W）			B	卡口
	普通照明双螺旋形灯泡	PZS					E	螺口
	普通照明蘑菇形灯泡	PZM			S	磨砂	M	蘑菇形玻壳
	普通照明反向形灯泡	PZF			N	内涂白	P	P形玻壳
							G	球形玻壳
	普通照明球形灯泡	PZQ					毫米数	玻壳直径
聚光灯泡	聚光灯泡	JG			Fa	单扦脚灯头		
	反射型聚光灯泡	JGF						
卤钨灯	照明管形卤钨灯	LZG						
	卤钨航标灯泡	LHB						
	卤钨跑道灯泡	LPD			B	背景照明	YZ	硬质玻璃
	照明确单端卤钨灯	LZD						
照明反向型卤钨灯		LFS			FB	封闭式		

部分常用气体放电光源型号命名 表 5-35

<table>
<tr><th colspan="2" rowspan="2">光 源 名 称</th><th colspan="7">型号的组成</th></tr>
<tr><th>第一部分</th><th>第二部分</th><th>第三部分</th><th colspan="2">第四部分</th><th colspan="2">第五部分</th></tr>
<tr><td rowspan="5">低气压荧光灯</td><td>直管荧光灯</td><td>YZ</td><td rowspan="8">额定
功率
（W）</td><td rowspan="8">—</td><td rowspan="5">RZ
RB
RD
RR
RN
RL
HO
LV
LA
HU</td><td rowspan="5">中性白色
白色
白炽灯色
日光色
暖白色
冷白色
红色
绿色
蓝色
黄色</td><td rowspan="5">毫米数</td><td rowspan="5">管径</td></tr>
<tr><td>快速启动荧光灯</td><td>YK</td></tr>
<tr><td>瞬时启动荧光灯</td><td>YS</td></tr>
<tr><td>U 形荧光灯</td><td>YU</td></tr>
<tr><td>环形荧光灯</td><td>YH</td></tr>
<tr><td rowspan="3">金属卤化物灯</td><td>照明金属卤化物灯</td><td>JLZ</td><td>KN
D
NTY</td><td>钪钠灯
镝灯
钠铊铟灯</td><td rowspan="3">T
P
D</td><td rowspan="3">管形
梨形
球形</td></tr>
<tr><td>双石英金属卤化物灯</td><td>JLS</td><td>—</td><td>—</td></tr>
<tr><td>高色温金属卤化物灯</td><td>JGS</td><td></td><td></td></tr>
</table>

普通照明灯泡技术数据 表 5-36

型号	额定电压（V）	功率（W）	光通量（lm）	色温（K）	平均寿命（h）	外形尺寸（直径×长度，mm）	玻壳形式	灯头型号
GLS 25W C	230	25	175	2800	1000	60×104	透明	E27 或 B22
GLS 40W C		40	283					
GLS 60W C		60	500					
GLS 100W C		100	1025					
GLS 25W F		25	170				磨砂	
GLS 40W F		40	275					
GLS 60W F		60	485					
GLS 100W F		100	994					

低压卤钨灯技术数据 表5-37

型　号	额定电压(V)	功率(W)	发光强度(cd)	显色指数 Ra	色温(K)	平均寿命(h)	直径(mm)	灯头型号	光束角(°)
ALU111MM 8D	12	50	23000	100	3000	3000	111	GU5.3	8
ALU111MM 8D	12	75	3000	100	3000	3000	111	GU5.3	8
ALU111MM 8D	12	100	48000	100	3000	3000	111	GU5.3	8
ALU111 18D	120	60	3000	100	2800	3000	111	GU5.3	18
ALU111 18D	220~240	60	3000	100	2800	2000	111	GU5.3	18
ALU111 18D	240	60	3000	100	2800	2000	111	GU5.3	18
ALU111MM 24D	12	50	4000	100	3000	3000	111	GU5.3	24
ALU111MM 24D	12	75	5300	100	3000	3000	111	GU5.3	24
ALU111MM 45D	12	75	1900	100	3000	3000	111	GU5.3	45
ALU111MM 24D	12	100	8500	100	3000	3000	111	GU5.3	24
ALU111MM 45D	12	100	2800	100	3000	3000	111	GU5.3	45

卤钨灯技术数据 **表 5-38**

系列	型号	灯功率（W）	灯电压（V）	光束角度（°）	初始光强（cd）	直径（mm）	总长（mm）	平均寿命（h）	灯头型号
双色涂层反光杯									
HALOPAR 16	64826FL	50	230	40	750	50.7	53	2000	GZ10
HALOPAR 20	64836SP/FL	50	230	10/30	3200/1100	64.5	91	2000	E27
HALOPAR 30	64845SP/FL	75	230	10/30	7500/2400	97	90.5	2000	E27
铝质反光杯									
HALOPAR 16	CP64824FL	50	230	40	650	50.7	57	1500	GU10
	64824FL	50	230	40	800	50.7	53	2000	GU10
	64820FL	35	230	35	500	50.7	53	2000	GU10
HALOPAR 20	64832SP/FL	50	230	10/30	3000/1000	64.5	91	2000	E27
HALOPAR 30	64841S/FL	75	230	10/30	6900/2200	97	90.5	2000	E27

续表

系列	型号	灯功率（W）	灯电压（V）	光束角度（°）	初始光强（cd）	直径（mm）	总长（mm）	平均寿命（h）	灯头型号
卤素灯胆：内置安全保险丝，使用灯丝泡壳固定技术									
HALOPIN（透明/磨砂）	66625/AM	25	230	25	260/230	14	51	1500	G9
	66640/AM	40	230	25	490/460	14	51	1500	G9
	66660/AM	60	230	28	820/790	14	51	2000	G9
	66675/AM	75	230	28	1100/1050	14	51	2000	G9

T8 直管荧光灯技术数据 **表 5-39**

型号	额定电压（V）	功率（W）	工作电流（A）	光通量（lm）	显色指数 *Ra*	色温（K）	平均寿命（h）	外形尺寸（直径×长度，mm）	灯头型号
YZ18RN（三基色）	220	18	0.37	1380	85	3000	10000	26×604.0	G13
YZ18RL（三基色）	220	18	0.37	1350	85	4000	10000	26×604.0	G13

续表

型　　号	额定电压（V）	功率（W）	工作电流（A）	光通量（lm）	显色指数 *Ra*	色温（K）	平均寿命（h）	外形尺寸（直径×长度，mm）	灯头型号
YZ18RZ（三基色）	220	18	0. 37	1330	85	5000	10000	26×604. 0	G13
YZ18RR（三基色）	220	18	0. 37	1300	85	6500	10000	26×604. 0	G13
YZ30RN（三基色）	220	30	0. 365	2550	85	3000	10000	26×908. 8	G13
YZ30RL（三基色）	220	30	0. 365	2550	85	4000	10000	26×908. 8	G13
YZ30RZ（三基色）	220	30	0. 365	2520	85	5000	10000	26×908. 8	G13
YZ30RR（三基色）	220	30	0. 365	2300	85	6500	10000	26×908. 8	G13
YZ36RN（三基色）	220	36	0. 43	3350	85	3000	20000	26×1213. 6	G13
YZ36RL（三基色）	220	36	0. 43	3350	85	4000	20000	26×1213. 6	G13
YZ36RZ（三基色）	220	36	0. 43	3250	85	5000	20000	26×1213. 6	G13
YZ36RR（三基色）	220	36	0. 43	3200	85	6500	20000	26×1213. 6	G13

表 5-40

T5 直管荧光灯技术数据

型　号	额定电压（V）	功率（W）	光通量（lm）	显色指数 Ra	色温（K）	平均寿命（h）	外形尺寸（直径×长度，mm）	灯头型号
FH 14W/827 HE	220	14	1200	≥80	2700	20000	16×549	G5
FH 14W/830 HE	220	14	1200	≥80	3000	20000	16×549	G5
FH 14W/840 HE	220	14	1200	≥80	4000	20000	16×549	G5
FH 14W/865 HE	220	14	1100	≥80	6500	20000	16×549	G5
FH 21W/827 HE	220	21	1900	≥80	2700	20000	16×849	G5
FH 21W/830 HE	220	21	1900	≥80	3000	20000	16×849	G5
FH 21W/840 HE	220	21	1900	≥80	4000	20000	16×849	G5
FH 21W/865 HE	220	21	1750	≥80	6500	20000	16×849	G5
FH 28W/827 HE	220	28	2600	≥80	2700	20000	16×1149	G5
FH 28W/830 HE	220	28	2600	≥80	3000	20000	16×1149	G5
FH 28W/840 HE	220	28	2600	≥80	4000	20000	16×1149	G5
FH 28W/865 HE	220	28	2400	≥80	6500	20000	16×1149	G5

续表

型　号	额定电压（V）	功率（W）	光通量（lm）	显色指数 Ra	色温（K）	平均寿命（h）	外形尺寸（直径×长度，mm）	灯头型号
FH 35W/827 HE	220	35	3300	≥80	2700	20000	16×1449	G5
FH 35W/830 HE	220	35	3300	≥80	3000	20000	16×1449	G5
FH 35W/840 HE	220	35	3300	≥80	4000	20000	16×1449	G5
FH 35W/865 HE	220	35	3050	≥80	6500	20000	16×1449	G5
FQ 24W/827 HO	220	24	1750	≥80	2700	20000	16×549	G5
FQ 24W/830 HO	220	24	1750	≥80	3000	20000	16×549	G5
FQ 24W/840 HO	220	24	1750	≥80	4000	20000	16×549	G5
FQ 24W/865 HO	220	24	1600	≥80	6500	20000	16×549	G5
FQ 39W/827 HO	220	39	3100	≥80	2700	20000	16×849	G5
FQ 39W/830 HO	220	39	3100	≥80	3000	20000	16×849	G5
FQ 39W/840 HO	220	39	3100	≥80	4000	20000	16×849	G5
FQ 39W/865 HO	220	39	2850	≥80	6500	20000	16×849	G5

续表

型号	额定电压（V）	功率（W）	光通量（lm）	显色指数 *Ra*	色温（K）	平均寿命（h）	外形尺寸（直径×长度，mm）	灯头型号
FQ 49W/827 HO	220	49	4300	≥80	2700	20000	16×1449	G5
FQ 49W/830 HO	220	49	4300	≥80	3000	20000	16×1449	G5
FQ 49W/840 HO	220	49	4300	≥80	4000	20000	16×1449	G5
FQ 54W/827 HO	220	54	4450	≥80	2700	20000	16×1149	G5
FQ 54W/830 HO	220	54	4450	≥80	3000	20000	16×1149	G5
FQ 54W/840 HO	220	54	4450	≥80	4000	20000	16×1149	G5
FQ 54W/865 HO	220	54	4050	≥80	6500	20000	16×1149	G5
FQ 80W/827 HO	220	80	6150	≥80	2700	20000	16×1449	G5
FQ 80W/830 HO	220	80	6150	≥80	3000	20000	16×1449	G5
FQ 80W/840 HO	220	80	6150	≥80	4000	20000	16×1449	G5
FQ 80W/865 HO	220	80	5700	≥80	6500	20000	16×1449	G5

单端（紧凑型）节能荧光灯技术数据 表 5-41

系列	型号	灯管形式	工作频率(Hz)	额定电压(V)	光通量(lm)	色温(K)	显色指数(Ra)	最大宽度(mm)	最大长度(mm)	灯头型号	平均寿命(h)
单管	DULUX S 5W	1U	50/60	220	250	2700 4000 6500	≥80	28	85	G23	8000
	DULUX S 7W	1U	50/60		400			28	114	G23	
	DULUX S 9W	1U	50/60		600			28	144	G23	
	DULUX S 11W	1U	50/–		900			28	214	G23	
	DULUX S 13W	1U	–/60		820			28	157	GX23	
双管	DULUX D 10W	2U	50		600	2700 4000 6500	≥80	28	87	G24d-1	8000
	DULUX D 13W	2U	50		900			28	114.5	G24d-1	
	DULUX D 18W	2U	50		1200			28	130	G24d-2	
	DULUX D 26W	2U	50		1800			28	149	G24d-3	
三管	DULUX T 13W	3U	50/60		900	2700 4000 6500	≥80	46	90	GX24d-1	8000
	DULUX T 18W(IN)	3U	50/60		1200			46	100	GX24d-2	
	DULUX T 26W(IN)	3U	50/60		1800			46	115	GX24d-3	

自镇流（紧凑型）荧光灯技术数据 表 5-42

系列	型号	灯管形式	工作频率（Hz）	额定电压（V）	灯电流（mA）	光通量（lm）	色温（K）	最大宽度(mm)	最大长度(mm)	灯头型号	平均寿命(h)
长寿型	DULUX EL 16W	2U	50~60	220~240	140	900	2700	45	125	E27	10000
	DULUX EL 20W	2U	50~60	220~240	170	3000	4000	45	143	E27	
	DULUX EL 23W	2U	50~60	220~240	200	1500	6500	52	176	E27	

标准型金属卤化物灯技术数据　　表 5-43

型　号	额定电压（V）	功率（W）	工作电流（A）	工作电压（V）	光通量（lm）	显色指数 *Ra*	色温（K）	平均寿命（h）	外形尺寸（直径×长度，mm）	灯头型号	燃点位置
JLZ175KN	220	175	1. 50	132	14000	65	4000	10000	91 ×230	E40	任意
JLZ250KN		250	2. 15	133	20500						
JLZ400KN		400	3. 25	135	36000				122 ×292		
JLZ1000KN		1000	4. 10	263	110000			3000	182 ×396		
JLZ1500KN		1500	6. 20	268	155000						
JLZ2000KN		2000	9. 20	230	180000				201 ×505		
JLZ2500KN. TT		250	2. 15	133	20500			8000	68 ×275		水平
JLZ400KN. TT		400	3. 20	135	36000						

照明灯具根据安装方式的分类　　表5-44

安装方式	吸顶灯	嵌入式灯具	吊灯	壁灯
特征	1）顶棚较高； 2）房间明亮； 3）眩光可控制； 4）光利用率高； 5）易于安装和维护； 6）费用低	1）与吊顶系统组合在一起； 2）眩光可控制； 3）光利用率较吸顶式低； 4）顶棚与灯具的亮度对比大，顶棚暗； 5）费用高	1）光利用率高； 2）易于安装和维护； 3）费用低； 4）顶棚有时出现暗区	1）照亮壁面； 2）易于安装和维护； 3）安装高度低； 4）易形成眩光
适用场所	适用于低顶棚照明场所	适用于低顶棚但要求眩光小的照明场所	适用于顶棚较高的照明场所	适用于装饰照明兼作加强照明和辅助照明用

5.2.2 照明灯具

照明灯具根据安装方式分类主要有吊灯、吸顶灯、壁灯、嵌入式灯具、暗槽灯、台灯、落地灯、发光顶棚、高杆灯、草坪灯等，见表5-44。根据光学特性或功能的照明灯具分类见表5-45。

室内灯具类型划分　　表5-45

型号	名称	光通比（%）		光强分布
		上半球	下半球	
A	直接型	0~10	100~90	
B	半直接型	10~40	90~60	
C	直接-间接型（均匀扩散）	40~60	60~40	 
D	半间接型	60~90	40~10	
E	间接型	90~100	10~0	

5.3 电气装置件

5.3.1 开关、插座（表5-46～表5-49）

86系列开关、插座一 **表5-46**

名称	单联单控开关	单联双控开关	双联单控开关	双联双控开关
图形				
型号	K31/1	K31	K32/1	K32
规格	16A 250V	16A 250V	16A 250V	16A 250V

86系列开关、插座二 **表5-47**

名称	三联单控开关	三联双控开关	单联调光开关	带保护门单联三极扁脚插座
图形		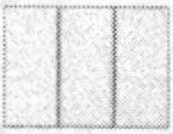		
型号	K33/1	K33	K31RD400	K426CS
规格	16A 250V	16A 250V	400W	10A 250V

86 系列开关、插座三　　　　表 5-48

名称	带保护门单联三极扁脚插座	带保护门二极通用式及三极扁脚插座	带保护门两联二极通用式插座	带开关及保护门二极通用式及三极扁脚插座
图形				
型号	K426/16CS	K426/10US	K426US2	K15/10LUS
规格	16A 250V	10A 250V	10A 250V	10A 250V

86 系列开关、插座四　　　　表 5-49

名称	带开关及保护门二极通用式及三极扁脚插座带氖灯指示	带开关及保护门三极扁脚插座	带开关及保护门三极扁脚插座	带开关及保护门三极扁脚插座带氖灯指示
图形				
型号	K15/10LUSN	K15LCS	K15/16LCS	K15LCSN K15/16LCSN
规格	10A 250V	10A 250V	16A 250V	10A 250V 16A 250V

5.3.2 接线盒

（1）金属接线盒外形如图5-10所示，规格尺寸及编号见表5-50。

（2）难燃型聚氯乙烯接线盒外形如图5-11所示，规格尺寸及编号见表5-51。

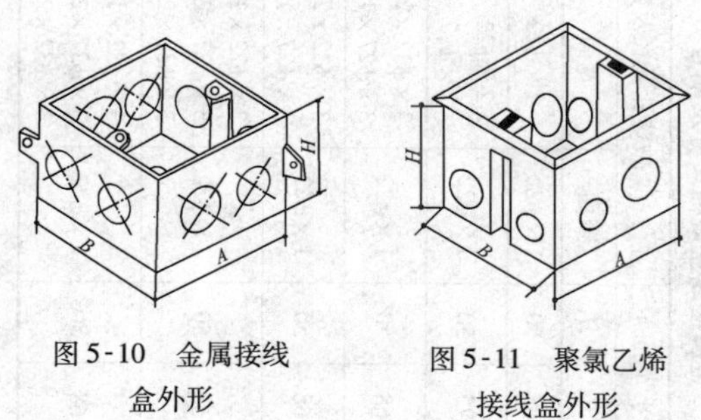

图5-10 金属接线盒外形

图5-11 聚氯乙烯接线盒外形

5.3.3 灯头、灯座

5.3.3.1 灯头规格及外形（表5-52）

5.3.3.2 灯座规格及外形（表5-53）

金属接线盒规格尺寸及编号 **表 5-50**

型号	安装孔距（mm）	外形尺寸（mm）			敲落孔孔径及数量			编号
		A	*B*	*H*	窄面	宽面	底面	
T51	50	68	68	50	1×ϕ22	1×ϕ22	1×ϕ22	HZ5001
T52	60.3	75	75	50	1×ϕ22	2×ϕ22 2×ϕ27	1×ϕ22	HZ5002
T53	71	86	68	50	1×ϕ22	3×ϕ22×2 3×ϕ27×1	1×ϕ22	HZ5003
T54	96	120	68	50	1×ϕ22	3×ϕ22×2 3×ϕ27×1	2×ϕ22 2×ϕ27	HZ5004
T55	121	136	68	50	1×ϕ22	3×ϕ22×1 3×ϕ27×2 3×ϕ32×2	2×ϕ22 2×ϕ27	HZ5005
T56	140	154	68	50	1×ϕ22	3×ϕ22×1 3×ϕ27×2 3×ϕ32×2	2×ϕ22 2×ϕ27×2	HZ5006

聚氯乙烯接线盒规格尺寸及编号 **表 5-51**

型号	安装孔距（mm）	外形尺寸（mm）			敲落孔孔径及数量			编号
		A	*B*	*H*	窄面	宽面	底面	
S61	50	68	68	50	$1\times\phi22$	$1\times\phi22$	$1\times\phi22$	HZ6001
S62	60.3	75	75	50	$1\times\phi22$	$2\times\phi22$ $2\times\phi29$	$1\times\phi22$	HZ6002
S63	71	86	68	50	$1\times\phi22$	$3\times\phi22\times2$ $3\times\phi29\times1$	$1\times\phi22$	HZ6003
S64	96	120	68	50	$1\times\phi22$	$3\times\phi22\times2$ $3\times\phi35\times1$	$2\times\phi22$ $2\times\phi29$	HZ6004
S65	121	136	68	50	$1\times\phi22$	$3\times\phi22\times1$ $3\times\phi35\times2$	$2\times\phi22$ $2\times\phi29$	HZ6005
S66	140	154	68	50	$1\times\phi22$	$3\times\phi22\times1$ $3\times\phi45\times2$	$2\times\phi22$ $2\times\phi35$	HZ6006

灯头规格及外形　　表 5-52

名　称	灯头型号	规格			灯头外形
		电压(V)	电流(A)	功率(W)	
插线式光身灯头	E14-S02	250	3	300	
插线式全牙灯头	E14-S03	250	3	300	
插线式半牙灯头	E14-S04	250	3	300	
锁线式光身灯头	E14-D02	250	3	300	
锁线式全牙灯头	E14-D03	250	3	300	

续表

名　称	灯头型号	规格			灯头外形
		电压(V)	电流(A)	功率(W)	
锁线式半牙灯头	E14-D04	250	3	300	
插线式光身灯头	E27-S02	250	3	300	
插线式全牙灯头	E27-S03	250	3	300	
插线式半牙灯头	E27-S04	250	3	300	
锁线式光身灯头	E27-D02	250	3	300	

续表

名　　称	灯头型号	规格			灯 头 外 形
		电压（V）	电流（A）	功率（W）	
锁线式全牙灯头	E27-D03	250	3	300	
锁线式半牙灯头	E27-D04	250	3	300	

灯座规格及外形　　　　表 5-53

名　称	灯 座 外 形	外形尺寸（mm）	安装尺寸（mm）
胶木螺口平灯座		$\phi35\times23$	安装孔距 27
斜平装式胶木插口灯座（白、棕色）		$\phi64\times56$	安装孔距 49.5

续表

名　称	灯座外形	外形尺寸（mm）	安装尺寸（mm）
斜平装式胶木插口灯座（白、棕色）	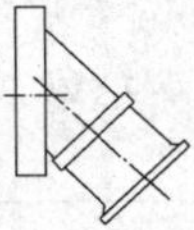	$\phi64\times64$	安装孔距 49.5
附拉线开关式胶木螺口平灯座		$\phi52\times62$	安装孔距 47
胶木插口吊灯座		$\phi25\times40$ $\phi32\times46$	
胶木螺口吊灯座	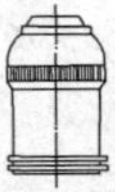	$\phi37\times57$	
胶木螺口安全吊灯座		$\phi45\times65$	

续表

名 称	灯座外形	外形尺寸（mm）	安装尺寸（mm）
胶木插螺口两用灯座		$\phi 35\times 67$	
胶木管接式插口灯座	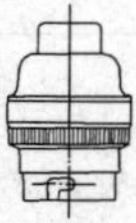	$\phi 34\times 56$	M10（M表示安装螺母的规格，下同）
胶木管接式插口灯座（白色）	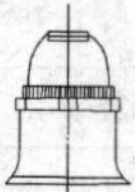	$\phi 40\times 56$	M10
胶木管接式螺口灯座	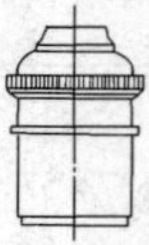	$\phi 39\times 76$	M10
瓷质管接式螺口灯座	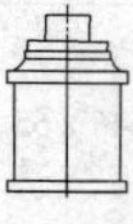	$\phi 40\times 72$	M10

续表

名　称	灯座外形	外形尺寸（mm）	安装尺寸（mm）
瓷质管接式螺口灯座		φ64×118	M15
悬吊式铝壳瓷螺口灯头		φ60×148	
悬吊式铝壳瓷螺口灯头		φ90×255	
铝壳瓷螺口灯头		φ60×75	M16
荧光灯座（白色）	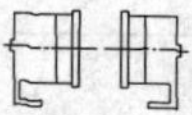	φ45×（29.5，32.5）×54	安装孔距25
荧光灯座		φ44×（25，33）×54	安装孔距25

5.3.4 电气仪表

5.3.4.1 仪表的图形符号（表5-54～表5-56）

现场仪表的图形符号　　表5-54

序号	名称及内容	图形符号
1	测量点	●
2	热电阻、热电偶	△ ∧ 热电阻　热电偶
3	供气仪表	□
4	供电仪表	⧅
5	检出开关	□
6	变送器	○　⊗ 气动变送器　电动变送器
7	电/气转换器	I/P
8	气/电转换器	P/I

控制阀的图形符号　　表 5-55

序号	名称及内容	图形符号
1	气动薄膜控制阀	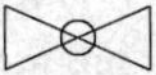
2	电动控制阀	 M
3	活塞式控制阀	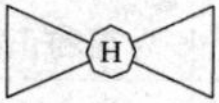 H
4	电磁阀	 S
5	开关阀	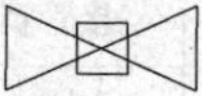
6	阀位开关	
7	带阀位开关的气动薄膜控制阀	
8	带气动阀门定位器的气动薄膜控制阀	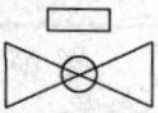

仪表盘（箱、盒）的图形符号　　表 5-56

序号	名称及内容	图形符号
1	仪表盘（箱）、继电器箱，粗实线侧为盘（箱）正面	
2	供电箱，粗比例一侧为箱的正面	
3	保温箱、保护箱，粗实线侧为箱的正面	
4	接线箱（盒）	
5	无接线端子的分线箱（盒）	
6	接管箱（盒）	
7	空气分配器	

5.3.4.2　仪表回路图中的图形符号（表 5-57）

仪表回路图中的图形符号　　表 5-57

序号	名称及内容	图形符号
1	单根电缆或管缆	

续表

序号	名称及内容	图形符号
2	平行敷设的电缆、管缆（束）、汇线桥架	
3	平行敷设带分支的电缆、管缆（束）、汇线桥架	
4	向上或向下敷设的电缆、管缆（束）、汇线桥架	高－低（用于同一 ; －高（用于同一平面） ; 向上（用于非同一平 ; 向下（用于非同一平面）
5	向上或向下带分支的电缆、管缆（束）、汇线桥架	向下分支 ; 向上分支
6	穿管埋入地下或直埋地下的电缆、管缆（束）、电缆沟	

续表

序号	名称及内容	图形符号
7	双层电缆、管缆（束）、汇线桥架	第一层 第二层 第一层标高

5.3.4.3 仪表回路图中的文字代号（表5-58）

仪表回路图中的文字代号　　表5-58

文字代号	名称	
	中　文	英　文
AC	辅助柜	Auxiliary Cabinet
AD	空气分配器	Air Distributor
CB	接管箱	Connecting Pipe Box
CD	操作台（独立）	Control Desk（Independent）
BA	穿板接头	Bulkhead Adaptor
DC	DCS机柜	Dcs Cabinet
GP	半模拟盘	Semi-Graphic Panel
IB	仪表箱	Instrument Box
IC	仪表柜	Instrument Cabinet
IP	仪表盘	Instrument Panel
IPA	仪表盘附件	Instrument Panel Accessory
IR	仪表盘后框架	Instrument Rack

附录

常用习用非法定计量单位与法定计量单位换算关系表

量的名称	习用非法定计量单位		法定计量单位		单位换算关系
	名称	符号	名称	符号	
力	千克力	kgf	牛顿	N	1kgf = 9. 80665N
	吨力	tf	千牛顿	kN	ltf = 9. 80665kN
线分布力	千克力每米	kgf/m	牛顿每米	N/m	1kgf/m = 9. 80665N/m
	吨力每米	tf/m	千牛顿每米	kN/m	1tf/m = 9. 80665kN/m
面分布力、压强	千克力每平方米	kgf/m^2	牛顿每平方米（帕斯卡）	N/m^2（Pa）	$1kgf/m^2$ = 9. 80665N/m^2（Pa）
	吨力每平方米	tf/m^2	千牛顿每平方米（千帕斯卡）	kN/m^2（kPa）	$1tf/m^2$ = 9. 80665N/m^2（kPa）
	标准大气压	atm	兆帕斯卡	MPa	latm = 0. 101325MPa

续表

量的名称	习用非法定计量单位		法定计量单位		单位换算关系
	名称	符号	名称	符号	
面分布力、压强	工程大气压	at	兆帕斯卡	MPa	1at = 0.0980665MPa
	毫米水柱	mmH_2O	帕斯卡	Pa	$1mmH_2O$ = 9.80665MPa（按水的密度为 $1g/cm^3$ 计）
	毫米汞柱	mmHg	帕斯卡	Pa	1mmHg = 133.322Pa
	巴	bar	帕斯卡	Pa	1bar = 10Pa
体分布力	千克力每立方米	kgf/m^3	牛顿每立方米	N/m^3	$1kgf/m^3 = 9.80665N/m^3$
	吨力每立方米	tf/m^3	千牛顿每立方米	kN/m^3	$1tf/m^3 = 9.80665kN/m^3$

续表

量的名称	习用非法定计量单位		法定计量单位		单位换算关系
	名称	符号	名称	符号	
应力、材料强度	千克力每平方毫米	kgf/mm^2	兆帕斯卡	MPa	$1\ kgf/mm^2 = 9.80665MPa$
	千克力每平方厘米	kgf/cm^2	兆帕斯卡	MPa	$1kgf/cm^2 = 0.0980665MPa$
	吨力每平方米	tf/m^2	千帕斯卡	kPa	$1tf/m^2 = 9.80665kPa$
弹性模量、剪变模量、压缩模量	千克力每平方厘米	kgf/cm^2	兆帕斯卡	MPa	$1kgf/cm^2 = 0.0980665MPa$

续表

量的名称	习用非法定计量单位		法定计量单位		单位换算关系
	名称	符号	名称	符号	
功、能、热量	千克力米	kgf · m	焦耳	J	1kgf · m = 9. 80665J
	吨力米	tf · m	千焦耳	kJ	1tf · m = 9. 80665kJ
	立方厘米标准大气压	cm^3 · atm	焦耳	J	1cm · atm = 0. 101325J
功率	千克力米每秒	kgf · m/s	瓦特	W	1kgf · m/s = 9. 80665W
	国际蒸汽表卡每秒	cal/s	瓦特	W	1cal/s = 4. 1868W
	千卡 · 每小时	kcal/h	瓦特	W	1kcal/s = 1. 163W
	米制马力		瓦特	W	1 米制马力 = 735. 499W
	锅炉马力		瓦特	W	1 锅炉马力 = 9809. 5W

续表

量的名称	习用非法定计量单位		法定计量单位		单位换算关系
	名称	符号	名称	符号	
汽化热	千卡每千克	kcal/kg	千焦耳每千克	kJ/kg	lkcal/kg = 4.1868kJ/kg
热负荷	千卡每小时	kcal/h	瓦特	W	lkcal/h = 1.163W
比热容	千卡每千克摄氏度	kcal/(kg·℃)	千焦耳每千克开尔文	kJ/(kg·K)	lkcal/(kg·℃) = 4.1868kJ/(kg·K)
	热化学千卡每千克摄氏度	kcalth/(kg·℃)	千焦耳每千克开尔文	kJ/(kg·K)	lkcalth/(kg·℃) = 4.184kJ/(kg·K)
传热系数	卡每平方厘米秒摄氏度	cal/(cm^2·s·℃)	瓦特每平方米开尔文	W/(m^2·K)	l cal/(cm^2·s·℃) = 41868W/(m^2·K)
	千卡每平方米小时摄氏度	kcal/(m^2·h·℃)	瓦特每平方米开尔文	W/(m^2·K)	lkcal/(m^2·h·℃) = 1.163W/(m^2·K)

续表

量的名称	习用非法定计量单位		法定计量单位		单位换算关系
	名称	符号	名称	符号	
导热系数	卡每厘米秒摄氏度	cal/(cm·s·℃)	瓦特每米开尔文	W/(m·K)	lcal/(cm·s·℃) = 418.68W/(m·K)
	千卡每米小时摄氏度	kcal/(m·h·℃)	瓦特每米开尔文	W/(m·K)	1kcal/(m·h·℃) = 1.163W/(m·K)
热阻率	厘米秒摄氏度每卡	cm·s·℃/cal	米开尔文每瓦特	m·K/W	lcm·s·℃/cal = 0.0023885 m·K/W
	米小时摄氏度每千卡	m·h·℃/kcal	米开尔文每瓦特	m·K/W	lm·h·℃/kcal = 0.8598452 m·K/W

参 考 文 献

[1] 梁敦维．材料员．山西：山西科学技术出版社，2000.

[2] 史商于，张友昌．材料员专业管理实务．北京：中国建筑工业出版社，2007.

[3] 黄伟典．建筑材料．北京：中国电力出版社，2007.

[4] 韩实彬，董文辉．材料员．北京：机械工业出版社，2007.

[5] 邓钫印．建筑材料实用手册．北京：中国建筑工业出版社，2007.

[6] 施龚．实用建筑五金手册．北京：机械工业出版社，2008.

[7] 中国钢结构协会．建筑钢结构施工手册．北京：中国计划出版社，2002.

[8] 林选才，刘慈蔚．给水排水设计手册：第 12 册．北京：中国建筑工业出版社，2001.

[9] 北方设计研究院．05 系列建筑标准设计图集：采暖工程．北京：中国建筑工业出版社，2005.

[10] 广西建筑综合设计研究院．给水排水标准图集：室内给水排水管道及附件安装（二）．北京：中国建筑标准设计研究院，2004.

［11］戴瑜兴．民用建筑电气设备手册．北京：中国建筑工业出版社，1998.
［12］姚家祎．照明设计手册．北京：中国电力出版社，2006.